原子理論の社会史

ミヒャエル・エッケルト
金子昌嗣 訳

原子理論の社会史

ゾンマーフェルトとその学派を巡って

海鳴社

Michael Eckert

Die Atomphysiker

Eine Geschichte der theoretischen Physik

am Beispiel der Sommerfeldschule

Braunschweig ; Wiesbaden: Vieweg, 1993.

 ISBN 3-528-06500-1

日本語版に寄せて

拙著ドイツ語原本が刊行されてから、ほぼ二十年が経過した。科学史のような小規模の研究分野でも、この間に多くの新しい事柄が研究され、公表されている。それゆえ、二十年前の本ではもはや、最新の認識状況を反映することができない。アルノルト・ゾンマーフェルトについて言えば、われわれ（カール・メルカーと私）はこの間に、彼の学術的書簡を編纂し、六〇〇通を超える手紙を二巻本の書簡選集として、詳細な解説と注記を加えて刊行した（Arnold Sommerfeld: *Wissenschaftlicher Briefwechsel*）。そして目下、私はゾンマーフェルト伝執筆の準備に入っている。これは、ボーア原子模型一〇〇周年に当たる二〇一三年に刊行の予定である。その記念の年には、数々の科学史研究によって、原子物理学の歴史に新しい光があてられることだろう。かくなる状況でこのテーマについて、二十年前の本を新たに出版する意義はあるだろうか。

二つの理由から、これに「然り」（Ja）と答えることができるだろう。そのひとつは、本書では現代物理学の形成を導いた社会的・政治的出来事を描いているが、それについては、ここ二十年の科学史研究においても知見の変更はほとんどないということである。補足を要することは全体像そのものより、細部の記述にある。ここにおいて、翻訳者の功労が発揮されている。すなわち、新たな研究成果を探し出し、豊富な知識に基づいて然るべき箇所に注が補充された。こうした尽力が加わってこそ、二十年前の本が真に新しい作品としてよみがえる。私は金子昌嗣氏が、翻訳の困難もさることながら、この課題を自ら引き受け、細心の注意をもってなしとげたことに深く感謝している。彼が考えた注についてEメールで議論することは私にとって、常に楽しくまた啓発的だった。このようにして、本書の随所に新たな知見が付加され、原著刊行時に私が見落としていた誤りが訂正されている。著者にとって、作品がこのように新たに誕生するのを見ることは、この上ない幸いである。日本の読者の皆さんにも、そのことを感じていただければと願っている。

二〇一二年四月

ミヒャエル・エッケルト

目次

序

理論物理学——それはニュートンとアインシュタインの学問、森羅万象を最深部で統御するものについての物理的認識の極致《ノーンプルスウルトラ》。この分野の通俗書での描写は、つまるところこういう具合である。「新たな世界像をめぐる」絶えざる「格闘」の歴史。「ひとつの発見が他の発見を駆逐する」この格闘は、「天才への感歎から来る興奮」を与えてくれる。[1]

そうした物語とは異なり本書は、偉大な思索者たちの賛美ではなく、理論物理学の社会史を扱う。科学を社会的環境と切り離して考えられないのは、人間の他の営みと同様である。とはいえ、個人を集団に埋没させ、もっぱら統計的事象として捉えることは意図していない。個々人の寄与はあくまでもそれとしつつ、科学的な成果そのものからはもはや見えてこない歴史の文脈を再構築することに主眼を置いている。「天才への賛嘆」をひたすら煽り、科学と無縁の出来事をも主人公の成長と無理やり結びつけようとする誘惑。アインシュタインやハイゼンベルクのような突出した物理学者の場合でも、なおさら陥りがちなその誘惑を逃れた、すぐれた社会史的な伝記の実例がある。科学者の生涯と思考を社会的な環境から説き明かすことは、「エコ（または）ソシオバイオグラフィー」と表現するのが適切と思われる。生涯の歴史を社会的な文脈に置くことがあたかもライトモティーフのように、記述の形式と内容を規定するからである。[2]

まさにこのような意味で本書も、アルノルト・ゾンマーフェルト（一八六八—一九五一）をとりまく環境にスポットを当てる。そこに、理論物理学の歴史が、実に多様な側面から浮き彫りとなる。ゾンマーフェルトがキャリアを積み重ねていったのは、彼の専門分野が私講師科目［第一章参照。なお、［　］内は訳注。以下同じ］から新世紀の科学に飛躍した時期である。「ノーベル賞受賞者」の肩書きはなくとも、その業績は、同時代のアインシュタインやプランクと同じく数々の記念論文集《フェストシュリフト》で、また一冊の科学伝記によっても然るべく顕彰されている[3]。ゾンマーフェルトは理論原子物理学のパイオニアとして著名だが、それだけではなく、理論物理学の社会史を通じての指導的人物像として、彼より適格な存在はほとんど考えがたい。というのは、二〇世紀の理論物理学者の最も重要な学派《シューレ》のひとつを創設したのがゾンマーフェルトだからである※1。彼とその周囲の人々は、他のいかなる物理学者の学派よりもはっきりと、とりわけ両世界大戦間の理論物理学の疾風怒濤《シュトゥルムウントドラング》期を際立たせている。この分野が近代物理学のまさに精髄となった時代である。

　しかしながら、エコバイオグラフィーが理論物理学の全貌を描いているというつもりはない。全体的な仕組みの図式化より個々の出来事のユニークさに注目する点は、通常の伝記と同様である。けれども、個々の出来事を社会史的観点から結びつけることで、より大きな脈絡が見えてくるだろう。正確性をできるだけ確保するため、当時の資料を数多く調査した（巻末の一覧を参照いただきたい）。それによって、歴史的な時代状況が身近によみがえり、今日では意味をはかりがたい様々な動きが、新たな光のもとに姿を現わす。

　もちろんニュートンの物理学も、経験から得られた素材を首尾一貫した数学的手法で処理する点で、まさしく「理論的」だった。しかし、どんなに革命的な物理理論も、単に存在するだけで理論物理学という学問分野を形成するための十分な要因には到底ならなかったのである。それとも関連するが、本書の各章が取り上げる局面の区分も、物理学的な内容ではなく、理論物理学の社会的文脈を示すような特殊歴史的なできごとに基づいている。理論物理学の発展に際してゾンマーフェルトが演じた中心的な役割は、多くの点で、家長の肖像を思わせる。父親的・権威主義的な行動欲求から、家族の幸福のため庇護を惜しまぬというイメージである。しかしそのような連想は、本質を見誤らせる。というのも、家長の子や孫（ゾンマーフェルト周囲の理論物理学者とその後継者）の活動は、大家族の古風な構造とは異なり、大学構成員や学校教師や企業の物理専門家や官立・民間研究機関の被雇用者といった、近代的職業グループの代表者としてのものである。彼らの学問分野の発展とは、何はさておいても、新しい職業の成立にほかならない。この点に、理論物理学の歴史を社会史的にも取り上げるべき必然性がある。それゆえ、第一の問いは、物理学の研究と教育を職業として行う（さらにまた、理論物理学が専門として確立する）ことが、どのような社会状況で可能となったかである。本書では、一九世紀末におけるドイツの大学組織の「制度革命」から、一九二〇年代の理論物理学の急激な国際化、そして第二次世界大戦におけるレーダーと原子爆弾プロジェクトにいたる流れを扱う。そうである以上、物理の話題を脇には置けない。ゾンマーフェルト学派が卓越した成果をあげた研究領域であるX線と原子理論や、一九三〇年代に伸展を見た固体および原子核物理学には個別の章をさいて、重点的に取り上げる。そして量子力学を、理論物理学における現代性《モデルネ》を画するエポックとして、中心に据える。ただしその際にも、さまざまな理論それ自体より、理論物理学が二〇世紀を左右した学問分野に発展する上で、それら理論が演じた役割に主眼がある。

　ゾンマーフェルトが一九五一年に八三歳で亡く

なった時※2、彼の専門分野は新たな拡張期を迎えていた。戦争というエポックは理論物理学に対して、それ以前のいかなる変化よりラジカルな影響を及ぼした。にもかかわらず、ゾンマーフェルトとその周辺の人々が刻んだ伝統は、その後も長く感知できたのである。連続性とラジカルな変化との交錯が、この物語のフィナーレとなる。理論物理学の戦後史を書く場合、この点に格好のいとぐちがありうる。けれども、それ以前の時代を語る際に用いた枠組みは、新しい時代についてはもはや、歴史記述に必要なまとまりある素材を提供できない。理論物理学者の集団はあまりにも巨大になり、研究対象も非常に幅広く分散して、ゾンマーフェルト学派のような広範囲に及ぶ人物の集まりでさえ、この分野の歴史を通じた主要モティーフとはなり難い。

ゾンマーフェルトの生涯とその周辺に限っても、理論物理学の歴史を書くのは骨の折れる企てであり、数多くの同僚・友人の助力なしには実現が不可能だった。私が感謝している方々や機関の名前は、巻末の注記と資料・参考文献一覧に示してある。特に謝意を表したいのは、数々の議論と原稿への助言でお世話になったデイヴィッド・キャシディ、マーク・ウォーカー、カール・フォン・メイエンの各氏である。さらに、資料探索のお手伝いと、ドイツ博物館で一九八四年から一九八五年にかけて開催したゾンマーフェルト展の企画運営でご協力をいただいたヴィリー・プリハ、マルクス・ライトマイアー、ヘルムート・シューベルト、およびギーゼラ・トルカルの各氏にも。この博物館に保管されているゾンマーフェルトの遺贈資料は、本書にとって最も重要な情報源となった。ゾンマーフェルトのお孫さんであるモニカ・バイアーさんと、そしてインタビューやお手紙で思い出を語ってくださったゾンマーフェルト門下の方々にも感謝をささげる。

第一章　新しい学問の成立

理論物理学は非常に若い分野である。物理の理論には古く歴史をたどれるものも多いとはいえ、職業として理論物理学に従事することは、二〇世紀より前の時代にはほとんど考えられなかった。一九世紀における大学の拡充にともなって、物理学はようやく自立した学問分野となり、そのもとで理論物理学など専門領域の形成が可能となった。[1] この変化が、たとえば王立協会のような英国の名高い学者サークルや、ナポレオンのフランスが整備したエリート学校（ジョゼフ・フーリエやシメオン・ポアソンのような数理物理学のパイオニアが教鞭を取った理工科学校《エコール・ポリテクニク》など）ではなく、一九世紀初頭には進歩の拠点とは程遠かったドイツで起こったのは、科学史上で特筆すべきことである。この国から、アカデミックな学問分野全体を根本的に変える一連の動きが始まる。ルネサンス期近代科学の成立と同じく、この過程は「科学革命」と呼ばれている。ただし、「科学的思考の革命というより、営みとしての科学、または社会現象としての科学の革命」である。[2] しかしこの変革は、突如完成したわけではない。アルノルト・ゾンマーフェルトのように数学と物理学に熱中した学生にとっても、一八九〇年代にケーニヒスベルク［現ロシア領カリーニングラード］大学で学業を終える時、「理論物理学」という名称で余さず括れるような明確な職業分野はまだ存在しなかった。「営みとしての科学」の大きな変革は、一九世紀末三〇年ほどの間に多様な形で現れるが、ゾンマーフェルトの学生時代にはまだ開花期の手前にあった。しかしこの変化を語るには、源泉を一九世紀前半に探らなければならない。

発端は、プロイセンに始まったフンボルトの教育改革である。新人文主義を象徴するものとして、教育は、自立した市民であることの証しとされた。改革者たちの理想は、実用を度外視して営む真理の探究。自然科学よりも、主眼は古典文献学と観念論哲学にあった。改革の目的は、あらゆる方面の教養を備えた個人の育成であり、科学専門家の養成ではなかったからである。この新人文主義的改革は、とりわけ高等学校《ギムナジウム》と大学の哲学部を席捲する。哲学部は、上級学部（神学、医学、法学）での専門教育に先立って一般教養教育を受け持っていた。こうした背景から、改革がその後にようやく自然科学にも及んだ道筋が理解できる。

高等学校の教職
――物理学の職業化の先駆者

上級学部への進学が不要だった高等学校教師という職業が特に、市民的な教養理念の象徴として飛躍をとげた。人口統計的な背景からも、この職業の重要性が増していった事情がわかる。学校制度の拡充は、一般的な人口増加傾向と、教養市民という新たな社会階層の出現とに歩調を合わせて進んだ。プロイセンだけをとっても、その人口は一八二〇年から一八四八年にかけて、一一七〇万人から一六二〇万人へと三八％ほどの増加を示す。さらに高等学校の生徒数は、一八二二年から一八四六年にかけておよそ七五％も伸びた（一三七六七人から二四九六八人）。それにともない、教師という職業の「学問化」が進んだ。政府による教職試験の審査規定は、要件の厳しさを増していく。一九世紀半ばには、高等学校教師になるためには哲学部で少なくとも六学期の課程を修了しなければならなかった。学問を通じての教育という理念を忠実に反映して、教師になるための訓練と、将来の学者になるための訓練との間になんら区別がないことを、それは意味した。学問をマスターした者は、教えることもできる。こうした格言を手本として、新たに高等学校教師になる人々は、大学の学問への帰属意識をますます強めた。[3]

教師養成の枠組みの中で、ゼミナールという方法が特別な役割を果たす。ゼミナールは、もともと初等教育制度に関わっていた。「体験による教育学」の伝達手段として、実習先の学校との緊密な協力により、教師養成が規範に準じて行われるのを管理した。大学の活動とはほとんど無関係に、初等学校の教師のために行われたこのゼミナールと、高等学校教師養成のために一八一〇年にプロイセンで（のちには他の地域でも）創設されたアカデミックなゼミナールとの間には、重要な共通性があった。教育制度改革の担い手にとってゼミナールは、聖職者のもとにあった学校の監督権限を、国家による学校・教育政策に委譲する手段としても機能したのである。初等学校でも高等学校でも、国家の政策が試験制度とカリキュラムを規制するようになり、その政策はゼミナールを通じて教師に伝わり、学校活動に浸透していった。[4]

新人文主義者たちの改革目的に呼応して、大学のゼミナールは、まず古典文献学の分野で始まる。文献学者は、高等学校教師のまさに同義語となった。今日まで、彼ら教師の職能団体は「文献学者連盟《フィロローゲンフェアバント》」という名称を維持している。こうしたゼミナールの最初のひとつが、改革派のベルリン大学で、古典文献学者アウグスト・ベックのもとに開かれた。彼にとってゼミナールは、何よりもまず、古典古代の研究に本格的に取り組もうとする学生のための、厳しい学問的訓練の場であった。[5] 古典文献学を扱う他のゼミナールも（たとえばライプツィヒのゴットフリート・ヘルマンや、ミュンヘンのフリードリヒ・ティールシュのものなど）、同じ意味で、高等学校教師になるという実際的な職業目標と、利害を超越して研究に携わる学者の倫理とを一体とみなすエリート学生のための装置だったのである。概して、こうしたゼミナールに参加したエリートの中から、少数者である大学教員のリクルートも行われるようになった。

ケーニヒスベルクのモデルゼミナール

古典文献学者たちが最初に設けたゼミナールに続いて、他の学問分野でも同様のものが次々と発足する。たとえば、一八二四年にハイデルベルク大学で数学のゼミナール、そして一八二五年にはボン大学で一般自然学《アルゲマイネ・ナトゥーアレーレ》（数学を含まない）のゼミナールができた。こうしたゼミナールには所轄官庁である文部省から、書籍や器具類の購入、また優秀な学生への奨学金や賞金の授与など、予算措置が講じられた。ケーニヒスベルク大学にできた最初の数学・物理学ゼミナールが、ドイツにおける理論物理学の出発点のひとつとなるのだが、[6] これもベルリンのモデルを踏襲した。その主導者カール・グスタフ・ヤコービとフランツ・エルンスト・ノイマンは、いずれもベルリンで学んだ経験があった。ヤコービは専攻を文献学から数学に変える前に、ベックのゼミナールの最も熱心な受講生のひとりだった。辺鄙なケーニヒスベルクの大学に招聘されてから、彼は、ベルリンの改革精神をこの地でも広めようと全力を注ぐ。ノイマンは、ベルリンで神学、哲学、数学を受講したが、数理物理学でフランスがあげた成果（特にフーリエの熱伝導理論）への感銘から、物理学者に転じた。彼は一八二六年に私講師としてケーニヒスベルク大学に来て、のちに鉱物学および物理学の教授に任ぜられる。ノイマンとヤコービは一八二八年に、プロイセンの文部省に請願書を出して、ボン大学の模範に倣い、彼らの大学にもゼミナールを設置するよう求めた。ノイマンによれば、参加者が「物理的な問題を、自力で数学的な扱いに帰着させる」能力を養うのがゼミナールの目的である。「そこで青年たちは、学んだことをよく吟味し、応用し、かくしてそれを真に自らの財産とするよう余儀なくされる。同時にまた、物理現象を計量的な観察により把握するための、(私の見解では)最適な準備を学生たちに与えることができるのである。かかる観察力の習得が、ゼミナール参加者への指導で私が課題とする最終的な目標であり、本来的な終着点である」。[7] そのためにノイマンは、理論物理学を完結した一連の講義サイクルとして講じた。ケーニヒスベルク大学の物理学教室と、同僚による実験の講義とが彼にとっては、教師養成に不十分と映ったからである。しかし、ゼミナールの営みはなかなか軌道に乗らなかった。状況がようやく安定するのは一九世紀半ばごろである。たとえば一八五四年には八人の学生がゼミナールに参加した。一八六〇年代になって、一年あたり平均一〇～一二人の学生が登録するようになる。テーマとして、当時のアクチュアルな研究が選択された。たとえば地磁気現象。これは、とりわけゲッティンゲンのカール・フリードリヒ・ガウスとヴィルヘルム・ウェーバーによって最先端を飾った分野である。こうしたテーマから、ゼミナールの参加者たちには、精密な測定と、それに関する徹底した理論的討究とが感覚として伝わることが企図された。「厳密性のエートス《エートス・デア・エクサクトハイト》」と適切にも表現された感覚である。[8]

ミュンヘンにおける物理学の始まり

プロイセン以外の地域でも、教育改革が物理学近代化への先駆となる。たとえばバイエルンでは一八二九年に、新人文学者フリードリヒ・ティールシュによって、高等学校の最上級クラスの教師は、大学教育の内容を披露しなければならない、という学校規則が起草された。しかし、物理教科の抜本的刷新ということは、一九世紀前半の履修学生数の少なさから、ことさら必要とは認められなかったようである。一八三二年には、数学・物理学ゼミナールを作るという案が却下されてしまう。バイエルンでは数学教師は年に一人、物理教師はせいぜい五〜六年に一人出れば十分だという理由からである。一九世紀半ばにようやく、数学者フィーリップ・ザイデルと物理学者フィーリップ・フォン・ヨリーという改革を体験した二人の教授の、プロイセンからバイエルンへの招聘を契機として、ゼミナール設置の願いが後押しされる。一八五六年に、「高等学校の数学と物理の教師を養成する」ために数学・物理学ゼミナールを設置すべきだとする彼らの切なる要望が通った。ザイデルは数学部門、ヨリーは物理学部門の主任になる。[9]

ゼミナールは哲学部の教育活動の一環であったが、その監督権限は大学評議会ではなく文部省に直属していた。主任教授たちにとってそれは、権威の拡大と、教育活動の革新に取り組む動機づけが与えられることを意味した。ザイデルとヨリー、およびゼミナール主任の後継者たちにとってのお手本は、ケーニヒスベルクのモデルゼミナール。かの地でもまたミュンヘンでも、ゼミナール設置が、自立した専門学科としての数学および物理学独立の発端となり、やがて独自の研究所が設けられる変革の前奏曲となる。

研究の義務

新たに設置されたゼミナールでは、専門科学的教育を受けた高等学校教師の最初の世代が育つとともに、教育と研究が職業遂行上で等価の使命であると受け止めた大学教員の最初の世代も育つ。ただしそれは当初、質の変化に限られた。ドイツの大学では、一八三〇年代から一八六〇年代にかけての決定的な改革期に、教授の数も学生数もさほど劇的に増加したわけではない。平均して、一大学あたり三二人の正教授と、ほぼ同数の非正教授職（員外教授と私講師）が在籍していた。一年度あたり学生数はこの間に、一万一三〇〇人から一万三一〇〇人に変化するが、その中では、教員養成という新しい役割を得た哲学部が最も伸びた[10]。

高等学校教師のキャリアと同じく、大学教授のキャリア要件も、教育改革の進行により規約や統制を通じて一新される。教師の場合と同様、新たな要件は、何よりも専門学問分野の規範に従うようになった。教授の地位を得る決定的な資格となるのは、まず（一八一六年に）改革主義のベルリン大学で導入され、まもなくドイツ全土の大学に普及した教授資格《ハビリタチオーン》である。この試験では、教える能力に加えて専門学問分野の研究者としての適性も示さなければならない。それにともない、アカデミックな日常に新しい標準が登場する。すなわち、教授への招聘が学問上のオリジナルな業績に基づくようになったのである。こうした「研究の義務」から、「出版か死か」（publish or perish）という観念が広がる。今日に至るまで、それがアカデミックなキャリアを特徴づけている[11]。

理論家の初期のキャリア

世代交代による困難は常のことながら、研究を遂行する教授たちの一団が最初に登場した時、それはひとしおだった。たとえば、ノイマンの教え子オスカー・エーミール・マイヤーはブレスラウ［現ポーランド領ヴロツワフ］で、彼自身の証言によれば「ノイマンの福音を伝える使徒として」大学教員の経歴を始めようとしたが、周囲の思惑はそれとはまったく違い雑多であることを思い知らされる。物理学正教授の考えでは、理論の講義というものは補間法公式の使い方など必須の数学的手法の応用を授ける行事にすぎない。数学者が理論物理学者に期待するのはそれと違って、どのようにするかは担当者まかせの入門的講義である。ブレスラウ大学の学部当局は、マイヤーの理論指向をまったく評価せず、実験物理学者を採用しなかったことを憾《うら》みとした。ベルリンでさらに一幕の出来事があったのちようやく、マイヤーはブレスラウで数学教授に、ついで実験物理学教授になる[12]。

ノイマンの模範学生グスタフ・キルヒホフのキャリアもまた、師の後押しにもかかわらず、困難に満ちていた。「キルヒホフ氏のあげた成果は、真性の、完全に鍛え抜かれた才能を認識させます。大臣閣下にかくお伝えすることを、私は自らの義務であると存じます」。このようにノイマンは、ゼミナール活動の年次報告で、教え子を賞賛している[13]。特にゼミナールの初期の時代には、ゼミナール参加学生一人ひとりの成績を文部省に報告する義務があり、それが教授キャリアへの道を開く場合があった。キルヒホフもそうした道をたどって、ついにはベルリン大学の理論物理学初代正教授に就任する。この地位は、キルヒホフの後継者マックス・プランクとエルヴィーン・シュレーディンガーらのもとでも、ドイツ理論物理学のいわば看板となる。とはいえキルヒホフがこの地位を得るのは、まずブレスラウで員外教授ついで正教授から、ハイデルベルク大学教授に転じて、三〇年を超える回り道を経た後のことである[14]。

このようにノイマンの学生からは理論物理学のパイオニアに数えられる人物も輩出したが、彼らの例からも、一九世紀半ばにこの分野で大学教員の経歴を歩むのがまったく不確実だったことがわかる。ノイマンの学生で大学教授の職を得たのはごく一部にすぎない。一八三四年から一八七五年にかけての、二〇〇人を越えるノイマンの学生たちの進路は、図書館司書から地質専門家に至るまで、比較的高度な職業のほとんどあらゆる領域にわたった。その中で高等学校教師の数だけが突出している[15]。ノイマン・ゼミナールの卒業生の場合にも、またベルリンやゲッティンゲンのような研究志向大学でも、理論家の典型的キャリアは未確立だった。

さまざまな大学で、まったく異なる伝統がアカデミックな日常を支配した。少なからぬところで、数学が優先的な研究領域に成長する。たとえばボン大学のユーリウス・プリュッカーの場合である。その門下から、フェーリクス・クラインが出た。この章でさらに見ることになるが、クラインは後年の理論物理学の発展に重大な役割を演じた。クラインのキャリアもまた、緊密な師弟関係に彩られている。プリュッカーはボン大学で、正教授として物理学と数学を兼任していた。彼の関心は、気体の電離現象の研究から純粋数学上の諸問題にまで及んだ。クラインは当初、実験物理学に魅力を感じたが、プリュッカーはすぐに彼を別の方向に導いた。一八六六年にクラインを助手に任命すると、プリュッカーは解析幾何学分野での自身の研究に彼を積極的に関わらせた。プリュッカーの没後、クラインはゲッティンゲン大学のアルフレート・クレープシュの膝下で研究を続けた。クライン自身の言葉によれば、彼はクレープシュのもとで「科学への深い関心とともに、自らの力への信頼」を見出したという。またクレープシュは彼に、数学の他の中心地で学問的な訓練を完成させるよう勧めた。ベルリンとパリに留学したのち、クラインは一八七一年に、クレープシュのもとで教授資格を取得し、彼の私講師となった。その翌年、師の推薦により、エアランゲン大学に数学正教授として招聘される[16]。

「移動の力学」と専門化

これらの事例から、研究の義務にはさらにもうひとつの現象が伴っていたことが確認できる。すなわち、教授の卵たちには、正教授として持続的な職を獲得する前に高い移動性が求められた。大学研究職におけるこの「移動の力学」[17]は、新しい研究成果の普及と専門性の高度化をさらに加速した。その帰結のひとつは、学問がそれぞれの部分領域に細分化されていったことである。哲学部では、専門学問分野のこの広がりをひとつの屋根のもとに収めることが早々に困難となる。たとえばミュンヘン大学では、すでに一八六五年に、哲学部をふたつの部門(哲学・歴史学系と自然科学系)にわけることにした。数学・物理学ゼミナールの中でさえ、数学者と物理学者は早くもそれぞれ別の道を歩み始める。「ふたつの専攻の結びつきは、時がたつにつれて緊密さを失っていった」という回想が残っている[18]。

一九世紀末三〇年余りの間に、大学は近代的研究センターへとますます大規模に改造される。「いたるところの大学で自然科学の宮殿や寺院が出現し今も生まれ続けているような例は、ドイツを措いて、世界のどの他国にもないのであります」。これは、一八八〇年のベルリン大学でのある祝辞の一節である[19]。変化の原因を、大学改革の内部的な力学のみに帰着できないことは明らかである。ドイツでの科学技術の急速な発展は、多くの人に考察の材料を与えた。「あくことなき追求と競争」が、「資本主義的精神の解放」からもたらされた、という指摘がある[20]。「成り上がり者のような産業主義」が、ほとんど一夜にしてといえるほど突然、ドイツにおける新たな勢力として広がった。他の国では長期にわたる発展を経てできあがったものを、この「遅れた国」は短い年数のうちに力ずくで獲得しようとした。「帝国成立後のドイツほど、一九世紀の支配的な力となった学問と経済に、これほど抑制なしに取り組んだ国はヨーロッパにはほかに存在しない」[21]。

「制度革命」

その初期から第一次世界大戦の破局による崩壊まで、ドイツ帝国の時代を特徴づけているのは、産業化の進展である。若干の数字を示すだけでも、飛躍の様子は明らかであろう。一八七〇年と一九一二年との間で、製造業と手工業の生産は五倍を超える増大を示した。ドイツの鉄鋼生産は、一八八六年と一九一二年の間で一四三五％伸びたが、これは他のすべての工業国をはるかに凌駕している。新たに起こった電気工業は最も成長の著しい部門で、その従事者数は一八八二年には一六二〇人だったが、一九〇七年には一四万二〇〇〇人に増加した。電気技術製品の国際取引で、ドイツからの輸出が一九一三年には全体の過半数を占めた。社会構造の根本的な変化も、同時に進行する。一八七一年にはドイツの人口の六四％がなお地方に住んでいたが、その比率は一九一〇年にはわずか四〇％に減少した。都市部では、社会の最下層で産業プロレタリアートが急増する一方、成長著しい野心的な市民階級がそれに相対していた。彼らは、財産によって、または少なくとも教育によって、より下層の階級との差異化を図ろうとする[22]。

最後にふれた側面が特に、ヴィルヘルム二世の時代が文化的・学術的な伸長期になった要因と考えられる。学生数は、改革の節目である一八一〇年［ベルリン大学開講］から数十年間にわたり一万二〇〇〇人ほどであったが、一八七〇年代に入って急激に上昇し、第一次大戦期までに約六万三〇〇〇人に達する。人口自体が増加したことを考慮しても、この急増ぶりは顕著である。人口一〇万人あたり学生数はおよそ四〇人から九〇人に増えている[23]。同じ時期に、国家が大学および工科大学《テヒニッシェ・ホーホシューレ》に投じた費用は、五二〇万ライヒスマルクから五二四〇万ライヒスマルクに跳ね上がる。プロイセンの支出が全領邦国中で最大だが、これは人口も大学数も最多だったためで、傾向はどの地域も変わらない[24]。学生数の増加は大学のどの専攻にも当てはまるが、最も大きく成長したのは哲学部に属する自然科学系分野だった。国家の学術への出費で最大の分け前を取ったのもこれらの分野である。その中でまず指摘すべきは、大学に自然科学系研究所が設置されたことである。ここに、物理学が成長した何よりのあかしがある。この現象は、ドイツでの物理学発展にとっての「制度革命」であると、適切に形容されている[25]。一八六〇年代から第一次世界大戦までの間、実質的にドイツのあらゆる大学で物理学研究所が誕生した。その中で、最も高価な新研究棟がベルリンに建設された（費用は約一五〇万ライヒスマルク。それに対してミュンヘンの場合は約四〇万ライヒスマルク）。新帝国の中心としてベルリンの優遇は当然とはいえ、帝国首都の眺めだけで、主要な動きがわかるとは限らない。革命の中心ではなく周辺部への波及を観察すると、異なる光からその姿が見えることはよくあるが、これは物理学の場合にも当てはまる。

一八九〇年のケーニヒスベルク

ケーニヒスベルク大学はアルノルト・ゾンマーフェルトにとって、一九世紀半ばごろの「ノイマンによる」あの黄金時代が放っていた魅力とは無縁だった。一八八〇年代になってようやく、物理学専攻以外の学生にも開かれた一般実験講義の受講者が増え続けたことから、大学は物理学研究所の設置に着手した。ノイマンの後継者ヴォルデマール・フォークトは、ゼミナール活動で前任者ほどの成功を収められず、不満足なケーニヒスベルクの職を辞して、ゲッティンゲン大学の正教授になってしまう。一八八六年に研究所が落成、施設の半分ずつを実験系と理論系に割り当てた時、ケーニヒスベルク大学の物理学がかつてモデルだったことなどは単なる昔話にすぎなかった。ゼミナールの運営は、長い中断期のあと、遅々たる歩みでようやく再生した。研究所の半分を占める理論系の施設には不具合があったが、その改善は、学生数が増え、文部省が研究所の予算増額の必要に迫られてはじめて実現する。端的にいえば、制度革命はケーニヒスベルク大学の場合、新時代への華々しい船出というより、荒廃の進行への粘り強い抵抗というほうが実態に近い[26]。そうした状況で、ゾンマーフェルトが理論物理に熱中する誘引はほとんどなかった。彼の関心はそれよりもはるかに、イデアル論に関する私講師ダーフィト・ヒルベルトの講義によって純粋数学に、あるいはまた学生組合《ブルシェンシャフト》のような、当時の学生を引きつけた課外活動のほうに向かったのである[※1]。ノイマンの伝統も、新設された物理学研究所も、ゾンマーフェルトには印象を残していない[27]。

ボルツマンのミュンヘンへの招聘

ゾンマーフェルトがずっと後年に理論物理学の傑出した代表者の役を務める舞台となるミュンヘン大学でも、学生数の増大によってようやく、独自の研究所を持つという物理学者たちの要望が実現する[28]。物理の受講生急増をきっかけに、理論物理学の講座設置への要求も起こった。「実験物理の責任者は、（…）外的な条件のために、理論物理の全範囲を教えることがもはや不可能になっている。とりわけ大規模大学では専攻の職務が多忙で、準備の時間が取れないからである」。当時の哲学部長は報告書でこのように論じた。「それゆえベルリン、ゲッティンゲン、ケーニヒスベルクなどドイツのいくつか大学で、［実験系に加え］理論物理にも教授職が設けられている。同じ理由により、本学でもそのような講座が必要なのである」。同時に、オーストリアの理論物理学者ルートヴィヒ・ボルツマンを、学部当局はふさわしい候補者として指名できた。ボルツマンは、グラーツ大学で実験物理学教授の任にあったが、理論物理担当への転身を希望し、すでにミュンヘンからの招聘を応諾していた。「かくも傑出した教員を本学に迎えることができる好機を逸すべきではない、というのがわれわれの見解である」と、この文書は結論づけている[29]。

一八九〇年にボルツマンを新設の理論物理学正教授に招聘して、制度革命はミュンヘン大学でこの上ない成功の舞台を獲得するかに見えた。物理学の職務分担で理論物理に正教授職を認めるほど進んだ大学は、まだ少数にとどまっていた。一八九四年に新設された物理学研究所は、ケーニヒスベルク大学とは違って、もっぱら実験物理学者の要請からできた施設だが、ボルツマンは大学教授の仕事に加え、バイエルン科学アカデミーのコレクション管理の役職にも就いたので、限られた規模とはいえ、部屋とスタッフと実験設備の便宜を得た[30]。それにより彼の地位は、研究所長に匹敵した。しかし、大成功と見えた制度革命は、ミュンヘンの理論物理学に関しては一時の興奮に終わってしまう。ボルツマンは四年後オーストリアに戻り[※2]、残された資源は他の目的に転用され、哲学部の数年にわたる努力にもかかわらず、理論物理の再興は不発だった。ボルツマンの講座を後継者で埋めるのに必要な予算措置を文部省当局は拒み、理論物理は一八九〇年以前と同様、再び実験物理の厄介な付属物という扱いで、その部分は私講師と員外教授に任された。ようやく一九〇六年になって、ゾンマーフェルトの招聘によりこの事態を克服できたのである。

家父長制的構造

研究所が設置されても、理論物理は実験物理と同格の地位を得たわけではないが、次のような傾向が現れたのは見逃せない。すなわち、学生数の増加が収容力の限界を超えたことにより、職務の分業化が進んだ。理論物理に独立した正教授は置かないまでも、助手と私講師が増員された。一九世紀半ば、ドイツの大学で物理学は通常、正教授ひとりが担当した。そのうちおよそ半数が、私講師ひとりによって補佐されていた。そうした編成のもと、ドイツのアカデミックな物理学の全構成員は、一八六四年にはわずか三四人にすぎない。第一次世界大戦までの時期に、この数字は三倍の一〇三人に増えた。そして、世紀の変わり目ごろに大学と同等の地位を獲得した工科大学の物理学者を考慮に入れると、総計一七一人になる。このアカデミックな研究者・教員の大きな部分を占めていたのは、私講師および員外教授という従属的な地位の人々である。二一の大学で二二人だった正教授職は、第一次大戦までの五〇年間に一一人増えたにすぎない。一方で員外教授は二人から二五人に、私講師は一〇人から四三人に増加した[31]。

言い換えれば、ドイツ帝国のアカデミックな物理学は、拡大期の前にはおよそ三分の二を正教授が占めていたが、のちには三分の二を非正教授職が占めたことになる。「大研究所と、その所長たちの支配権力によって、君主制原理が学者の共和国に侵入してきた」と、ある同時代人はこの構造変化を形容している[32]。マックス・ウェーバーは、有名な著作『職業としての学問』において、大学に新設された研究所のことを「国家資本主義的企業」と表現した。その中では、科学に従事する労働者は「(工場主に対する)工場労働者と同じように、研究所長に依存」しており、「『プロレタリア的な』存在一般がそうであるのと同様に、しばしば不安定な立場」に置かれてしまうというのである[33]。

私講師科目としての理論物理学

制度革命を経て、研究所長として責任範囲を拡大した正教授たちの支配により、当該分野の大学運営は、家父長制的な特徴を強めていく。研究所のボスに従う非正教授職の人々だけではなく、専門分野における価値規範自体が影響を受けた。物理学研究所で特徴的だったのは、単一の正教授職に対して、研究所専有の部屋ともどもしばしば非常に高価な物理学用機器・設備が与えられたことである。ほとんどの場合、装置やスタッフを支配下に置いていることを理論物理より露骨に顕示できる実験物理を優先することを、研究所長たちは選んだ。しかし、特に教育面では理論を扱うことが必要だったので、物理学の家長は通常、自身がはっきりと理論を志向しているのでない限り、その分野を配下の扱いにゆだねた。かくして理論物理は、助手、私講師、員外教授たちの領域となる。彼らは、アカデミックな梯子を登りつめて自分で研究所を運営できるようになるまでは、「プロレタリア的存在」としていやおうなく、この領域を引き受けるほかなかった。

当時の講義要綱を見ると、そのことが裏付けられる。ドイツの二一の大学で、たとえば一八九二年の夏学期と一八九二/九三年の冬学期には二四の実験物理学の講義が行われたが、そのうち正教授でない者が担当したのはわずか三つだけである。同じ時期に行われた二五の理論物理学講義のうち、正教授自身が関わったのは七つにとどまり、圧倒的多数の一八を担当したのは私講師と員外教授である。さらに、通常課程に含まれない理論物理の特別講義（たとえば「気体分子運動論」や「光の電磁気理論」）を除外すると、正教授の占めるシェアはほとんどなくなってしまう[34]。

理論物理学が私講師または員外教授科目という地位に置かれたことは、この分野の社会的な構造形成に深く影響した。理論物理がアカデミックな出世コースの最下段に結びついたことは、さしあたり、期限付きとはいえ理論家の数を増やす結果になった。物理学のもっぱら理論に従事することは、心ならずもそれを担当する多くの者にとって、正教授に招聘されて実験の権限をついに獲得し、理論のくびきから解放されるまでの通過段階と感じられていた。この状況は理論物理にとっては、若くキャリア志向を持った物理学者たちの参入をもたらすが、同時に、理論物理を必要悪とみなす低評価をも招いた。すなわち、器具の清掃や、初心者の実習の面倒を見るのと同じような、およそ研究所で物理をやっていく上で省くことのできない勤めにすぎなかったのである。

ある特殊な傾向のことが、これと関連づけてしばしば喧伝されている。ユダヤ人物理学者は理論を好むという主張である。ユダヤ人が理論物理学者の中で大きな割合を占めていたことは、これを裏付けるように見える。しかし、この現象はむしろ次のように説明したほうがわかりやすい。比較的若くて声望の乏しい分野だった理論物理学は、評価の低かった他の専門科目（たとえば医学分野における精神科、皮膚科、衛生学など）と同じく、確立された分野よりもユダヤ人学生にとって参入しやすかった。彼らがアカデミックなヒエラルキーの頂点に達する道には、潜在的な、または時としてあからさまな反ユダヤ主義が立ちはだかっていたのである。それゆえ、平等という建前にもかかわらず、ユダヤ人は、教授レースで低い順位しか占めることができなかった。ドイツのあらゆる大学のなかで最も多くユダヤ人教授を擁していたベルリン大学では、たとえば一八七五年から一九一〇年にかけての時期に、ユダヤ人教員の比率は私講師で四一%、員外教授で二七%だったが、正教授職では六%にすぎない[35]。私講師の担当科目であった理論物理は、かくしてユダヤ人物理学者にとって、長期にわたって従事すべき仕事になった。これは、非ユダヤ人の同僚たちが正教授に昇進すると実験物理学者に転じていったのと、著しい対照をなしている。そのような次第で、シュトラースブルク〔ストラスブール〕大学ではエーミール・コーンが三〇年以上の長きにわたって理論家として員外教授を務めた。ミュンヘンで理論物理の同じような滞留性を体現したのはレーオ・グレーツである。彼は一八七〇年代には私講師、かつマックス・プランクの学友であった。一八九四年にボルツマンが退任し、ゾンマーフェルトが一九〇六年に招聘されるまでの教授空位期間にはユダヤ人私講師アルトゥール・コルンとのコンビで、員外教授を務めていた。最後には席次順で正教授になるが、独自の研究所とスタッフといった、通常なら正教授職に帰属すべき権威の象徴は与えられなかった[36]。

「アルトホフ体制」

家父長制的構造がドイツ帝国でのアカデミックな営みの特徴になったが、これは個々の研究所レベルだけのことではない。大学は、拡張を続けていつしか「大企業」の様相を呈したが、国家の事業として行政官庁の管理下にあった。国家と大学という関係でも、それぞれの家長たちが主役を勤めていた。その顕著な実例を、プロイセン文部省フリードリヒ・アルトホフ局長のケースが示している。一八八二年の入省〔大学教授からの転身〕より一九〇七年の引退に至る間、五人の文部大臣のもとで、アルトホフの権限は、退職後に四人の担当官を置いて分担させねばならないほどに膨張した。「アルトホフ体制」は、ヴィルヘルム時代の家父長制的スタイルの象徴的具現化と見ることができる[37]。

アルトホフの統治は、プロイセンの諸大学から彼が選び出したキーパーソンとのつきあいからなる広範なネットワークに依拠していた。協力者（腹心、スパイ、助言者、友人など、敵と味方から実にさまざまに呼ばれた）のリストは、大学の多種多様な専門分野にわたって、各地域の最も重要な家長たちを含んでいた。こうした関係のおかげでアルトホフはデリケートな事情にも通じて、招聘人事でその情報をはばかることなく活用した。ある関係者の見解によると、彼は「官職の権力を用いて、彼に依存する者の人格を粉々に打ち砕いた」[※3]。別の人の回想によれば、「われわれは自由人として語り行動することを忘れてしまった。アルトホフの死後でさえ、『支配者への恐怖』におびえて生きてきた。そして国家社会主義がわれわれを『整列』させ始めると、結局は従順に方向転換してしまったのだ」[38]。アルトホフは、目的に役立つと思えば臆面なく昇進と配置転換という手段に出た。専制的な権力行為は、ヴィルヘルム二世時代の政治的路線と方向を同じくしていた。すなわち、「アルトホフが目的としたことは、皇帝や、多くの友人と同時代人の目的に一致していた。その目的とは、ドイツの学術を世界に認めさせることである。彼は、ドイツ、なかんずくプロイセンが学問と大学制度で主導的な地位を獲得・維持することを求めた」[39]。そのために用いたひとつの手段は、学術的マンパワーをそれぞれのローカルな伝統に結びつけて効果を発揮できる場所に、集中的に投入することだった。たとえば、ベルリン大学を古代研究で突出させるよう図った。そしてゲッティンゲン大学を数理科学の拠点に選んだ。

理論物理学の発展にとってこの「アルトホフ体

制」は、とりわけ彼とフェーリクス・クラインというふたりの家長の関係によって重要な意味を持った。クラインのアカデミックな遍歴は、エアランゲンからミュンヘンとライプツィヒを経て、一八八五年にゲッティンゲン大学に至る。この大学でクラインは、アルトホフ支援のもと、理論物理学ほかの応用数理科学分野のために決定的な路線を定めたのである。

フェーリクス・クラインとその努力

アルトホフの個人的な慫慂によりクラインがゲッティンゲンに移籍したことは、彼の野心の矛先が変化するきっかけとなる。それ以降、彼は数理科学の社会的な応用領域と、技術と、数学・自然科学の教職へと次第に関与の対象を移していった。工科大学は一九世紀後半三〇年あまりの時期までは、物理学にとって従たる位置を占めたにすぎない。これが世紀末になって変わり始めた。クラインは、この変化における中心人物として登場する。すでにエアランゲン大学教授就任演説で彼は、工科大学と総合大学との分立に見られる「教育の二分化状態」を遺憾としていた※4。自身の専門である幾何学を彼は、技術的な応用と非常に密接に関連する分野と感じていた。模範としたのは、多数の傑出した数学者の令名によって、基礎と応用とのこの相互関係が躍如としていたパリの理工科学校《エコール・ポリテクニク》である。五年にわたってミュンヘンの工科大学で、機械工学の補助学科としての画法幾何学などを担当したことが、この問題についてのクラインの意識をいっそう高めたかもしれない。技術のためのそうした補助的分野も、彼の考えでは大学にあって然るべきものだった。「われわれがこうした分野を無視して、技術進歩により、もしかして理論面でも追い越されてしまう日が来てしまってもよいのであろうか」。一八八〇年に彼はこのように警告した。その数年後、アルトホフへの報告書でもまったく同じように論じている。すなわち、技術の重要性が増大する状況にかんがみて次のような結論に至ったというのである。「われわれ大学教授はいまや、この技術進歩の動きを主導すべき立場を取るか、あるいはそれを傍観する位置に自らを押しとどめるか、選択を迫られております。私の考えを申しますと、一般的に言えば、工科大学と大学との融合に賛成です。（…）大学には、現代的な専門学問分野を全面的にカバーする努力が望まれます」[40]。

「技術への接近」

科学と技術の統合へのクラインの関与は、彼が科学をどのように理解していたかを知れば合点がいく。科学の目的は「自然を説明することではなく、自然を征服すること」であり、この目的を祖国の利益となるように広めることが自らの使命であると彼は考えていた。その手本は、ドイツの化学である。科学に裏打ちされた技術によって国際的評価が得られることを、この化学という分野が模範的に示したのではないか？　この先例にもとづいて、彼は自分の努力を繰り返し説明した。「大学が化学において有している技術との接触を、物理学および数学でも同様に作り上げることが私の念願であります」。産業界の支援を求める際、たとえばドイツ鉄鋼業協会の事務局長に対して、彼はこのように自らのプログラムを説明した[41]。

しかしながら、クラインのこうした努力に対して、工科大学からも産業界からもほとんど賛同は得られなかった。ゲッティンゲンで産業界のために「参謀本部技術将校《ゲネラールシュタープスオフィツィーレ・デア・テヒニク》」を養成すること、そのためにクルップのような大企業に資金援助を求めるという彼の計画は、クルップの試験所長ほかの人々から役には立たないとして退けられた。この計画に競合関係を見出して、大学とは独自の道を歩もうとする努力が脅かされると感じた工科大学側は、公然と抵抗する姿勢を示した。工科大学を大学と同格化する運動のスポークスマン（アロイス・リードラー）はきっぱりと、「あらゆる機会をとらえて」クラインの計画と戦っていくと宣言した。技術者サイドでの最も強硬な敵対者たちをなだめるために、クラインは一八九五年のドイツ技術者協会の会議において、ゲッティンゲン大学で「上級技術者《ヘーエレ・テヒニカー》」を養成することは断念し、工科大学による工学教育独占を承認した。それでも彼は、技術者運動の「盟友」であると自称し、工科大学についての議論では、彼を庇護したアルトホフに対して熱心な助言を買って出た。世紀の変わり目のころ、工科大学の新設や大学との関係が問題になる時はいつも、専制的なアルトホフの背後に、劣らず専制的なクラインがいて、技術と科学を緊密に結びつけるための策をめぐらせていた。クラインが自らに課したこの目的をはずさなかったことは、たとえば一八九八年のドイツ自然科学者・医師協会の講演での問題提起にもあらわれている。「工科大学を、組織上だけでも大学の工学部として統合することは、金輪際不可能なのでありましょうか」[42]。

大学と工科大学を融合させるという念願は実現されざる望みに終わったが、クラインはゲッティンゲンで彼の努力を数多く実らせた。一八九八年には、「ゲッティンゲン応用物理学・数学振興協会」の設立を果たす。企業家と研究者を組織した振興団体で、応用科学の研究所を大学に設置することと、そのための募金集めが活動目的である。協力者には、ゲッティンゲン大学事務総長エルンスト・ヘプナー（彼もアルトホフの腹心だった）、バイエル染色会社の重役ヘンリー・テーオドール・ベッテインガー（同社創設者の女婿、プロイセン議会議員であり、アルトホフの親しい知人）がいた。アルトホフがこのプロジェクトを支援したのはほとんど当然といえる。費用はかからず、彼が考えていた大学の重点教育項目に一致したからである。「ゲッティンゲン協会」発足前に、ベッティンガーはすでにゲッティンゲン大学に物理化学・電気化学研究所の設置を実現していた。この研究所は、ヴァルター・ネルンスト所長のもと応用分野での成果を通じて、すぐに話題となる[※5]。「ゲッティンゲン協会」の資金により、電気工学と一般工業物理学の実験室新設というさらなる施策が講じられた。いずれの実験室も大学の物理学研究所に付設され、クラインはそれをモデル施設と位置づけた。「ドイツの大学での行動を通じて、工学への接近を意図する幅広い運動を起こすことがわれわれの念願であると宣言した」。それら実験室の設置後に、クラインはこのように述べた。それはもはや、どの方面からも相手にされない革新の孤独な唱道者ではなく、彼の主張を広く取り入れた新しいロビーの代表者としての発言だったのである[43]。

数学および自然科学の授業の改革

産業化時代に大学は技術への接近を果たさねばならないと考えたのと同様、クラインは、学校制度、とりわけ新人文主義的な教育理念のもとで拡大した高等学校も、刷新を要すると認識していた。技術者を「工科大学の独占から」解き放つ動きと同じく、授業の問題についても、改革を唱えたのはクラインだけではない。しかし、いずれの課題でも彼は、アルトホフとの関係のおかげで、遅くに出した改革案に自らの「原理原則」を刻印するすべを心得ていた。一八九二年以来、ゲッティンゲン大学で数学教師のために休暇期間の特別講座を開いて改革派の有力者として名を馳せたのち、一八九四年には、「数学および自然科学の授業を振興する会」のロビー活動に加わった。クラインは、アルトホフに招かれて学校関係者の集まりに専門家として出席するようになったが、そうした催しにはほとんど皆勤して、二〇世紀初頭一〇年間において高等学校レベルの数学および自然科学の授業が近代的な（そして基本的には今日まで維持されている）形式を整えることに尽力する[44]。学校の授業を改善するという課題についても、改革イニシアティヴの核心をなすものとして彼は、「近代の高度化した生活において決定的な働きをしているあらゆる要素を、科学的に十分考慮する」ことを要請した[45]。

クラインの一連の努力はすべて、工学であれ高等学校の授業であれ、この主張と結びついている。同じ考えから、彼は科学組織化のためさらなる活動にも取り組んでいく。アルトホフが提案した『現代の文化』（*Kultur der Gegenwart*）という膨大な叢書の発刊に協力し、その中の「数学の部」編纂を担当した。「自然科学・技術の全文化資産の有効性を、現代の精神的財産の全体像の中で明らかにして、人間活動のほぼあらゆる領域におけるその影響を示すこと」がこの事業の目的であると、自らコメントしている[46]。彼はさらに、さまざまなアカデミーの連合体《カルテル》を作って、大規模な科学事業の母体として機能させることにも関与した。『数理科学百科全書』（*Encyklopädie der mathematischen Wissenschaften*）[※6]はそうした事業のひとつである。ドイツ数学会（クラインはその代表者であった）およびアカデミー連合体による共同の支援を受けて、クラインはこの事業についても「正しい」方向に進むよう心がけた。すなわち、この百科全書は単なる数学全集ではなく、自然科学および技術における数学の応用面を特に強調し、そのことによって、「数学が今日の文化において占めている位置の全体像を示す」というのが彼の意図だった[47]。

クラインのグループには理論物理学者も加わっていた。解析力学や電気力学のような理論物理学の部分領域は、数理科学が技術問題への応用に関わることを模範的に示し、それにより科学と技術の接近というクラインの願望を具現化できる対象だった。このことを、ゾンマーフェルトの場合ほど明確に示した例はない。

ゾンマーフェルトとクライン

ゾンマーフェルトは、ケーニヒスベルク大学で数学の博士論文と高等学校の教職試験を終えて、アカデミックな世界への不確かな遍歴に身を投じる。彼の大学キャリアの始まりは、他の「プロレタリア的存在」と変わりがない。一八九三年にゲッティンゲン大学の鉱物学研究所に助手として着任。「そのころからすでに数学を、そしてこの学問がゲッティンゲンで顕現しているのを横目に見ていた」とのちに書いている。「私のケーニヒスベルクでの学位論文を気に入ったクラインは、ヴイルヘルム・ウェーバー通りの彼のもとに私を通わせ、毎週、一時間をさいてくれた。（…）彼は毎回、自分の書庫から私のガイドになるような資料をサンプルとして提示した。（…）一年後、私は数学教室の助手になった」。若いゾンマーフェルトにとって、クラインが、学問における理想の父親像《ファーターフィグーア》となったのである。一八九五年には、電磁波の回折理論に関する論文で教授資格を取得し、それに続く学期からはほやほやの私講師となり、教師としての才能を証明する機会を得た。その際にも、手本はクラインだった。この人の講義スタイルを彼は絶賛している。「なんという講義であっただろう！　入念に準備され、この上なく印象的な説明で、毎時間がひとつの、スタイルとしても彫琢をきわめる傑作であった」[48]。

「偉大なるフェーリクス」（弟子たちによる愛称）[49]の庇護のもとで、ケーニヒスベルク出身の教授候補者「ゾンマーフェルト」は、次第に応用数学者に変化していった。「復活祭のころから、彼は私が力学の問題に取り組むのを手伝ってくれています」。一八九六年にクラインは、ある同僚への手紙で、この年の特別講義のテーマであった『こまの理論』（*Theorie des Kreisels*）の共同著作を始めたことについて、このように書いている[50]。この講義は当初、教職志望の学生への見本講義として発想されたが、拡張性のある有望なテーマであることから、クラインと彼の野心的な弟子は、これを数年間にわたるプロジェクトに発展させて、成果を四巻本として出版した[51]。ゾンマーフェルトは、たとえば魚雷制御のためにジャイロコンパスの原理に興味を持つ海軍技師との接触を通じて、こまの理論の応用領域を見出した。「ディーゲル氏（魚雷技術者）に宛ててこまに関する手紙を何通も書きましたが」と彼は師匠に報告している。「その分量は論文に匹敵しております。（…）この文通は必ず、『理論の技術への応用』に関して見事な§《セクション》を提供してくれるでありましょう」[52]。

クラインにとっては、彼の努力のこれ以上熱心な演者はほとんど望みえなかっただろう。彼はアルトホフに、この私講師をすみやかに昇進させるよう働きかけた。意外なことに、彼は弟子を大学ではなく、技術的な職業教育を行っていたクラウスタールの鉱山学校《ベルクアカデミー》［現クラウスタール工科大学］のポストにつくよう助力する。「商工省から私どもに、若干名の教授を推薦することが可能か否かの打診が来ております」。このように述べてアルトホフは、クラウスタールの教授職についての照会をクラインに転送した。クラインのほうでは、「ゾンマーフェルト博士なら皆様のご期待に沿うことができるでありましょう」と請合った[53]。しかしゾンマーフェルトにとって、初等数学を教えるのが主な義務であるこの教授職から得たものは乏しかった。クラウスタールでも、彼はクラインのグループとの関係を保った。こまに関する著作以外にもクラインは、自らが企画した『数理科学百科全書』の物理学部分の編纂を彼にゆだねた。かくしてゾンマーフェルトは、師匠とたえず意見交換を続けるきっかけを得た。私的にもゲッティンゲンとの関係が強まる。彼が結婚したのはヘプナーの娘であったが、この人物はアルトホフの知人として、またゲッティンゲン大学事務局長として、クラインに劣らず教員の招聘に影響力を持っていた。ゾンマーフェルトは、一八九九年にアーヘン工科大学に応用力学のポストが空いていることを知ると、不満足なクラウスタールの教授職を辞してアーヘンからの招聘を得るためにあらゆる手を尽くした。この件は岳父ヘプナー、クラインおよびアルトホフによって扱われ、ゾンマーフェルトの満足できる結着を見た。アーヘンへの招聘は、クライン自身の思惑とも一致したので、満足はひとしおだった[54]。

工科大学での教員ポストは一九世紀末になって、数学者と物理学者に新規の就職先を提供した。クラインがミュンヘン工科大学に一時的に在籍し、あるいはハインリヒ・ヘルツのような人物がカールスルーエ工科大学教授に就任したことは、大学の研究者のキャリアとして決して例外ではない[※7]。とはいえ工科大学は、学生数や官庁による予算措置という点で、はるかに大学の後塵を拝していた。それに見合って、工科大学教授の地位も高いものではなかった。物理と数学は補助的科目にすぎず、一八九九年に勝ち得た学位授与権もこれら基礎分野には改善をもたらさなかった。というのも授与権限はさしあたり工学分野に限られていたからである[55]。したがって、研究志向の大学教員にとって「工科大学は、総合大学からの招聘が来るまでの単なる待合室になっている」という慨嘆が、当時の記事に見出される[56]。ゾンマーフェルトも、アーヘンでの教授職を一生の地位とは考えていなかった。しかし、この職務は彼に、単なる待機場所以上のものを提供することになる。後年のアカデミックな物理学への尽力でも、技術的な応用への接近という傾向が、彼の多くの研究に現れる。そして彼の弟子たちにも、理論物理学を応用方面に関連して扱うというスタイルを見ることができるのである。

アーヘンのゾンマーフェルト

アーヘンで得た教授職は物理や数学などの補助的科目ではなく、応用力学という伝統的な工学分野だったので、ゾンマーフェルトの職務は単なる脇役に甘んじるものではなかった。それだけになおさら、技術家たちは、この同僚新任教員（工科大学で工学教育を修めたのではなく、大学で数学教員としてキャリアを開始した人物）を、猜疑心をもって眺めた。ゾンマーフェルトとクラインとの当時の文通からは、こうした不信感と、彼がそれを克服しようと努めた様子が生き生きと伝わってくる。クラインはもちろん、彼の教え子がアーヘンでどのような境遇にあるかを「ぜひ知らせてほしい」と望んだ[57]。そして教え子は、状況報告を欠かさなかった。「ここ数週間というもの、同僚の技術家たちは私という存在への親しみを次第に強めてくれているという印象を、繰り返し抱いております。（…）大半の技術家は、数学と同様に物理の研究についてもほとんど知るところがございません」。このように彼は、アーヘンでの第一学期が終わった時に書いた[58]。ある会議で彼は、「先生のご努力が不信を買っていることに対して、強く反論いたしました」。そして、「同僚技術家たちを前にした模擬講義」の際に、「いま非常に話題を集めておりますディーゲル氏の直進装置の実演」を行った。この魚雷技術者のジャイロコンパスは、説得手段としての役をあらたに演じ、ゾンマーフェルトは「大喝采」を博した。ある技術家はこの催しを、「私とアーヘンの人々との、そしてまた大学と工科大学との相互理解を促進する一歩」であると保証してくれたという[59]。

ゾンマーフェルトは、五年間のアーヘンでの教職によって、技術との関係を多方面にわたって築いた[60]。彼は学生のために精錬所見学会を実施し、ヴィルヘルム二世時代の花形産業であった造船技術との接触を持ち、ドイツ技術者協会のために所見書を執筆した。研究テーマとしては、鉄道車両のブレーキの理論や、機械と橋梁の振動問題、ならびに弾性・剛性理論のさまざまな応用に取り組んだ。自らの最も重要な貢献として彼は、「潤滑剤の摩擦に関する流体力学的理論」をあげている。この理論は「純粋」数学者の揶揄をあびたが[61]、「厳密な扱いが不可能と見えたこの領域でも、数学的・物理学的思考の勝利を導きえたという喜び」をも、彼にもたらしたのである[62]。

これはクラインの言い回しそのものである。かくして、彼がこの野心家ゾンマーフェルトを自らの努力の体現者として、技術家たちの中でしばらく働くのを満足して眺めたとしても不思議ではない。しかし、皮肉というべきか、まさにこのクラインが、『数理科学百科全書』物理学編の編纂にゾンマーフェルトを任ずることによって、アカデミックな物理学への転換を彼に促した。この百科全書の仕事をきっかけにゾンマーフェルトは、特にメジャーな分野ではまだなかったにしても、世紀の変わり目における理論物理の中心人物となる。

『数理科学百科全書』に見る世紀転換期の理論物理学

世紀の転換期における物理学についての統計によると、節目の一九〇〇年時点で、ドイツには総計一〇三人のアカデミックな物理学者がいた。そのうち一六人が理論家に分類されている。他国の数字はそれよりずっと低い。すなわち理論家に区分されたのは、米国で物理学者九九人のうち三人、英国で同じく七六人のうち二人にすぎない[63]。このことから第一の印象としてまず、一九〇〇年ごろにおける物理学という世界の大きさ、あるいはより適切には小ささが見えてくる。ゾンマーフェルトが編纂した『数理科学百科全書』物理学編は、二〇世紀初頭の理論物理学の全体像を、このような量的な観点ではなく質的な面でも、一瞥する契機を与えてくれる。

「主要な執筆者」：ボルツマン、ローレンツ、ヴィーン

ゾンマーフェルトは当初、百科全書編纂という新たな仕事を受けるのをためらった。『こまの理論』の出版でもう手一杯と感じていたからである。そこで彼は、ケーニヒスベルクの学校時代からの古い友人で、物理学者キャリアを開始した時には理論家として認められていたヴィリー［ヴィルヘルム］・ヴィーン※8の興味を、この仕事に向けさせようとした。「この計画が素晴らしいのは、向こう数十年間にわたって規範となりうる叙述を通じて、数理物理学に対して、貴兄ご自身の信ずることをある程度まで刻印として後世に残す機会が得られるということです」[64]。ヴィーンはしかし、この申し出を断った。理論物理にはキャリアの可能性がなく、当時の物理学者の大多数と同じく実験物理によりよいチャンスがあると考えたからである。「理論物理には今のところ買い手がいませんので」とゾンマーフェルトに答えて彼は書いた。「時代の流れを考慮して、純然たる実験研究に専念せねばならないと考えています」[65]。

それゆえ、新しい分野に自ら信ずることを刻印として残す仕事は、ゾンマーフェルト自身のもとにとどまった。彼はまず、ヴィーンが著者として少なくとも、専門である「放射理論」について総説論文を寄稿するよう説得した。さらに、もうひ

「主要な執筆者」：ヘンドリク・アントーン・ローレンツ（左）とルートヴィヒ・ボルツマン（右）。

とつの百科全書論文として、オランダにおける理論物理学の大家ヘンドリク・アントーン・ローレンツとの共著で「光の電磁気学的理論」について書くよう誘った。ゾンマーフェルトとクラインが一八九八年にオランダに出向いて百科全書への協力を取り付けたローレンツの場合に特に顕著だが、ゾンマーフェルトが自己の任務を、同時代の物理学の権威者たちに名前を売る好機とも捉えていたのは明らかである。ローレンツは三編の包括的な論文を書いた。ゾンマーフェルトはそれらを「百科全書の最美なる誉れ」と呼んだ[66]。彼はローレンツに自身の論文の抜き刷りを送るようになり、ローレンツは百科全書編纂者の好意に応えるためアーヘンを訪れ、ゾンマーフェルト一家の心からの歓迎を受けた。彼らの交際は「家族一同」（von Haus zu Haus）に及び、個人的に親しい接触を保った。ローレンツはゾンマーフェルトの第二子を小さな「自然科学者」と優しさを込めて呼んだ[67]。

このように、ゾンマーフェルトは世紀の変わり目の物理学者たちに知られるようになる。彼は、著者たちが必要な点で合意し、また、物理学の記号法を決める際に統一性を保つよう努めた。その際に彼は、とりわけローレンツ、ヴィーン、ボルツマンの意見を尊重した。ボルツマンとは、百科全書編纂の定期的会合で個人的にも面識を得ていたのである。こうした「主要な執筆者」の権威に依拠しつつ、その他の執筆者に対して彼は、論文を書く上で守るべき「原則」を伝えた。「こうすることで、他の連中はもう文句を言えなくなるでしょう」と彼はヴィーンに書いた[68]。

『数理科学百科全書』も『こまの理論』もライプツィヒのトイプナー社から刊行されたが、この出版社は関連分野の科学者集団に対するゾンマーフェルトの顔の広さと人脈を評価し、彼を通じて新たな著者が得られることを期待した。ゾンマーフェルトのクラインへの手紙によると、「私を通じて本が一冊出来上がるごとに、全紙《ボーゲン》〔一六ページ相当〕あたり一〇マルクの報酬を払う」という申し出があったという。「もちろん私の地位と役割は秘密にしておかねばなりません」[69]。最初は受けるのをためらった百科全書の仕事だが、そのおかげで彼は、いまやまぎれもなく、当時の指導的物理学者と討論する喜びを得た。ゾンマーフェルトと執筆者たちとの文通で、議論が未解決の研究上の問題に及び、手紙の形で何ページにもわたる論稿を書くきっかけになることもまれではなかった[70]。かくして、理論物理学の形成に関して、ゾンマーフェルト自身次第に権威となる。

百科全書編纂の仕事を引き受けてから七年後の一九〇五年、アーヘンの応用力学教授ゾンマーフェルトを理論物理学正教授に招聘する話が来るのも、このような事情で、もはや不思議なことではなかった。この年、レントゲン〔一九〇〇年にミュンヘン大学物理学研究所長に就任〕が、名声の重み〔第一回ノーベル物理学賞（一九〇一年）など」を十分活用して、かつてボルツマンが務めたミュンヘン大学理論物理学の正教授職を復活させた。彼の望んだ候補はそもそもローレンツ［第二回ノーベル物理学賞］だったが、彼はライデンの教職への忠節を守って、かわりにゾンマーフェルトを推薦した。ボルツマンも同じく彼を推薦。これだけの支援があれば、百科全書編纂の任にあったこの人が招聘リストで確たる位置を占めるのは自明である。ヴィーンもまた、彼を「ミュンヘンに移植する」というこの招聘話の「主唱者、支援者、庇護者として」活発に動いてくれたとゾンマーフェルトは推測したが、これは見当違いではない[71]。

百科全書によって、ゾンマーフェルトはこのようにボルツマンの遅まきの後任者としてミュンヘンに招聘されるほどの名声を得たが、この新たな地位は百科全書事業にとっても、執筆者の精錬所となる。ゾンマーフェルトはオランダ人ペーター・デバイを助手としてミュンヘンに引き連れて行った。デバイはアーヘン工科大学で工学を学び、ゾンマーフェルトの論文を時折オランダ語に訳した。アムステルダム科学アカデミーで披露してもらうため、ゾンマーフェルトはそれをローレンツに送った。ミュンヘンで、デバイは「定常場および準定常場」に関する論文によって、ゾンマーフェルトの弟子としては初めての百科全書執筆者にもなる[72]。彼は総計七論文の執筆を弟子にゆだねたが、三〇論文、三五人の著者という総数の中で、これは少なくない割合である[73]。

理論物理学の国際的生産性

デバイはオランダ人である。ローレンツと、やはり百科全書執筆者で、特に極低温の研究［ヘリウム液化の成功、のちに超伝導現象の発見など］で有名になっていたハイケ・カマリング＝オネスおよびウィレム・ヘンドリク・ケーソムも同様である。

また若干名のオーストリア人（ボルツマン、ナープル、ヘルツフェルト）。ゾンマーフェルトお気に入りのテーマ「特殊回折問題」を担当したパウル・エプシュタインはロシア出身で、執筆陣の中には英国人もいる（［ジョージ・ハートリー・］ブライアン）。それでは、理論物理学は国際的な分野であると後年しばしば語られるようになるが、当初からそうだったといえるだろうか。

百科全書執筆者は少数にすぎないので、彼らの国籍自体を基準とすることはあまり意味がない。より有効なのは、百科全書の諸々の論文が引用している数百もの文献を国別に調べることである。そこからまず読み取れるのは、理論物理学ではドイツ語が主導的な学術言語だったことである。これはドイツ人でない著者の寄稿分にも現れている。たとえば一九〇三年にローレンツが「マクスウェル理論の拡張、電子論」という総説論文で引用した全文献のうち四七％がドイツ語だった。ついで英語二七％、フランス語一七％、オランダ語九％、イタリア語一％という順になる。英語のうち米国はわずか一二％、それ以外は英国の学術雑誌に掲載された論文である[74]。まったく同様の引用パターンが、ウィーンのふたりの物理学者ボルツマンとナープルの「物質の運動理論」に関する総説論文[75]（一九〇五年）にも見られる。すなわちドイツ語五二％、英語三〇％（うち米国五％、英国九五％）、その他の言語（蘭、仏、伊）一八％である。これらの数字を、二〇世紀初頭における学術の主要言語の分布を全分野にわたって平均したもの（独英仏語がそれぞれ三〇～三五％で、ほぼ同等だった）[76]と比べると、理論物理学が他の学問領域よりもいっそう強く、ドイツで成長した分野であることがわかる。

それゆえ、理論物理学の発展に関してドイツの状況に主眼を置くことは、この分野の世紀転換期における国際的な勢力図と完全に符合する。百科全書の編纂に当たった人々は、ドイツ人以外の著者の協力を得て理論物理学が「国際的財産」であることをアピールしようと努めたが[77]、異なる国々がおよそなりとも同じぐらいのバランスで関与する国際的な学問であるとはまだいえなかった。もちろんこれは、ドイツ人が特に理論を偏愛したことを意味するわけではない。むしろ、ドイツの大学システムの特性がここでもまた現れている。すなわち、私講師科目としての理論物理学が、大学の伝統が異なる他の国に比して、より多くのアカデミックな物理学者を日常的に抱えていたという事情である。

テーマ

一九〇三年から一九二六年にかけて出版された『数理科学百科全書』物理学編の論文は、次のような構成のもとに区分されている。

A　序論：単位と測定、重力

B　熱力学：基礎、熱伝導、工業熱力学

C　分子物理：化学的原子論、結晶学、物質の運動理論、毛管現象、状態方程式、物理化学および電気化学

D　電気および光学：基本法則、マクスウェルの電磁気理論、電子論、電気および磁気静力学、力学的状態変化との関係、定常場および準定常場、電磁波、相対性理論、金属電子論、光学（古典理論）、光の電磁気学的理論、磁気光学現象の理論、放射理論、波動光学、特殊回折問題

E　補遺：固体の原子論、元素のスペクトルにおける系列法則、帯スペクトル、量子統計と量子論

上記のAからDまではつまり、まったく「古典的」なテーマのリストである。同じく古典的テー

マである機械工学、天文学、地球物理学を扱う百科全書第四巻および第六巻を加えると、そのテーマ選定は、当時の理論物理学的な知識の全体像を、「これまでほとんど試みられなかったほど深く、そして広く」[78]示していると主張できた。それに比べれば、「補遺」として編集された若干の「非古典的」論文（すべて一九二二年から一九二五年にかけてのもの）は、主要部分ではない。すなわち、二〇世紀初頭の物理学を、量子や相対性をめぐっての革命的理論と同一視するのは誤りであろう。だからといって、これらの理論が物理学のその後の発展に寄与した大きな役割を見落としてはならないが、当時の物理学の全体像の中では、後日になっての印象ほどには際立った位置をまだ占めてはいなかった。さらに、世紀の変わり目の理論物理学についてしばしば述べられるもうひとつの間違った評言を、当時の状況にかんがみて訂正する必要がある。すなわち、「古典」物理学の世界像は、古典（つまりニュートンの）力学と、それから導かれた運動力学的熱理論、そしてマクスウェルが到達した電磁気現象の理解によってほとんど完結した。理論家に残されている仕事はその成果を用いて何らかの推論を下し、あれこれの現象を全体像の中にはめ込むことだけだという見方が支配的であった、という評言である。

この時代の理論物理学をたどるためのガイドを『百科全書』に求めるならば、まったく異なる情景が現れる。百科全書執筆者たちは完結した全体像の描写を欲求していたけれども、各自の研究領域が絶えざる変化と、新たな問題設定や課題への適応に迫られていることを、強く意識していた。テーマの取り扱い方においても、また当時の物理学者たちの文通の中でも、確固たる基礎を所有していると自ら信じて、それにより個別的推論を導くこと「のみ」に依然として努める「古典家」と、古い理論の脆弱性を意識してラジカルな変革を引き起こす「革命家」との二分化現象は、よく指摘されるほど明確ではない。「古典」から「新しい」物理学への移り行きは、伝統的な研究領域の枠内で広範囲にわたって起こる。そうした伝統領域は、大部分の研究者から、まったく未決着で革新を要すると認識されていたのである。

『百科全書』の「誉れ」とされた仕事のひとつ、ローレンツが論じた電磁気学のテーマを例に取ると、これははっきりする。この領域はまさしく古典物理の花形だった。しかしながら、ローレンツの電子論という姿で、新たな開花期を迎え、一九二〇年代にいたるまでの理論研究で、最も多く論じられたテーマのひとつとなる[79]。電気力学が理論家の関心をひきつけた数十年間を通じて、理論構築の完成には程遠かったのである。このテーマに「けり」をつけていない点では、マクスウェルとキルヒホフの世代も、それに次ぐローレンツ、ヴィーン、あるいはゾンマーフェルトの世代も同様である。この理論を母胎として、相対性理論と原子理論の根源的な問題提起がはぐくまれた。アインシュタインが一九〇五年に発表した相対性理論は、論題（「運動する物体の電気力学」）からして、このつながりを想起させる。ゾンマーフェルトは『百科全書』の前書きで、関連性に直接言及した。「相対性理論に関していえば、この理論の発端は百科全書の電子論に関する論文の編纂ときわめて密接に結びついている。すなわち、この論文（一九〇三年一二月完成）の最後の部分で、ローレンツによって変形可能な電子という仮説〔運動物体の長さが静止系からみて縮むとする「ローレンツ収縮」に由来〕が提唱され、これが初出の文献となったのである」[80]。

金属電子論

「古典的」電子論が、絶えず起こる新たな問題提起に対して未解決であり、その中で長い経過を経てついに非古典的概念も登場したことが、電子論の金属への応用というテーマで特にはっきりとわかる[81]。この問題領域は当時の人々にとって、電子論の最も実り多い応用分野とみなされていた。電子論により金属の性質を割り出すための仮定は、次のようなものだった。すなわち、金属内で電子の一部が原子本体から完全に離れて、金属内を自由にあちこち飛び回り、電子どうしまたは原子本体との衝突にのみ拘束を受けるという仮定である。このような「電子気体」については、一九〇〇年ごろにさまざまな物理学者によって理論構築が行われていた。その際「飛躍の契機」となったのは、ゾンマーフェルトが一九一二年の講演で述べたところによれば、「気体理論がもたらしたデータの翻訳」である。金属電子論は、これによって物質を微視的に記述する試みに新たな刺激を与え、それに応じてまた同時に「スモルーコフスキーとアインシュタインによるブラウン運動の理論や、分子集団についてのペランの考察とともに、気体論的な仮定の明らかな証拠を示した」ものと称された。これは「オストヴァルトをも説得したのである」と、ゾンマーフェルトは原子論への頑強な敵対者だった人※9への当てこすりも付け加えた[82]。

金属の多様な特性に照らしてみると、電子気体理論の成功はどちらかといえば地味だった。金属の高い熱伝導現象と、その電気伝導性との関係（ヴィーデマン‐フランツの法則）が説得的に示されたのがせいぜいだった。「金属内の自由電子という単純な表象に反する経験的事実が存在することに言及しないわけにはいきません」。ゾンマーフェルトはこの理論を学生に説明する時にこのように述べた。なんにせよこの理論は、金属現象の正確な記述というよりは、微視的理論への突破口として、新たなリサーチフロントに道を開いた点に意義がある。「この表象から広がるあちこちの枝に、非常に多くの真実がひそんでいる」ことは、したがってゾンマーフェルトにとって疑いがなかった[83]。かくして金属電子論は、数十年以上にわたって、絶えず新たな接近方法が試され、過去のモデルとの比較を可能とする、アクチュアルな研究領域でありつづけた。のちに量子革命の担い手として物理学史に登場する理論家で、このテーマに関わらなかった者はほとんどいない。ニールス・ボーアは、一九一一年にこのテーマで学位論文を完成した。シュレーディンガー、プランク、およびアインシュタインは金属電子を、彼らが量子統計に取り組む際のテストケースであると認識していた。そしてブリュッセルのソルヴェイ委員会もこのテーマの魅力を認めて、一九二四年にはこれを本題とする会議を招集したほどである[84]。ゾンマーフェルトは、彼の研究所でこのテーマのさまざまな側面を繰り返し学位論文や教授資格申請論文の対象にしていたが、もちろん『百科全書』でも取り上げさせた[85]。

この例や他の百科全書論文が示しているのは、成長期にあった理論物理学という学問が、いかに幅広い問題領域を自らの活動の場であると主張していたかということである。百科全書論文の内容が全体として、一九〇〇年ごろの理論物理学の典型を反映できているとしても、その著者たち自身が理論物理学者であるとは限らなかった。何人かは、百科全書以外の仕事ではむしろ実験物理に従事していた（たとえばヴィーンとカマリング＝オネス）。ほかにも、たとえば空気力学（プラントル）、結晶学（シェーンフリース）、電気工学（ツェネック）など、隣接領域に分類すべき研究者がいる。ここに結実した活発な理論的また物理学的生産性は明らかに、理論物理学が独立した学問としての性格を形成していく幕開けを意味したにすぎない。そこで次章では、理論家のあいだで、新たな分野を担う自覚と帰属意識（「われわれ感情」）が成立する様子を探ることにする。ゾンマーフェルトは、かつてアインシュタインが述べたように、「まるで魔法のように、実に多くの若い才能を呼び寄せた」[86]ので、理論物理学のアイデンティティ形成に果たした役割という点で、特に注目に値するのである。

第二章　ゾンマーフェルト学派の初期

世紀の変わり目のころには、ドイツのほとんどの大学で理論物理の講義が置かれ、博士論文や教授資格申請論文で理論的なテーマを扱うことも普通になった。また、ゲッティンゲンやベルリンのような中心地では、大家に親しく接する機会を求めることもできた。しかし、理論物理学の「学派《シューレ》」という名称が当てはまるようなものは、まだ存在しなかった。ゾンマーフェルトのミュンヘンでの講座が、理論物理学のそうした学派の最初の事例を示している。学派（Wissenschaftsschule）という呼称はしばしば、特定の思想傾向を信奉する人々を一括するための単なる比喩として用いられる。ゾンマーフェルト学派の場合、この言葉はそれ以上の意味を帯びている。カリスマ教師的人格者としてゾンマーフェルトは、おびただしい数の学生を魅了してその圏内に引き寄せた。博士論文の指導を受けた人々、あるいは単にその授業を聴講してキャリアを開始したにすぎない人々もしばしば、後年には好んで自らをゾンマーフェルトの生徒であると称し、理論家として受けた教育の質の高さの証しとした。それが広く認知された様子は、教授招聘人事にも反映している。マックス・ボルンは、彼自身ゾンマーフェルト門下ではないが、一九二〇年代の終わりごろ、次のように証言した。すなわち、ドイツ語圏の高等教育領域における理論物理の教授職で、ゾンマーフェルトの弟子が一〇人以上を占める。いうまでもなくそのほかに、数多くの助手や教師や企業の物理専門家や外国からの留学生がミュンヘンで学び、「ゾンマーフェルト精神《ガイスト》」をいまや世界中に広めている。さらに、「彼の著作から学んだ者の数となると、それよりずっと多い」。[1]

学問の歴史には、成功した学派のあまたの実例が存在する※1。しばしば、新しい専門分野の成立期にそうした集団が勃興して「科学者共同体《サイエンティフィックコミュニティ》」の基礎を形成し、その構成員たちは研究テーマに対する共通の関係によって、一種独特の仲間意識を抱くようになる。[2] それゆえ、理論物理学という枠組みを超えて考えても、ゾンマーフェルト学派の事例は、新しい学問分野の成立を観察するための示唆に富んでいる。

「理論物理の苗床」

ゲッティンゲン、クラウスタール、そしてアーヘンにおいてすでに、ゾンマーフェルトは教育活動を、教授という職業の特に意欲をかきたてる課題であると認識していた。フェーリクス・クラインのもとで「現代的にレベルアップした教育活動」にいちはやく接していたので、クラウスタールの新任教授としてただちにそれを手本とした。しかし、学生からは不興を買うばかりだった。"Quod licet Jovi non licet bovi"（［ラテン語］「ユピテルが行うのを許されることが、牛には許されない」）と、彼は認めざるをえなかったが、意気消沈することはなかった。[3] アーヘン時代に、独自の授業スタイルに行き着く。「偉大なるフェーリクス」の冷静で距離を置いた、完璧を求める方法とは異なり、クラインほど堅苦しくない教授態度で特色を発揮するようになる。ゾンマーフェルトは、学生たちとサイクリングや遠足で工場に出かけた。また、理論の講義に実演を取り入れて変化をもたせることに躊躇しなかった。特に、上級レベルの学生たちとのつきあいでのさりげない会話が、彼の教育スタイルの特徴となる。ゾンマーフェルトは、そうした語らいから自身の研究のために必要な刺激も受けたのである。新しい理論は、論文にする前に、弟子たちのごく限られたサークルの中で、過酷な反論にも耐えねばならない試練を経る。そうした折には、実に遠慮のない雰囲気で議論がなされたと、最初の助手であるペーター・デバイは回想している。[4]

アーヘンではゾンマーフェルトの生徒は工学を専攻する学生だった。ミュンヘンへの移籍により、彼ははじめて、自分の個人的スタイルを理論物理学分野で表現する可能性を得た。「私は当初から、ミュンヘンでゼミナールとコロキアム活動を通じて理論物理の苗床を設けることに努め、そのために労苦を厭わなかった」と、彼は回想記事で書いている。[5] ここでもやはり、大学の業務以外でも、学生たちとの直接的な対話を継続した。「シュリーア湖やテーゲルン湖への、素晴らしい日曜日の遠足の数々を学生のわれわれが楽しめたのは、ゾンマーフェルトのおかげである」と、パウル・エーヴァルトは回想している。師匠のミュンヘンでの初期数年間を共に過ごした彼は、ゾンマーフェルト一家の親しい友人となった。「のちには、こうした日曜日の遠足に加えて、より長期にわたるスキー遠征が復活祭のころに行われた。朝、二〇人ほどのスキーヤーの長い列が山を登っていく。しばしば、対になって進んでいる者どうしが熱心に議論をする。息が持つ限り歩きながら、あるいは立ち止まって議論を続ける者もいる。会話のとぎれとぎれの断片が、山の斜面を過ぎていく――六元ベクトル、光電効果、アインシュタイン、変位則、$h\nu$――そして、耳をすませている者には、彼らを興奮させているものが何か、おぼろげにわかるという具合だった。夕方、みんなが石油ランプの赤みを帯びた光のもとに集まっての夕食とな

ゾンマーフェルト学派の週末プログラムだったスキー旅行。

る。その後、より真剣な問題についてゾンマーフェルトと話し合える時間が訪れる。紙と鉛筆が欠かせなかった。（…）私は、当時のルートヴィヒ・マクシミーリアン大学〔当時も今も、ミュンヘン大学の正式名称〕の正教授で、ゼミナール参加者や博士候補学生に対して、これほど親密な集まりを提供した人をほかに知らない」[6]。

ゾンマーフェルトの講座のもとで、理論物理学の注目すべき学派が実際に成立しつつあることは、外部の者にも認識されていた。たとえばアインシュタインは一九〇八年一月（このころはまだベルンの特許局に勤務）、ミュンヘンにあてて次のように書いた。「〔貴兄ほど〕オープンで同時に親切な物理学者に、私はまだお目にかかったことがありません。（…）正直に申しまして、ミュンヘンにいて時間がありましたならば、私は喜んでご講義に列して、私の数学的・物理学的知識を完全なものにしたいと思うことでしょう」[7]。二〇世紀初頭の物理学者たちの小さなサークルの中で、ミュンヘンの「理論物理の苗床」の名声は急速に広まった。マックス・プランクがキルヒホフの後継者としてドイツにおける理論物理学を代表する最も名高い地位を占めたベルリンと並んで、いまやミュンヘンはこの分野を学ぶ場所として高い人気を博する。プランクの教え子だったマックス・フォン・ラウエは、教授資格申請論文を完成するため、一九〇八年にゾンマーフェルトのもとにやって来た。ゾンマーフェルトは、教師としての自らの吸引力を十分に自覚していた。そしてまた、弟子のための奨学金やポストの割り当てに関与している行政当局との巧妙な折衝を自家薬籠中のものとした。そうした際に、弟子の資質をうまくアピールする紹介状をしばしば書いたことが知られている。彼は通常、ポストの割り当てを所管する招聘委員会が判定を求めてきた時には、その委員会に紹介状を直接送ることにしていた。時として、そうした紹介状をより上位の行政レベルにも送った。たとえば、一九〇七年から一九〇九年にかけてミュンヘンで学んだギリシャ人デミトリオス・ホンドロスの場合である。ゾンマーフェルトはホンドロスを、彼の「教え子および友人」として、アテネの教授職のためにギリシャの首相にじかに推薦した。その際次のように述べた。「この人ほど科学の高みに達しうるギリシャ人物理学者は二人とはおられないことと確信いたします。(…)名高い同僚でありますレントゲン氏はホンドロス博士の学位論文審査を行いましたが、氏も、貴国の官庁がお求めなら博士についての専門所見書を提出する用意がございます」。ゾンマーフェルトは彼の「有望な教え子」のための紹介状を次のように締めくくる。「かつてあらゆる学問の母体であった御地で、私どもの共通の科学が然るべき代表者を持つことを念願しつつ」[8]。

教師としての巧みさと、徹底した対話によって学生たちを魅了した研究方法と並んで、弟子がキャリアを築くためのこうした献身が、学派創設者としてのゾンマーフェルトの第三の本質的な特徴である。彼の紹介状や所見書は、理論物理学という新しい学問分野における明確な指針なり評価基準が未確立だっただけになおさら、大きな意味を持った。理論物理の講座を置くことや、そのための設備や候補者人事が他所で話題になる時、このミュンヘンの「苗床」の実例自体が、まさに何よりの基準となった。この実例がなぜそれほどの共鳴を呼んだのか。それを知るためには、ゾンマーフェルト学派が従事していた研究領域を一瞥しなければならない。どんなに才能ある教師であり、どんなに活発なオルガナイザーであっても、現在の科学的問題の研究で成功しなければ、同分野の研究者たちの関心をひきつけることは不可能だからである。

X線※2

ゾンマーフェルトが、多くの研究者の注目を彼および彼の学派に向けさせた最初の研究テーマは、X線である。この神秘的な放射線は一八九五年の発見以来、関心を呼び続けた。当時のグラフ雑誌は、X線を照射した手や足や小銃の筒やその他の物が写っている「幽霊写真」のセンセーション効果を飽きもせず追求した。[9] この放射線の本性は、あらゆる努力にもかかわらず謎のままだった。他のどこよりも強く、レントゲンの研究所にいたミュンヘンの物理学者グループの中で、このテーマは特別の挑戦と感じられていた。それだけに、この実験的成果に理論的根拠のある説明で決着をつけることについて、新たに招聘された理論物理学者への期待も大きかった。

ゾンマーフェルトにとって、X線というテーマはまったく新しいものではない。一九〇〇年ごろに彼は、自身の教授資格申請論文（「回折の数学的理論」）の成果を、X線インパルスの回折（「エーテルとの衝突現象」）の記述にも利用できるような拡張を試みた[10]。電磁気現象の理論に関するローレンツとヴィーンの百科全書論文を編纂する際にX線は由々しき問題であり、これをゾンマーフェルトは著者たちと議論した。「レントゲンによる発見から一〇年もたって、X線がいったい何なのかがいまだにわからないのは、そもそも屈辱的です」と、たとえば彼は一九〇五年にヴィーンあての手紙で、このテーマに関する最近の研究についての長い議論の後にこのように書いた[11]。X線理解の鍵を、ローレンツ、ヴィーン、そしてゾンマーフェルトらは、電子論の中にあると見た。この領域についてゾンマーフェルトは、ローレンツの百科全書論文の編集者としてばかりではなく、自らもまた研究論文（ただし成果はさほどでもなかったが）により接近を試みた[12]。これは彼の一九〇六年以前の活動の一部を占めたにすぎないとしても（アーヘン時代の仕事は大部分が技術分野にあった）、この経験は、ミュンヘンの物理学者の日々の話題となっていた主題領域に踏み込むことを容易にした。

アーヘンでは副次的な仕事にすぎなかったものが、いまや彼の主要な問題となる。ゾンマーフェルトはミュンヘンの同僚たちの期待に、実に喜んで応じたのである。レントゲンの実験技芸に並ぶような理論面での成果をあげること。野心的な理論家にとってこれより強い誘因は、理論物理が実験物理に比してポストにともなう地位と設備という点ではるかに後塵を拝した時代に、ほかにはまずありえなかった。相応の自負を抱いて、彼はミュンヘンのポストについたのである。「レントゲンと一緒であることをうれしく思っています」と彼は、招聘されて程ないころヴィーンにあてて書いた。「彼は、学問的にも役職上でも、とても親切に接してくれます」[13]。レントゲンの私講師だったアブラム・ヨッフェは回想記で、ゾンマーフェルトがレントゲンを中心とする実験物理学者グループとよい関係を築くことに意欲満々だった様子を描いている。「経験を積むために、彼は毎日二時間ほど私の研究室であれこれを見聞したいと要望した。そのかわりに私は、昼食後にわれわれが毎日物理学的問題について議論しているカフェに来ることを彼に提案した。彼特有の律儀さでゾンマーフェルトは毎日午後一時ごろから、カフェ・ホーフガルテンに現れた。そこは一種の物理学者クラブのようなものになっていて、化学者や結晶学者も加わり、研究上で発生した問題について毎日議論が行われていた」[14]。

ミュンヘン移籍後のゾンマーフェルトの最初の諸論文を見ると、新しい環境への適応がホーフガルテンカフェの物理学者クラブでの議論に尽きるものでなかったことがわかる。彼はアーヘンで始めた電子論についての考察を新たに補強し、バイエルン科学アカデミーで報告した[15]。「ゾンマーフェルトが来て、よき同僚であり協働者である人を獲得できたと存じます」。レントゲンは友人にこう書いた。「私は再び熱心に物理学的な事柄を語ることができるようになりました。そして聴講者は、彼のマクスウェル理論および電子論の講義に非常に興味を示しています」[16]。この分野における最新の研究の中には特に、アインシュタインの業績「運動する物体の電気力学」[特殊相対性理論]があった。一九〇六年一一月に、ゾンマーフェルトはヴィーンにあてて書いている。「いまアインシュタインを勉強していますが、非常に感銘を受けています」[17]。その後程なくして、アインシュタインの「電気力学の相対性理論」への自分の感激を、ドイツ物理学会およびドイツ自然科学者・医師協会でも表明している[18]。同時に彼は、こうしたテーマに関してアインシュタインとの活発な文通を開始した。

制動放射

ゾンマーフェルトは電子論にたずさわることによって、高速で動く電子に物質内でブレーキがかかって生ずる電磁波が、X線の本性であると確信するにいたった。彼は一九〇八年にこの表象を、X線の非等法的分布を説明することができる理論に仕立てた[19]。アインシュタインはこれに感激して反応した。「X線のさまざまな方向に対するエネルギー分布についての貴兄のお仕事ほど、物理学でこれほど強い印象を与えてくれたものは久しくありませんでした」。それに関連してアインシュタインは彼特有の流儀でただちに、このテーマが新たに起こっている量子に関する議論にとっても重要であるという考察を結びつけた。X線がかくして古典的な電磁波であるとするならば、と彼は問題設定を転回した。光電効果［物質が光を吸収して電子を放出するなどの現象］に際して、X線を照射された金属板はどのようにして、「X線球面波の断片を節約して蓄積し、電子の子供たちのうちの一個がX線を生成させるほどの強度で空間に旅立つことのできるエネルギーを、その電子に与えること」[20]に成功するのであろうか。

かくしてこのテーマはゾンマーフェルトにとって、光電効果におけるX線の役割と量子の問題に徹底的に取り組むきっかけとなった。制動放射の理論では量子仮説はなんら必要とされないことを彼は示したが、X線の起源は制動放射だけではない。X線にはもうひとつ、陽極物質の原子の種類にのみ依存するものがある。すなわち、蛍光放射または特性放射である。制動放射理論においてゾンマーフェルトは、蛍光放射の部分を除外し、「これについてはプランクの作用量子が役割を果たしている」[21]という推定を述べた。それ以降の研究で彼は、いまや作用量子を中心に据えたのである。一九一一年に、第一回ソルヴェイ会議[※3]とドイツ自然科学者・医師協会の会議で、彼は活発な議論が行われることに尽くした[22]。こうした試みは、「他の時期尚早な量子論的アプローチとともにやがて棚上げにされた」とのちになって自身で認めているのだが[23]、それでも、X線がミュンヘン時代の初期におけるゾンマーフェルトの一種主要なテーマであることをあらためて物語っている。「かくして、X線の特異な性質についての問いが充満している、といった雰囲気の中でわれわれは仕事をしていた」と、このころゾンマーフェルトの私講師となったマックス・フォン・ラウエは回想している[24]。

　一九一二年に、ゾンマーフェルトはさらにX線理論に関する論文を書いた。このたびは、一つのスリットでのX線回折現象が記録された諸実験に刺激を受けての研究であっ

九柱戯（ボウリング）場に集ったミュンヘンの物理学者クラブ（1912年）。ゾンマーフェルト研究所の歴史における「最も重要な科学的出来事」を実現したマックス・フォン・ラウエ（左端）とパウル・エーヴァルト（右端）。

た。ゾンマーフェルトは、レントゲンの助手の一人に、あまり鮮明ではない写真乾板を精密測定にかけるよう促した。というのも、それによって「パルス幅」を決定する可能性があると期待したからである(彼は、制動放射の波束を構成している波の波長の大きさを見積もっていた)。黒い部分が広がっていることのみが観察され、単色波に典型的に見られる回折の最大値と最小値が観察されなかったので、ゾンマーフェルトはそこに、観察された回折効果において特性放射が役割を果たしていないことの証拠を見た[25]。

結晶におけるX線干渉の発見

これが、ゾンマーフェルト研究所の歴史における「最も重要な科学的出来事」[26]の背景となった。すなわち、結晶回折におけるX線の干渉現象である。ゾンマーフェルトの計算が示したのは、X線の波長が結晶における原子間の最短距離と同等の長さであるということであった。このことは、彼の私講師ラウエに、結晶をX線にとっての三次元回折格子として用いることを着想させた。皮肉なことに、自身の最近の研究成果からゾンマーフェルトには、ラウエにこの考えを断念させる十分な根拠があった。スリットの実験が示したように、単色光の特性放射では干渉効果は予想されなかったからである。ならばましてや、入射してくる放射線が制動放射により雑多な長さの波長を持っているところで、干渉モデルが導かれるというのか？　ラウエはしかし、自身の考えを捨てなかった。一次放射によって生ずる結晶の特性放射線が自ら干渉現象を引き起こすという誤った仮定のもとに、ゾンマーフェルトの意向に反して彼の助手を説き伏せて、ゾンマーフェルト研究所の地下室に回折実験の装置を作らせ、干渉現象を追跡した。期待した結果は現れず、彼はさらに、レントゲンの助手をもう一人巻き込んだ。しかしその後も、ラウエの仮定に基づいて考案された実験は干渉現象を示さなかった。いよいよあきらめようとした矢先に、実験者の一人が、「写真乾板上に少なくとも何らかの物が写っているのを見るために」実験のやり方を変えた。「そして大発見が行われたのである」[27]。

「理論物理の苗床」が実験研究における発見の舞台となったことは逆説的にも思われる。この実験がなぜゾンマーフェルト研究所で行われたのか。それへの答えは、ゾンマーフェルトが就任した講座の伝統に帰せられる。一九世紀において、ミュンヘン大学の教授の多くが、バイエルン科学アカデミーの役職をも兼務するのがきまりとなっていた。前任者のボルツマンも、アカデミーが管理する数学・物理学用具の国有コレクション監督の役割を担った。この役職にはスタッフと施設が付随していた。ゾンマーフェルトも、一九〇六年の招聘に際して、この付加的任務を引き受ける。しかし、彼の研究所が完成したら、すべての任務をひとつの屋根の下で行えるよう取り決めた。そこで一九〇九年に研究所の建物が入居可能になった時、地下室に独自の実験ができる施設と、二人目の助手および技術者一人のポストを獲得する。ゾンマーフェルトはこれを副次的な仕事とは考えなかった。計画段階からすでに、レントゲンが旅行していた際、ヴィリー・ヴィーンに将来の実験施設の最適な配置について相談した[28]。さらに、助手の追加的ポストには、理論家などではなく、レントゲンのもとで学位を取った実験物理学者ヴァルター・フリードリヒを据える。ゾンマーフェルトのような理論物理学の決然たる先駆者ですら、純粋な理論の威力だけをもっぱら頼りとしたわけではないのである。当時はまだ、物理学者たちの意識の中では実験のほうが理論より評価が高く、そのことが「ラウエの実験」でも示された。これによって得られた声望は、ゾンマーフェルト研究所がそれまでに達成した理論的な諸成果にまさっていた。

これに劣らず逆説的なのは、誤った仮定を動機とする実験が、X線についての成果豊かな伝統の大勝利として賞賛を勝ち得たことである。ラウエの理論は、三次元回折格子になるという結晶の特性に合致はするものの、その後もほとんど一年間にわたり、これはX線放射の単色成分の干渉であるという誤った仮定にとらわれていた。しかし実際には、多色性の制動放射から、結晶によって定まる波長のものだけが選択される。これが干渉の原因である[29]。「こうした事柄について一般的には、功績と偶然との関係を詮索するのはつつしむべきですが」と、デバイはゾンマーフェルトへの手紙でこの発見についてコメントした。「ひとつだけ言わねばなりません。先生が長いあいだX線に関心をお持ちでなければ、そして研究所の資源を自由な利用に供していなければ、さらに、お考えを誰にもオープンに示すという姿勢がなかったならば、ラウエにこの着想は生まれなかったでしょうし、またとりわけ、成功する上で不可欠の、実際的な訓練を受けた協力者たちが得られることもなかったでしょう」［デバイはゾンマーフェルトに対して、"Du"（親しい間柄を表す二人称表現）を用いている］[30]。

国内でも外国でも、「ラウエ・ダイアグラム」はただちに、大きな興味をもって吟味される対象となる。結晶構造を調べるための、まったく新しい方法がこれによって得られたことが明らかだったからである。結晶の種類に応じて、異なる干渉パターンが現れる。「ラウエ・ダイアグラム」は、個々の結晶の構造を示す証拠になったのである※4。世界中で、ミュンヘンの発見を検証するための実験がただちに行われた。この新しい現象の正しい理解を求めて、国際的な競争が始まった。ラウエの説明は、多くの人々に疑わしく思われたからである。たとえばマンチェスター大学でアーネスト・ラザフォードの助手を務めていたヘンリー・モーズリーは、発見の半年後に講演でミュンヘンの実験について語り、その際にラウエの誤った説明を訂正した。「放射線を結晶に通すドイツの新しい実験についておもに話しました。この仕事を行った人々は、その意味するものをまったく誤解し、明らかに間違った説明を与えていました。ダーウィンと私は、骨の折れる仕事の末に、本当の意味を見出したのです」と彼は、一九一二年一一月四日に母親にあてて書いた[31]。同じころ、ケンブリッジ大学のふたりの物理学者（ウィリアム・ローレンス・ブラッグとウィリアム・ヘンリー・ブラッグの父子）がX線干渉についての説明を公表した。彼らは回折現象を、結晶内の一群の格子面に一次X線が反射した結果であると解釈した。これによって初めて、一次放射のさまざまな波長に対する結晶の選択的作用が説明された。すなわち、回折の角度によって異なる波長との干渉現象を引き起こす作用である（「ブラッグ条件」）[32]。結晶は、X線の「白色光」からほとんどあらゆる任意の波長の単色X線を分離し、そのことによって、ちょうどプリズムが可視光線に対するのと同一の役割を、X線に対して果たしている。モーズリーは、これによって原子物理学にまったく新しい可能性が開けることを最初に認識した一人である。「X線というテーマ全体が、素晴らしい開花期を迎えようとしています」と彼は、一九一三年五月に母親にあてて書いている。「そこに、分光学のまるごと新しい支流が開けて、原子の本性について多くのことを明らかにしてくれるはずです」[33※5]。

X線はかくして、ゾンマーフェルト研究所の発見によって新たなアクチュアリティを得た。ゾンマーフェルト自身は当初この実験に懐疑的だったが、この主題から新しい研究の方向性を創出することに全力を尽くす。「ゾンマーフェルトが大きな関心を持ってくれたおかげで、研究所の豊富な資金を使って研究を続けることができた」と、彼の助手は回想している[34]。ゾンマーフェルトの弟子たちは仕事の方向性という点でそれぞれに違いがあったのだが、いまやX線というテーマが、この学派の独自の個性を発揮しうる優先的研究領域となる。デバイは、結晶内原子の熱運動がX線干渉に及ぼす影響を分析し、スイス人物理学者パウル・シェラーとともに、不規則な配列を持つ結晶における干渉現象も分析できる手法を発見した。彼はその後、とりわけ液体および気体分子におけるX線回折を研究した[35]。エーヴァルトは、X線干渉現象の「動力学的理論」によって教授資格を取得し、結晶構造解析という新しい分野の国際的な権威になる[36]。ラウエは一九一四年にブラッグ親子とともにノーベル賞を受賞した※6。彼にとってもまた、X線は長きにわたる研究テーマであり続けた[37]。

新たな研究方向のための宣伝

ゾンマーフェルト自身もこの時勢の恵みを活かして、機会あるごとに、X線の宣伝効果を通じて彼の学派が生んだ諸成果を際立たせようとした。発見のわずか二～三週間後にラウエをチューリヒ大学の教授職に推薦した時、ゾンマーフェルトは、「私どもすべてに息つく間を与えなかった……干渉現象の素晴らしい撮影」にもちろん言及した[38]。彼がそのような賛辞を呈したのは、招聘案件に際してばかりではなかった。たとえば一九一三年七月、教師たちへの講演で「ラウエの見事な着想」、そのおかげで「数多くのX線管が［さかんな研究のため］消尽されることでしょう」と述べて賞賛した時[39]、彼の当初の否定的な態度をうかがわせるものはもはや何もない。それまでゾンマーフェルトは、通俗的な雑誌には時折しか寄稿しなかったが、いまやそれが普段の勤めとなる。科学に関心を持つ幅広い読者層のために新たに創刊された機関誌である『ナトゥーアヴィッセンシャフテン』(*Naturwissenschaften*)〔自然科学〕※7に加えて、彼はX線をテーマとした記事をさまざまな雑誌に発表した。たとえば、『ミュンヘン医学ウィークリー』、『ドイツ技術者協会雑誌』、『数学・自然科学授業雑誌』などである。日刊新聞との接触にも躊躇なかったのは、『アルゲマイネ・ツァイトゥンク』や『ドイツ・レビュー』に彼の記事が載ったことが示している[40]。こうした刊行物でめざしたのはただひとつ、宣伝を行うこと。なぜならば、当然ながらこれらの記事は、新たな研究成果を告げる第一報に替わるものではなかったからである(そうした報告は、物理学分野の学会誌に載った)。かくして専門家たちのサークルを超えて、ゾンマーフェルトとその学派の名は、世間の注目を集める領域にX線がもたらした急激な進歩と結びついたのである。

そうした際にゾンマーフェルトが時流を斟酌して、新たな発見の近寄りがたい科学的内容を門外漢にも親しませようとした様子を観察することは示唆に富んでいる。「放電管の陰極は機関銃にたとえることができます。弾丸の代わりに『電子』が、猛烈な速度で放出されます」と彼は、第一次世界大戦中に赤十字ドイツ婦人協会で、X線管の中で起こる出来事について説明した。その作用が、「われわれの野戦病院で、数えきれないほどの重傷者の役に立っております」。このように述べて、彼はテーマについて触れる。「レントゲン放射線で未知のXの最後のヴェールは、ようやく一九一二年になって、フォン・ラウエの素晴らしいアイディアのおかげで取り去られたのです。彼は私の実験室で、フリードリヒおよびクニッピング両氏の協力のもとにこれをなしとげました」。彼はこの発見を、他のドイツ人物理学者たちが行った一連の成果の列に加えた。たとえばハインリヒ・ヘルツは、電磁波によって「世界を結ぶ交通手段の、そして同時に、国家防衛のための重要な兵器の」基礎を築いた。同じく、相対性理論の領域で「使者アインシュタインが予言者的能力をもって予知した」こと、また、プランクが「量子論の創造者として」なしとげたこと。「これらを私たちは、ドイツの哲学的精神の発露と呼んでよいでしょう。この精神は、詩人《デイヒター》と《ウント》哲学者《デンカー》を誇る国民に伝わり、いかなる国も私たちと争うことのできない譲渡不能《ウンフエアオイサーリヒ》な遺産なのであります」[41]。

　その際ゾンマーフェルトは、彼自身と彼の学問を同時代者に紹介するにあたって国民的情熱に訴えたが、ドイツ技術者協会の雑誌ではX線の技術的な意義を特に強調した。「ドイツの野戦病院で比較的大きなところではおそらくどこでも、作業能力の高いレントゲン科が設けられ、負傷者の世話をX線による事前検査なくして全うすることはもはやできなくなっている」。レントゲン自身は「輝かしい技術の創造者として」、持ち前の謙虚さから次のような点でも進歩への偉大な尽力を果たした。すなわち、「この領域で特許による制約を設けず、彼自身の発見から得られる直接的な利益を放棄したのである」。一九一五年、レントゲン生誕七〇周年にちなんで書いたこの論文でも、「ラウエ教授の素晴らしい着想」への言及がある。ただし、ゾンマーフェルトはこれを、彼のかつての私講師への賛辞にとどめなかった。彼はさらに、技術者である読者層に対し単刀直入に、この発見がまったく新しい応用領域への幕開けであることを告げる。「いまやX線の構造を結晶格子によって測定することが可能であり、また逆に、結晶学者たちの最も難度の高い望みをも上回って、X線の波長から結晶格子を測定することが可能なのである」[42]。

　まさに第一次世界大戦のさなか、ゾンマーフェルト研究所を世間に知らしめる上で、X線ほど宣伝効果を発揮した領域はほかにありえなかったであろう。工学のほかでは特に医学で、X線分野の革新的成果が大きな注目を集めた。ゾンマーフェルトは、たとえば医学の専門誌『放射線療法』(*Strahlentherapie*) のために書いた論文を次のように始めた。「本誌編集部は私に、ラウエの素晴らしい着想がきっかけとなった偉大な科学的潮流についての論文を所望された」。つまりそのイニシアティヴはもっぱら、X線に関心を示した受信者たる医学側自体にあったのである。この関心に対して、自身のテーマをそれぞれの受け手の利益にとっても高度なアクチュアリティを持った対象であるように紹介するゾンマーフェルトの能力が発揮された。『放射線療法』誌の場合、ゾンマーフェルトは彼の論文を「結晶干渉方式から見た医学的レントゲン写真」と題した。そして、戦時下にあってゾンマーフェルトの叙述は、とりわけ次のような理由で、医学に興味を持つ読者の注目を惹いたことであろう。つまり、X線に関する最新知見の事例として人間の体のX線撮影を取り上げ、弾丸が骨の中に入りこんでしまった様子を披露したのである[43]。

X線はしかし、宣伝に役立っただけではない。モーズリーが一九一三年に予言したように、それは、分光学のまったく新しい支流を開いて、原子の構造の研究を可能とした。X線は、「原子の内部を調べるための真の道具」[44]となった。このころ、ゾンマーフェルト研究所では、原子構造の理論が新たな花形テーマに成長した。X線の場合には、ゾンマーフェルトは既存の伝統に敬意を払ったにすぎないとすれば、「原子構造とスペクトル線」というテーマでは、彼自身が理論物理学の新しい伝統の創設者となったのである。X線を通じて、第一次世界大戦時にゾンマーフェルト研究所は、外部に達する知名度と賞賛を得た。原子理論によってゾンマーフェルト学派は、独自のスタイルと独自のアイデンティティを持った理論家グループとしての、内部的結束を強めた。この結束は、ゾンマーフェルトをめぐる小さなグループに、新しいエリート物理学者集団であるという自己意識をもたらした。

原子構造とスペクトル線

原子理論も、ゾンマーフェルトおよび同時代の人々の視点からはさしあたり、まったく新しい主題領域というわけではなかった。X線のような不思議な現象ですらごく自然にマクスウェルの電気力学で解釈できることを、制動放射の理論が示した。ならば原子の光についても、マクスウェルーローレンツの電子論による電子の運動で理解できないなどということがあるだろうか？　長い間、スペクトル線は物理学者、天文学者、そして技術者たちの注目を集めていた。星の構造の解明や、あるいは単にランプの高品質化ということまでが、スペクトル線には期待されていた。スペクトル線の測定は十分に確立された実験科学であり、理論的研究も数十年にわたって、量子という観念を抜きにして発展していた。ローレンツ自身がすでに世紀の変わり目より前に、ゼーマンによって観察された磁場中のスペクトル線の分裂現象を根本的に説明したのではなかったか？　それゆえゾンマーフェルトのような電子論の達人にとって、古典的なお好みの領域の応用例としてこれを原子にも当てはめるのは、なんら奇異なことではなかった。

スペクトル理論と集中的に取り組むきっかけは、チュービンゲンの実験物理学者フリードリヒ・パッシェンが、彼の研究室の博士候補学生であったエルンスト・バックとともに一九一二年に得た、ゼーマン効果に関する新しい測定結果にあった。新たな研究結果を取り上げる時にしばしばそうだったように、ゾンマーフェルトはこのテーマについてもまず、彼の学生・同僚からなる小さなグループの中で言及。一九一三年の一月と六月、ミュンヘンの物理学者たちが定期的に集まって新しい研究成果について議論する場である「水曜コロキアム」で、これについて報告した[45]。関連する最初の論文で説明しているように、彼が示したかったことは、「パッシェンとバックの結果の最も本質的な部分を、ローレンツ理論の本来的意味において、最も単純な仮定から理解できるようにすること」[46]である。この言明にしたがって、ゼーマン効果についてのヴォルデマル・フォークトの理論の単純化も行った[47]。「しかしながらその際、フォークトも私も、プランク定数hや量子についてはまだ話題にしていなかった」と彼はのちに回想して書いた[48]。

このような状況で、スペクトル線について後日のあらゆる理論の基礎となるボーアの原子模型が、ゾンマーフェルトの格別の注目を呼び起こした。「貴兄の大変興味深い論文のご恵贈、まことにありがとうございました。すでに*Phil(osophical) Mag(azine)*を読んで勉強させていただいたところでした」と彼は、一九一三年九月四日にボーアにあてて書いた。ボーアのモデルによって、あらゆる原子スペクトルで規範的な単位として現れる基本量であるいわゆるリュードベリ定数を、簡単な方法で計算できた。「そもそも原子模型というものに、当面なおいささかの懐疑を抱いているのではありますが、その定数の計算は疑いなく偉大な業績であると存じます」。ボーアに敬意を表明した時にはこのようにして、手放しでというわけではなかった。しかしそれに続く文ではすでに、彼の次なる関心が漏れ出てしまう。「貴兄の原子模型をゼーマン効果にも適用するお考えはおありでしょうか。私自身がやってみたいと思っていることなのですが」[49]。

ボーア原子模型への反応

ゾンマーフェルトはいまや、ボーア理論を彼の学派の日常のプログラムに据えた。一九一三年一一月一九日、コロキアムでエーヴァルトが、ボーア理論が活発に議論された英国科学振興協会の会議の模様を報告した。一九一四年一月二六日に、ゾンマーフェルトは彼の博士候補学生であったパウル・エプシュタイン（一九一〇年にモスクワから彼の研究所に来て以来の、グループの常連）に、コロキアムでボーア理論について講演させた。一九一四年五月には、もう一人の博士候補学生ヴィルヘルム・レンツがゼーマン効果を、そしてゾンマーフェルトとレンツが共同で、その直前に発見されたシュタルク効果（電場におけるスペクトル線の分裂現象）を「ボーアとフォークトの流儀により」（つまり量子論を使う方式と使わない方式を比較して）、コロキアムで取り上げた。一九一四年七月一五日、ボーアその人がついにミュンヘンにやって来て、彼の理論について講演した。この行事に際し、コロキアムの常連でありゾンマーフェルトのそころの共同研究者であったヴァルター・コッセルがボーア理論のために起用された。コッセルはボーアと同じ日に、ボーア原子模型のさらなる確証となったジェイムズ・フランクとグスタフ・ヘルツの最近の実験結果についてコロキアムで講演した[50]。

一九一四年夏に行われたこれらのコロキアム講演の時から、ゾンマーフェルト学派にとっては、彼らの歴史全体を通じて幾度かの最も生産的な時期のひとつが始まった。それからの四年間、ミュンヘンの物理学者クラブ参加者たちの間では、戦争の熱狂と科学的な成功の知らせとが混じりあった独特の陶酔感が蔓延し、グループの結束を強めた。ただし、メンバーの多くは研究の最新動向をもはや教室で聞くことはなく、数々の戦場で手紙からそれを知ったのである。

「来学期にはゼーマン効果とスペクトル線を講義に取り上げます」と、ゾンマーフェルトは一九一四年一〇月に、ゲッティンゲン大学にいた同僚のカール・シュヴァルツシルトに知らせた。彼は「総司令部に対して志願を申し出た」が、「家にとどまるようにということならば、それでもよいと思っております。といいますのも、私は軍事について決して強い志向は持っておりませんので」[51]。ゾンマーフェルトは召集されなかった。それで一九一四／一五年の冬学期、「ゼーマン効果とスペクトル線」についての彼の特別講義が行われた。同じ学期に彼の主講義が「電気力学――マクスウェル理論と電子論」を扱う順番に当たっていたので、それに対する補完として好適だった。この特別講義が、原子理論完成に向かわせる次のステップになる[52]。この講義でゾンマーフェルトは自分自身に対し、また召集されなかった数少ない学生たちに対して、スペクトル線についての包括的な理論のためにボーア原子模型をいかにして拡充することができるかを、はじめて明らかに示したのである。ボーアは、楕円軌道の可能性にも同時に言及はしたものの、原子核を中心とする円軌道のみを考慮していた。前者の可能性をゾンマーフェルトは真剣に取り上げて、それに対応する楕円形の「ケプラー軌道」上の電子の回転運動を計算した。さらにその際、相対性理論から予想される電子の質量変化を考慮に入れた。これは「ひとつには数学的好奇心から、またひとつには、軌道上の近日点での速度vは光速cに対してまったく無視できなかったからである」[53]。かくして、ボーアのモデルでは単一のものでしかなかった電子軌道について、複数の異なる軌道を区別することができるようになった。これはまた、異なる軌道のエネルギー差に対応しているスペクトル線について、二重線、三重線等々を導くものだった。

したがって、ボーアのモデルとは異なりゾンマーフェルトの理論は、スペクトル線を精密に測定した際に見られる微細構造の説明も可能としたのである[54]。

明らかに、この新理論の骨格は一九一五年初頭には完成していた。それがわかるのは、ゾンマーフェルトは論文を出す前に、その最初の結果を戦争に召集された弟子たちに知らせていたからである。「二重線についての説明のご成功に、心からお祝いを申し上げます。まだ内容を十分理解しているわけではありませんが、まもなく抜き刷りを拝読できるものと期待しております」とレンツは、無線部隊に配属されていた西部戦線から返信した。それから三ケ月ほどたって、彼は再び師匠に、「ボーアモデルとシュタルク効果に関する発見」への祝辞を送り、「さらなる展開を大変楽しみにしております」と述べた[55]。このころゾンマーフェルトは、ヴィリー・ヴィーンあての手紙で次のように書いている。「今学期はボーア理論について講義しました。それに大変興味を持っております。ただし、戦局がそれを許す限りですが。いま一〇万人のロシア人［を捕虜にしたこと］は、ボーアによるバルマー系列の説明よりもっと素晴らしいことです。私は、この理論について新たな素晴らしい結果を得ました」[56]。

ゾンマーフェルト学派による原子理論の構築

ゾンマーフェルトの原子理論の発展は、一九一三年夏のボーア論文への反応から始まって、一九一四／一五年冬学期におけるゾンマーフェルトの講義をへて、『アナーレン・デア・フィジーク』(*Annalen der Physik*) 誌における一九一六年の包括的報告[57]にいたる展開を見せた。これが示しているのは、最終的成果がいかなる程度に共同生産活動の結果であったかということである。ゾンマーフェルトの原子模型に最も深く最初からかかわった共同考案者はエプシュタインであった。「彼はロシア国籍であったことから戦争中には警察の監視下に置かれてしまったが、それでも私の研究所や国立図書館に自由に出入りすることができた」。ゾンマーフェルトは、戦争があったにもかかわらず彼の協力者が滞在できたことについてこのように述べた[58]。エプシュタイン自身は、彼がそれほどの自由を自分に与えてくれた理由について次のように語っている。「『百科全書』の論文を書いておりましたので、ゾンマーフェルトは私が文献にアクセスすることを気遣ってくれました」[59]。そもそもエプシュタインはゾンマーフェルトの私講師になるはずだったのだが、彼が「敵国人」であるという理由でそれは頓挫してしまった。

それでもゾンマーフェルトは彼に、教授資格申請論文（形式的にはチューリヒ大学で扱われていた）のために、自身の研究のアクチュアルな関心に応ずるテーマを与えた。すなわち、シュタルク効果の理論である。量子論の初期の擁護者であり、また自己中心的な実験物理学者であったヨハネス・シュタルク※8は、それより少し前の時期に個人的にあちこちの研究所を行脚して、自らの発見に同業者たちの注目を集めようとした。「ミュンヘンにも行った。その地の物理学者たちに私の分光画像を披露するためである。レントゲンが私の講演に出席。彼は言葉少なだったが、それは明らかに、私が取り上げた現象についての知識が欠けていたからである。ミュンヘンの紳士方はレントゲンに完全に従属していたので、彼らもやはり沈黙」[60]。この挑戦は強烈な作用を及ぼしたに違いない。というのも、ほんの少し後の一九一三年一二月一〇日にはすでに、レントゲンの助手によってその実験装置が模造され、水曜コロキアムで実演が行われたのである。一か月後、エプシュタインがボーア原子模型について講演した。シュタルクの発見は古典的電子論の枠組みでは理解不能であり、このシュタルク効果によりミュンヘンの物理学者たちには新たな挑戦がもたらされたのである。エプシュタインは、自身の証言によれば彼の教師のために、ボーア原子模型に基づいてゼーマン効果に関するひとつの理論をすでに完成させていた（おそらくそれが、ゾンマーフェルトの一九一四／一五年の講義の基礎を提供した）。したがって、ボーア原子模型を使ってシュタルク効果を量子論的に説明するのは、エプシュタインにとっては自然なことだった[61]。

このテーマは活発な関心を集めた。レンツとともにゾンマーフェルトは、一九一四年五月にコロキアムで「シュタルク効果に関する理論的事項」という講演を行った[62]。この時点では理論的な基礎の構築は、解決に近づくほどにはまだ発展していなかった。スペクトル線の微細構造を説明するためのゾンマーフェルト自身の理論的な尽力があってようやく、シュタルク効果の理論的解明の道が開けたのである。というのも、エプシュタインがのちにシュタルクに書いたように、「この新しい理論を自ら応用してみようという十分な確信を得たのは、ゾンマーフェルトが水素スペクトル線の微細分裂の理論で実測値との見事な一致を得てはじめてのことだったのです」[63]。この理論の確証は一九一五年一一月、ヘリウムスペクトルにおける線群についての精密測定から得られた。これを行ったのは、ゾンマーフェルトが常時連絡を保っていたチュービンゲン大学のパッシェンの研究所である。その後すぐに、ゾンマーフェルトは自身の理論をバイエルン科学アカデミーで暫定的な形で発表した。発見の優先権を確保するために、詳細な論文を書く前にしばしば用いられる方法である[64]。

いまやゾンマーフェルトは、理論の早急な完成のために心を砕いた。ゾンマーフェルトはかなり以前からこのテーマをエプシュタインに与えていたにもかかわらず、このシュタルク効果の問題をゲッティンゲンの同僚シュヴァルツシルトの注目にゆだねた。「競争が仕事を活気づける」と彼は心に思ったかも知れない。それにともなって、エプシュタインの苛立ちも大きかった。「私はいささか意気消沈してしまいました。裏切りに遭ったと思ったからです。（…）そしてシュヴァルツシルトは、信じ難いほどエネルギッシュな数学者でした。彼はあらゆることを瞬く間にやってのけたのです。もちろん彼を非難することはできませんでしたが、『シュヴァルツシルトが天国にでも行かなければ、いまや私に見込みはない』と思い定めました。翌日、就寝する時にアイディアが浮かびました。（…）翌朝五時に起きて、一〇時になるまでに公式を得たのです」[65]。しかしシュヴァルツシルトもまた、ある結果を提供することができた。一九一六年三月二一日、彼はシュタルク効果における線スペクトルの分裂についての自らの公式をゾンマーフェルトに送った[66]。エプシュタインが喜んだことには、シュヴァルツシルトの結果には当初、誤りが含まれていた（ただし彼は、次の手紙でそれを訂正できたのであるが）。そういう次第で、エプシュタインは彼の理論をライバルよりも少し早く出版することができた。「貴兄の学派は成果をあげられました。エプシュタイン氏にお祝いを申し上げます」とシュヴァルツシルトは、その後ゾンマーフェルトに書いた[67※9]。

シュタルク効果の理論をめぐってのエプシュタインとシュヴァルツシルトの競争は、第一次世界大戦のさなか、ゾンマーフェルトが彼の同僚・弟子たちのグループを理論のさらなる完成に向けて駆り立てた勢いのほどをうかがわせる。たとえば、一九一五年一二月にシュタルク効果の計算で自ら正しい解を得られなかった時、彼は、シュヴァルツシルトへの手紙に書いたように、アインシュタインに「一般相対性理論がそこに関与するか否か」という質問を発した。彼は原子内で電気力と並んで重力が役割を果たすとは思わなかったが、「クーロン力自体が一般相対論効果に従って変更をこうむることはないだろうか」と考えたのである。「アインシュタインは否定しました」[68]。アインシュタインはこのころまさに一般相対性理論を完成し、太陽をまわる惑星運動のいわば微細構造を計算した。これは水星軌道の近日点移動の事例によって、見事な確証を得たのである。アインシュタインにとってこれは、「私の一生で最も刺激的で、苦しく、しかし最も実り多くもある時期のひとつ」であった[69]。この理論によって原子内の電子の運動も計算するというゾンマーフェルトの考えに対して、彼は次のように答えた。「一般相対性理論はこの種の問題では実際上狭義の相対論と同じになるので、貴兄にはほとんど役立たないでしょう」[70]。これについてゾンマーフェルトは言い逃れであると、シュヴァルツシルトへの手紙でコメントした。「彼（アインシュタイン）は怠惰にも、身を入れて考えてくれません。私にとっても、まさしく近日点の動きが問題なのです」。しかし、彼の理論がそれまでに得た成果は、まだ解明されていない問いにまさって、彼を元気づけた。そして、「量子化された楕円という私の理論が物理的実態をたしかに描写しており、スペクトル線の謎を明らかにしたという確信」をもたらした。そう書いてすぐ、彼は付け加えた。「政治的な謎はしかし、いつ明らかになるのでしょう？　ハーゼンエールル※10が戦死したことをご存じでしょうか？　イタリアの文盲連中との戦いの最中でした」[71]。

アカデミー提出論文の抜き刷りを受け取ると、ゾンマーフェルトはただちにそれを弟子や同僚たちに送って、コメントを求めた。シュヴァルツシルトに対しては次のように打ち明けた。「一般相対論については何も触れていません。(…)記述が精彩を放つようになるのは、ようやくII章の§5になってからで、実験的証拠を次から次へと並べてあります」。彼は自身の理論研究のやり方を「いささか猪突猛進型《ドラウフゲンゲリッシュ》」と呼んだ。これはプランクとはまったく対照的で、この人のスタイルを彼は、「慎重にして抽象的」であると特徴づけた[72]。ゾンマーフェルトは抜き刷りを、かつての助手であったレンツにも西部戦線あてに送った。彼はただちに、同じ無線部隊にいたもうひとりの物理学者とともに「素晴らしいお仕事」の内容を検討し、改善提案を出した。それは、ゾンマーフェルトの完成原稿では明示的には現れていなかった公式で、レンツがこの検討の機会を得て導き出したのである。「この形で表現することによって、先生の素晴らしい結果をことさら印象深く存じました。(…)まもなく公表される先生の『アナーレン』論文でさらに更新がなされることを楽しみにしております」[73]。レンツは、更新箇所のうちにシュタルク効果についてのエプシュタイン–シュヴァルツシルトの説明と、彼自身の改善提案が反映されているのを見出した。この部分は次のような付記によって強調されていた。「ここに示したスペクトル公式の閉じた形について私は、W・レンツからの野戦郵便によって教示を得た」[74]。

アクチュアルな研究に参与しているのをこのように自己確認することは、ゾンマーフェルトの弟子たちにとって大きな成功体験を意味し、また、選ばれたサークルに属しているという彼らの意識を強めたに違いない。「記憶の限りでいえば、そのころ量子論の完成に関わっていたわれわれすべてが、根本的に新しいことが創造されつつあるという確信を抱いていた」。一九一六年にミュンヘンのグループに加わったアーダルベルト・ルビノヴィッチは、この新たに生まれた仲間意識について、このように要約している。彼はポーランド出身であった。チェルニフチ〔独語 Czernowitz〕大学で助手となったのち、ミュンヘンにやって来てまずは自己負担でゾンマーフェルトのグループに入った。一九一七年にゾンマーフェルトは助手のポストを提供し、一九一八年まで彼はその任にあった。ルビノヴィッチはゾンマーフェルトのために、選択則の問題への解を出した。それによれば、原子内の考えうるあらゆる量子的遷移のうちで実現が可能なのは、エネルギー、運動量および角運動量のすべてがそれぞれの保存則を満たす場合に限られる。ルビノヴィッチの成功体験は、ゾンマーフェルトがベルリンでプランク六〇歳の誕生日祝賀行事でその仕事を紹介し、帰還して次のことを彼に知らせた時、とりわけ強固になった。「アインシュタインは、これら保存則を選択則および偏光規則に用いるという考えを『素晴らしい』と評価した」[75]。

ボーア–ゾンマーフェルトの原子模型が原子構造の包括的理論として形を整える上で、最も持続的な影響を及ぼしたのはコッセルである。コッセルはすでに一九一一年からゾンマーフェルトのグループとの接触を試みていた。一九一三年にミュンヘン工科大学助手のポストを得たが、ミュンヘン大学の物理学者たちとの密接な関係をその後も保っていた。彼は、X線スペクトルの解釈に関して、ゾンマーフェルトの長年にわたる協力者となった[76]。ラウエの発見によって可能となった新しいX線分光学の助けを得て、新しいスペクトル線が洪水のように大量に作り出された。これは、ゾンマーフェルト学派のようにこの分野に心血を注いでいたグループにとって、絶えざる挑戦的課題となったのである。コッセルは、新しいデータの混沌に秩序をもたらした最初の人だった。すでに一九一四年秋、彼はデータから、内側の電子軌道がX線放射の出所であるという結論を引き出した。ゾンマーフェルトが微細構造についての理論を基本的に完成して、その結果に対する確証を探している時であったので、X線放射についてコッセルが示した解釈は当然のごとく、自身の以前からの花形テーマに関心を向けさせることになった。「さらに微に入る詳細を求めて、私はコッセルを促した」と彼は、ゼミナールで弟子の講演を聞いてどう反応したかを回想した。彼はコッセルのアイディアをただちに自らの微細構造の理論に取り入れた。いまやその理論は、「水素からウランに至るまでの確証を得た」[77]。

原子物理学者の「バイブル」

このことが、ゾンマーフェルトの原子理論に新たな次元をもたらした。「秘密に満ちた原子の内部を寺院建築にたとえるならば、およそ次のように言うことができよう。化学現象と多数の物理現象（特に光学スペクトル）はこの建物の前庭である原子の周辺部で起こっている。それに対して特性X線は、神聖なる最内部から発しているのである」。このようにゾンマーフェルトは、彼が書いた数多くの一般向け論文のうちのひとつで、元素の構造に関する自身の理論の意義について説明した[78]。この理論が「神聖なる最内部」という表現にふさわしいと認められるのに相応して、いまやゾンマーフェルトは、原子の寺院というこの比喩をさらに用いるなら、原子構造についての新しい科学の高位聖職者の地位を獲得したのである。コッセルの助力により、X線スペクトル理論を「スペクトル線の量子論について」という『アナーレン』提出論文の最後の部分として完成させた後、彼は自らに課した使命を実現すべく、「原子構造とスペクトル線」を扱う初の教科書の執筆に着手した。直接のきっかけは一九一六／一七年冬学期の講義である。「この講義には、喜ばしいことに、化学と医学の同僚諸氏が何人も聴講してくださった。その方々は私に、専門外の人も原子の内部という新世界に分け入ることを可能にするような出版物を強く要望された。それ以来、詳細な、しかし難しすぎない教科書はないかという照会が、私のところに繰り返し届くようになった。そのような声が、学生および同僚、物理学者と化学者と生物学者、前線に設け《ホーホシュールクルゼ》られた大《アンデア》学課程《フロント》の講習や、技術者サイドから寄せられた。こうした質問に内在する要請からいつまでも逃れるべきではないと、私は考えるようになったのである」[79]。彼自身にとってこのテーマは、一九一八年夏にある同僚に書いた手紙によれば「他のすべてのことよりも重要」なものとなった[80]。『原子構造とスペクトル線』(*Atombau und Spektrallinien*)[※11]は、彼の学派のマニフェストとなった。全世界の原子物理学者がそこに彼らの学問の「バイブル」を見出したのである。

　原子理論はゾンマーフェルトに、最上級の学問的栄誉をもたらした。彼は数々のアカデミーの会員になり、また賞金の授与を受けた[81]。こうした顕彰よりもいっそう、同業の専門家たちからの高い評価が彼に満足感を与えたことだろう。特に、ローレンツとレントゲンのように尊敬を集めた物理学の権威から賞賛を得た時、それは格別であった。「この機会を使って私は」と、ローレンツはヘルムホルツ賞受賞への祝辞に続けて次のように書いた。「スペクトル線とX線についての貴方のお仕事にいかに感銘を受けているかを申し上げたいと存じます。貴方の得られた結果は、理論物理学でこれまで達成された中で最も美しい事柄に属しております」[82]。さらにレントゲンの祝辞からは、何ほどかローカルな誇りといった響きが聞こえる。「数学・物理学のミュンヘン学派は、世界で第一の、そして最もすぐれた学派のひとつになったのです」[83]。

　ゾンマーフェルトのグループのメンバーにとって、かくも成功した科学的共同作業に加わり、出版を喜ぶ師匠の論文で自分の貢献が正当に評価されるのを確認できるという自覚は、理論をさらに完成させるためのこの上ない刺激だった。原子物理学は、理論物理学者のある世代全体にとっての流行テーマとなった。「そのころはみんなと、たとえばゾンマーフェルト学派のもう一人の原子理論家であったアルフレート・ランデは第一次大戦後の時期を回想していっている。「実質的にすべての理論物理学者が、ゾンマーフェルトの本（『原子構造とスペクトル線』）を勉強していました。（…）これは、偉大なスタンダードのひとつでした。そして、彼（ゾンマーフェルト）と、彼の弟子の何人かは、たとえミュンヘンを離れても、問題を次から次へと興味を持って取り上げていました。そんなふうにして、私は取り組んでいったのです」[84]。自身はゾンマーフェルトの弟子でなかった多くの人が、かくして原子理論の道を選ぶ。たとえばエルヴィーン・シュレーディンガーである。このいくぶん孤独なウィーン大学の私講師にして理論家を、ゾンマーフェルトは一九一九年に、「ウィーンとミュンヘン両大学の緊密な学問的および人的協力のために」コロキアムでの講演に招いた[85]。シュレーディンガーはその後、ゾンマーフェルトの弟子ヴェルナー・ハイゼンベルクおよびヴォルフガング・パウリと並んで、原子理論の量子力学的再構築の最も重要な代表者となる。戦中戦後の混乱、インフレーション、そして全般的な困窮のさなかにあって、こうした変革が起こったことは、その時代に理論物理学が置かれた社会的環境についての問いを再びテーマに浮かび上がらせる。次章でそれを扱うことにする。

第三章　資産としての原子理論

原子理論が、第一次世界大戦後に理論物理学の支配的な研究領域に躍進したのは、ゾンマーフェルトの偉大な吸引力や彼の学派によるボーア原子模型の拡張のみで説明がつくことではない。物理学の社会的位置づけというものが、大戦後の時代に新たな評価を獲得する。そして理論物理学、とりわけ原子理論が、戦争とインフレーションが残した灰の中からフェニックスが飛び立つように、この過程から際立っていくのである。

第一次世界大戦の遺産

アカデミックな場以外の社会に対する科学者の関係は、しばしば世間離れ《ヴェルトフレムト》と表現される。特に理論家については、社会的な現実に対する彼らの感覚の欠落を強調するため、学問の象牙の塔に籠った、心ここにあらずといった教授のイメージが好んで引き合いに出される。こうした紋切型がいかに誤解を招くものであるかを、たとえば第一次世界大戦中ドイツの学者集団の行動に見ることができる。ドイツの教授たちにとって、社会的事柄に対して禁欲を保つことなどは、無縁の極みだった。それどころか自らの立場を、祖国の利益の本来的な代弁者であると捉えたのである。人文科学者も自然科学者も、自国民また他国に対して、文化の擁護者・戦争目的の説明役を買って出る[1]。プランクやゾンマーフェルトのような理論物理学者は、ヴィルヘルム帝国の指導的学者の大半とともに、国家的戦争プロパガンダの告知者の役割を果たした（アインシュタインはこの点でも例外的だった）。ゾンマーフェルトはたとえば、戦争勃発後にドイツの学者たちがプロイセン軍国主義の美徳に忠誠を誓う「ドイツ帝国の大学教員の声明」（Erklärung der Hochshullehrer des Deutschen Reiches）に署名。彼はベルギー侵攻を擁護し、ヘント大学のフランドル的大学への改組の後、自身の「感激」を公然と述べた。すなわち、「いにしえのゲルマン人の土地で、ほかにはフランス語しか聞かれなかった中で、いまやドイツの学問のために再び獲得できた拠点を知り得た」[2]こと※1。しかしながら、物理学者たちは、イデオロギーやプロパガンダよりさらに大きなものを提供することができたのである。

物理学者にとっての戦争任務

ゾンマーフェルトは、原子理論の研究を戦争末期に「他のすべてのことよりも重要」であるとみなしていたが、彼が全力を尽くしたものはそれ以外にもいくつかあった。「はじめて戦争の課題に全面的に取り組んでいます」と彼は、一九一八年夏にヴィリー・ヴィーンあてに書く。「戦局が再び新たに翳りを示しているように思われる折、こうしたことに従事するのは、純学問的な仕事より満足できることでもあります」[3]。ここで言っているのはおそらく、「無線電信の領域における理論研究」というカイザー・ヴィルヘルム基金による戦時技術研究プロジェクトのことであろう。彼は一九一七年に、その物理学専門委員会に入っていた[4]。

無線電信技術は、理論物理学者がその知識を戦争に役立たせうる領域のほんのひとつ（実に根本的なものではあったが）に過ぎなかった。電磁波の技術的応用は当時まだ非常に新しくて、厄介な問題（たとえば、指向性が最強になるようなアンテナの設計問題など）を抱えるこの領域は、純然たる技術家の領分ではまだなかった。一九一八年にゾンマーフェルトが、ヘルツ波動［電磁波の旧称］の発見をX線と並んで「国家防衛のための兵器」として評価したのは、不自然なことではない[5]。X線技術の応用もまた、初歩的な段階をまだ脱してはいなかった。それゆえ、ゾンマーフェルトの弟子エーヴァルトのようにまぎれもなくX線に通暁した物理学者が、「戦場X線技手」として戦争に送られた[6]。もうひとつの、「数理物理学の立ち入った知識を必要とする、非常にやっかいな問題」を含む分野は、弾道学である[7]。このテーマについても、ゾンマーフェルトと戦場にいる弟子たちとの間で、文通の形で折々に意見交換が行われた。レンツは、たとえばリール(Lille)での砲撃をきっかけとして、砲弾の進行に際しての速度、直径、空気摩擦および爆音の高さの関係を、師匠への手紙で論じた[8]。

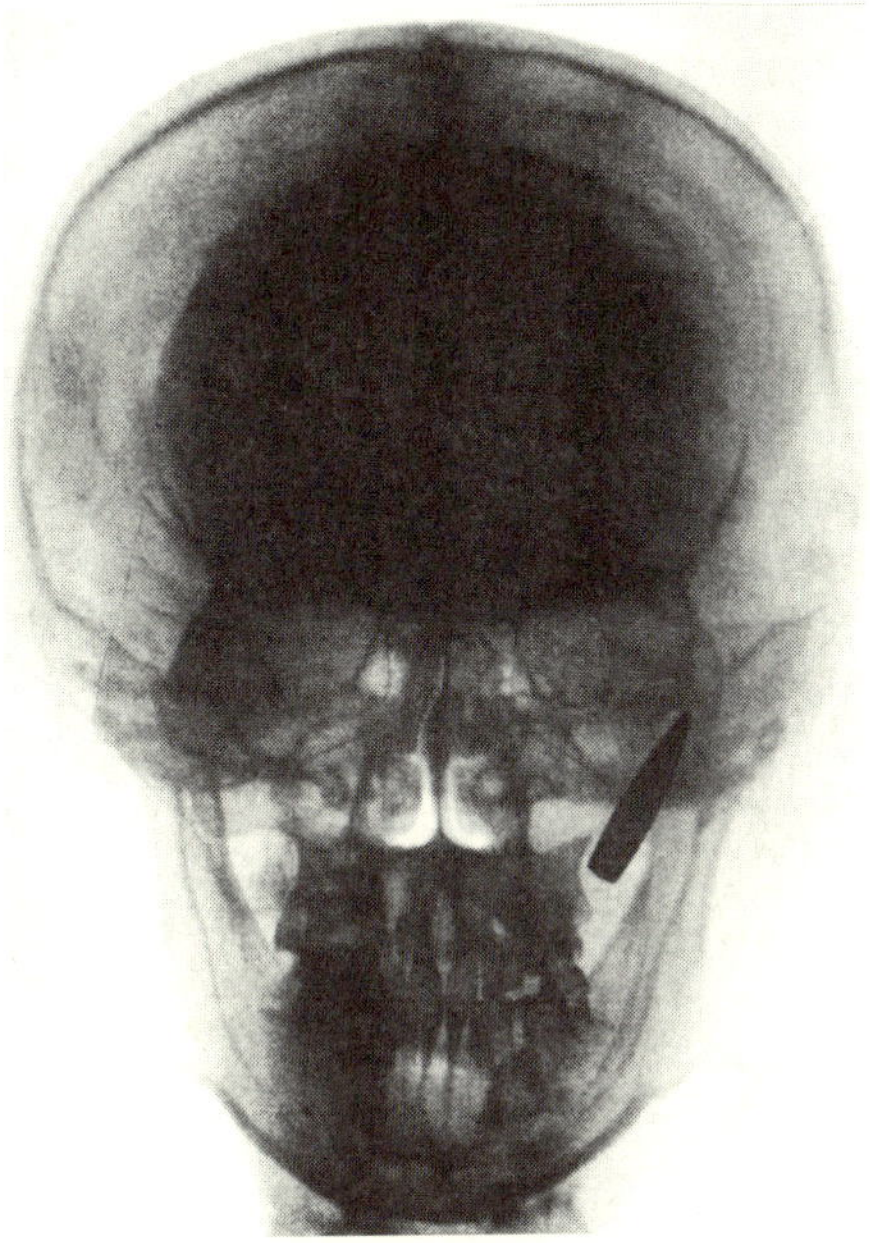

第一次大戦中のX線技術：弾丸が命中した頭蓋骨の写真。

　そうした問題を専門的に調査するために、ベルリンで特別部隊が編成された。プロイセン陸軍の技術部門管轄下に置かれた「鉄砲検査委員会」である。この機関は、砲術の応用に役立つような発明を研究するため、すでに戦争より前に設置されていた。当初そのスタッフは、技術将校が占めた。「しかし多数の専門家が戦死してしまい、外部の者を呼ばねばならなくなった」。マックス・ボルンは、この委員会への自身の招聘についてこのように回想している[9]。彼のほかにも、ゾンマーフェルトの弟子アルフレート・ランデや、数学と物理学の研究者がさらに何人も呼び寄せられた。部隊の学術的取りまとめは、レントゲンの弟子ルドルフ・ラーデンブルクが務めた。エーヴァルトは、召集されるとこの鉄砲検査委員会の若干のメンバーと接触を持ったが、この組織には「物理学者の小部隊が働いているかに見えます」とゾンマーフェルトに報告した[10]。

他の物理学者の中には、たとえばグスタフ・ヘルツ〔ハインリヒ・ヘルツの甥〕とジェイムズ・フランク（彼らの電子衝突実験はゾンマーフェルト周囲の原子理論家たちにまさしく活発な関心を呼び起こした）〔七五頁でも言及あり。彼らは一九二五年ノーベル物理学賞受賞〕のように、物理化学者フリッツ・ハーバー※2のもとで毒ガス戦の準備に関わった者もいた。ボルンは、自身の証言によれば「化学兵器の戦争利用に強い反発」を抱き、「マックス・プランクとの相談によって」、（鉄砲検査委員会に任じられる前）飛行機の無線装置開発のための科学技術部隊に加わることを選択。この部隊は工業物理学者マックス・ヴィーン（ヴィリー・ヴィーンの従弟で、ヴィリーと同じくゾンマーフェルトとは非常に懇意な間柄）の指導下にあった[11]。マックス・フォン・ラウエもまた、軍務に従事することを望んだ。「私は、スイスで待ち受けていた好条件のアカデミックなポストをあえて断念した。たとえどんな困難が予測されるとしても、ドイツ国民の運命を共に分かち合いたいと思ったからである。しかし、軍役には就かされなかった」[12]。それでも、自身の能力を時局に投ずるために、彼は戦争中の研究活動で、電子増幅管という通信技術にとって焦眉の課題に取り組んだ[13]。

第一次世界大戦における理論物理学者の参与を示唆するものとして、「ある極秘事項」というのもあった。これについてレンツが、一九一六年にゾンマーフェルトにあてて書いている。「軍事における特殊な任務の遂行に適切とおぼしきマンパワーを、ことによっては糾合することが課題となっております。この件について先生のご助言とお顔の広さが私にとっていかに有用でありましても、遺憾ながら任務の遂行に必要な前提条件をお伝えすることはできません」。レンツは明確に、「当事者のみがその事情を知り、かつその人たちも無条件に沈黙を守る」ことを求めた。それでも彼は、「専門分野における最上の人々」が考慮されていること、そのために「名前を挙げていただければ大変感謝」することを打ち明けた[14]。残念ながらレンツは、どのようなポストであるかを明かしていない。そしてゾンマーフェルトの反応からも、手紙のふちにメモ書きされた名前（「ワイル、ペロン、ヘリンガー、ボルン、クーラント」）に基づいて、数学者または理論物理学者が携わるべき事柄に違いないという推測ができるだけである[15]。

科学者の側は、彼らの特殊な能力を戦争に役立てるのに吝かではなかったということを、これらの事例が示している。とはいえ第一次大戦ではまだ、理論物理学者にはむしろ周辺的な役割が与えられたにすぎない。ボルンと同僚たちは鉄砲検査委員会で、軍事的な仕事と並んで彼ら自身の科学研究を行う暇があった。「われわれはみな、引き出しのひとつから軍事書類をすべて取り出して、かわりに科学の書籍とノートを詰め込んだ」。ボルンはこのように、結晶内の原子結合理論に関する共同研究をマーデルンクおよびランデと開始した様子を語っている。この研究は、始まった場所がどこかという点を除けば、軍事研究とはまったく関係ない[16]。戦場X線技師エーヴァルトがほとんど大はしゃぎでゾンマーフェルトに書いたことには、偶然にも彼の駐屯地には「先生の弟子四人」が寄せ集められており、彼らはいましがた「冬学期を開講」してしまったというのである[17]。彼は絶えず「X線施設のあるバラックの近くで見張って」いなければならなかったが、「一日に三〜四度のX線撮影」があるだけで、自身の教授資格申請論文の勉強に十分な時間をさくことができた[18]。

産業界の寄付

弟子や同僚たちの中にあってゾンマーフェルトは、戦争目的のために物理学者をリクルートすることから、戦時研究のアクチュアルなテーマの検討に至るまでを相談することのできる中心的な権威だった。経済界とも、この精力的なミュンヘン大学理論物理正教授は、第一次大戦中に数々の関係を維持した。戦争前には、物理学に関していうと、そうした接触はむしろ例外に属する。フェーリクス・クラインが提唱したゲッティンゲン協会〔第一章参照〕は、経済界による物理学振興の早期の実例である。第一次大戦より少し前、一九一一年のカイザー・ヴィルヘルム協会（Kaiser-Wilhelm-Gesellschaft）〔現マックス・プランク協会の前身〕創設によって、そうした方向へのさらなる前進が図られた。ただし、特にその恩恵を受けたのは化学である[19]。

戦争によって国家助成の余裕がなくなると、経済界を学術のスポンサーとして引き込もうとする傾向が大いに強まる。たとえば理論物理学のように、経済部門にとっての直接的な利益が認識しがたい分野の場合、どのような論拠で企業家たちを科学に寄付するよう説得したのだろうか？　寄付は必要です、とゾンマーフェルトは、戦争最後の年にある依頼状で論じている。「ドイツの実験物理学が、特に米国に対しても競争力を保つため、およびそのことにより、私の専門である理論物理学も根絶やしにならないためであります。理論物理あってこそ、実験物理の繁栄も見ることができるのです」[20]。寄付の額は、たとえばレントゲン七〇歳の誕生日のために行われた場合のようにいつも些少とは限らなかった。その折に、ゾンマーフェルトはさまざまな企業家に対して、レントゲンの胸像製作費用の不足分一五〇〇マルクへの拠出を懇望した。しかしこの場合にも、誰にあててどのような論拠を示したかは特徴的である。ゾンマーフェルトが声をかけたのは「X線装置製造に携わっている」会社であり、寄付の名分を次のように説明した。「これら各社は戦争で売り上げを伸ばし、ことによると戦中にあってこそ、X線発見者の栄誉を称える贈り物に貢献しようという意志を持たれるのではないかと（…）」[21]。

「戦争で売り上げを伸ばし」たことは数々の企業家にとって、寄付へのきっかけになった。戦争利得者という汚名を、公益支援者という名声と交換することが、寄付への強い動機となったにちがいない。ジャイロコンパスを発明したヘルマン・アンシュッツ＝ケンプフェは、キールにある自身の会社が海軍からの委託のおかげで花形企業に成長したのだが、彼についての追悼記事でミュンヘンの物理学者たちは次のように報告することができた。「戦争の終わりごろ、氏は、戦中の売り上げ増大が氏の工場にもたらした豊富な資金を、ミュンヘン大学哲学部の自然科学系研究所に寄付された。そのことによって、道半ばの復興を、科学技術を通じて容易ならしめようと意図されたのである」[22]。アンシュッツ＝ケンプフェは、ミュンヘン大学の物理学のために四〇万マルクを寄付した。うち半分は、大学の予算でまかなわれない物理化学者（カージミール・ファヤンス）の講座を設けるのに使われた。もう半分を、ゾンマーフェルトおよびレントゲンの研究所が分け合った。ゾンマーフェルトはこの寄付を、課題となっていたレントゲンの後任に関して彼が望んだ候補者であるヴィリー・ヴィーンにとって「ミュンヘンのポストをより魅力的にし」、彼が外国への招聘に応ずることを思いとどまらせるための材料にした。この資金は、「(研究) 所長の自由な裁量に従って、研究、授業、あるいは助手を雇うため等々の目的に」使うことができると、ヴィーンに伝えた[23]。彼自身は、このジャイロコンパス企業家の寄付を、ただちに助手の費用にあてて、弟子のルビノヴィッチがミュンヘン滞在を延長するのに使った。「私はその際大学から収入を得ず、アンシュッツ＝ケンプフェ財団の奨学金を受け取りました」と、ルビノヴィッチは回想している。「ゾンマーフェルトは、いつも私をアンシュッツ＝ケンプフェによる助手として紹介しました」[24]。

ある企業家にすでに寄付の用意があることがわかると、さらに別の企業家を探そうとした。「アンシュッツ博士のすばらしいご寄付により、さしあたっての必要はいまや満たされたのではありますが、私どもは、ミュンヘン大学にとってアンシュッツ博士の事績に続くことをお望みのスポンサーがおられるか探してみるべきであると存じております。それゆえ私は、ミュンヘンとニュルンベルクの若干の企業家の方々にお尋ねをしているところであります。そして不躾ながら、科学研究への有力なご支持ぶりをゲッティンゲンから私も聞き及んでおります枢密顧問官閣下、貴方様にも同じようなお願いでお邪魔いたす次第でございます」。これをゾンマーフェルトは、化学企業家アレクサンダー・フォン・ヴァッカーにあてて書いた。その際に遠慮も忘れず次のように付け加える。「今後のご寄付に関しましては、アンシュッツ博士より賜りましたような高額を」想定しては「おりません」。仕上げとして彼は、自身が書いた一般向け論文を同封。「これを戦地にいるわが兵士たちに送りました。物理学研究の成果を彼らに披露し、戦場の労苦をしばし忘れてもらおうとの心算からであります」。この書信に対する返事は、おそらく滞ったのであろう。というのもゾンマーフェルトは、その後の手紙で次のように謙譲の意を表しているからである。「私どものお願いは、決して大急ぎというわけではありません。ミュンヘン大学をご援助くださるお気持ちがあるにしましても、今年は戦争関係のさまざまな寄付の要請を受けておられるのでしたら、私どもの希望につきましてはご厚志の実現が来年以降になるのも、もちろん一向にさしつかえございません」。しかし、と彼は付け加えた。いささか緊急に、物理化学のためのラジウム標本《プレパラート》の調達が必要となっている。そして彼は、企業家の虚栄心にこびるように請け合った。「ラジウム標本は、〈ヴァッカー博士寄付〉として化学研究所の物理化学部門におきまして、末永く感謝をこめて保存されるでありましょう」[25]。

ヴァッカーはそれに応じて、懇請された標本のために一万マルクを寄付した。ゾンマーフェルトはただちにこのことを、別の化学会社、ライナウ／マンハイムのサンリヒト社の社長に知らせて、寄付金の流れに拍車をかけようとする。サンリヒト社社長はゾンマーフェルトに、同社はバイエルンで円滑に事業展開することを望んでおり、「そのため、バイエルンの諸方面との内的・外的な結びつきを熱心に歓迎いたします」と伝えてきた[26]。ゾンマーフェルトはそれに対して、寄付を得られる場合（「どのような水準のものであれそれはかまいませんし、大きな感謝をもって迎えられるでありましょう」）、彼の築いた関係を働かせうることを約した。「その際には、局長のフォン・ヴィンターシュタイン博士にお手紙を必ず転送させていただきます。博士はバイエルンの大学の利益を好意的に代表してくださるとともに、私どもに特別な希望がある際にも支援を賜っております。可能な限り、博士に対する口添えをさせていただきます。ここで、私どもの官庁で踏襲されている内規について申し上げるのもあるいはお役に立つかと存じます。すなわち、商業顧問官《コメルツィエンラート》という称号は、バイエルンの工場の責任者にのみ、当地の官庁からの授与が可能となっております」[27]。ゾンマーフェルト自身、ウィーン大学からの招聘を断ったことにより、「宮廷枢密《ゲハイマー》顧問官《ホーフラート》の称号と官位」を授与されたばかりだった[28※3]。彼の経済界および政府との関係は、リオーン・フォイヒトヴァンガーの小説『成功』(*Erfolg*)に適切に描かれているような、バイエルンの著名人エスタブリッシュメントの一員としてのものだった。文部省で「バイエルンの大学の利益を好意的に代表してくださる」人物と彼は、バイエルン外の企業家への称号授与についてだけ相談したのではない。たとえばヴィリー・ヴィーンをレントゲンの後継者にできた算段も然りである[29]。バイエルンの伝統ある技術者クラブである「工業連盟」(Polytechnischer Verein)(経済界で技術を先導する各方面からもメンバーが加入)において、一九一七年に彼は、「王のご臨席のもと」、自身の原子理論を披露する[30]。バイエルン州イーザル川沿いの大都会[ミュンヘン]にある、経済・技術界の代表者が入ったもうひとつの機関であるドイツ博物館は、一九一二年以来、彼を「われわれの委員会の終身会員」に任じた[31]。政財界の有力者の間に入って「枢密顧問官《ゲハイムラート》」ゾンマーフェルトが、自身の専門分野の窮状を訴える様子を思い浮かべるのに、特段の想像力は不要である。たとえばドイツ博物館委員会の会議が一九一七年に招集された時、参加者は「祖国への高揚した気分」にひたった、と報告されているのだが[32]、こうした気分が、さまざまな利害を持つ人々どうしを容易に近づけたことだろう。この時代には、国民感情、郷土愛、そして、称号や勲章や名誉会員資格を得て強められるエリート集団への帰属意識といったことが、直接の利益への期待（寄付者が、寄付する資金の使途を事細かに定めたならば示しうるような）よりも大きな、寄付の動機となったのである。

他のどの寄付をもはるかに凌駕したアンシュッツ＝ケンプフェ基金の事例が、これを明らかに示している。「ヘルマン・アンシュッツ＝ケンプフェは、学部全体にとっての、偉大な友人であった」と、たとえば化学者リヒャルト・ヴィルシュテッターは回想している[33]。物理学者ゲルラッハとゾンマーフェルトは彼を、お金に対して「基本的に深い軽蔑を抱いていた」少々変わり者の発明家として描いている。「人生の達人でありスケールの大きな芸術愛好家」で、「肩書き」には無関心。ただし、彼の寄付がもたらした称号については別だった。「ミュンヘン大学名誉博士および名誉市民の顕彰だけは、喜んで受け入れてくれた」[34]。回想に見られる寄付者の心性についてのこうした評価は、感謝する受け手との当時の文通によって十分に裏付けられる。アンシュッツ＝ケンプフェは、ヴィルシュテッターやザウアーブルッフ［外科医学者］のような著名人のもとで、ミュンヘンのアカデミックな世界と接することを楽しんだ。大学近くのシュヴァービングの家は学者のたまり場として重きをなし、アルゴイ地方に持っていたバロック式小城館は、ミュンヘン大学の友人たちが過ごす夏の別荘になった[35]。

アンシュッツ＝ケンプフェ基金はひも付きではなく、寄付の受け手はジャイロコンパス企業家の会社の利害になんら縛られなかったとはいえ、アカデミックな世界に接近することは、寄付者に利益がなかったわけではない。ゾンマーフェルトは一九一九年、このミュンヘンの物理学の支援者のために、彼の助手カール・グリッチャーを紹介した。彼は一九二五年までキールのこの会社で、「研究所員として」、ジャイロコンパスの開発を「理論的にそして実験的に」促進し、「理論研究を通じてジャイロコンパスがさまざまな動力学的影響を受けた時にどのようにふるまうかを明確にした」のである[36]。ゾンマーフェルト自身も、こまの理論に活発な関心を保っていた。それは、彼のキャリアの初期がこのテーマと結びついていたからばかりではない。こまは、古典物理学にとって実に挑戦に富むテーマだった。そして一九一九年に、原子内で電荷が旋回運動をする際に、力学的な角運動量の磁気モーメントに対する比が理論から期待される値の半分にしかならないことがわかった時、原子理論にとっても焦眉となったのである※4。それゆえアインシュタインとゾンマーフェルトはいずれも、こまへの大きな関心を示した。ジャイロコンパスメーカーのアンシュッツが特許紛争に巻き込まれた際に、ふたりは専門鑑定を行ってアンシュッツに味方した[37]。アインシュタインも、自身の平和主義的心情にもかかわらず、キールのこの会社のために、報酬を得て長年にわたる顧問として、多くのアイディアを提供することによりジャイロコンパスの開発に助力する。依託費用の大半が海軍から出ているのは知っていたに違いないのであるが[38]。

ゾンマーフェルトの弟子グリッチャーがキールのジャイロコンパス会社に雇用されたことは、科学と工業との接近に伴う新たな傾向を示している。すなわち、工業界で仕事をする物理学者の増加である。企業の物理専門家は、第一次世界大戦より前には、あまり顧みられない少数派だった。いまや、一九一九年における「ドイツ技術物理学会」創設の呼びかけにあるように、「純粋科学者から自分たちの肩の上に乗っているとみなされ、仕事は賃労働であって格下としか評価されなかった、そのような時代は過去のものとなった」のである。「戦争における多方面の功績」が、企業物理学者たちの新たなロビー活動のための論拠となる。そして、「こまの動力学の技術的応用」が、「技術者と物理学者による実効ある創造」が特に明らかな「最新の開発領域」として引き合いに出された[39]。

力の代替物としての学問

大学の外の世界との関係が強まって、戦争後の物理学は、いまやこれまでになく社会の変化に巻き込まれる。工業界に対してだけではなく国家との関係でも、学問には新しい意味づけが与えられた。「三十年戦争〔一六一八—一六四八年〕後に、ドイツが無力である時代がかくも長く続いたのは、祖国を文化的・学問的に高揚させるための資力を集約する可能性がなかったからである。このことを繰り返してはならない」と、一九二〇年代初頭、ヴァイマル時代の国会での動議の中で論じられている。国家は、「自らがなお有する数少ない偉大な資産の維持」を喫緊の課題としなければならない。「こうした資産の中でも、ドイツの学問は傑出した位置を占めている。それは国内教育の維持およびドイツの技術と産業ばかりでなく、わが国の威信と、世界的な地位（権威と信頼はこれに由来する）のためにも最重要な前提なのである。（…）自然科学についていうならば、これが生活上の物質的ニーズと緊密に関係していることからしてすでに、国家が重大なる関心を払わねばならないのは明らかである。（…）その領域で進行中の営みの数々をここで列挙することは割愛してよかろうが、それが停滞すれば、ドイツの学問の国際的名声のみならず、ドイツ国民の生活要求にとっても致命的となろう」[40]。

かくして、ドイツの国際的名声にとって最後の切り札となる資産を力のかぎり支援することが、国益に関わる事柄となる。それゆえ、この資産の代表者として、崩壊した帝国の枢密顧問官たちには、共和国となったドイツでも、特段の尊敬が集まった。ちなみにこれはかなり一方的な尊敬だった。というのは、学者たちの圧倒的多数は新体制になんら共感を抱いていなかったからである[41]。学者たちは同時に、それ以前に増して国益（あるいは、個々の大学教員が国益と考えたもの）と自らを同一視した。「われわれは実にはっきりと、戦争に敗れたこと、そのため政治的・経済的にもはや世界の第一線に立っていないことを認識している。しかし学問においてわれわれは、指導的な国のひとつに数えられることを依然として要求しうる国民であると信ずる」[42]。戦争の英雄として、また同時にノーベル賞受賞者として称えられたフリッツ・ハーバーのこの言葉は、大多数のドイツの教授たちに、魂の叫びのように訴えかけたことだろう。プロイセン科学アカデミーの会議で議長を務めたマックス・プランクにとっては、一九一八年の一一月革命のさなかにあっても、「この動乱期において、いくばくかの学問があっても結局さほど重要ではないという考察」は、まったく間違っている。アカデミーの閉鎖がもくろまれているが、これは「国家の最上の学術機関」が行いうる本末転倒の極みである。「敵がわれわれの祖国から武器と力を奪っても、国内に厳しい危機が襲い掛かっていても、またことによるとさらに厳しい危機が控えているとしても、いかなる外部および内部の敵もいまだわれわれから奪っていないものがあります。それは、ドイツの学問が世界において占めている地位であります」。そして、この地位を維持し、「必要ならあらゆる手段を通じて守る」ために、われわれは「耐え抜き《ドゥーヒハルテン》、《ウント》さらに努め《ヴァイターアルバイテン》ねばなりません」[43]。

危機共同体とヘルムホルツ協会

こうした言葉によって、一九二〇年代の科学の代表者たちのスローガンが定式化された。しかし、耐え抜き、さらに努めるためには、不確実性と苦難が支配している中で将来の学問研究のためのそもそもの基盤を作り上げる実際的なイニシアティヴが、何よりもまず求められた。インフレーションによって一九一九年初頭にはすでに、マルクは戦争前のおよそ半分の価値に下落した。それに続く年月、購買力の低下はさらにすさまじい勢いで進行する。上級官吏の平均実質所得（公務員の身分を持った大学教員も同様）は、一九二〇年までに戦争前の価値の二〇％に落ち込んだ。カイザー・ヴィルヘルム協会や、一九一四年および一九一九年に財団として設置されたフランクフルトとケルンの大学[※5]などの機関は、基金の価値の下落が進行したことによって突然、存在の基盤が奪われる危機に直面した。国立の大学および研究所の予算も、通貨価値の続落により、最低限必要な物品を調達するにも不十分となった。さらに、協商国による国際的なボイコットや、革命運動による社会不安が加わった。簡単にいえば、当時の全般的な経済と政治の状況は、学問や国家や経済に参与する人々に対して、少なくとも当座、耐え抜き、さらに努めるための物質的基盤を整えるべく、早急な対応を求めたのである[44]。

祖国のため戦争に身を投じたことを意識し、また国の名誉回復という新たな役割を意識して、とりわけドイツの指導的物理学者たちは、彼らの資産を維持するために、裕福な企業家と新政府に義務を負わせるようなイニシアティヴを展開した。ハーバーは、カップ［極右政治家］の蜂起のころ（一九二〇年三月）、フリードリヒ・シュミット＝オット（アルトホフに仕え、最後にはプロイセン文部大臣にまで昇りつめたドイツ文教官僚の大物）との会話で、「ドイツ学術危機共同体」（Notgemeinschaft der Deutschen Wissenschaft）※6の設置を提案した。一種のカルテルとして、民間寄付者および国家から集めた資金を管理する構想である[45]。一か月後、ベルリン工科大学学長は、「本学ＯＢカール・フリードリヒ・フォン・ジーメンス」に接触して、「共同の口座を作って、そこに企業からのすべての寄付を入金し、そこから、審査と許可を経た委託事業に支出するというアイディア」をこの企業家と共にはぐくんだ。この案から、最終的には「寄付者連盟」が発足。その会長としてジーメンスは、「危機共同体」に対する私企業からの最も重要な資金源となる[46]。

寄付調達のための集中的な事業のもうひとつの取り組みが、一九一八年一二月にドイツ物理学会（この苦難の時期に、ゾンマーフェルトが会長に就任［一九一九―一九二〇年］）によって行われた。「厳しい情勢にもかかわらず、高等教育における物理の授業（実験室）を支援してもらうため、皆で関係する業界に資金を無心することをあえて試みることにしました」と、この件を扱うメンバーに加えられたアインシュタイン［一九一六―一九一八年の会長］は、ハーバーにあてて書いた[47]。しかし一年半後、最終的な報告において、大企業は純粋科学の目的に資金を拠出する用意のないことが明かされた[48]。

ドイツ物理学会のこの試みは失敗だったとしても、科学者たちが頻繁に働きかけを行ったのは無効ではなかった。ハーバーとベルリンの同僚たちが危機共同体の設置を推進していたころ、別のグループにより第二の、産業界の利益により近い助成団体が設立される。すなわち、ヘルムホルツ協会（Helmholtz-Gesellschaft）である。その主唱者は化学企業家カール・ドゥイスベルクで、それ以前からすでに化学研究の助成団体設置のために大規模な活動を展開していた。またゲッティンゲン協会のメンバーとしてフェーリクス・クラインおよびそのグループとも関係を保っていた[49]。一九二〇年一一月に彼は、その間ミュンヘン大学に招聘されたヴィリー・ヴィーンにあてて書いているように、「もちろん私の主たる関心事である化学とともに、可能な限り物理とそれに関連する技術領域にも配慮」したいと考えていた[50]。協会の運営を任されたのは鉄鋼業者アルベルト・フェーグラーである。ドゥイスベルクの情報によればこの任務の「真に唯一の適任者」で、「国会議員、ドイツ経済協議会委員、冶金および鉱山関係の有力団体の事務局長」という肩書きを持っていた[51]。フェーグラーはそれ以前すでに、ある知人の紹介によりゾンマーフェルトから物理学の窮状について示教を得ていたが[52]、いまやヴィーンの要請に応じてヘルムホルツ協会の最も重要な寄付集金者となる[53]。

ドイツ学術の国際的評価という国の関心事を共有したにもかかわらず、新たに発足したこれらの助成団体の間には鋭い対立があった。ヘルムホルツ協会を危機共同体に統合しようとしたハーバーの試みは、ドゥイスベルクおよびフェーグラーから次のような理由で拒否された。すなわち、「学問一般のための緊急救助活動よりも、関心の焦点となっている個別分野のためにお金を集めるほうがはるかに容易」であるから[54]。ふたつの組織が行って合計したほうが、ただひとつで行うよりも寄付金の総額は大きくなるであろう。「工業の動脈を掌握し、喜んで寄付に応ずるグループをなにぶんよりよく存じております私どもには、危機共同体とヘルムホルツ協会を合計すると、より大きなものが実現するということが、はっきりとわかるのです」[55]。

しかしこの軋轢は、単に寄付を集める方法をめぐっての対立というだけではない。ヘルムホルツ協会のロビイストとそれに関わった物理学者たちはその大半が、ヴァイマル共和国における産業および学術界の極右に属していた。「ベルリン精神」に対する不信、反ユダヤ、反近代主義。同時に、そして特に、「ユダヤ的な、数学的傾向を持ったゾンマーフェルトを中心とするグループ」によって広められた原子理論分野における最近の進歩に否定的だった。この言葉は、彼らメンバーの中で最も過激で、ゾンマーフェルトの敵対者であったヨハネス・シュタルク〔第二章参照〕が投げたものである[56]。ヴィリー・ヴィーンでさえ（ゾンマーフェルトの最も親しい同僚のひとりで、シュタルクのこうした形での論争にはくみしなかったが）、反ユダヤ、反ベルリン、そして一般的な科学政策上の立場において、ヘルムホルツ協会で支配的だった活動の方向に強く同調した[57]。ゾンマーフェルト自身、この両陣営の間に挟まれているのをしばしば意識した。物理学会会長としてベルリンで、公的には反動的な極右に反対する立場を代表しながら、この連中の反ベルリン的態度に時折は共感を抱いた。「ベルリンの人々への話し方は、貴兄との場合とはおのずと異なります」と、彼はたとえばヴィーンに書いている[58]。ヴィーンの反ユダヤ主義にも、ゾンマーフェルトは拒絶反応を示さなかった。一九一九年春にミュンヘンで、短い期間だったものの労働者・兵士評議会（レーテ）〔社会主義政権。「レーテ」（Räte）は「ソヴィエト」と同義〕が統治した時（ブルジョア的・反動的な層はこれをユダヤ政治と同一視した）、ヴィーンに次のような書信さえしたためた。「そもそも、ユダヤ政治の狼藉ぶりをまのあたりにすると、次第に反ユダヤ的に」なってしまう、というのである。同じ理由から、著書『原子構造とスペクトル線』をユダヤ系出版社のシュプリンガーではなくフィーヴェクから出すことにした[59]。しかし同時に、アインシュタインと相対性理論に対してこのころ煽り立てられた反ユダヤ主義的非難攻撃には激しく敵対した[60]。

ドイツの物理学界内部でのこうした対立関係は、助成団体間の分極現象と同じく、第一次世界大戦後の科学が新しい社会的役割を帯びたことをよく示している。国内で存在感がますます高まり、分配すべき新たな資金を獲得したことが、科学界内部での競争を強め、同時にまた、対抗する諸勢力のイデオロギー的・政治的な立場や同盟関係をも公然のものとした。国家の威信に関わる事業としての科学の役割にとってそれに劣らず重要だったのは、ドイツ科学の代表者たちの外国に対するプレゼンスである。外国にこそ、力の代替物としてのドイツ科学をアピールすべき本来の対象となる人々が存在したからである。

国際的関係

こうした点でも、教授たちが国際的な場に然るべく登場するのを促すには、ことさらに要請を行う必要はなかった。一九一九年に「中欧同盟《ツエントラールメヒテ》」「独墺等」を排除して発足した機関である国際研究会議（der Internationale Forschungsrat）※7のボイコット措置はさておき[61]、ドイツの学者たちはおのおのの活動領域において、「協商国」〔英仏等〕によって直接的にも脅かされていると感じた。たとえばゾンマーフェルトは、自身の研究所が閉鎖されてしまうのではないかと恐れ、管轄する連合国調査委員会と同様の事例によって接触していたハーバーに尋ねた。報告によれば、とハーバーはミュンヘンにあてて書いた。ゾンマーフェルトの研究所は、「武装解除の問題にはなんら関わりがない」ので、「押収されることはありません」[62]。同じころアインシュタインは、反ユダヤ主義的な非難攻撃が彼の人格と理論に向けられていたためにドイツを離れようとしたのだが、ゾンマーフェルトは彼に「人間として、また物理学会会長として」

次のように書いた。「協商国とそのまやかしの制度」もアインシュタインの災難を煽っていることを確信しているというのである。「あらゆる方面から名状しがたい虐待を受けている今のドイツをお見捨てになるのは、貴兄らしからぬことと存じます」[63]。

まさしくドイツの傑出した理論物理学者であるプランクとゾンマーフェルトが、外国への活発な出張・講演活動を通じて、「虐待されている」自国民の国際的地位の回復を自らの責務としたのは偶然ではない。その際、学問の国際的精神へのアピールが強調されたのだが、だからといって、彼らの使命が何よりもまず国益に奉仕するものであることは見誤りようがない[64]。ドイツの国際的評価を高めたもうひとつの看板分野である化学とは違い、物理学における原子理論の最新成果は、戦争に利用されたという悪評とは無縁だった。戦争があったにもかかわらず、あるいは戦争ゆえではなくドイツの研究者たちへの十分な注目を集めていたこの成果ほど、そうしたデモンストレーションにふさわしいものがありえただろうか?! 最終的には、国際研究会議のボイコット措置はこの学問分野において、協商国側にとって不名誉な結果に逆転する。この分野で中欧同盟が協商国に与えるもののほうが、逆の流れよりも大きいことの自明性は、ドイツの原子理論家だけの認識にはとどまらなかったからである。実際この分野では、ドイツ学術の孤立ということは公的なレベルでしか話題になりえなかった。ゾンマーフェルトが外国からの招待を数多く受けたことは、非公式の国際的関係が欠けていなかったことを明確に示している。そしてゾンマーフェルトはこの機会を、自身の専門分野の宣伝のため、また祖国の名誉回復のために、断固たる決意で活用したのである。

ゾンマーフェルトは早くも一九一九年夏に、最初の外国旅行で中立国スウェーデンに行った。X

線分光学者マンネ・シーグバーンの招きにより、講演旅行を敢行。その途次にボーアと会い、シーグバーンの勤める南スウェーデンのルンドから、スウェーデン科学アカデミー所在地ウプサラに至る行程である[65]。「スウェーデンは素晴らしかったです。本当に元気回復できました。実に親切に歓迎してくれました」。帰国後このように報じることができた[66]。その後程なくしてウプサラのアカデミーから会員に任じられた時、彼はこの情報を『フィジカーリッシェ・ツァイトシュリフト』(*Physikalische Zeitschrift*) 誌に掲載させた。「それによって協商国を怒らせてやろうという意図」をその際に隠さなかった[67]。二年後、スペイン旅行ののちに、外国からの評価のしるしをさらに刻んだ。このたびは、マドリード科学アカデミー会員就任によってである[68]。スイスのような、より近い中立の近隣国でも、彼の使命に対する共感を確信できた。「バーゼルで、原子構造に関するご講演を拝聴する機会を得ました」と、ある聴講者が書信を寄せた。「ドイツ人として私は、ドイツの学問のために先生が、ご講演を通じて素晴らしい宣伝をしておられることに感じ入りました」[69]。

第一次世界大戦の中立国は、国際研究会議においても、旧枢軸国に対するボイコット措置を次第に緩和するために重要な役割を果たす[70]。しかし、ゾンマーフェルトが認知と共感を求めたのは、「中立国」に対してばかりではない。旧敵国である米国で、彼は最大の成功を収める。そのきっかけとなったのは、ドイツ系米国人たちが一九一一年にマディソンのウィスコンシン大学に寄付した「カール・シュルツ記念教授職」という客員教授ポストである。すでに一九二一年には、若干のわだかまりが残っていたにもかかわらず、「ドイツに新たな招聘を行う」ことが決定される[71]。人選は、そのころアインシュタインと並んでドイツの理論物理学の最も重要な代表者とみなされていた

ゾンマーフェルトのニールス・ボーア訪問（1919 年）。

ゾンマーフェルトに決した。一九二二／一九二三年冬学期におけるマディソンへの招聘と、付随して他の米国諸大学での特別講演を求める多数の招待がミュンヘンに届いて、ゾンマーフェルトはただちに反応。「今回の要請に従うことが義務であると存じますので、次の冬学期に休暇をいただくことを貴省にお願いする次第であります」と、彼はバイエルン州文部大臣にあてて書く[72]。そのすぐ後、ベルリンの外務省に対して、旅費の前渡しを懇望している[73]。手紙は、官庁が彼の派遣に同意するのを確信していた様子をうかがわせる。また、この米国滞在を大使並みの任務とみなしたことは疑いない。すなわち彼の念願は、「わが国と貴国との間で、再び信頼感あふれる関係が築かれること、それがドイツの復興と人類文化のために必要な前提条件なのであります」[74]。ゾンマーフェルトは米国滞在の間、反響の乏しさに悩むなどということとは無縁だった。たとえば、ワシントンの国立標準局（NBS : National Bureau of Standards）を訪れた時の模様がそれを示す。この機関は、連続講演をしてもらうために彼を招待した。一〇〇人を超える物理学者が、原子スペクトルと量子論の最新情報をじかに聞くためにやって来た。『ワシントンタイムズ』もこの出来事に注目。学問的には、この官庁との新たなコンタクトはゾンマーフェルトに、分光学者ウィリアム・メッガースとの緊密な関係をもたらす。メッガースは講演の機会に引き続いて彼に、最新のスペクトル線写真（その撮影で彼の実験室は有名になっていた）を提供した。メッガースにとっても原子理論との接触は有益だった。彼はゾンマーフェルトに「（原子スペクトルの）理論に新しい発展があるかどうか」尋ねた折に、次のように書いた。「これにつきましては、ご存じのように、私どもはおもにヨーロッパの方々に依存しているのです」[75]。米国標準局では分光学の理論的討究についての関心がきわめて強かったので、ゾンマーフェルトは挙句の果てに弟子のオットー・ラポルテを、国際教育評議会（International Education Board）［ロックフェラー財団が設置した助成団体］の第一回助成金によりワシントンに派遣した。メッガースは、こうして仲間が増えたことに感激するどころの段ではなかった。「私どもは彼を非常に頼りにしています。（…）彼に『われらが枢密顧問官殿《ヘァ ゲハイムラート》』というニックネームをつけてしまいました」と、ゾンマーフェルトに謝意を伝えた[76※8]。

原子理論の優先権

ドイツの最後の切り札として学問は国内的にも国際的にも評価の高まりを享受するが、それはすべての分野で同じだったわけではない。米国で原子理論が格別の注目を集めたのは、とりわけ次のような理由による。すなわち、米国物理学の拡張期にあって理論物理はなおざりにされ、その欠落はどの分野よりも原子理論に関して明白だったからである。米国の研究者たちは、原子物理についてノーベル賞級の実験結果（たとえばコンプトン効果）を提供できたが[77]、原子の事象について理論的に討究するのは、基本的にヨーロッパ人の事柄だった。原子理論に接して米国物理学者たちは、大西洋の向こう側でなされた進歩に熱狂する気持ちと、自分たちが遅れているという感情が次第に強まる狭間で千千に心が乱れる《ヒン ウント ヘアゲリッセン》という具合であった。「ああ、量子！（Oh Quanta !）」［中世フランスの哲学者アベラールの詞章で、賛美歌として歌われる"O quanta qualia" によるという］。この雄弁な嘆息の言葉が、マックス・プランクへの一九一八年ノーベル賞授与に関する一九二一年のある評論のタイトルとなった。別の人々は、理論のすさまじい発展ぶりから、すでに「物理学全体のバルカン化」［古典物理学的秩序の崩壊］が押し寄せていることを見た。原子理論についての個人的な感じ方はどうであれ、米国物理学界では、今後特にこの分野に注目しなければならないという点について、幅広い合意ができあがった[78]。

米国では遅れへの危機感があったのに対して、ドイツではこの分野でのトップの位置をなんとしても維持しなければならないという焦慮が高まる。しかしながら、緊急に必要とされた助成資金をめぐる競争に際して、苦境にある多数の学問分野の中で原子の研究が優先権を獲得することが当初から自明だったわけではない。原子物理学者たちのロビー活動が彼らの専門への優先的な助成に成功したのはとりわけ、危機共同体設立によって具現化した自主管理という新たな原則に負うところが大きい。それぞれの分野の最も重要な代表者たちからなる専門委員会は、国家および産業界の資金提供者から高度な独立性を保ちながら、助成資金の配分を決すべきものとされた[79]。このことにより決定権限は、それぞれの学術分野を代表した人々の手にゆだねられる。物理学でこの役割を負ったのはなかんずくプランクである。彼は最重要な委員会で発言権を持ち、理論家の同僚たちにさほど不利が及ばぬよう配慮した。たとえばゾンマーフェルトは、プランクに「金額を指示するだけで」よかった。すると彼が「貴兄には全額が承認の上で支給される」ように取り計らう、というのである[80]。

かくして危機共同体は、原子理論に優先的な助成を行う最も重要な装置となる[81]。その中で独自の決定中枢として機能する専門委員会に対して、ゾンマーフェルトと同僚たちの権威が力を発揮する。各州文部省を通じての伝統的な助成のように、管轄する大学に対して、研究分野のアクチュアリティとは関わりなく予算を配分するのとは別だった。危機共同体の助成はその上、各機関への一括的な支給ではなく、個々の研究者に対する委託行為として供給された。そうした研究委託の案件は、マックス・フォン・ラウエが委員長を務める物理学専門委員会に付議。一九二二年には、さらに二つの委員会が追加設置された。いずれも産業界からの寄付金の配分を決め、とりわけ原子物理学にとって重要なものとなる。すなわち「電気物理学委員会」（ゼネラル・エレクトリック、ジーメンス＆ハルスケ、およびＡＥＧといった電気会社からの寄付金を配分）と、いわゆる「日本委員会」である。こちらのほうは、日本の企業家でドイツの賛美者星一《ほしはじめ》の寄付を取り扱った※9。日本からの基金は当初、化学に対する助成を考慮していたが、ハーバーとプランクの推奨により、「原子研究の物理学的領域」にも与えられることになる[82]。電気物理学委員会も、電気の研究という当初の寄付目的に字義通りには拘束されていなかった。プランク委員長のもとで、まさしくこの基金は原子理論を優先する助成の装置となる。量子力学の先駆的研究は「この支援がなければおそらくドイツではなく、他のどこかで」起こったであろうと、一九二六年の年次報告は論じている[83]。

これらの助成の影響力を数字で示すのは困難である。危機共同体と比較して、ヘルムホルツ協会の寄付金収入が多かったことから、この協会のほうがより大きな重要性を獲得したようにも見えるが、インフレーションのために、ヘルムホルツ協会が寄付で得た基金の価値はおよそ八〇％下落してしまった。それに対して危機共同体のほうには、政府も資金提供者として関与した。補助金を通じて政府は、産業界からの寄付の価値下落を十分に埋め合わせることに力を向け、インフレ後は危機共同体のほとんど唯一の担い手となる[84]。加えて、ヘルムホルツ協会で指導的な役割を果たした物理学者たちは、どちらかといえば現代的な原子理論に対して留保を置いていたという事情がある。しかし、原子についての実験的な研究および隣接分野への助成に関しては、とりわけ二〇年代前半には協会側の寄与も真に重要なものだった。たとえば一九二四年には、助成資金の四二％が「原子的」研究領域に投じられた。その際にこの概念は、もちろん広義に把握されており、X線と放射能の全領域を含んだ[85]。そういうわけで、たとえばゾンマーフェルトの地下実験施設やエーヴァルトのシュトゥットガルト工科大学での新研究所における、X線による結晶構造の研究に対して、助成が行われる。エーヴァルトのところに隣接した研究所ではその上、ヘルムホルツ協会からまったく新規のX線実験室建設への助成がなされた[86]。そこから明らかになるのは、危機共同体で明瞭に現れた理論物理への優遇が、総体としては実験研究へのしわ寄せを伴わなかったということである。危機共同体とヘルムホルツ協会の寄与を合算するならば、第一次世界大戦前に比してインフレ後の時期には、すべての物理学研究への支出は実質で（すなわちインフレーションの影響を補正して）少なくとも倍増したのである[87]。

　これに劣らず注目すべきは、原子理論が活況を呈したことについてのイデオロギー的解釈である。外的な困難によって費用のかさむ実験機器類の調達が不可能になると、機転の利く物理学者が理論におもむく勢いが強まるという、わけ知り顔の、俗耳に入りやすい説明がなされた[※10]。政府と産業界による助成の規模は、そうしたレトリックをあざ笑う。実際には、戦争とインフレーションという苦難の時期を通じて、理論家に転じた実験物理学者は存在しなかったのである（逆に、少数とはいえ、戦争中にゲッティンゲンで実験家に転じたデバイのような例がある）。科学者と科学オルガナイザーのこうした「マゾヒスティックなイデオロギー」［欠乏と飢餓が知的な高揚をもたらすといった主張］[88]の別の側面は、非功利主義的、非物質主義的、その上さらに非合理主義的な心性の顕示である。その点でこのイデオロギーは、ヴァイマル共和国の時代精神と通じ合う。プロイセン文部大臣カール・ハインリヒ・ベッカーの発言において、この時代精神は最も極端な自己表現を見出す。「われわれは再び、非合理的なものへの畏敬の念を獲得しなければなりません」[89]。時を同じくして原子理論の非因果的で非決定論的な世界像への改造が起こることに対して、このイデオロギーがいかなる影響を及ぼしたか、ここでは考えないことにする[90]。いずれにせよ、そうした側面の強調は物理学を、単に今後の工業的応用のための補助分野という役割から解放し、とりわけ原子理論の研究から、実用的な目的に役立ちうることの証明を免除したのである。

　このような空隙から、原子理論改造の次なる段階が形を取り始める。すなわち量子力学革命である。革命的な転換という言い古されたたとえが、この事例ではまったく適切であることを、次章で見ることになる。ただしそうした転換は、いずれにせよさしあたり、科学内部での事柄にとどまっていたのだが。

第四章　「新世界への出発」

ヴェルナー・ハイゼンベルクは回想録で、量子力学発見の章にこの標題を付した[1]。そこで探検事業［コロンブスの米大陸発見］との比較をしているのは、的外れではない。量子力学の冒険はいくつもの観点で、物理学のそれまでのエポックにおける諸成果とは異なる。物理学的側面に関していうと、物理学史家も、関わった物理学者自身も、この「並外れた知的冒険」[2]のそれぞれの段階を、一般公衆にまた専門家世界に対して、数々の詳細にわたり飽くことなく描き続けた。しかし社会的な観点からも、探検隊との比較は当を得ている。すなわち、量子力学の発見は、理論物理学者たちが分野を同じくするグループとして行うはじめての集団的事業だった。量子力学以降の理論家世代は、かつての私講師科目につきまとっていた劣等コンプレックスなどとは無縁の、まったく新しいプロフェッショナルな自己認識を獲得したのである。

ミュンヘン、ゲッティンゲン、コペンハーゲン——ある科学革命の中心地

四年にわたった戦争の後、大学にはそれまでないほど学生が殺到する。「軍隊から勉強に飢えた学生たちが大学に押し寄せて、教室は人であふれた」。ミュンヘン大学についてこのような記述がある[3]。戦争に徴用されたアカデミックな要員も大学の研究所に戻って来た。戦前に大学課程を修

了し、大学でのキャリアの継続を望む人々がそれに加わる。「ここには（空腹な）理論家がうようよしています」とアインシュタイン［一九一四年からカイザー・ヴィルヘルム物理学研究所長／ベルリン大学教授］は、ゾンマーフェルトにあててベルリンの状況について書いている[4]。戦争で中断された大学の拡張にはもはや草創期のような勢いはなかったが、停滞に陥ったわけではない。一九一〇年以降の二〇年間に、ドイツの大学における物理学者の数は二九八人に増加（一八九〇年から一九一〇年の期間では六九人から一七一人）[5]。新設ポストの大きな部分が理論物理に割り当てられ、いまや事実上ドイツのあらゆる大学でこの分野に講座が置かれた。そして一九二〇年代末には、二一の大学のうち一〇校、また一二の工科大学のうち三校が、独自の研究所を持つに至る[6]。

この拡張期に、ミュンヘンのゾンマーフェルト学派の卒業生たちは、「焼きたてのゼンメル［皮の硬い小型パン］さながら」飛ぶように売れていった、とエーヴァルトは回想している。彼自身は一九二一年に師匠の推薦により、シュトゥットガルト工科大学に新設された理論物理の講座に招かれた[7]。同じ年にコッセルは、キール大学から理論物理正教授職に招聘された[8]。レンツは一九二〇年にゾンマーフェルトの推薦でまずはロストック大学の員外教授となり、一九二一年にはハンブルク大学で正教授として、新設された理論物理学研究所の所長に就任する[9]。

需要が増えても、理論家への偏見はまだ残っていた。特にそれは、候補者が「ユダヤ人」の烙印を押された時に甚だしかった。たとえば、エプシュタイン［第二章参照］のフランクフルト大学への招聘は、学部当局の反ユダヤ主義ゆえに頓挫した。彼は、ドイツの他の地でも安定したポストを見出すことができなかった。オランダのローレンツのところに短期間滞在したのち、一九二一年に米国に移住。カリフォルニア工科大学学長のミリカン※1からポストの提示を受けたためである。「ユダヤ人であるにもかかわらず」とミリカンはコメントしている。彼以前にユダヤ人が一人も教授として雇用されていなかったのはエプシュタインにとって幸いだった。というのは、彼の招聘の後でもう一人のユダヤ人応募者の採用が、「ユダヤ人がおよそ一人より多い」(more than about one Jew) と扱いきれないという理由で拒絶されてしまったのである[10]。アーヘン工科大学でも、「ユダヤの要素が優位を占めない」ように強く注意が払われていた。それゆえ、デバイがある理論家を推薦した際、彼の弟子の「血管に一滴もユダヤの血が混じっていない」ことをコメントしたほうがよかろうと思案する[11]。反ユダヤ主義に加えて、候補者が平和主義的、あるいはましてや社会主義的な運動の共鳴者であるという猜疑が生じた場合、招聘はいっそう難しかった。ランデの場合がそうである。彼のチュービンゲン大学教授職への招聘は、学部内での長い論争の末に実現した。ランデはこの案件が不首尾に終わるだろうと観念し、エプシュタインに、自分も（彼のように）米国でポストを得られないだろうかと書き送った。その矢先に、チュービンゲン教授職が結局は彼に決定する。エプシュタインはそこに、一条の希望の光を見た。すなわち、「チュービンゲンのような反ユダヤ主義の牙城」でさえ、科学的な業績が専門外の観点よりも、最終的には上位に置かれたのであるから[12]。

「新しい」物理学への期待

原子理論への感激が他のすべてのことを背後に押しやった拠点が、かくして特別な役割を帯びる。ミュンヘンのゾンマーフェルトの「苗床」以外では、とりわけゲッティンゲンのボルンの研究所とコペンハーゲンのボーアの研究所がそうだった。

これらの地で他のどこよりも、「量子論（あるいはそこから生まれ出るもの）という『新しい』物理学の古典時代がほどなく到来すること」を理論家たちが熱心に追及した。ともかくもこうした期待を、一九二〇年にデバイの後任としてゲッティンゲンに招聘されたボルンは、自らの新たな地位と結びつけたのである[13]。一九一六年にコペンハーゲン大学理論物理学教授に任命されたボーアも、「新しい」物理学に全力を傾注する。一九二一年三月に、自身の研究所開所式でのスピーチで彼は、物理学という建造物全体の「根本的な変化」が待ち受けていると述べた[14]。彼の野心的な原子理論研究プログラムは、付随する実験も取り込んでいたが、そこではもはや、実験の優位のもとに理論が従属するというあり方はなんら感得できない。原子の研究では、実験的研究は理論に従属しなければならない、それゆえ、この種の実験にふさわしいのは理論家である彼［ボーア］の研究所であって、実験家の伝統的な研究所ではない、というのである。「理論を作り上げる作業では、（…）すでに述べたように、理論研究と直結した科学的実験を主題の専門家が実施し指導する機会を持つことが必要なのである」[15]。

ゾンマーフェルトと新しい中心地

ゾンマーフェルトは当初より、コペンハーゲンともゲッティンゲンとも、他の研究所とのコンタクトをはるかにしのぐ特別な関係を築いていた。クラインの助手だったころから、ゲッティンゲンはゾンマーフェルトにとって第二の故郷のようになっていた。この地と彼との結びつきは、クラインそして岳父ヘプナーとの家族関係以外に、学問的にも大きい。ヒルベルトとはケーニヒスベルクの学生時代から知己を得ていた［当時ヒルベルトは私講師］。そして応用数学者カール・ルンゲとは分光学への格別な関心を共有した。ゾンマーフェルトはルンゲに二度にわたり『百科全書』記事の執筆を依頼。すなわち「単位と測定」(一九〇二年)と、「元素のスペクトルにおける系列法則」(一九二五年)である。ヒルベルトは、ゾンマーフェルトのところから二~三年ごとに「物理の家庭教師」として助手を派遣させた。その助力によって彼は、理論物理学の最新の発展を追いかけようと欲したのである。エーヴァルト、ランデ、およびクラッツァーがその先鞭をつけた。エーヴァルトはこの慣行の初期について回想している。「ヒルベルトとゾンマーフェルトとは非常に親しい友人でした。いずれも東プロイセン人で、ケーニヒスベルク出身の人たちは集まって小さなコミュニティを形成していました。夫人どうしも、またゾンマーフェルトとヒルベルト夫人もとても親しくしていました。(…)ヒルベルトはそのころ、彼の言葉によれば『さて、私はいまや数学を改革した。今度は物理を、次いで化学を改革しよう』としていました。改革(reforming)というのは、数学を公理化したことを指しているのです。私がゲッティンゲンに行った時(一九一二年)、ヒルベルトはプランクの理論を理解しようと努めていたところでした」[16]。一九二〇年代初め、ゾンマーフェルト門下生がミュンヘンとゲッティンゲンを行き来することは、ほとんどルーティンになっていた。

ボルンがゲッティンゲンに招聘されて、ゾンマーフェルトのミュンヘン大学研究所との関係はさらに強まった。ボルンはすでに大戦中、鉄砲検査委員会でゾンマーフェルトの弟子ランデと一緒に働き、その際にボーア-ゾンマーフェルト理論にも親しんだ。ゲッティンゲンに移る以前の彼にゾンマーフェルトは、「固体の原子論」についての『百科全書』記事の執筆を依頼した。そのやり取りでボルンは、[年長の]ゾンマーフェルトとの関係において実に率直な、自信ある態度を示した。たとえば『原子構造とスペクトル線』に対する批判的なコメントにそれは現れている。「（1）貴兄は、すべてが解明されているかのように専門外の人が信じざるを得ないような仕方で、少なからぬ事物を描いておられます。けれども、実はそうでないことが往々にしてあります。（…）少なくともランデは最近、万事が未解明なのだということを私に対して非常にはっきりと述べていました。疑わしい点をもう少し強調なさったほうがよろしいのではないでしょうか。（2）時として貴兄は、幾分かローカルな「愛郷心」を示されます（まぁ誰でもそうですけれど）。そういう次第で選択原理において、ボーアをルビノヴィッチと同列に置かれているのは、なんとも具合が悪いように私には思われます。ボーアの定式化は、何はさておき非常に美しいものでもあるからです」[17]。それでもボルンは、ミュンヘンの枢密顧問官に対して惜しみない賞賛の念を抱き、二年後に、ゾンマーフェルトの著書が早くも第三版の刊行を見たとき、それを「現代物理学者のバイブル」と呼んだ[18]。

ゾンマーフェルトとデンマークの原子理論家ボーアとの関係は、ゲッティンゲンの数学者・物理学者たちほど古い縁ではないが、それに劣らず緊密になる。ボーアが一九一六年にコペンハーゲン大学理論物理学教授に任命された時、物理学界の新星として専門家の間でその名はすでに広まっていたけれども、彼の講座に付随する設備に関しては、優遇されたポストだったとはいいがたい。使えたのは一五平方メートルの部屋だけで、それも助手たちとの共有である。独自の研究所の設置をボーアが強く要請したのは、もちろん施設の貧困に起因するが、デンマークでも顕在化したインフレーションに直面して、実現は困難であるかに見えた[19]。その際、ゾンマーフェルトのような国際的尊敬を集める物理学者が若いボーアへの賛辞を表明したことが効果をあげる。特別な印象を残したのは一九一九年のゾンマーフェルトのスカンディナヴィア旅行で、この時ボーアは、ドイツからの客人を戦後最初の外国人科学者として迎える機会を得た。ボーアの研究所の構想は、国の資金だけではまかなうのが困難だった。そこでゾンマーフェルトは、寄付金の蒐集に助力する。彼はデンマークのビール会社カールスベアの財団に対して、ボーアの計画への支援を推奨し、次のような希望を述べた。すなわち、コペンハーゲンの新しい研究所がすべての国の研究者が集う場となり、それが「共通の文化的理想」に有益であるように[20]。これはまさに急所をつく発言だった。というのも、デンマークの科学支援者たちは、彼らの小国が戦後の状況下で中立的立場を保つことが、敵対した大国間の仲介役として新たな国際協力の構築に今こそ貢献し、もって「デンマーク学術の栄誉」にも寄与する契機になると認識していたからである[21]。

コペンハーゲンでもミュンヘンやゲッティンゲンと同様に、その後の年月は原子の研究が優先的に進められる。ゾンマーフェルトがカールスベア財団への推薦状で「ボーア原子物理学研究所」という表現を選んだのは自然のなりゆきである。ミュンヘン、ゲッティンゲン、コペンハーゲンのいずれでも、ゾンマーフェルト、ボルン、ボーアの研究所のほかにも物理学研究所が存在し、それぞれが名高い実験家の指導下にあったが（ヴィーン、ポール、クヌートセン）、原子理論家たちは自身の研究所で、理論に伴う原子の実験的研究に腐心する。ボルンは、ゲッティンゲンのポストを受諾するにあたり、員外教授職（間違いによって彼の研究所に認められた）に実験物理学者ジェイムズ・フランク［九〇頁参照］を据えるという条件をも獲得していた[22]。

かくしてミュンヘン、ゲッティンゲン、およびコペンハーゲンで、戦後まもない時期における「新世界への出発」は、純然たる理論研究の課題としてばかりではなく、理論物理が実験的研究をさえ巻き込んだ包括的な探検事業として組織されたのである。このプロジェクトの準備には研究所長たち、すなわちゾンマーフェルト、ボルン、ボーアが中心的役割を演じた。その遂行に関しては次に、探検に参加した個々のメンバーにも着目しなければならない。

新たなエリート

ゲッティンゲンとコペンハーゲンの研究所がなお建設中だった間、ミュンヘンのゾンマーフェルト学派は探検チームのリクルートという面で抜きんでて重要な存在になる。ボルンとフランクがゲッティンゲン大学のポストに就き、ボーア研究所が入居可能となった時、ゾンマーフェルトの「苗床」はすでに大繁盛していた。「今学期には博士四名（パウリを含め）と私講師一名（クラッツァー）を送り出しました」と、ゾンマーフェルトは一九二一年八月、きつかった夏学期を終えてアインシュタインに書いた[23]。彼の教育活動は、戦後二年にわたる緊急状況下の短縮プログラムを終えて、再び完全な、理論物理の六学期に及ぶ基礎講義のサイクル（力学、流体力学、電気力学、光学、熱力学、偏微分方程式）と、上級者向けの特別講義、ゼミナール、そして私講師による個別研究テーマに関する講義をカバーした。たとえば一九二一／一九二二年冬学期には、戦後オーストリアからやって来て一九二〇年にゾンマーフェルトのもとで教授資格を取得したカール・ヘルツフェルトが「原子模型の量子力学」について講義。この時期、さらに教員スタッフとして（一九二一年にそれぞれ独立のポストに招聘されるまでの間）名簿に載った研究所メンバーにはレンツ、エーヴァルト、クラッツァーがいた[24]。この年の博士候補学生四人の中ではヴォルフガング・パウリのほかに、特にグレゴール・ヴェンツェルがいたことに言及しなければならない。彼は、そのあとすぐゾンマーフェルトの助手になる。

ヴォルフガング・パウリ

第一次大戦後の新しい学生たちの世代にとってゾンマーフェルトは、二〇年前のデバイの学生時代のように夕方ワインのボトルを携えて訪ね、あれこれの問題をさらに突っ込んで議論できる青年教授では、もはやなかった。五〇代の枢密顧問官は大多数の学生に畏敬の念を抱かせる、近寄りがたい権威となっていた。それでも、長きにわたり培ってきたゾンマーフェルトの授業実践法は、基本的に変わらなかった。そして、教授の注目を獲得して博士候補学生や助手たちのサークルに首尾よく入れれば、その学生にとってゾンマーフェルトが、往々にしてそのまま学問における師父となった。才能ある学生たちを自身の研究に参加させ、彼らが大学の課程を修了する以前に科学的な挑戦課題を与えるという習慣が、ゾンマーフェルトのリクルート手段の鍵である。これにより野心的な学生は、オリジナルなアイディアを提供して目立つチャンスを、そしてゾンマーフェルトは、学生の大群の中から抜きんでた才能を選び出し、特別に念を入れて指導する機会を得た。

ゾンマーフェルトがパウリに注目したきっかけは、自身の証言によれば、彼が「数学および数理物理学の手法をすでに完全に身につけて」学業を開始し、「一般相対性理論についての完成した論文」を提出して、「ただちにアインシュタインの注目と感嘆を呼び起こした」ことである[25]。それでゾンマーフェルトはまだ学生だった彼に、『百科全書』の相対性理論に関する記事の執筆を託したのである[※2]。また自身のアクチュアルな原子理論研究プログラムにも迷わず引き入れる。その手始めとして、まずは出版されたばかりのランデの論文の抜き刷りを渡して評価をゆだねた。パウリはただちに、それも能力顕示のチャンスとする。「もっとずっと簡単にこの目的にたどり着くことがわかったとパウリはランデに書いた。さらに、この野心的な学生は「結果に対して完全な見通しを持たずに出版したのは少々性急すぎるのではないでしょうか」というゾンマーフェルトの批評も、ランデに得々と披露する。パウリはまたボルンに対しても、自分の考えた改善提案を遠慮なく伝えた。一九一九／一九二〇年冬学期にエーヴァルトの結晶格子力学の講義を聴いたのちに、ボルンの著書でこの問題領域に取り組んだ時のことである。ボルンはすぐさまこの学生に、「ゾンマーフェルト、エーヴァルト、およびすべての同僚方にくれぐれもよろしく」というあいさつとともに、「貴方が一度当地においでになり、あるいはさらに私どもと一緒に仕事していただけるなら」幸いであると書いた[26]。

瞬く間に、自分の教授と並んで「同僚」扱いされたことは、この学生の自意識にとって非常に励みとなった（これがパウリになお必要だったとすれば）に違いない。ゾンマーフェルトの推薦で彼は一九一九年一一月、ドイツ物理学会会員になる。その翌年、バートナウハイムで行われたドイツ自然科学者・医師協会の会議（戦後初めての大規模な物理学者集会）で、彼の博士論文テーマとなる磁気現象の原子的な起源について講演した。一九二一年に、博士学位を取得して六学期という最低修学年限を終えた時、パウリはすでに原子理論家たちの間で議論仲間としての声望を築いていた。一九二一年一〇月に、師匠の推薦でゲッティンゲンに行き、ボルンの最初の助手となる。

ヴェルナー・ハイゼンベルク

パウリと同じくハイゼンベルクも、並外れた数学的知識を前もって身につけて大学に入る。高等学校卒業時にはすでにヘルマン・ワイルの著書『空間・時間・物質』（*Raum, Zeit, Materie*）※3を徹底的に勉強して、それゆえに退屈な準備を要せずただちに数学者のゼミナールで自らの才能を証明できると信じた。数論の専門家であるフェルディナント・フォン・リンデマンのゼミナールにハイゼンベルクは当初入ろうとしたが、リンデマンはこの種の予備知識に感心する様子もなく、彼を受け入れなかった。ハイゼンベルクが次に接触を試みたゾンマーフェルトの反応はまったく違った。「最新の原子理論に関わり、私の力を試すことができるような小さな問題を、ことによればごく近日中に与えると約束してくれた」と彼は、師となる人との初めての会見について回想する[27]。ゾンマーフェルトはこの野心的な学生をゼミナールに迎え入れ、二〜三週間後には早くも、ボーアの助手ヘンドリク・アントニー・クラマースが発表したばかりの最新の研究論文に取り組ませた。そしてパウリと同じくハイゼンベルクも、彼の分析を通じて、原子理論家たちの活発な討論にただちに寄与したのである。選ばれた者たちのサークルへの加入が、これにより確定する。彼の活動欲に相応してこのサークルでは、才能を試す新しい課題がふんだんにあった。「二学期目に入ったとき、私はハイゼンベルクに流体力学についての短い報告論文を出すことを許可した」と、ゾンマーフェルトは彼の新しい学生の成長ぶりについてコメントしている。「博士論文として、私はハイゼンベルクに分光学のテーマではなく、乱流についての難しい問題を提案した。これを解ける者が誰かいるとすれば、それはハイゼンベルクであろうと期待したのであった。しかしながら、この問題は今に至るも未解決のままである」[28]※4。博士学位試験までの三年間の学生時代に、ハイゼンベルクは早くも六編の科学論文を出版リストに掲げることができた。うち二編がゾンマーフェルトと、また二編がボルンとの共著である。一編のみが乱流問題を扱い、他の五編はすべて原子理論の領域に属する[29]。

ゲッティンゲンでもコペンハーゲンでも、ハイゼンベルクのことはすぐさま話題になる。ゼミナールで親しく交わり、一九二一年秋にゾンマーフェルトの推薦でボルン研究所の助手となったパウリが、ハイゼンベルクの初期の論文が出る前から口コミでさかんに宣伝したものと推測される。ハイゼンベルクとパウリが原子理論についての考えを公表に先立って伝え合った文通は、しばしば暫定的な論文といった性格を有し、科学上のプレプリント論文のように研究所のゼミナールで回覧された。それゆえ、完成した出版物として発表されるころには、その内容はほとんどの場合、活発な議論をとっくに引き起こしていた。一九二一／二二年冬学期に、ハイゼンベルクのパウリへの書信は、ゲッティンゲンで幾度も学問的な興奮をもたらしたに違いない。ハイゼンベルクの見解にはボーアも、彼と知り合う前から強い興味を引かれた。「ハイゼンベルクは三学期生ですが、途轍もなく優秀です」。一九二二年三月、ゾンマーフェルトはこのように書いてコペンハーゲンの同僚に、彼の学生への好奇心を抱かせた。ボーアのほうはランデに、このミュンヘン大学学生と彼の新しい理論について熱心に尋ねる[30]。

「ボーア・フェスティバル」

ゾンマーフェルトの新しい神童学生がコペンハーゲンとゲッティンゲンのエリート理論家たちと個人的に知り合う機会は、一九二二年六月にやって来た。ゲッティンゲン大学の講演行事を支援していた当地のある財団が、この年のプログラムに原子理論を取り上げ、そのテーマについて一連の講演を行うようボーアを招待した※5。このころゲッティンゲンで催されたヘンデル音楽祭になぞらえて、原子理論家たちは講演週間を手短に「ボーア・フェスティバル」(Bohr-Festspiele) と呼んだ。多くの参加者たちにとってこの催しは、その後の進路を決定づける体験となる。ボーアの講演と引き続いての質疑では、原著論文を読むよりもはっきりと、原子理論という構築物の未完性が浮き彫りになった。出席した学生たちには、直接目の当たりで高度にアクチュアルな研究過程が進行しているという感覚を抱かせたのである。「私たちは魔法にかけられたように座っていた」と、当時の学生は回想している。「ボーア教授が霊感にかられたような表情をして、うわのそらで一番大きな教室の黒板の前を行ったり来たりし、天井のランプの下を通るごとに持っていた指示棒でそれを叩いた時である。ランプは揺れ始め、その振幅は次第に大きくなった。落ちて来て大きな反響音が出るのではと案じられた。しまいにヒルベルトが立ち上がり、丁重な態度で『偉大《グレイト》な先生《マスター》』と叫びかけ、ボーアの手から棒を引き離した。われわれがまたほっと息をついたところで、後ろから『その点を信じていない学生がおります』という声が割り込んできた。そしてゾンマーフェルトが若いハイゼンベルクを従えて騎兵隊長のように前に進み出た。五分間の討論が始まった」[31]。

　このような回想を、居合わせた当時の多くの学生たちが披露している。ゲッティンゲンでのボルンの最初の学生の一人であるフリードリヒ・フントにとっても、「ボーア・フェスティバル」は決定的な体験だった。「量子論を基本的にゾンマーフェルトの本で知ったわれわれにとって、ボーアの考えはより徹底的で開かれていて、拘束がより少ないように思われた」[32]。そしてボーア、ハイゼンベルク、パウリの間で交わされた議論ではまさしく、この開かれた性格が殊にはっきり現れたという。ボルンの研究所全体にとって、ボーアのこの訪問は原子理論という探検事業への本格的な船出を促した。ボルンは「ボーア・フェスティバル」以前には、『百科全書』記事と、自身の結晶格子力学についての著書の改訂に忙殺され、「助手たちはその第二版の校正作業にうめいていた」とフントは回想している。「しかしにわかに、その方面は後退した。(…)(ボルンは)かわりにいまや、彼の偉大な研究プログラムに向かうのである」[33]。

ボルンがそのために講じた最初の措置は、ハイゼンベルクのリクルートである。ゾンマーフェルトはそれになんら反対しなかった。逆に、次の冬学期には米国での客員教授職に就くのを望んでいたので、ボルンの研究所が適切な場所であると彼には思われた。留守中ハイゼンベルクがそこで、すでに定めた方向で勉学に磨きをかけることができるからである。かくしてハイゼンベルクは次の学期に、ゲッティンゲンの探検隊に移り、その中でただちにボルンの模範生となる。「ハイゼンベルクがすっかり気に入りました」と、ボルンは一九二三年一月、米国のゾンマーフェルトに伝えた。同時にミュンヘンの枢密顧問官に、ハイゼンベルクをゲッティンゲンにとどめ、自分の私講師に任ずるために［ハンブルク大学が彼を欲しがっているという動きに対抗して］「全力を尽くす」所存であることを知らせた。「貴兄のもとにはヴェンツェルがおります。パウリも一年後には戻ることと存じます。かくなる状況で、ハイゼンベルクを手放し、彼がゲッティンゲンで教授資格を取るよう本人を説得してくださいませんでしょうか」[34]。しかしハイゼンベルクはさしあたり、学業をきちんと修了するために、「自ら選んだ後見人」(とボルンがうらやましがってコメントしたのだが)のもと、ミュンヘンに戻った。ハイゼンベルクは一方的に理論に専心していたので、博士試験であやうく不合格となるところだった。しかし、実験物理学の試験官ヴィリー・ヴィーンへのゾンマーフェルトのとりなしのおかげで、ハイゼンベルクはこの汚名を免れた。その直後、彼はボルンの招きに応じ、そのわずか一年後にはゲッティンゲンで教授資格を取得、かたわらその地でフリードリヒ・フントに次ぐ研究所の二人目の助手として働いた[35]。

ボーアも、ゲッティンゲンでの「フェスティバル」滞在から利益を得た。ハイゼンベルク、パウリと議論したのち、彼はこのゾンマーフェルトの教え子をふたりともコペンハーゲンに招待した。ハイゼンベルクにとってはこの提案はまだ早すぎたが、パウリは大乗り気で招待を受け入れた。彼の滞在費用はラスク＝エールステズ財団によってまかなわれた。この財団は、外国人学者への奨学金給付、国際会議への資金援助、あるいはデンマーク語著作の外国語への翻訳などを通じて、デンマークの国際的名声を高めるという明確な目的のために、それより二年ほど前に創設された[36]※6。

一年後、ハイゼンベルクはパウリの跡を追うようにコペンハーゲンに赴く。そこでの動きについて師匠への報告に努めた。「最初の二か月間は英語とデンマーク語の二か国語を学ばなければならなかったのですが」と、彼は一九二四年一一月にゾンマーフェルトにあてて書いた。しかし原子理論に関しては、ボーアとその周辺の人々の研究スタイルを特徴づけることになる「コペンハーゲン精神」が、すでに最初の作用を及ぼしていたのがわかる。「私の研究は対応原理の線に沿っています。(…) 量子論のあらゆる効果は、古典論の中に対応物を持っているに違いありません。古典論の中に対応物を持っているに違いありません。古典論はほとんど正しいからです。そういうわけですべての効果は常に二つの名前を持っています。つまり古典論と量子論の名前ですが、どちらを好むかは一種の趣味の問題です」[37]。これは、ハイゼンベルクがゾンマーフェルトのもとではほとんど学ばなかっただろうボーアの思考の本質を、ごく手短に述べたものである。ハイゼンベルクはその少し前、パウリにあてて次のように書いた。「ボーアと一緒に研究して」、原子理論のある種の法則性が「ゾンマーフェルトがいうのとは違って、対応原理を使って理解することができないというのではなく、むしろ対応原理の必然的な帰結」であることが彼には明らかになったというのである[38]。

異なる研究スタイルを経験することにより、ハイゼンベルクやパウリや他の量子力学的冒険のパイオニアたちは、三つの中心地のひとつがどのような認識状態にあるかを、残りふたつにおける原子理論の思考の筋道にも常に照らして吟味することができた。同時に、彼らが徹底的な意見交換を行い、これらの拠点を頻繁に行き来したことは、新たな知見が三つの探検グループのあいだでただちに共有され、一箇所だけが独占することを妨げる効果を生じた。だからといって「新世界への出発」は円満具足な、なんら葛藤のない営みだったわけではない。あらゆる探検事業がそうであるのと同じく、量子力学の探検旅行でも、そこには実にさまざまな性格と気質を持つ人々が関わっていた。新たなエリート集団に属しているという認識と結びついた明確な連帯感はあった。しかしそれに劣らず注目すべきなのは、若い研究者たち相互のライバル意識であり、新世界を最初に踏破する栄誉と、それに結びついた理論物理学者としてのキャリアチャンスをめぐっての競争である。

探検隊内部の集団力学

ゲッティンゲンとコペンハーゲンで始まった研究プログラムは、二〜三学期を経過して早くも最初の成果をあげ始め、ミュンヘンの模範に比して教育活動の密度という点でも、もはやほとんど引けを取らなくなった。たとえば一九二三年一月にボルンは、博士論文のテーマを与える「だけでもう疲れ果てました」とこぼした。この学期に彼は九人の博士候補学生を抱えていたが、さらにミュンヘンのゾンマーフェルト学派の「四人の後裔」が加わった。ハイゼンベルクと同じく、教授が米国旅行に出たため、一時的にゲッティンゲンにやって来たのである。「フィッシャー氏ですが、自身の責任ではない不運に遭ってしまいました」とボルンはゾンマーフェルトにあてて、四人のうちのひとりについて、他の原子理論家の論文が出たために学位論文が水泡に帰した次第について書く。「それでフィッシャーの勉強にはけりがついてしまいました。彼は私からテーマを欲しがっています。(…)それからルートロフ氏です。彼の勉強(何か流体力学的なテーマだったと思います)については、私はなんらお世話をしておりませんでした。しかし彼は、原子物理の問題を解いてみたいと希望しましたので、スペクトル帯の計算問題を与えました。彼と共著で論文を出したいと存じます。この方面の勉強を続けて、博士論文に仕上げたいという意向があるようです。ヴェッセル氏もテーマを欲しがっています」[39]。

博士論文のテーマとして原子物理学が魅力を発したことは、ミュンヘン、ゲッティンゲン、コペンハーゲンの出発に際して高く掲げられた目標の論理的帰結である。ゾンマーフェルトの著書『原子構造とスペクトル線』が物理専攻学生の数多くにとって、この研究領域のテーマをいずれかの巨匠の庇護のもとで手がける最初の動機づけとして決定的な役割を果たす。この本では、原子理論の進歩が初等的な方法で紹介されたので、特別な予備知識がない学生でもその記述をたどることができた。そして進歩が激しいので、ゾンマーフェルトはほとんど毎年、改訂作業のため新しい動向の吟味に追われる。一九二四年一月、「またもや新版を執筆」していることを、彼はゲッティンゲンの同僚ボルンとフランクに告げた[40]。

このころおそらく、ゾンマーフェルトの著書への需要は他のどこよりもゲッティンゲンで最も大きかったであろう。この地でボルンは助手のフントとともに、自らの原子理論プログラムを補完するため「原子力学」の講義に取り組んだからである。この講義と並行して、ゲッティンゲンの学生たちはボルンの「物質の構造」に関するゼミナールで、原子理論に親しむことができた。ミュンヘンの場合とまったく同様で、ゼミナールは通常、学生に、特定のテーマについて自分の力を試す最初の機会を提供した。そしてミュンヘンと同じく、こうした研究志向の教育活動からゼミナールの指導者たちは、成果を本の形で紹介したいという意欲を強めていく。ボルンとフランクは、自らが編者となって「物理学モノグラフィー選書」を出版する計画を立てた。ゲッティンゲンの数学者リヒャルト・クーラントが、『数理科学基礎選書』(*Die Grundlehren der Mathematischen Wissenschaften in Einzeldarstellungen*) の出版(シュプリンガー社)を二年ほど前に始めていたのをまるごと手本にした。それでボルンは出版業者フェルディナント・シュプリンガーに、その種のシリーズものを「『物質構造選書』(*Struktur der Materie in Einzeldarstellungen*) というタイトルで出版」し、もって「今日の原子物理学の全面的な展望を示す」ことを提案した。同時にボルンとフランクは、物理学の同僚たち、とりわけゾンマーフェルトに協力を求めた。この人に彼らは、「多重項構造」についてのモノグラフィー執筆を要望した。「貴兄たちがことさら私に相談してくださるのは、私自身の著書との競争になるという意識を私が持つことを想定しておられるからでありましょう」と、ゾンマーフェルトは返答した。彼はゲッティンゲンの競争的プロジェクトにかなりの留保を置いて接した。「この事業にあえて取り組むか否かは、シュプリンガーの事柄です」と警告。というのは、提案のようなモノグラフィー選書は、「細かく枝分かれした特殊な研究」を紹介することになるが、これは「ひょっとすると、読者よりむしろ著者にとって興味のあることだからです」[41]。

功名心とライバル関係

ゲッティンゲンの同僚たちが行った少々無理のある提案に対して、ゾンマーフェルトの返答が即座に「競争になるという意識」に言及したのは特徴的である。逆にボルンも、その前年ゾンマーフェルトの学生たちにテーマを与える難しさを報告した際に、次のように述べていた。「貴兄の若者たちがミュンヘンから持って来たテーマを私が取り上げてしまうなどとはお考えになりませんように。ご承諾なしに、博士候補学生として一人でも私のところに引っ張ろうなどとはまったく考えておりません」[42]。競争心を持ちながらのこのような慎重なつきあい方は、研究所の主たちが互いの縄張りを犯さないよう嫉妬深く監視しあっていた様子をうかがわせる。協力関係があったにもかかわらず、独自の業績をあげるということについて、どの側も非常に敏感だった。

ライバルとなるきっかけはふんだんにあった。表面では友好的にお互いを高く評価していたボーアとゾンマーフェルトとの間で特に、緊張した空気が漂っていた。ノーベル賞が与えられないことについて、ゾンマーフェルトは自分がないがしろにされていると感じた。ボーアは一九二二年にこの学問的栄誉を獲得したのである。「私がいまだ受賞していないことは、次第に公然たるスキャンダルになっています」という見方を、ゾンマーフェルトは後にある手紙で示した。その背景については推測の域を出ないが、「ボーアの対抗心のせいである」といううわさもある。「いずれにしても、ボーアが一九二二年に受賞した後、一九二三年には私に賞を授与することが、唯一正しくまた品位あることであっただろうと存じます。たとえば［英国］王立協会は適切にも、ボーアと私を同時に入会させせました」43。

研究所の主たちのライバル関係の影響は、弟子たちにも及んだ。師弟の間でさえ、個人の業績を認めるという暗黙のルールが支配していた。とはいってもこれがはっきりと表明されることは稀だった。自分のアイディアを師匠が［学会報告の補足として］公表してしまい、その際自分の知的所有権に言及がないのを知ってパウリが次のようにはっきり書いたのは、例外に属する。「私が怠慢ゆえにある事柄を論文にせず、あるいはなんらかの考慮によって論文を出すのを望まずにいて、しかしそれが広く知られることを見届けたいと存じました場合は、先生に手紙でお知らせいたします。そうすれば先生には、遅かれ早かれ何らかの形でそれを公表していただけるでしょう。（…）このようにするのが発表方法として非常に好ましいことでありまして、ランデ氏がかつて親切にも私にそのような慎重な配慮をしてくれたことがありました」44。

パウリのように師匠への批判をこうした調子であえてした者は、ゾンマーフェルトの弟子ではごく少数にとどまる。その辛辣さが同僚たちから恐れられていたパウリでさえ、ゾンマーフェルトに対してこのような態度を取るのはむしろ稀有な反応だった※7。原子理論家どうしの文通が時として厳しい調子のやりとりになる要因はほとんど常に、ライバル関係や、自尊心が傷つけられることに関わっていた。「エプシュタインとパサデナ［エプシュタインが招聘されたカリフォルニア工科大学の所在地］でお会いになる際は」とボルンは米国滞在中のゾンマーフェルトに書いた。「そして彼がひょっとして私を非難するようなことがありましたら、私にあてて彼が書いた実に非礼な手紙［の写し］を貴兄に示すようご本人にお伝えください。パウリと私の摂動についての論文※8によって自分の先取権が不当に扱われたと思っているのです。さらに、そのような手紙に私は返答しないとお伝えくださいますよう」[45]。別の機会にゾンマーフェルトはボルンに書いた。「ランデには正直腹が立ちます。（…）実験家が得た結果を、その人より先に使って結論を出すのは適切ではありません。（…）われわれの知見（わたしのもランデのも）は、まだ発表されていないバックの測定に基づいています。（…）パッシェンの研究所がわれわれにもはや何も知らせてこなくなったのは、彼やバックのオープンな姿勢を悪用したことの、当然の帰結です」。ランデのほうは、自分の発表欲求を次のように正当化しようとした。「明らかにボーアがこの問題を考察しているのです。このことで外国に先を越されてよいものでしょうか」。これに対するゾンマーフェルトの返事は次のとおり。「ボーアは今、別の事柄を発表しようとしています。（…）私は彼を外国人扱いしません。（…）そして貴君のふるまいにはまったく不快感を覚えます」[46]。

「新世界への出発」に際してのライバル関係と競争は、ミュンヘン、ゲッティンゲン、コペンハーゲンの間だけのことではない。活発な文通と「移動の力学」が、たとえば原子物理の中心地の外で「波動力学」を発展させたエルヴィーン・シュレーディンガー[47]のような理論家たちをも、量子力学の探検の参加者そして競争者とした。シュレーディンガーはとりわけハイゼンベルクとの間で、厳しい対立関係に入っていく。ハイゼンベルクは、自らの「行列（マトリックス）力学」の優越性に頑固なほどこだわる※9。理論が優位に立つことで、有望なポストに就くチャンスを確保したいという希望もあった。「コペンハーゲン精神」の体現者として誰しも認める人々の間ですら、特にハイゼンベルクとボーアとの間で、「功名心とすさまじい張り合い」を原因とする葛藤が生じ、当事者は心身の限界に達するような負担を強いられた[48]。

特にボーアの研究所で、競合する理論どうしの交流が挑戦課題を提供し続けた。研究所創立後五年のうちにすでに、世界中から三五人の奨学研究生がここにやって来た。その多くはパウリとハイゼンベルクが文通したグループにも属していた。また、そのうち一六人は、後日刊行されたゾンマーフェルトの『原子構造とスペクトル線』第五版で、彼らのあげた画期的業績ゆえにその名が引用されている[49]。原子物理学者たちのサークルへの入会は通常、次のように行われた。すなわち、中心地のいずれかで探検に参加する他のメンバーと個人的に知り合い、あるいはボーア、パウリ、ハイゼンベルクやゾンマーフェルトなどの間で交わされた手紙の回覧によって他のメンバーについての知識を得て、今後の遊学のためのコンタクトを広げ、研究成果がライバルとの競争に打ち勝てば、最終的には大学または工科大学の教授職への見通しが開ける。教員人事は基本的に、最新の研究業績によって決定されるからである。

「ポストをめぐる噂話《ベゼッツンクスクラッチュ》」

キャリアと競争とがこのように結びつく中で、原子理論家たちの新しい「共同体《コミュニティ》」内部での社会的変動が起こった。ライプツィヒ大学理論物理教授職の事例が、このことをとりわけはっきりと示している。一九二六年一月にゾンマーフェルトは、ライプツィヒ大学の関係学部長から理論物理の員外教授職が空席であり、「新しい物理学の体現者」を特に要望しているという照会の手紙を受け取った[50]。そこでゾンマーフェルトは、探検チームの最新の業績に基づいて「考えられる多数の候補者たち」を選別してみせた。「ハイゼンベルクは、私のすべての教え子の中で最も天才的です」と、推薦の書き出しで述べたうえ、しかし「クラマースの後任者、ボーアの助手としての」ハイゼンベルクをコペンハーゲンからはまだ引き寄せられないであろう。「ハイゼンベルクの後には、ほとんど同格でパウリがいます。百科全書における相対論についての報告は見事ですし、原子物理に関する最近の論文も同様にすばらしいものです。彼はハンブルクで助手としてよい収入を得ていますが、きっと応ずることでしょう」。さらなる候補者としては特に、次のような名があがった。ウィーンにいた理論家アドルフ・スメーカル。彼はゾンマーフェルトの要請で、「百科全書のため量子論について、内容も分量も膨大な記事」を書いた。そしてボルンの助手であったフリードリヒ・フント。彼は「最近、ハイゼンベルクと関連するいくつかの実にすばらしい仕事」を行った。それからゾンマーフェルト初期の教え子ランデおよびルビノヴィッチ（「私は彼を、人間的にまた学問的に特に評価しております。ポーランド人です。ちなみにユダヤ人ではありません」）。ゾンマーフェルトは最後に、彼のふたりの私講師カール・ヘルツフェルトとグレゴール・ヴェンツェルの名をあげた。ヘルツフェルトは米国から客員での講義に招かれたばかりであり、ヴェンツェルは「今年の冬学期にレンツの代役としてハンブルクに招聘されていますが、春には戻って来ます。数学的才能に恵まれ、X線、陰極線、スペクトル線の理論的事項についてすばらしい業績をあげて、それが幅広い方面から評価され、また引用されております」[51]。

ライプツィヒとミュンヘンとの間でやり取りされた人名・場所・業績についての情報は、当の候補者たち自身の間でも、またボーアとの文通においても、株式商品のように扱われ、彼らの市場価格を高くまた低く評価する要因となった。「ところでヴェンツェル氏は、新しい量子力学についてすばらしい数学的研究をしました」と、たとえばパウリはこのころ、ハンブルクからコペンハーゲンにあてて書いた[52]。その二～三日後、ヴェンツェルはコペンハーゲンに短期間の旅行をして、ボーアの彼への高い評価を残していった[53]。次の学期にヴェンツェルがミュンヘンに戻ってきた時、パウリは彼に、ライプツィヒの招聘候補リストで自分がハイゼンベルクに次いで二番目に載っており、ヴェンツェルが「第三の人」であることを告げた。ハイゼンベルクは希望どおり、ボーア研究所でクラマース後任のポストを得て、ライプツィヒから候補とされたポストをパウリに譲った。「めぐり合わせによりひょっとしてですが」とパウリはヴェンツェルに書いた。「ライプツィヒ行きをお断りできるような好条件がハンブルクで私に提示されることも、まったくないとはいえません。ですので、気をつけていてください」[54]。

パウリの予想どおりに運び、ハンブルクでの条件改善があったため彼が招聘を断った後、ヴェンツェルがライプツィヒ大学の理論物理員外教授に招聘された[55]。この招聘案件が決着して間もなく、ライプツィヒ大学はまたもや、原子理論家についての投機買いの舞台となる。「デ・クードルが亡くなったことをもうご存じでしょうか」とパウリは、コペンハーゲンでボーアの助手を務めていたハイゼンベルクに知らせた[56]。今回は理論物理正教授職ポストの案件である。一九〇二年からこの職にあったデ・クードルは、古いスタイルの物理学者像を体現し、古典理論物理と実験物理を自己の本領としていた。二〇世紀初頭とは異なりいまや、ライプツィヒ大学実験物理正教授オットー・ヴィーナーがゾンマーフェルトに書いたように、「後任候補者が、デ・クードルのように同時に実験家であることには決定的な価値を置きません。むしろ卓越した理論家が欲しいのです」[57]。ゾンマーフェルトは返信で、再び名前を列挙した。たとえば弟子のクラッツァーとヘルツフェルトもその中に含まれていた。彼の模範生パウリとハイゼンベルクにも再度言及。この両人とも員外教授職の求人に応じなかったため、ヴィーナーの考慮にはもはや入っていなかった[58]。しかし、正教授および研究所長のポストは、前回の求人とは天地の差があり、ハイゼンベルクにとって、コペンハーゲンで優遇された立場にいたにもかかわらず、大きな挑戦を意味したのである。

直後にヴィーナーは死去。それにより、ライプツィヒではさらに実験物理の正教授職をも新任者で埋めなければならなくなった。いずれの教授職にも、最終的にはゾンマーフェルトの弟子たちが就任する。すなわち理論の教授職をハイゼンベルク、実験のそれをデバイが占めた。デバイのチューリヒ［連邦工科大学］の講座はそのため空席となった。同じころベルリン大学でも、定年退職するプランクの後継者が求められていた。まずはゾンマーフェルトがその候補となる。彼はしかし、この招聘話を、自身の研究所で員外教授ポストを一名分増やすための要求に利用した。その後、シュレーディンガーがプランクの後継者としてチューリヒからベルリンに招聘された。そのためチューリヒ大学に空きができた。こうした動きの最後には、ハレ大学でも新任者で埋めるべきポストが残っていた。「ポストをめぐるこの噂話全体に興味があります。ベルリン、ハレ、（ひょっとしてミュンヘン）、チューリヒ等々」と、ハイゼンベルクはこのころパウリにあてて書く[59]。

理論物理学における世代交代

ライプツィヒ大学教授職についての「ポストをめぐる噂話」や、ベルリンでのプランクの定年退職、そしてデバイとシュレーディンガーがチューリヒを去ることで回り始めた招聘サイクルは、理論物理学という分野全体の変貌ぶりを際立たせた。量子力学的探検の終局において、主だった探検メンバーは正教授および理論物理学研究所長に就任。パウリはチューリヒ連邦工科大学正教授になる。ヴェンツェルはライプツィヒ大学員外教授職をボルンの助手だったフントに譲り、自身はチューリヒ大学理論物理正教授に昇進した。ベルリン大学ではいまや、シュレーディンガーという「波動力学」の発見者が理論物理学の教育と研究を方向づけた。かくして一九二〇年代の終わりごろには、ミュンヘン、ゲッティンゲン、コペンハーゲンに加えて、さらなる拠点が数々出現し、新世代の理論物理学者たちがそこでの主役を務める。「新しい傾向」の体現者たちのすべてが、ハイゼンベルクやパウリに見られる彗星のごときキャリアデビューを飾ったわけではないが、彼らはみな、探検に旅立つ気概に溢れたこの学問の起源を共有した。また彼らは新たな自己意識を共有し、量子力学という「新世界」到達後には強烈な使命感をもって、学生たちにそれを伝えていったのである。

理論家の新たなプロフィール

「古い」物理学から「新しい」物理学への転換が急激で革命的であるというイメージは、後日の回想に出てくるだけではない。チューリヒ連邦工科大学における理論物理教授招聘のための文書の中で、新しい傾向の代表者を求める意思がこの上なくはっきりと示されている。そこには「現代理論物理学のすさまじい発展」についての言及がある。欲しいのはそれゆえに「まぎれもない理論家」であって、以前は候補者には多かれ少なかれ実験物理への適性も明示的に求めていたのだが、それは放棄された。候補者のリストには、新しい原子理論を代表する人々しか出て来ない。そこにも、ライプツィヒ大学での招聘候補リストと同じくハイゼンベルクとパウリの名が見える。「まずはハ

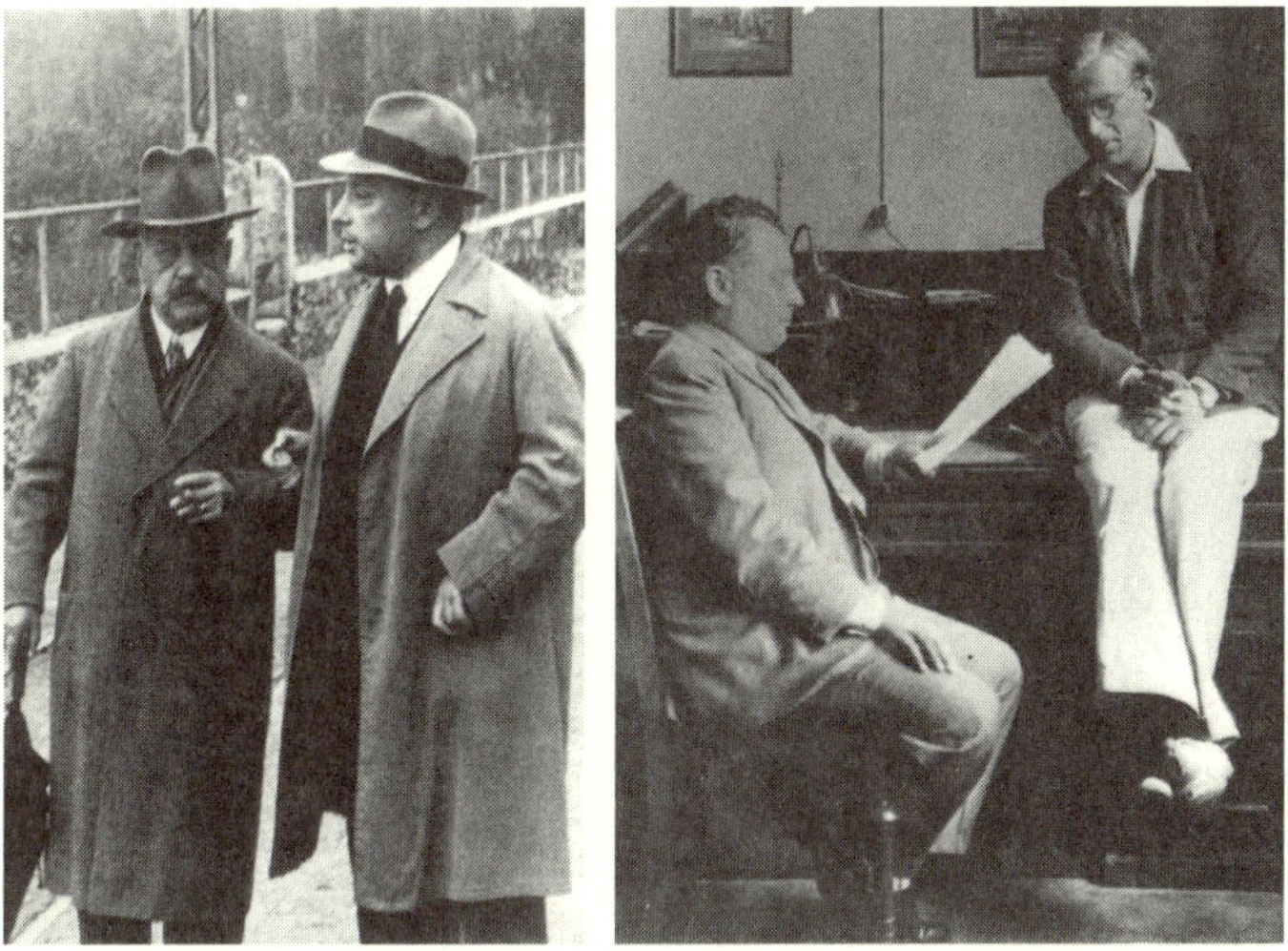

ヴォルフガング・パウリ：生徒として（左：ゾンマーフェルトと）、教師として（右：ジョージ・ガモフと）。

イゼンベルクと交渉したが、彼のライプツィヒ行きを後押しするデバイによって妨げられた」と、議事メモに記されている。次の候補としてパウリが有望視された。「パウリは、［ドゥ・］ブロイ－ハイゼンベルク－シュレーディンガーの（量子および原子物理の）流派に属するきわめて優秀な物理学者とみなされている」。「まぎれもない理論家」としてこの研究傾向の代表者を獲得しようとする意思表示は注目されるが、該当者がその教育活動によって「機械・電気工学科、ならびに数学・物理学科の要求」を満足させることへの期待をはっきりとうたっているのは、なおさら注目に値することである[60]。

この事例が示しているのは、理論物理学全体が量子力学の発展に伴って新たなプロフィールを獲得したありさまである。原子物理に主たる関心を持たず、チューリヒ連邦工科大学のように技術者教育の質を最優先に置いた人々にさえ、「まぎれもない」理論家としての資格は、量子力学の研究能力と同一視されたのである。ただし同時に、チューリヒおよびライプツィヒの招聘案件の背景を見ると明らかなのだが、量子力学への関心は、原子理論の諸問題の解決に成功したことによる自動的な結果というわけではない。チューリヒ連邦工科大学はさしあたり、デバイがライプツィヒに出た後は、空きのできた講座を経費節約の理由からやめてしまい、そのかわりにチューリヒ大学の理論物理学者(シュレーディンガー)に講義を委嘱して、工科大学の理論コースも託そうと考えた[61]。「シュレーディンガーの待遇要求にかんがみると、この方策は工科大学にとって、独自に理論家を雇用するより有利であるとはいえない」ことが判明してはじめて、ポストを新規採用で埋めることに決する。理論物理の国際的権威者たちから「照会結果」を得て、原子理論の若きスターたちの名前が載った招聘リストが出来上がった[62]。この権威者たちはちょうどこのころ、量子力学的探検の成果豊かな完了をコモ(アレッサンドロ・ヴォルタ没後百年記念)およびブリュッセル(ソルヴェイ会議)での大規模な国際会議で祝っていた。彼らに照会した結果である招聘リストに、これらの会議への参加者や、ゾンマーフェルトがライプツィヒ大学に推薦した候補者たちが含まれていたのは不思議ではない。またリストの順位が、ゲッティンゲン、コペンハーゲンおよびミュンヘンの探検リーダーたちが自身のチームを評価した順番をほぼ反映していたのも自然なことである。

　変化が顕著だったのは特に、原子理論の進歩を教育研究プログラムに取り入れる試みがまったくなかった場においてである。たとえばヴェンツェルにとって、ライプツィヒで員外教授就任後の一九二七年夏学期に直面した「旧《デア》態依《アルテ》然たる慣行《シュレンドリアーン》」は、彼のミュンヘンへの報告によれば「名状しがたい」ものだった。「上級学生たちの遅れを取り戻すのはもはや難しい状況です。(…)幸い、三〜四学期生が多くいますので、最初からやり直すことができると思います」[63]。

「現代原子理論」のネットワーク

パウリもまた、チューリヒ連邦工科大学に招聘されるにあたって、ミュンヘン、ゲッティンゲン、ハンブルクやコペンハーゲンにいた時のようには、新しい物理の鼓動を直接感じることがもうできないのではないかという懸念を抱いた。それゆえに彼は、チューリヒからの招聘を受諾するために、「まともな量子マン《クヴァンテン》」を据えるべく助手ポストの設置が了承されることを条件としてあげた。隣接する実験物理学講座の助手で理論を得意としている者をそのポストに採用する案（工科大学が外国人の助手雇用には消極的だったことから、こうした提案がなされた）を、彼は拒否した。連邦工科大学学長への手紙によれば、「現代原子理論に従事する助手を必要としているからであります」[64]。彼はまた、近隣のチューリヒ大学理論物理学教授職にも関心を寄せて、「ヴェンツェルが招聘されて着任することへの希望」を〔ボーアあての手紙で〕述べた。「そうなれば私にとって非常に楽しいことです」[65]。ゾンマーフェルトには、「チューリヒとミュンヘンの物理学が、より緊密なコンタクトを持つこと」への希望を表明[66]。ハイゼンベルクあての手紙では、「チューリヒとライプツィヒの間で物理学者の交流のようなことができればすばらしいと思います」と書く[67]。

古いコンタクトを保って、自身の講座を量子力学の中心地のネットワークにつなぐこと。この目的は、新たな活動の場を持った最初の数年間、探検メンバーがみな共有したことである。量子力学の担い手たちがそれぞれ、この転換がほとんど波及していなかった大学で講座を持つことにより、量子革命はさらに拠点を広げ、「現代」物理学の

物理学者の学術的国際協調：第六回ソルヴェイ会議（ブリュッセル、1930年）におけるゾンマーフェルトとオーギュスト・ピカール。

拡充がさらに進んだのである。このことは、ライプツィヒおよびチューリヒという拠点の発展に照らしていっそう明らかになる。これらの地でも一〜二年のうちに、「新しい」傾向をさらに押し広げるため具体的措置が取られた。パウリとハイゼンベルクはお互いの学生・助手を交換し、留学生にも、もう一方の地への遊学を勧め、博士論文の課題を与える際も、共通の量子力学研究プログラムに統合できるよう努めた[68]。

一九二〇年代の終わりごろには、多くの大学で新世代の教授が就任していた。ドイツ語圏の大学の講義要綱によれば、たとえば一九二九／三〇年冬学期に一二の大学で、ゾンマーフェルトとその弟子たちが新傾向を担っていた[69]。上記以外の少なくとも一〇の大学で、現代的な原子理論に割り当てを設けたことが、講義とゼミナールについての記述からわかる。それを担当した理論家は必ずしも量子力学中心地のいずれかの出身ではなく、または中心地との関係が希薄であったにしても、である[70]。

しかし、ドイツ語圏の大学だけでは、この転換が実際に及んだ規模が見えてこない。たとえば一九三〇年までにコペンハーゲンの研究所を訪れた人のリストは、世界中から六三人の物理学者を数えている。そのうちの多くが、後に故国で教授となる[71]。量子力学とともに進行した理論物理学の世代交代は、同時に急激な国際化も伴ったのである。この現象については、理論物理の「新世界への到達」を画するこのエポックに続けて、特に一章をさかなければならない。当時、この学問分野ほど国際性がトレードマークとなったものはほかになく、国際性の誇示が学問に対する社会の認識にかくも強いインパクトを与えた分野も、ほかにはほとんどなかったからである。

第五章　理論物理学の国際的普及

これまで主にドイツについて述べてきたが、他の国々に理論物理の営みがなかったわけではない。仏伊米英の理論家たち（殊にルイ・ドゥ・ブロイ、エンリコ・フェルミ、ジョン・スレイター、およびポール・ディラック）が、量子力学の発展に重要な貢献を行った。個々の研究者の卓越した寄与を考慮に入れるだけで、一九二〇年代以前から理論物理学が学問として真に国際的性格を帯びていたことは明らかである[※1]。しかしそうはいっても、ドイツ語文化圏以外のほとんどの国で、理論物理はいまだ独立した学問分野の扱いを受けていなかった。たとえばディラックが量子力学のパイオニア的な研究を英国のエリート大学ケンブリッジで開始した時、理論物理はどちらかというと一匹狼の風変わりな営みのように見られていた。ケンブリッジのもう一人の理論家ネヴィル・モットが一九二〇年代の学生時代を回想しているように、「われわれ理論家は、何があろうとまったく放って置かれていた」[1]。米国で理論家は、もっと強く孤独感を覚えていた。ヨーロッパで発展した原子理論の概念はこの国で、まずは「まったく不快」（quite distasteful）などと形容された[2]。また、フランスにおける理論物理の状況についてルイ・ドゥ・ブロイは、「非常に顕著に遅れて」（très sensiblemen en retard）いたと証言している[3]。

　理論物理学がさまざまな国でどのような位置づけにあったかということは、まったく異なるそれぞれの伝統を反映していた。たとえば英国では、数学と物理との垣根が非常に高く、「数学学生には物理の講義に出ることが許されなかった。（…）そして『理論物理学』という用語すら決して使われることがなかった。それは『応用数学』のマイナーな一部とみなされていた」[4]。フランスでは科学研究は「老人政治体制」（système gérontocratique）に支配され、その代表人物たちはデカルト的合理主義を信奉し、量子論の若き冒険家たちにキャリアチャンスを与えることがなかった。中心に位置したのは実験である。理論的野心を持った物理学者は、数学に赴くよう促された[5]。米国ではまた別の想定があって、理論物理の早期の形成を妨げていた。よく知られた米国のプラグマティズムから、物理学者は行為の人というふうに理解されていた。そのモットーによれば、プラグマティストは、「具体性と十分性、事実、行動、そして力を指向する」[6]。

このように多様な、幾世紀かにわたって形成されたそれぞれの伝統にかんがみるとなおさら、理論物理学が第一次大戦後数年のうちに国際的な規模で、権威の高い分野に成長したのは特筆すべきことである。この変化が他のどこよりも急激で全面的だったのは米国である[7]。しかし、フランスのように理論物理の地位上昇が数字の上でさほど目立たなかった国でも、方向転換が起こる。原子理論の「ショー」（spectacle）に対して無為でいるわけにはいかなかったと、『科学と産業の動向』（*Actualités Scientifiques et Industrielles*）で論じられている。この新刊科学叢書はそれ以降、フランスにおける理論物理学の制度的自立を体現することになる[8]。これが出るのとほぼ時を同じくして、「新力学」（nouvelles méchaniques）〔物質波の理論。特に電子の波動性の提唱〕の創設者ルイ・ドゥ・ブロイにノーベル賞が授与される〔一九二九年〕。

フランスと同様にほとんどいたるところで、新しい量子力学が理論物理学自立の牽引車となる。どの国であれ、この分野の格上げを図るに際しては、「新しい物理学」が発展していたいくつかの中心地に、まずもって関心が向けられたのである。

「国際規模での教育」

学生に奨学金を与えて、原子物理学の中心地への留学を実現させるという方策が、通常はまず採用された。第一の派遣先として認識されたのは、とりわけコペンハーゲンのボーア研究所である。一九二〇年から一九三〇年にかけてここに留学した奨学生のリストには、一七か国から六三人の物理学者が載っている。筆頭は米国で、一四人の「フェロー」により最多数の留学者を派遣した[9]。この活発な国際的活動の起動力はどこから来たのだろうか。ボーア研究所や他の中心地への留学の費用は誰が出したのか。そして、奨学金援助者は何のために原子理論のような研究（将来の産業的・軍事的応用はまだほとんど予見されていなかった）に資金を出したのだろうか。

ボーア研究所留学者のリストにおける「助成」という欄には、《ＩＥＢ》という略語がしばしば現れるのが目につく。ロックフェラー財団の下部機関「国際教育評議会」（International Education Board）がそれで、そのころの科学界でよく知られていた略称である。「国際規模での教育」（education on an international scale）というのが、その主導者ウィクリフ・ローズのモットーだった。彼は、財団の委託によって、すでに数々の国際的活動を手がけていた[10]。第一次大戦後、ローズは「ロックフェラー戦争救済委員会」（Rockefeller War Relief Commission）の議長になった。米国の視点からすると、戦争で荒廃したヨーロッパを救援するプログラムは、単なる人道的な措置にとどまるものではまったくなかった。「米国海外慈善事業」（American philanthropy abroad）は、米国対外政策の道具としても働く。「欧州救援」プログラムは特に、「慈善事業はボルシェヴィズムを食い止める最上の手段である」[11]という意図を反映していた。野心家ローズにとって、慈善的援助は子供用食物や医薬品に限られてよいはずがなかった。「今は科学の時代である。（…）科学の諸分野を振興しない国は、自らの立場の維持を期待することができない」と彼は、国際教育評議会設立のためのある文書の中で論じている[12]。まったく同様の論調が、米国科学強化のための嘆願書類に見出される。たとえばミリカンは、第一次大戦後にそうした文書で次のように述べた。いまエネルギッシュな努力を払うならば、「二～三年もするとわが国に、（…）地球の反対側から人々がやって来るようになるだろう。わがリーダーたちのインスピレーションを捕らえるために、そして科学におけるわれわれの進歩がもたらす結果の分け前にあずかるために。この機会を逃したならば、王者の杖（scepter）はわれわれの手を離れ、それをふるうによりふさわしい者たちに帰するであろう」[13]。まずはロックフェラー財団や他の大規模基金に向けて発信されたこうした考えは、ローズには実に身近なものだった。ロックフェラー基金による国際的な科学振興プログラムは、米国科学の拡充という観点でも、ヨーロッパのノウハウを取り入れるための適切な手段と目されたのである。

旅行への助成

手始めとしてローズは一九二三年に、五か月間の旅行でヨーロッパの一九か国を訪れた。数学、物理学、化学、生物学の指導的な地位にある学者たちと個人的に懇談して、概観を掴もうとしたのである。「こうした分野それぞれにおいて啓発的かつ生産的な人々を捜し当てること」と、メモに記している。「外国からの学生を訓練する気があるかどうかを各人に確かめること」[14]。彼が旅行を終える前に早くも、最初の奨学金が米国人学生に給付され、この新しい国際的コンタクトを実地に試す機会となった。そのすぐ後、パリに事務所が開設され、自然科学分野におけるヨーロッパの奨学金プログラムを現地でコーディネートすることになった。所長に就任したのは、プリンストン大学の物理学者オーガスタス・トローブリッジである。奨学金の給付は学生の国籍によらなかったので、非米国人もこのロックフェラー資金の恩恵にあずかった。しかしながら、トップクラスを援助することにはっきり限定していた。トローブリッジのよく知られたモットー「山頂を崩して谷を埋めるよりはむしろ、高い場所をより高くすること」(to make the high places higher rather than to fill in the valleys with the peaks)※2が忠実に守られたのである[15]。

このようなトップクラスへの援助を享受するのは通常、科学の権威と認められる人の推薦を獲得した者に限られた。かくしてゾンマーフェルトのような物理学者たちが、ここでもまた黒幕的な役割を果たす。この手段を通じてゾンマーフェルトは、多くの弟子たちに必要とされた庇護を施した。それにより彼らは、新しい量子力学についての研鑽を別の場所で全うできたのである。たとえばフリッツ・ロンドンとヴァルター・ハイトラーは、IEBの奨学金によってチューリヒのシュレーディンガーのもとに遊学。そこで彼らは、波動力学によって等極化学結合〔共有結合〕(すなわち中性原子間の交換作用)の本性を解明するという功績をあげる[16]※3。奨学金のおかげで特に米国の物理学者〔および化学者〕たちが、ヨーロッパの研究所と常時コンタクトを保てるようになった。たとえばライナス・ポーリング〔次章参照〕は一九二六年にIEB奨学生としてゾンマーフェルトのもとにやって来たのだが、それが重要な起点となって、数多くのさらなる関係が広範に築かれた[17]。たとえばウィスコンシン大学のチャールズ・メンデンホールはゾンマーフェルトに、ポーリングを彼の大学［ウィスコンシン］の理論物理学教授に推薦してもらえるかどうかを尋ねた[18]。ポーリングの［大学院時代からの］母校であるパサデナのカリフォルニア工科大学（CalTech）とは、特に密接な関係が育っていた。この大学を米国科学の殿堂にしようとしたミリカン[19]は、ゾンマーフェルト門下のエプシュタインを採用することによってすでに、ミュンヘンの理論物理学派と最初のコンタクトを築いていた。一九二七年に、再びパサデナから二人の客員奨学生がゾンマーフェルトの研究所にやって来る。彼らのためにミリカンは、近い関係にあったグッゲンハイム財団の奨学金を手配した。そしてゾンマーフェルトは、以前のポーリングの場合もそうだったが、大変感心した様子だった。「貴兄の教え子エッカート博士とヒューストン博士のお二人とも、来てもらえて非常に幸いに存じます」と、彼はミリカンに謝辞を述べる[20]。

米国からの「研究旅行奨学生《トラヴェリングフェロー》」たちのほとんどは、ヨーロッパ滞在期間をただひとつの研究所で過ごすのではなく、いくつかの中心地を訪問するのが普通だった。たとえば、エッカートとヒューストンはこの機会を利用して、ベルリンのシュレーディンガー、そしてライプツィヒのハイゼンベルクのもとでも学んだ。またポーリングは、ヨーロッパ滞在のうち二か月をコペンハーゲンのボーア研究所で過ごす。このようにして彼らには、それぞれの箇所を特徴づけている異なった研究スタイルが、感覚として伝わったのである。もうひとり別の米国人ゲストで、ボーア、シュレーディンガー、ゾンマーフェルトの研究所を訪れたイシドール・ラービは、次のように回想している。「私の世代の人々は外国、おもにドイツに留学しました。学問の主題を学ぶというより、その感覚を、スタイル、質感、伝統といったものを学んだのでした。オペラ台本《リブレット》は知っていましたが、音楽を学ばねばならなかったのです」[21]。

このように理論物理のセンスを正しくつかんだ者には、最重要な舞台で量子力学革命に直接参加することが、自身の職業進路を決定づける体験となった。「科学の歴史において、一九二三年から一九三二年の間よりエキサイティングな一〇年間は、他にはめったにない」。たとえばジョン・スレイターの回想記は、このように説き起こしている。彼は一九二〇年代のヨーロッパ滞在で、量子力学革命に参加した実質的にすべての原子理論家と知り合っている。「その当時量子論を研究していた科学者のグループは小規模だった。五〇人か一〇〇人ほどの名がよく知られていて、われわれのほとんどすべてがお互いを個人的に知っていた」[22]。

米国におけるサマースクール

しかしながら、理論物理の国際化に道を開いたのは、遊学への助成だけではない。特に米国で、ヨーロッパの動向とのつながりを逃すまいとする試みが数多く行われた。著名な原子理論家を海外から客員講演に招待したり、ヨーロッパの理論家を好条件の待遇で、自国大学の専任ポストに勧誘することなどである。米国の学生が国際的な大家と出会う特に重要な機会は、サマースクールだった。この国で非常に早くから盛んだったインフォーマルな会合の場である。たとえば早くも一九〇五年に、カリフォルニア大学バークレー校は、ボルツマンをサマースクールに招いたことにより話題となる。「ボルツマン教授は世界の物理学者の中で際立って高いランクにあり、いずれも昨年のサマーセッションの講師メンバーだったスウェーデンの物理学者アレニウスとオランダの有名な植物学者ドゥ・フリースらと同じクラスに属している」と、『デイリー・カリフォルニア』の記事に見える。「あるドイツ人教授の黄金郷（エルドラド）への旅行」（ボルツマンは米国印象記をこのように題した）※4は、しかし双方にとってあまり実りがなかった。米国人たちにとってこの旅行は、自らの孤立を克服する一助となるよりも、旧世界人の傲慢さが際立つという結果に終わってしまった。「バークレー訪問で、ボルツマンは文明の最果てに来ているように感じたと考えてよい」と、バークレーのある教授は一九六〇年になってなお、そのように怒りを表している[23]。

ボルツマンの客員講演は、一八七二年から一九一七年の間にヨーロッパ人物理学者が行ったおよそ二〇回に及ぶ米国訪問の一例にすぎない。しかし、戦争前の時代にそうした催しが行われるのは、米国大学の日常からすればむしろ例外だった。第一次大戦前には、海外から米国に年に（粗い）平均で一人が来たのに対して、一九二〇年代にはそうした訪問の頻度が急増した。一九二一年にはアインシュタインとキュリー夫人が、そして一九二二年にはフランシス・アストン〔英国人。同位元素の研究により一九二二年にノーベル化学賞受賞〕とローレンツが訪米した。それに次ぐ時期、目につくほどに訪問が続出。一九二二／二三年のゾンマーフェルト米国滞在は既述のとおりである。彼は一九二九年に再び米国を旅行。この年には、ワイル、ハイゼンベルク、フント、オルンシュタイン、ブリルアン、ディラック、ランデといった人々が訪れて、米国のほとんどすべてのエリート大学で客員講演が行われた。西部のパサデナやバークレーから、東部のプリンストンやケンブリッジ（マサチューセッツ）に至るまで、である[24]。

一九二〇年代に、国際交流重視の新しい動きの実例として最も目立ったのは、アナーバーのミシガン大学における「理論物理学サマーシンポジウム」である。ヨーロッパとの関係は第一次大戦前

ヴェルナー・ハイゼンベルク（前列左）とフリードリヒ・フント（前列右）。シカゴでのゲスト滞在（1929年）。

からすでに築かれていた。ミシガン大学の物理学者の中で推進力となったウォルター・コルビーが、ゾンマーフェルトのもとで学んでいた時からである。コルビーは、古いコンタクトを戦後に復活した最初の米国物理学者のひとりだった。「今年の秋にはミュンヘンに戻りたいと強く望んでおります」と、彼は一九二二年一月にゾンマーフェルトにあてて書いた。ゾンマーフェルトはすぐに返信で、「貴大学がドイツ国籍の学生に支障なく入学を認めてくださること」を要望。ミシガン大学の魅力というより（このころにはまだ、ドイツの大学が物理専攻学生に提供できたのと同等の水準にはなかなか達していなかった）、これを契機に再び国際的な認知を獲得したいという意欲が、この申し入れの主たる動機になっていた。「相互がまったく同じ条件に基づくことによってのみ、私どもは外国と交流することができるということをご理解いただけると存じます」との説明を、彼は付け加える。コルビーはすぐさま、ゾンマーフェルトの要望に応えて、「ドイツ国籍の方々を、学生としても教員スタッフとしても、本学ではいつでも歓迎しております」と請け合った[25]。

これが単なるリップサービスでなかったのは、

早くも数年後、ゾンマーフェルト門下のオットー・ラポルテに教授職が提示されたことが示している。ラポルテは一九二四年に、ＩＥＢ奨学金によってまずはワシントンの国立標準局〔一〇九頁参照〕で、理論担当として分光学部門をサポートし、一九二六年にアナーバーのポストに就いた。彼はエプシュタインに次いで、米国の大学で長くミュンヘンの「苗床」の物理学を代表した二人目のゾンマーフェルト門下生となる。一九二七年に、ミシガン大学は物理学科の拡張をさらに続け、二人のオランダ人理論家サムエル・ハウトスミットとジョージ・ウーレンベック、そしてヨーロッパから帰国したばかりのデイヴィッド・Ｍ・デニソンを雇った。デニソンはＩＥＢ奨学生としてほとんど三年間にわたりボーアの研究所に滞在していた[26]。四人の理論家のもとで、ミシガン大学物理学科は米国における理論物理の指導的な研究機関になる。一九二八年に始まったサマースクールプログラムも、こうした事業拡張の一環だった。最初の三年間、毎年五〇〇〇ドルの補助がなされた。これはミシガン大学学長が、当初は予算外の支出で用立てたものである。一九三一年からは七〇〇〇ドルに増額され、物理学科の経常予算に組み込まれた。こうした数字をマサチューセッツ工科大学（ＭＩＴ）やハーヴァード大学における大規模な物理学科の予算（一九二〇年代終わりごろにはそれぞれ約二万五〇〇〇ドルと四万ドルだった）と比較すると、アナーバーのサマースクールプログラムが帯びていた重要性が認識できる。同時に、このプログラムの背景に、米国のほとんどの物理学科で一九三〇年ごろに支出を急増させた全般的な拡張傾向があったことは明らかである。一九三五年までに、ＭＩＴの物理学の予算は五万ドル、ハーヴァード大学では一〇万ドルに達していた。大恐慌にもかかわらず、である[27]。助成金収入を含めずにこの数字になっていた。「頂点をさらに高く」(making the peaks higher) というモットーに忠実に、助成金はこの拡張傾向を強力に推し進めた。一九二五年から一九三二年にかけて、ロックフェラー財団だけで一九〇〇万ドルが支出された。財団会長が明言したように、「注意深く選んだ少数の機関に対する戦略的な配分」である[28]。

米国物理学の拡大

米国における上述のような「戦略的な」拠点を訪問したヨーロッパ人理論家のリストは、理論物理学の人名録 (*Who is who*) のように読むこともできる。ミシガン大学への訪問者リストには、ゾンマーフェルトとパウリのほかに次のような人々がいる。オスカー・クライン(一九二三―二五)、ヘルツフェルト(一九二六)、クラマース(一九二八および一九三二)、ブリルアン(一九二九)、ディラック(一九二九)、フェルミ(一九三〇、一九三三、一九三五)、エーレンフェスト(一九三〇)、ハイゼンベルク(一九三二)、ボーア(一九三三)、そして、ジョージ・ガモフ(一九三四)。またハーヴァードには、次の人々が訪れた。アインシュタイン(一九二二)、ローレンツ(一九二二)、ボーア(一九二三)、シーグバーン(一九二五)、ボルン(一九二六)、シュレーディンガー(一九二七)、W・L・ブラッグ(一九二八)、ブリルアン(一九二八)、フランク(一九二八)、ワイル(一九二九)、フント(一九二九)、エーレンフェスト(一九三〇)、ヤコフ・フレンケル(一九三一)。同様の訪問者リストを、シカゴ大学、プリンストン、MIT、あるいはパサデナのカルテック(CalTech)について作ることができるだろう。「研究旅行奨学生《トラヴェリングフェロー》」のヨーロッパ旅行の目的がそうであったのと同様、明らかに新しい量子力学の代表者たちに特別な関心が向けられたのである。量子力学の初期の教科書のいくつかは、米国での客員講演がきっかけとなって生まれた。たとえばボルンの『原子力学の諸問題』（*Probleme der Atomdynamik*）〔邦訳：岩本文明訳、三省堂、一九七三年〕は、彼がＭＩＴとハーヴァードで行った講演の成果である。ハイゼンベルクの『量子論の物理的基礎』（*Die Physikalischen Prinzipien der Quantentheorie*）〔邦訳：玉木英彦・遠藤真二・小出昭一郎共訳、みすず書房、一九五四年〕は、シカゴ大学での連続講演の活字化である。ランデの『波動力学講義』（*Vorlesungen über Wellenmechanik*）も同様で、これは彼がコロンバスのオハイオ州立大学で行ったものである[29]。

米国の物理学科における一般的な拡張欲求と、ヨーロッパの量子力学革命のパイオニアたちへの特別な関心とを、どのように説明することができるだろうか。ミシガン大学のサマースクールプログラムの事例が示しているように、一般的な拡張傾向と量子力学の最新知見の輸入との間には密接な関係があったのである。米国物理学の拡張はまず、学位授与件数を大幅に増大させた。一九二〇年以前の二〇年間、物理学の博士課程修了者は、毎年およそ二〇人前後の PhD を数える程度だった。それに次ぐ二〇年間で、その数はほとんど一〇倍に増大。一九三〇年代初頭の恐慌は、この成長カーブをいささかも邪魔するものではなかった。新たに生まれた博士たちの九〇％は、二〇校ほどの米国の一流大学物理学科で教育を受けていた。「かくして米国物理学の物語はおおむね、これら一流のアカデミックな物理学科が成長する物語である」と、このことに関する統計的な分析の中で言及されている[30]。

第二に注目すべき点は、この成長が応用物理で最も強く現れたことである。標準局のような国立研究所でも産業界でも、そして大学においてさえ、「商業化された科学への熱狂」（fever of commercialized science）があったことを確認できる。たとえば産業界では、間接的な利益をもたらすだけであっても、威信の源として科学を重要視した。「製品販売をバックアップするために実際のあるいは仮想的な研究所（real or imaginary research laboratories）を利用することは、（…）会社の威信にとっていくら強調しても足りないほどの重要性を有している」と認識された。そして米国の一九二〇年代は、産業家や科学者たちの間ばかりではなく世間にも幅広く浸透した「科学的信仰の黄金時代」（golden age of scientific faith）となったのである。こうした風潮は、物理学者のための就職ポストがどんどん増えたことにも反映された。このことがまた、アカデミックな教育研究のキャパシティの増強をもたらす。物理専攻学生の大半が産業界でのキャリアを求め、企業は逆に大学との緊密なコンタクトを確保することに努めた。高まる期待に直面して、一流大学は学生に対して、時代の水準に達しないような、また理論物理の最新の発展を考慮に入れないような物理教育をあいも変わらず提供するわけにはいかなくなった。

そうした際に新しい量子力学が前面に出たのは、ヨーロッパの中心地で理論物理のこの最新の切り札に大きな意義が認められたことの反映にほかならない。ヨーロッパのこの輸出品が米国でどれほど熱狂的に迎えられたかを、たとえばMITでの一九二五／二六年冬学期におけるボルンの客員講義が示している。ゲッティンゲンの理論家を招待したのはMIT物理学科のプログラムの一環で、毎学期、海外から少なくとも一人の客員教員に担当してもらうことで授業の充実を図った。ケンブリッジ［MIT］滞在に引き続いてボルンは、コロンビア大学、カルテック、カリフォルニア大学バークレー校、ウィスコンシン大学、シカゴ大学の招きに応じた。至るところで彼は新しい原子理論への興味を目覚めさせ、進んだ学生に対して、この発展をさらに経験するため、ヨーロッパ行きの旅行奨学金を申請するよう促す。米国での経験についてボルンがコメントするところによれば、「新しい量子学説の告知者」として、「引き続く年月、大勢の人々が米国から、さらにほどなく他の外国からも、ゲッティンゲンに来るよう」、彼は意を注いだ[31]。たとえば、その少し後にゾンマーフェルト研究所の客員として訪問を果たしたカール・エッカートは、ボルンのパサデナでの講義によって、ヨーロッパ遊学の動機を得た。ゲッティンゲンのボルン研究所は、次の三年間のうちに一二人ほどの米国人留学生がとりあえず立ち寄って学ぶ場所となる。その中にはたとえば、エドワード・コンドン、ロバート・オッペンハイマー、そしてノーバート・ウィーナー〔第三章訳注参照〕がいた[32]。

米国の若い理論家の間でひとたび燃え上がった熱狂は、たちまちにして広がっていった。多くの学生たちが小さなグループを作って、新しい物理学の独習に励んだ。「われわれは物理学科の建物で会いました。週に一回ぐらいだったでしょう。土曜や日曜の午後に行うこともしばしばありました」とラルフ・クローニヒは、コロンビア大学で作った熱心な仲間たちの「クラブ」の様子を述懐している。「クラブの集まりはまったくインフォーマルなものでした。メンバーの一人が、理論的に興味ある最近の文献を紹介することにしました。大きな注目が集まったのは、当然ながらシュレーディンガーがいくつか書いた波動力学に関する論文です」[33]。そうしたグループが、たとえばワシントンにある国立標準局のオットー・ラポルテとグレゴリー・ブライトのもとで、あるいはMITのウィリアム・アリスとナサニエル・フランクのもとで形成された。この両人ともそのあとすぐ、ミュンヘンのゾンマーフェルトのもとに留学した。同時に、いくつもの大学で量子力学のコースが設けられた。その担い手の多くが、ヨーロッパ帰りの「フェロー」や米国に移って来たヨーロッパの理論家たちだった。米国での量子力学の最初の教科書も、そうした文脈で生まれたのである。著者の一人コンドンは、ヨーロッパから帰国後の一九二八年にプリンストン大学ではじめて量子力学を講義した。もう一人の著者フィリップ・モースは、一九二八年にアナーバーのサマースクールで量子力学への感動に目覚め、後日やはりミュンヘンで留学生活を送った[34]。自国のベストの諸大学からポストを提示され、これら最初の「現代的」な米国の理論家たちには、輝かしいキャリアの未来が間近なものになっていた。たとえばコンドンは、六件ものポスト提示の中から選ぶことができた。米国における物理学者の職能団体である米国物理学会（American Physical Society）は、会員が不断に増加し続け、主催する会議への国際的な注目度が日増しに強まった。一九三三年に開催された「量子力学の化学における応用」というテーマの会議についてスレイターが誇らしく回想しているように、「初めて、ヨーロッパの物理学者たちは教えるとともに学ぶためにそこに来ていた。（…）状況が変わりつつあることを私は感じた」[35]。

国家的文化政策の手段としての国際化

他の国々も、理論物理学国際化の吸引力に捕らえられた。たとえばソ連で、革命前から始まっていた物理学研究所の近代化は、一九二〇年代に共産主義の音頭のもとで強力に推進された。レニングラード（サンクトペテルブルク）の物理工学研究所（所長はアブラム・フョードロヴィチ・ヨッフェ）の事例がそれを示している。ヨッフェは、第一次大戦前にミュンヘン大学のレントゲンのもとで博士号を取得した。その後レントゲンの私講師となる［六二頁参照］。一九一三年に彼は、ペテルブルク工科大学の物理学教授となった。大戦前にはまだ、同校に物理学研究所はなかった。革命後にヨッフェは、自伝的スケッチに記すところによれば、「物理学をこれからの社会主義技術の科学的基礎」とすることに野心のすべてを捧げた。一九一八年、工科大学に国立X線研究所が設置され、ヨッフェはその物理工学部門を任された。一九二一年には、ヨッフェの部門は分離独立して国立レニングラード物理工学研究所という独自の機関となり、その後の年月、前例のない拡張をとげる。一九三〇年までに、スタッフは八〇〇人を数えるまでになり、改組に次ぐ改組を重ねた。「私の時間とエネルギーのすべてをつぎ込んだ巨大な研究所を、私は五つに小分割しました」と、ヨッフェは一九三四年、ゾンマーフェルトにあてて書く[36]。

科学における独ソ関係

この拡張期に、外国旅行と国際会議とが、活動的な研究所長「ヨッフェ」にとって、いわば年中行事となった。協商国がソ連に対してさしあたり講じた封鎖措置が一九二〇年に解除された後、ヨッフェはドイツと英国を一九二一年に訪れた。機器類と文献を購入し、戦前からの知人たち、とりわけフォン・ラウエ、ネルンスト、プランクらと再び接触するためである。そして一九二二年に再度渡独し、アインシュタインおよびゾンマーフェルトをも訪ね、ゲッティンゲンで「ボーア・フェスティバル」「第四章参照」に出席。一九二四年には、ブリュッセルにおけるソルヴェイ会議とレニングラードでの大規模な国際会議とが、国際的関係を拡大する機会になった。一九二五／二六年にドイツ、オランダ、フランス、米国その他の国々への講演旅行を行い、一九二七年にはMITおよびカリフォルニア大学バークレー校の招待に応じた。その後も、こうしたリストが続いていく。

外国でのこのような活動は、ソ連政府の公然たる支持を得ていた。一九二一年に政府は、ベルリンの経済代表部に外国の科学技術との交流のためにオフィスを設け、また一九二二年には、ラパッロ条約によって旧敵国ドイツと緊密な相互関係を結ぶに至る。ドイツの西側敵国との関係がなおボイコットとそれへの対抗措置によって特徴づけられていたころである。ドイツの学者は、ラパッロの共産主義的な条約パートナーと世界観を共有しなかった。にもかかわらず、ともかくも国際的に孤立している点で、彼らはロシアの同僚たちを、苦難を共にする仲間とみなしたのである。自分たちの科学がここでもまた力の代替物として、国家的な文化政策の手段となることから、こうした同情の念が起こるのはなおさら容易だった。かくして、いまや逆にドイツ人科学者たちにとっても、ソ連が人気ある旅行先となったのは、不思議ではない[37]。ゾンマーフェルトも、ソ連における物理学の動きにさかんな関心を示す。一九二四年に彼は、レニングラードアカデミー名誉会員に任じられた。一九二六年には、『原子構造とスペクトル線』のロシア語訳が刊行。一九三〇年、ゾンマーフェルトはオデッサでの国際会議参加の機会を利用して、個人的にもソ連の状況を知ることに努めた。

ソ連の若手理論家たちの間では、原子理論についての学習欲求がほとんど止まらない勢いだった。ベルリンのオフィスを通じてゾンマーフェルトから書籍を送ってもらったロシア人学生は、仲間内での「名状しがたいほどの本への飢餓感」について報告し、ゾンマーフェルトの本のおかげでようやく「原子の構造について詳しく知ること」[38]ができて非常に幸福であると書いた。そして、モスクワ大学で最初の「現代的」な理論物理学教授の一人であるイゴール・タムは、一九三〇年にディラックにあてて次のように書いている。「大集団の学生が、われわれの学生たちが今やっているほど必死に勉強することがありうるとは決して思いませんでした」[39]。タムとその同僚たち

インドを訪れたゾンマーフェルト（1928年）。

にとっても、ヨーロッパにある原子理論の中心地への旅行が、物理学の最新の発展に接するために好まれる手段だった。同じ手紙で、タムは英国の同僚に対して、次の数か月間にわたって外国旅行を計画しており、ケンブリッジにも六週間ほど滞在したいということを知らせた。逆に、ディラックや他の原子理論のパイオニアたちも、西側の国に行くほど頻繁ではなかったものの、時折はソ連を旅行先とした。「八月中旬に米国を去る予定です。ハイゼンベルクが去るのと同じころです。そこで、私たちは一緒に日本に行こうと思っています。それからハイゼンベルクはインド経由、私はシベリア経由で帰ります」というのが、たとえばディラックおよびハイゼンベルクの一九二九年における旅行プランである[40]。

文化帝国主義

理論物理学が国際化していく過程のもうひとつ

ゾンマーフェルトに次いでインドを訪れたハイゼンベルク（1929年）。

の側面が、こうした旅行の実例から浮かび上がってくる。旅する学者たちからコスモポリタンな思想信条といったものは、とりわけ極東諸国に対しては、ほとんど感じ取ることができない。逆に、それよりはるかに大きく、植民地主義的な過去と国家的使命感とがまさっていた[41]。英仏といった植民地保有国に比してドイツの帝国主義は、植民地的利害に関わる権力外交の徹底性という点で、その影響はむしろ些細だったように見えるかもしれない。しかしながら、ドイツの文化帝国主義は、ヨーロッパのライバルたちのそれに対してほとんど譲るところがなかった。その際、ドイツ文化の一領域である自然科学には重要な役割が与えられた[42]。第一次世界大戦の終結とともに、ドイツ植民地主義の夢ははかなく消えたかに見えた。しかしそれは、科学の国際化を「諸国間の文化的競争」との関連で認識する心性の終息を意味するものではまったくない。この言い回しの出所は、政治家のプロパガンダ演説などではなく、インド滞在の印象を記したゾンマーフェルトの文章である[43]。

ゾンマーフェルトの世界旅行

インドは、ゾンマーフェルトが一九二八／二九年に中国、日本、米国を回った世界一周旅行での滞在先のひとつに過ぎない。その計画を立てたのは、ミリカンが彼を、パサデナのカルテックでの客員講義に招待した時である。一九二二／二三年の最初の米国旅行の際とは異なり、「通常の西回りでそこに行くのではなく、極東経由でインドと日本を通るという、常と異なる道を取る」ことを彼は決心する[44]。一九二七年秋のコモでの国際会議（ヴォルタ没後一〇〇年記念行事）で、すでに最初の準備をしていた。「私は、コモでサハ教授と、いずれの日かアラーハーバードを訪ねるための暫定的な取り決めをいたしました」と彼は、インド人物理学者チャンドラセカール・ラマンに書いた[45]。ゾンマーフェルトの計画は、インドの物理学者たちの間でただちに最大級の注目を集めた。「インドの大学の者はみな、貴兄とお目にかかりお話をうかがうことを、もちろん切望しております」とラマンは書いた。彼はサハとともに、ゾンマーフェルトのために旅行のルートを作成した。それはインド北部のバナーラスからセイロン［スリランカの旧称］のコロンボに至るものだった[46]。

ゾンマーフェルトは、自身への招待をすべての国で物理学の同僚との個人的関係に基づいて手配したわけではない。たとえば中国でゾンマーフェルトの客員講義をアレンジしたのは、ドイツ総領事館である。ドイツの枢密顧問官の間近にせまった旅行に期待される文化政策的使命が、ここでは特に明白な形を取った。「当地のドイツ人サークルにおきましては、貴殿の上海ご来訪に大きな関心が寄せられております」と総領事は書く。彼は、上海近郊呉淞《ウーソン》にあるドイツ語系の同済《トンチー》大学※5で客員講義をアレンジすることを、次のような理由で「なおさら強く」希望した。「ドイツの卓越した学者の登場が中国人学生に対して特に忘れがたい感銘を残すことを期待し、そのことを通じて、ドイツの同済大学への文化的影響の価値高き強化を望むことができますだけに」[47]。インドと中国に次ぐ旅行先は、日本である。ゾンマーフェルト門下のオットー・ラポルテが一九二八年初めに日本を旅行し、師匠のことをここで大いに宣伝していた※6。特に東京大学は一九二〇年代初めから、ヨーロッパで最新の原子理論を学ぶことができるよう、学生に留学のための奨学金を与えていた※7。それゆえ、まさにこの地でゾンマーフェルトを「賓客として歓迎すること」は、この上ない喜びであると受け止められた。たとえば東京大学［名誉教授］・理化学研究所主任研究員の長岡半太郎が見事なドイツ語でしたためたように[48]。

そのような次第で、一九二八年八月二〇日にゾンマーフェルトがジェノヴァで船に乗り込んだ時、地球上をぐるりと回る位置にある数々の大学で、彼の訪問を関係者は大きな期待をもって待ち構えていた。それは観光客のヴァカンスではなく、文化の伝達者を自任し、そのミッションを公的な責務とも捉えた学者の出張行事だった。「外務省文化部より旅行についての後押しを得ましたので」と彼は、ドイツ学術危機共同体への旅費申請を書き起こした。「世界旅行のために四〇〇〇マルクの助成金のご承認をお願いする次第であります」[49]。危機共同体の一九二七年業務報告によれば、この文化政策的な使命は何よりもまず、「ドイツ科学の成功を外国に知らしめる」ことにあった。そのためには「ドイツと外国の科学者どうしのあらゆる個人的な関係の強化」が要請される。なぜなら「高価な宣伝活動」を行うゆとりはないのだから、と論じている[50]。

ある文化使節の日記メモ

この世界旅行にちなんで特別につけた日記で、ゾンマーフェルトはまるで帳簿に記入するような几帳面さで自身の体験、苦労、歓びを、また数々の訪問や招待で得た感想や、様々な国々で抱いた政治や世界観にかかわる印象をメモした。「いたるところでドイツへの大きな共感。すみやかな復興への感嘆。みんなドイツで勉強したがっている。しかしケンブリッジで学んだ者のみがポストを得ている」と、たとえばインドで書き留める。この国で彼は、反英感情に繰り返し接した。「すべてのインド人が、今の体制を断罪し、大英帝国内での然るべき地位を求める点で一致している。（…）インド人は、マッチから蒸気機関車にいたるあらゆるものを英国から買わざるを得ない。（…）ほとんどのインド人は『英国からの解放』ではなく、自治領の立場になることを主張している。英国はそれを遅かれ早かれ認めねばならないし、英国が賢明ならばそうするだろう」[51]。

植民地の独立という問題についてゾンマーフェルトが示した感度は、彼が自らの文化政策的使命に対して単純に無自覚かつナイーヴではなかったことの現れである。このことは特に、中国におけるドイツ植民地時代の遺産である、ドイツ系中国の同済大学への訪問に際してはっきりする。敗戦によりドイツは、植民地保有国の地位を奪われ、かつてドイツが設置した教育機関も中国に帰したが、だからといってドイツの植民精神と、それに結びついた野心とは、その後も長く止まなかったのである。「かつての敵国が、中国でドイツの影響を根絶したと考えたとすれば、本校が中国国民の共感に支えられて呉淞で再出発を果したことを知らされて、彼らは大いに失望したに相違ない」という記述が、同済大学の一九三〇年の年次報告にある。そこではまた、「従来のドイツ人指導者たちが授業に関する教育技術的な指導を担当し、学部長に任命された」と記されている[52]。この「最前線に位置するドイツの学問と文化の拠点」でゾンマーフェルトは、ミッション成功のため特に心を砕く。彼が講演に選んだテーマは、「最近二〇年間における原子物理学の発展」。ホットであると同時に、ドイツ人の探求精神の偉大さを強調する十分な契機となる主題である。最後に、聴講した学生に対して、ドイツの教師たちに教わる幸いを祝福[53]。旅日記の中で彼は、自身のミッションの中核となる部分を再度、短く繰り返している。「ドイツ語で講演：原子。上々だった。特に、学生たちへの結びの言葉：ドイツの教師たちから最上の科学を学ぶことにおいて、他の数百万の人々よりも優遇されていること。理想主義への責務」。その翌日にはまた、「銀行家会館で公使と私のための会食」が催された。「非常に外交的」と彼は付記している[54]。

しかしながら、ドイツの植民地的な関心に仕える文化使節としてのみ描くのは、ゾンマーフェルトに対して公平を欠くことになるだろう。彼の日記には、世界旅行のさまざまな訪問先で接した最新の研究に対するさかんな関心も示されているのである。「研究所で散乱現象を見た。青緑色光、氷塊中」。たとえば、ラマンの実験室を訪れた後で、このホスト役がほんの数か月前に発見し、今日では物理の本で「ラマン効果」として紹介される現象をこのようにメモした。「研究所は全体として良好。ただしトイレはひどい。ラマンをノーベル賞に推薦することを遠まわしに約す」と彼は続ける[55※8]。その数週間後、東京に滞在した際には、原子物理における日本の物理学者たちの実験技術についてまるごとの敬意を記した。ことに、「ラポルテの親友（Speci）」であり、ラマン効果を再現した藤岡［由夫］という人について[※9]。その後ほどなくして彼は、自分自身の学問的業績が今年もノーベル賞をもって報いられなかったことを知る。「故国からの手紙と詩を読む。残念ながらノーベル賞についての記事も」と、彼は一九二八年一二月五日の日記の最後に落胆して書いた。六〇歳の誕生日の前夜である[56※10]。

それだけなおさら、いたるところで受ける尊敬にあふれた歓迎をゾンマーフェルトは楽しんだ。どんな動きにも注目し、誇らしく日記に記録している。たとえば、「日独文化協会の秘書が私に菊を届けてくれた」。訪問に際しての行き届いた歓待ぶりを、彼は快く受け止めた。領事の邸宅に宿泊し、公使やその地の上層階級の人々と会食し、音楽演奏のもてなしを受けた。「万事非常に快適」[57]。さらに、さまざまな国のホストたちが気前よい出費により案内してくれた自然景観や文化的な名所旧跡に、非常に強い印象を受ける。とりわけ「奇跡の国インド」が、彼を魅了した。「この太古の文化の地」への旅の印象について、日本から米国への航路途上ですでに美辞麗句あふれる記事を書き、自国の雑誌に掲載させている[58]。

周到な手配により、あらゆる国の招待者が最大限の親切さで迎えたドイツ人教授の旅行は、世界の報道機関が注目するところともなった。「ドイツ人科学者が東京で講演」、あるいは「ドイツ人物理学者が波動力学について語る」といったように、さまざまな新聞記事の見出しを飾った。ゾンマーフェルトはそれを切り抜いて大切に保管した。講演内容が記事の中で、物理学的概念の混乱による意味不明な言葉で報じられていても、である。ゾンマーフェルトと新聞編集者にとって肝心な点は、明らかに国際交流それ自体であって、物理の講演を再現することはさほど重要ではなかった。ドイツ人教授のメッセージが時代の花形テーマと関係していることを知るためには、どこの国であれ読者にとって「原子物理学」というキーワードがあればそれで十分だったのである。

かくしてゾンマーフェルトの世界旅行の事例

は、第一次世界大戦後における理論物理学の国際化に特徴的な多くの側面を再度、凸レンズのように焦点に集めて見せている。すなわち、ドイツの「文化伝達者」の側では、国際的というより愛国的心情が呼び起こした文化帝国主義的な動機。日本から米国にいたるまで認められる物理学の教育研究機関近代化へのニーズ。これがなければ、ゾンマーフェルトやボーアのような人々のヨーロッパの研究所が世界の注目を集めることはなかっただろう。成功したテーマとしての「原子」。そのおかげで理論物理は、より深い自然認識の鍵となる学問として世界的な地位を獲得した。ゾンマーフェルトが訪問したところはどこでも、招待者たちの関心は特にこのテーマに向いていたのである。

第六章　量子力学の応用

量子力学（行列力学および波動力学として定式化された原子理論がこの名で定着した）への世界的な関心は、科学的流行現象に対する一時的な興奮にとどまらなかった。量子力学は物理学史の転回点を画したのである。「コペンハーゲン解釈」として広まった原子レベルの事象についての説明は、思考の根底に触れるものだった。自然現象は最終的には因果法則によらず、観察者には常に真実の一面しか示されない根本的な不確定性を帯びていると認識された。原子物理学は自然哲学的議論の中心テーマとなる。アインシュタインの「神はさいころを振らない」という立場と、ボーアの「相補性哲学」とが、物理学者内部での新たな根本的論争の両極端を代表した。この論争は一九二〇年代末ごろに始まり、今日まで満足な解決を見るに至っていない[1]。量子力学の解釈をめぐるこの対立が起こって以来、現代物理学者のイメージには哲学的な香りも加わった。

普遍的な道具

にもかかわらず、現代の理論家にとって量子力学は、浮世離れした哲学の主題であるよりもはるかに、ありとあらゆる実際的応用のための基礎科学となった。スレイターの証言によれば、「理論物理学者は、自分の理論の哲学的意味について通常は議論しません。理論家が最近行ったほとんど唯一の哲学への貢献は、操作主義的な思考、（…）

つまり、理論でなすべきことはただひとつ、実験の結果を予測することである、という考えです。物理学者として、私自身はこうした態度に大いに満足しています」[2]。

量子力学がどのような作業領域に及ぶかということが、一九三〇年ごろに発表された早い時期の総説論文ですでに論じられている。たとえば一九三三年、大系書『ハンドブーフ・デア・フィジーク』(*Handbuch der Physik*)で、新しい原子理論に二巻が割り当てられた。テーマはそれぞれ、「量子論」と「集合状態にある物質の構造」である。前者は一般的基礎への序論とともに、たとえば分子および原子核物理への応用を扱う論文を収録。後者は特に、固体物理学および化学の広範な話題を取り上げた[3]。化学的プロセス、ならびに物質の電気・磁気・光学・力学・熱学的性質を解明するための科学的基礎づけへの関心が、第一次大戦後になって、これまでにない高まりを見せた。「今は経済的変化の時代である」。フリッツ・ハーバーは一九二三年に、「戦後の科学と経済」の関係を論じる記事をこのように書き起こした。彼はその中で、数年後には新しい原子理論の主要な応用領域となる分野をまさしく話題の中心に置いていた。「物質の所定の性質の限界」に関して、そして、新しい材料につき戦争中に明らかになった重要性に関して、言及がなされている。戦後の時代に向けて彼はモットーとして、「独創的であること、われわれの自然科学的認識の蓄積から新しい研究方法を引き出すこと」をあげた[4]。

自然科学的知識をより強力に応用しようというトレンドは、スローガンやプロパガンダ記事に現れただけではない。たとえば一九一九年にはドイツ技術物理学会が設立された。これはただちに活発な参加を呼び起こし、一〇年のうちに一四五〇人のメンバーを数えるに至る[5]。世界的な経済恐慌が起こってはじめて成長は止まったのだった。

この学会の会長は一九三〇年に、ゾンマーフェルトにあてて次のような内密の手紙さえ書かずにいられなかった。すなわち、「産業界では今後、若い物理専門家を受け入れる余地が従来ほどではなくなると予測されます。それゆえ、物理専攻学生の数を当面はいくぶん減速すべきかと存じます」という見通しを述べたのである[6]。しかしながら、「従来ほど」という言い回し、そして、ゾンマーフェルトその人がこうした書信のあて先になったことは、この原子理論家の学派から巣立つ「現代」物理学者に対する関心が、応用へのポテンシャルという点でこの間どれほど高まっていたかを暗示している。

しかし、原子物理学が企業の研究施設で扱われることは、まったく自明だったわけではない。「応用物理研究の黄金時代」が経済恐慌の時期をも越えて持続した米国でさえ、原子理論に当初から関心を示したのは、ベル電話研究所のように特に研究を重視した企業に限られたのである。たとえば、一九一七年に「ベル研」（Bell Lab）に物理学者として採用されたカール・ダロウは一九二三年以来、会社の発行する『ベルシステム技術雑誌』（*Bell System Technical Journal*）の「物理学における最新の進歩」（Some contemporary advances in physics）という欄で、原子物理のホットな動向を紹介した。ただしこれは、直接的応用への関心よりはむしろ、再教育手段の一環という意味で書かれたものである。同じ目的で一九一九年には、社内的なコロキアムが始まっていた。ここには著名なゲストも招待された。たとえば一九二三年四月、ウィスコンシン大学客員教授となった機会をとらえて、ゾンマーフェルトに原子構造についての講演を依頼した[7]。ダロウはその後もミュンヘンの枢密顧問官との接触を保ち、自身の論文の抜き刷りを送付した。ゾンマーフェルトの「認可《ゲートハイスンク》」を確実にするためだったという[8]。ダロウのように熱心な人々のイニシアティヴがなければ、原子理論はこのころ、企業の物理専門家たちの特段の関心を集めることはなかっただろう。

量子力学によって初めて、原子理論が実用のために今後持つ重要性が、よりくっきりした輪郭をもって現れたのである。「物理学が（…）物質のあらゆる性質を説明できる時が来た」と、一九二九年にスレイターは、ハーヴァード大学での新しい物理学研究所設置のための要請書で書いた。「新たに発見された基礎を身につけて、利用しなければならない」[9]。

ゾンマーフェルトの金属電子論

「基礎」の発見から最初の応用までの間には、ほんの短い隔たりしかなかった。量子力学の金属への応用が、このことを特にはっきり示している。「パウリの排他原理」と、それに基づく「フェルミ－ディラック統計」によれば、電子が取りうるエネルギー状態の分布において、あるひとつの場所を占めるのは電子一個に限られる。ゾンマーフェルト門下生たちの間では、これを電子の「住宅局」と呼び慣わした[10]。この法則性の発見からしてすでに、それを応用しようという関心と分かちがたく結びついていたのである。「すでにしばしば示唆されているように、気体縮退の正しい理論を自由電子に応用することが、金属理論で周知の困難を克服することになるかも知れない」と、たとえばシュレーディンガーは一九二四年に述べた。そのころ彼は、量子統計の基本法則を探求していた。アインシュタインもまた、「ボース－アインシュタイン統計」を発見した際に金属のことを考慮していた。自由に動く金属電子は量子統計法則の手近なテストケースだったからである[11]。フェルミとディラックが新しい量子統計を定式化した時、テストケースとしてまず注目されたのはやはり金属電子だった。パウリはこれによってただちに、それまでいかなる説明によっても決着をみていなかった金属の常磁性現象を扱った。「住宅局」統計則によれば、磁気モーメントの整列によって、満たされていない状態を占める（durch Ausrichten ihrer magnetischen Momente unbesetzte Zustände einzunehmen）〔加えられた外部磁場の方向に磁気モーメントを揃える〕ことが許されるのは〔自由に取りうる状態が排他原理によって限られるため〕すべての電子のうちでわずかなパーセントのものに限られる。かくして金属の性質が、「アインシュタイン－ボースではなくフェルミのが（…）正しい統計である」[12]ことの証拠となった（スピンと統計との関係はそれより後になってようやく知られるようになった）※1。

パウリはその後、量子力学のより基本的な問題のほうにすぐさま戻ってしまったが、ゾンマーフェルトはそこになお豊富な、さらなる応用の可能性を見出して、金属電子の理論を彼の学派の重点的な研究プログラムに指定する。新しいテーマをまずは自分自身と博士候補学生、奨学研究生、上級学生たちのサークルとの対話によって準備するという古くからの習慣にしたがって、次に来た機会（一九二七年夏学期）で彼は、金属電子を特別講義の中心に据えた。古典的なマクスウェル－ボルツマン分布関数のかわりにエネルギー状態の統計的分布についてのフェルミ－ディラックの公式を用いることによって、古典的な電子気体理論の形式主義に手早く修正を加えた。それによりただちに、古典理論による結果と新たなデータとの比較が可能になった。講義の三回目には早くもそのことから、古典理論の主要なディレンマを解決した。古典理論では、金属原子の熱運動に際して金属電子がわずかしか関与しないことの説明がついていなかったのである。パウリの常磁性の場合と同じく、例の新しい「住宅局」統計則によれば、自由電子のうちごくわずかな部分（室温では約１％）

しか、熱エネルギーを得て新しい状態を占めるのに十分な自由を持たないのだった[13]。

新しい量子統計が金属理論にとって有効な範囲がおおよそ認識できる程度にこの新分野の解明が進むと、ゾンマーフェルトは彼の新しい研究フィールドを一般公衆に対してもいちはやく、『ナトゥーアヴィッセンシャフテン』誌で、なかば通俗的なかば学術的な論文の形で紹介した。編集者あての書信で注釈したように、彼はこの記事を意識的に「できるだけ平易な説明として」書いた。というのは、「主題が一般的な関心を引くものであり」、いまや彼には「フェルミの新しい統計的方法によって、ガルヴァーニ電流、ヴォルタ電位差、熱電能《テルモクラフト》などのとても古い問題を整理すること」ができたからである[14]。ゾンマーフェルトはこの論文で、金属内電子の運動の物理的本性が彼にはまだ謎であることを隠さなかった。「これがいかなる現象かについて、見通しは立たないままである。しかし、この仮定から出てくる帰結をよく吟味しなければならない」。一九二八年の続編記事では政治的スローガンを援用し、金属電子を「土地なき民」※2という比喩で描いた。然るべきポピュラーな効果を狙ってのことである。金属の理論の鍵は、新しい原子理論の中にある。なぜならばフェルミ－ディラック統計は「波動力学の基礎の上に成長したからである。波動力学はドゥ・ブロイにより大胆に構想され、シュレーディンガーが確固とした基盤を築き、（より堅固な基礎に基づく）ハイゼンベルクの量子力学と等価であると認識され、原子物理学のあらゆる問題で主流となっている」[15]。量子力学が数多くの新たな応用のための基幹的科学であるという性格を、これ以上の宣伝効果で描くことはほとんどできなかっただろう。

ゾンマーフェルトは同様に、一九二七年コモでの「ヴォルタ会議」で、物理学の国際的な大家たちの前で、金属の理論を披露した。このテーマはいまや、根本的な再構築の時期に達していたのである。一九二七年一二月に彼は、金属電子についての包括的論文〔「フェルミの統計に基づく金属電子論」〕の第一部「伝導および放出過程」を『ツァイトシュリフト・フュア・フィジーク』(*Zeitschrift für Physik*) に提出した。一九二〇年代における理論物理の最も重要な発行媒体となっていた雑誌である。このことが、金属の電子論に関する膨大な論文が生み出されるきっかけとなった。一年以内に『ツァイトシュリフト・フュア・フィジーク』だけでこのテーマについて、少なくとも一四の論文が発表された。ゾンマーフェルト研究所では、金属の電子論が一九二七／二八年冬学期の中心テーマとなった。たとえば米国から彼のもとに来たふたりの奨学生について、ミリカンに次のように書いた。「私はエッカートと、電子論の原理的な問題についてこの上なく面白い会話を行っています。(…) しかしヒューストンも優秀さを発揮しています。彼は、金属内電子に関する私の論文(Note)に関連する個別の問題を非常にエネルギッシュに取り上げ、最善の成果を収めました」[16]。

新しい原子理論の金属への応用が大きな関心を呼んだのはミュンヘンばかりではないということが、コモの講演の後、そして『ナトゥーアヴィッセンシャフテン』における通俗科学的論文の出版の後にゾンマーフェルトが得た最初のいくつかの反応にすでに示されている。「貴兄の理論を興味深く読み、実際これは、本来の金属電子論の真実さを根本において正しく救い出すのではないかという印象を得ました」と、アインシュタインは祝福した[17]。もうひとりの賛美者はプリンストンのカール・コンプトンである。「金属伝導などについて書かれた最近のお仕事に大変興味を抱きました」と、ゾンマーフェルトに知らせてきた[18]。カールの弟で、ノーベル賞受賞者であるアーサー・ホリー・コンプトン（シカゴ大学）も次のように述べた。「電気伝導に関する新しい理論のご成功を、興味をもって勉強させていただいております」[19]。ただしここで、「応用」(Anwendung) という言葉の使い方については説明が必要である。ゾンマーフェルトの金属理論は、たしかに新しい量子物理の基本法則を応用したものではあったが、たとえば冶金学者がそれを使って、新材料の発見を期待できるような応用物理学では、まだなかった。金属理論の価値を冷静に、金属の諸属性について経験的に確かめられた豊富な事実に照らして判断していた者にとって、フェルミ－ディラック統計を金属電子に応用するだけではいまだ、興味深い思考ゲーム以上のものをそこに見出す十分な理由とはならなかったのである。英国の化学者・冶金学者であったウィリアム・ヒューム＝ロザリーは、そのころちょうど金属の態様についての著作を執筆していたのだが、同僚に次のように書いた。「ゾンマーフェルトの新しい理論といま格闘していています。とても難しいものです。いくつかの部分での成功もありますが、間違いであると思います」[20]。しかしそれでも、「いくつかの部分での成功」は、実務家の関心を引くのに十分だった。たとえばベル研究所は一九二九年四月、世界旅行の最後に米国を横断した時にゾンマーフェルトを再度、コロキアムの講演に招き、彼の新しい理論に基づいて金属からの電子の放出現象について知見を得ようとした[21]。ドイツ技術者協会も興味を示し、ゾンマーフェルトの通俗科学的な論文を機関誌に掲載した。その中で彼は、理論が「まだ実に粗い」ものであると形容したが、それでも楽観的なメッセージを伝えた。「波動力学は金属の理論においてもわれわれに力強い前進をもたらし、数年前にはまだ希望がないように思われた問題が解決に近づいた。金属の状態に関する物理学的な解明がいつしか、実際的・冶金学的な研究にとっても有益な観点を提供するであろうことは、あえて強調するまでもなかろう」[22]。

量子力学を扱った初期の博士論文

このような実用性ということとはまったく違った種類の応用が、大学における理論物理の教育研究活動自体の中で展開された。微視的物理学について解明されていないあらゆる「究極の」問題の他方で、量子力学の応用が博士および教授資格試験論文のために豊富なテーマを提供したのである。功成り名を遂げた理論家の間でも、根本問題をめぐってのリサーチフロントの最前線にいるストレスから逃れて一息入れつつ、しかしオリジナルな論文を出版したいと思った場合に、量子力学の応用が好まれた。「概して申しますと、量子論の根本問題は私が取り組むには難しすぎると悟りましたので、もっと簡単な理論の応用に従事しています。最近では特に、金属理論に関心がありますす」と、たとえばイゴール・タムはディラックにあてて書いた[23]。この点からみて、ゾンマーフェルトの電子論は格好の挑戦課題になった。というのは、ここにおいては新しい量子力学のひとつの側面であるフェルミ－ディラック統計のみが考慮対象となっていて、それ以外では古典的な形式主義がそのまま踏襲されていたからである。ハイゼンベルクの行列もシュレーディンガーの波動方程式も用いられていなかった。そういうわけで、金属内の自由電子気体についての物理的な理解はまったく不明瞭なままだった。ゾンマーフェルト自身がそのことを十分に意識していた。最初に出版した詳細な論文の末尾で彼はすでに、今後の方向性として理論の「物理学的な洗練」が求められることを示唆していた。「波動力学に基づいて、ドゥ・ブロイ波動の金属原子による散乱（固体金属格子あるいは融解状態における）を追求する必要があろう」[24]。

シュレーディンガー理論が原子物理の最初のい

ライプツィヒにおけるハイゼンベルクのゼミナール（1931年）：ハイゼンベルクの背後に半身が写っているのはフェーリクス・ブロッホとヴィクトル・ワイスコップ（眼鏡をかけている方）、前列ハイゼンベルクの隣はルドルフ・パイエルス。

くつかのテストケースに試され、まさしく成功して、この種の問題への波動力学の応用が目白押しとなったのである。たとえばハイトラーとロンドンは一九二七年夏、IEB奨学生としてチューリヒのシュレーディンガー研究所に滞在していた時、こうした方法で水素分子内での電子の運動を扱い、それによって等極［共有］化学結合の本性を物理学的に説明した（後述を参照）［二五〇頁にも記載あり］。同じ方法を応用してハイゼンベルクは、強磁性材料における電子スピンの整列現象を量子力学的に説明。チューリヒで勉強した後、ハイゼンベルクのもとで博士論文を書くため一九二七年秋にライプツィヒにやって来たフェーリクス・ブロッホは、次のように回想している。すなわち、ハイゼンベルクは固体におけるこうした現象を「量子力学の実り多い応用が期待される分野」であるとみなしていた[25]。強磁性の分野であえてハイゼンベルクと競争する勇気は（まだ）なかったので、彼は博士論文のテーマとして、ゾンマーフェルトの電子論で未解決だった問題、すなわち結晶原子が規則的に配列されて作る〔金属イオンの電気ポテンシャルによる〕力の場《クラフトフェルト》における電子波の状態という問題を選んだ。電子一個の波動関数は、空間的な周期性を持つ関数と自由な波動との積として表現されるというのが、彼の計算が示した驚くべき結果だった。電子は、結晶格子の周期性によってすべての原子からいわば平等の客と見られる。そして出生地である母親原子における場所を失ってしまう。かくして、金属における「自由」電子気体という仮定がそもそもなぜ根拠を持つのかということが、いまや初めて明らかになったのである。これによりブロッホの博士論文は、古典的電子論の援用をもはや必要とせず、最初から量子力学の基礎に基づいて展開される金属理論の幕開けとなる[26]。

　量子力学の応用によって理論家のキャリアを開始した博士候補学生にはほかに、ハンス・ベーテがいた。フランクフルトで物理を二年間学んだ後、一九二六年春にミュンヘンのゾンマーフェルト研究所にやって来た。折しも、シュレーディンガーの波動力学への陶酔を一九二六年夏学期のゼミナールで共に体験することができた。彼がゾンマーフェルトに博士論文のテーマを求めた時、金属電子論の完成が研究所のまさに主要テーマとなっていた。固体内電子を「波動力学的」に取り扱うことへのさらなる刺激が、米国での実験からもたらされた。電子の波動性が結晶における回折現象によって証明されたのである※3。「そこでゾンマーフェルトは私に、結晶による電子の散乱現象についての理論を扱うよう提案した」と、ベーテは回想している[27]。それによって彼は、実質的にブロッホと同じ結果に到達した。すなわち、電子はX線と同様に、波長と格子定数が一定の条件を満たす限り、結晶内を邪魔されることなく拡がっていくことができる。このことはまた、研究所の黄金時代、X線についてエーヴァルトがあげた業績〔六九頁参照〕との類比を彷彿とさせ、それによって、ゾンマーフェルトを非常に満足させた。「彼の得た結果は実に注目すべきものであったので、『ナトゥーアヴィッセンシャフテン』誌に二度にわたり中間報告を掲載させたほどである」と彼は、学位論文審査書に書いた。「ベーテの研究の本質的な貢献は、（…）X線についてのエーヴァルトの理論を深化させて、それを電子波に適用したことにある。（…）その白眉は、電子の仕事関数（Austritsarbeit）の計算、すなわち金属格子が作るイオンの配列から屈折率を理論的に決定したことにある。これはフェルミ氏も取り上げて、しかし今までのところ彼が解決を得なかった問題である。ベーテの研究はそれゆえ、金属電子の理論における根本的な発展をも意味するものである」[28]。

固体の電子的特性への量子力学の応用は、博士論文および教授資格申請論文のたえざる増加によって、はっきりした形を現した。ゾンマーフェルト研究所で、またライプツィヒやチューリヒにある彼の学派の「出張所」やそれ以外の現代物理の拠点で、若手研究者のリクルートはほとんど自動的に、量子力学の応用と結びつくこととなる。後年に量子力学を特に宇宙物理の問題に応用した（後述）アルブレヒト・ウンゼルトとヘルマン・ブリュックという二人のゾンマーフェルト門下生は、博士論文でそれぞれ一九二七年と一九二八年、固体内の原子間に働く力を量子力学的に計算[29]。ミュンヘンのゾンマーフェルトのもとで学業を始め、ライプツィヒのハイゼンベルクのもとで固体の熱伝導性の研究で学位を取得したルドルフ・パイエルスは、チューリヒでパウリの助手として雇われ、量子力学の金属電子論へのさらなる応用に取り組んで、教授資格を取得した[30]。パイエルスはそれにより、ブロッホの跡を追うことになる。

彼もハイゼンベルクのもとで学位論文を書いた後、パウリの助手となるため再びチューリヒに来ていた。ブロッホはその後、ボーアのかつての助手クラマースが研究所長を務めていたユトレヒト大学に滞在し、さらにコペンハーゲンのボーア自身のもとに行った。一九三二年にはライプツィヒに戻り、ハイゼンベルクの私講師となる。彼は教授資格申請論文とその後の一連の出版物で、強磁性やその他の金属電子論的問題を扱った。この理論はその間に、量子力学の最も広範な応用領域に成長していた。一九三一年から一九三四年にかけて、少なくとも半ダースに及ぶ総説論文がブロッホ、パイエルスほかの人々によって書かれ、この領域が早くも教科書のように全面的な記述によって要約されたのである。こうした文献が、現代的な固体理論の基礎を形作った[31]。

ゾンマーフェルトが一九二七年に発端を開いてからわずかの期間のうちに、量子力学の応用のかくも大量の成果から姿を現したものは、古典的な電子気体理論の単なる「洗練化」をはるかに超えていた。たとえば『ハンドブーフ・デア・フィジーク』所収「金属の電子論」を見ればそのことは明らかである。同叢書で「集合状態物質」に対する量子力学の応用を含んだ巻を内輪で「固体の巻」と呼んだが、その編集は一九三二年にアドルフ・スメーカルが引き受けていた。スメーカルはゾンマーフェルトにとって、知らぬ仲ではない。彼はその数年前、ゾンマーフェルトの求めにより「量子統計と量子論の一般的基礎」という百科全書の記事を執筆[32]。今度は役割を替えて、両者の接触があらためて行われたのである。スメーカルはゾンマーフェルトに、「貴兄によって創始された金属電子論、ならびに強磁性理論の諸問題を、できるだけ統一的な『金属状態の量子論』として概説してくださること」を依頼した[33]。ゾンマーフェルトはこれを弟子のベーテに転送し、裏面に次のように書いた。「貴兄が作業と報酬の九〇%を受けてもよいとお考えの場合に限って、裏面にある提案に応じようと思います。表題：A・ゾンマーフェルト、H・ベーテ著、ということで」[34]。ベーテは、「私にとって非常に勉強になりますし、相当な謝礼をいただけることとあわせまして、ご用件は、お引き受けするのに十分な魅力がございます」と返信。ただし彼は、執筆のため一年の猶予を求めた[35]。『ハンドブーフ』側はベーテの申し出を受け入れた。一九三二年一二月に原稿は完成。予告どおり、著者の順番は「A・ゾンマーフェルト、H・ベーテ」である。とはいえベーテが担当した二五四ページ分(全二八九ページのうち)が、金属の電子論に関する量子力学的定式化の全体をカバーしており、ゾンマーフェルトのほうは、彼自身の半古典的な気体理論を序章として再説するにとどめた[36]。この著作は長きにわたり、固体の量子力学理論の基本文献となる※4。

複合科学の成立

量子力学的固体理論は一九三〇年代に、理論物理学の独自の下位分野に成長をとげた。固体理論の成立は、量子力学が物理学諸部門の規範そのものに転換をもたらした様子を示している。従来は共通の屋根のもとでは扱われていなかった部分領域が、量子力学を通じて新たな関心を呼び起こし、独自の専門分野に脱皮していった。このことは、物理学の中でこれまで関係を持たなかった諸領域についてばかりではなく、化学や天文学といった他の学問分野の部分領域にも当てはまる。物理学とその隣接分野との間で、新たな複合科学が生まれた。それらの分野は、研究対象の相違にもかかわらず、ひとつの共通点を持っていた。すなわち、理論物理学者の作業領域だったということである。彼らはこれを、量子力学という彼らの万能ツールを新たに応用する場として認識したのである。

量子化学

そうした事例として第一に取り上げるべきは、量子力学の化学への応用である。「物理化学といういうわれわれの専門分野には実に永続的に、姉妹学問、あるいはもしかしてより正確には、母親学問としての物理学の進歩を化学に役立たせるという課題があります。すなわち、物理分野の新しい基本的な着想や成果という黄金を、化学的な学問・技術の世界で流通する貨幣に換えることでありまます」。一九二八年に、ドイツ・ブンゼン協会会長は、協会の年次大会の開会あいさつでこのように述べた。このスローガンに呼応して、会議の主題も「母親学問」の最新の発展に焦点を合わせていた。「量子論と原子物理、X線分光学と結晶構造研究、アインシュタインの光化学当量則と電子衝突、こうした諸テーマが今日、最深部で物理化学に刺激を与え、取り組みを促しております。それらが、化学の根本問題、すなわち化学結合および化学親和力の本質に触れる着想、理論、方法を提供しています。それゆえ、われわれの今日の会議の主要な対象として『化学結合の種類と原子構造』というテーマを選ぶのがふさわしいと思われました」。会議の場所として、ミュンヘンというこのテーマのいわば学問的なメッカが選ばれたことは、「学術界の聴衆に対して」スピーチで特に言及するまでもなかった。しかしこの催しは、化学者のうちでアカデミックな研究者だけの関心にはとどまらなかった。ミュンヘン大学物理化学正教授カージミール・ファヤンスは、オープニングスピーチで会議参加者に対して、次のように上機嫌で述べた。「プログラムは、過去二年間と異なり今回は純粋に学問的なものでありますが、産業界からも非常に多くの参加を得ております。I・G・ファルベン社だけでも、六〇人を超える社員の方々が来ておられることを報告させていただきます」[37]。

かくも高い関心に直面して、原子理論家の側は、化学者たちを前にして適切な発言を行うよう心を砕く。ゾンマーフェルトは、自身の専門分野の代表者として、また会議のメイン講演者のひとりとして、同僚たちに然るべき範を示す特別な責任があると感じた。たとえばボルンの弟子であるフリードリヒ・フントに対して彼は、「ブンゼン協会の構成（産業界の人が多数）にかんがみて」助言を与える。「貴兄の学問的なワインにポピュラーな水を少し注いで、ことによったら、価標（Valenzstrich）の使用［共有電子対ひとつずつを一本の線で表示］が量子力学的にどの程度まで正当化できるかという問題に集中すること」[38]という助言である。彼自身は講演で、原子理論のわかりやすい部分の説明にとどめ、量子力学の最新知見としては「パウリの法則」のみを取り上げた。「個々の原子の状態ばかりでなく」、同様に「分子のふるまい」も支配する原理として[39]。

金属電子論がそうであったのと同じく、ここでもさしあたり、理論をいちはやく実際的な問題に具体的に当てはめることを奨励するより、最新の発展への興味を保つことのほうに主眼があった。量子力学の応用は定性的な問題にまだ限られていたけれども、そのことはしかし、化学に対するその有効性を妨げるものではなかった。かくして、たとえばハイトラーとロンドンによる共有結合についての説明は、二つの中性の水素原子がなぜ一つの分子に結合され得るかを示したのである。古典物理の枠組みではまったくの謎だったこの結合力を理解する鍵は、水素分子内の二つの電子の「交換相互作用」にあった。量子統計によれば、電子は区別のつかない粒子である。くじ引き用の小さなボールのように番号を付けて、それぞれを別の原子に割り当てることができない。そのことによって、二原子系の全エネルギーに対する個々の電子の寄与を総計する際に、いわゆる「交換積分」が現れる。その計算によると系全体のほうが、一原子系が互いに分離しているよりも低いエネルギー状態をもたらすのである。この「交換力」は純然たる量子力学的効果によるもので、荷電物体間に生ずるクーロンの引力や反発作用のような「本物の」力ではない。ハイトラーとロンドンはつまり、水素分子の化学結合を扱う際に、原理的に新しい力の作用を仮定したのではなくて、陽子・電子間に働くおなじみの電気力「のみ」を正しく、すなわち量子力学的方法で相互に結びつけたのである。共有結合はかくして、化学における量子力学の役割を示す、いわば教材となる。それにともない「ハイトラー－ロンドン過程」は、「G・N・ルイスが一九一六年に、二原子間の化学結合は二つの原子による電子対の共有であると示唆して以来、化学者が有する原子価という概念に対する、最も偉大な単独の貢献」であると認められた[40]。

化学の根本問題について量子力学のハイトラー－ロンドンによる応用がもたらした格別の刺激は、初めのうちはもちろん、量子力学の新しい応用を追い求めていた理論物理学者の小さなサークルの中でだけ知られるにすぎなかった。一九二七年あるいは一九二八年ごろの化学者にとって、ハイトラー－ロンドンの論文や、それに刺激を受けたフント、ユージン・ウィグナー、ハイゼンベルクその他の後続研究は、まだまったく理解困難だったに違いない。それはとりわけ、これらの研究の大部分がまだ群論の言葉で定式化されていたことにもよる。群論には、独り立ちした量子理論家たちも難儀していた。たとえば、パウリはこのころボーアにあてて、チューリヒで数学者ヘルマン・ワイルから「群論をたっぷり教えてもらったので」、こうした論文をようやく「本当に理解」できるようになったと書く[41]。群論は、多粒子系の量子力学における対称関係を正しく扱う上で不可欠の知識とみなされていたのである。水素分子に関するハイトラー－ロンドン問題は、その中で最も簡単な事例のひとつだった。この数学的技法になじめない人々は、これぞまさしく「群感染症」(Gruppenpest) と呼んだ[42]。最終的にはスレイターが、「対称の問題を適切に扱う方法」を発明したことにより、同僚たちをこの労苦から救い出す。すなわち、「スレイター行列式」(Slater-Determinant) と今日呼ばれる方法によってである。「このテーマが向かっていた方向に対する憤りとしか表現できない感情を抱いていた」と、彼は後年回想している[43]。

スレイターは、いまや新しい手段を化学に計画的に応用した最初の量子理論家のひとりである。このころ (一九二九年)、再度ヨーロッパに滞在したが、今回はボーア研究所 (「コペンハーゲン精神」という哲学的な香気を帯び、多くの同僚たちから尊敬を集めていた) に行くのを避けた。スレイターはボーアの相補哲学を「理解しがたい」と考え、それに関わりあうのは「時間の愚かな浪費」とみなしていた[44※5]。自身の「操作主義的」な興味にとってより有用な環境を、彼はライプツィヒとチューリヒに見出す。ハイゼンベルクとパウリの指導のもと、量子力学のありとあらゆる応用可能性が追求されていた場所である。

スレイターが自身の学問的キャリアにおいて最も生産的な時期に属する数か月を過ごしたライプツィヒでは、特に物理化学的な問題に進んで取り組む雰囲気があった。その際にハイゼンベルクは、量子力学の諸事項についての最終的権威を務めていただけである。分子の問題に応用する際の詳細に関しては、フリードリヒ・フントが最初の相談相手だった。彼はたとえば一九二九／三〇年冬学期に「分子構造論」の特別講義を行い、また『ハンドブーフ』論文のうち「原子および分子構造の一般量子力学」を書いた[45]。物理化学的問題のより大きな周辺領域を取り込む段になると、実験物理学研究所長のデバイが、実験にも理論にも等しく精通する専門家として頼りにされた。デバイはライプツィヒにも、講演週間を毎年催すというチューリヒの伝統を移植し、一九二八年の第一回「ライプツィヒ週間」で、「量子論と化学」の諸問題を取り上げる。そこではフリッツ・ロンドンが、「共有原子価概念の量子力学的解釈」について概括的な報告を行った[46]。特に米国から来る、どちらかというとプラグマティックな志向から量子力学の応用に関心を持つ留学生に対してデバイは、ライプツィヒでの滞在が思弁的・哲学的な高みへの飛行に変移してしまうことはないと請け合った。「ハイゼンベルクが理論をめぐる一般的な空気をきっと十分すぎるほど純化するでしょうから、貴兄には、事実の堅固な基礎から彼があまり離れてしまわないよう、絶えず影響を及ぼしていただく必要があります」。たとえばハーヴァード大学のパーシー・W・ブリッジマンはデバイに、ライプツィヒに派遣しようとしていた学生の推薦状の中でこのように書く。デバイは、「ともあれ、ライプツィヒの空気は然るべきものとなるでしょう」と応じた[47]。

スレイターはライプツィヒで、ハイトラー－ロンドンの交換相互作用という概念と、ブロッホの金属電子論から出てきた観念とを、新たに関連づけた。そのことにより、強磁性の領域に対しても、また金属の凝集力の説明についても、新しい視野を開いた[48]。一九三〇年に出た金属における結合力に関する論文で、彼は次のように書いている。「金属の結晶は巨大な分子であり、電子のエネルギーレベルはすべての原子核の位置に依存する。それはちょうど、二原子分子の電子エネルギーが原子核間距離に依存するのと同じである」。個々の分子の構造であれ、また全体が結晶になっている場合であれ、量子力学という背景から見れば、かたや化学かたや金属物理という別個の領域があるわけではなく、まさに同じひとつの過程を当てはめて考えることにほかならない。この見方はスレイターを次のような確信に導いた。「いつの日かわれわれは、化学を物理学的原理によって説明することができるようになるだろう。ついで生化学、生物学、そしてその他の分野も」[49]。

量子力学があらゆる種類の応用に道を開く基礎科学であるという性格を、これ以上過激に表現することはできないだろう。こうした評価を米国の理論家が最も熱心に唱えたのは偶然ではない。この国では、理論の価値は何よりもまず実際的な応用可能性によって測られた。一九三〇年ごろに量子力学の博士論文でキャリアを開始した米国の物理学者たちの名前は、数々の手法や計算式の名称(マリケンの「軌道法」、「モース・ポテンシャル」その他)とともに、この領域［物理学の化学への応用］の最も重要な源泉が当初から米国にあったことを示している[50]。一九三〇年ごろから米国の多くの大学で、物理学および化学研究所の間で緊密な関係が築かれた。スレイターはたとえば、ライナス・ポーリングをカルテックからハーヴァード大学に引き抜こうとする。その際、誘う材料として「物理学および化学の合同研究施設」という案を示した[51]。

ポーリングの経歴は、量子力学が化学に、そして最終的にはさらに分子生物学に応用された様子を、とりわけはっきりと示している。スレイターと同じくポーリングも、コペンハーゲン（一九二七年に、一年半のヨーロッパ滞在の最後の数週間を過ごした）の精神的風土からは得るものがなかった[52]。それだけなおさら、彼が遊学の主目的としたミュンヘンのゾンマーフェルト研究所の雰囲気を高く評価した。ゾンマーフェルトの『原子構造とスペクトル線』は、物理に興味を持つ化学者の間でも「バイブル」とみなされていたが[53]、ポーリングはカルテックの学生時代すでに、それを十分勉強していた。「私はトールマン主催のセミナーに参加した。そこでの議論の主題は、アルノルト・ゾンマーフェルトの著書『原子構造とスペクトル線』第三版に出て来る素材だった」と、彼は後年、原子理論との最初の出会いについて述べている[54]。彼の関心は当初から、新しい原子理論を化学結合の問題に応用することにあった。「無極性化学結合の本性は、理論的考究に値すると私には思われます」と、早くも彼はゾンマーフェルトあての最初の手紙で強調し、ただちにそれが大きな共鳴を起こしたのを知るのである[55]。彼はちょうどいい時にやって来て、シュレーディンガーの波動力学についてゾンマーフェルトが行った最初の講義を聞くことができた。ただちに彼は、その中に「原子および分子の性質についての正しい答え」があるかどうかを吟味した[56]。ミュンヘンで一年を過ごし、残りのヨーロッパ滞在期間をチューリヒで過ごした。折しもハイトラーとロンドンが、量子力学を使って共有結合の問題に「正しい答え」を出したばかりの場所である。米国に戻って彼は、化学結合の量子力学的扱いを自身の主たる研究領域に定めた。一九二八年に、再度ヨーロッパへの旅行を企て、デバイに書いたように「たぶんライプツィヒに長く滞在」するつもりだった。しかし、カルテックで急激に花形分野に成長した理論化学の教授としての義務が、計画の実現を妨げてしまった[57]。

スレイターとは独立に、ポーリングもハイトラー－ロンドンの交換相互作用に基づいて、化学結合についての包括的な量子力学的理論を完成させた。彼は一九三一年から、量子化学者に今日ＨＬＰＳ（ハイトラー－ロンドン－ポーリング－スレイター）法として知られている基本的な概念を、「化学結合の本性」に関する七編に及ぶ連作論文に纏め上げたのである。この研究により彼は、一九五四年ノーベル化学賞を受賞。連作のうち最初のふたつの論文は、米国化学の伝統的な学術誌『米国化学会誌』（*Journal of the American Chemical Society*）に、残りのものは、一九三三年に創刊されてこの新しい分野のフォーラムとなった『化学物理学雑誌』（*Journal of Chemical Physics*）に掲載された。この雑誌の発刊は「最近の化学および物理諸科学の発展の自然な結果」であると、創刊号の巻頭言に書かれている。「受けてきた訓練と物理学の学科や研究所との関係から物理学者と分類すべき人々が、化学の伝統的問題に取り組んでいる。同様の理由から化学者とみなされるべき人々が、物理学とみなされるべき分野に取り組んでいる。（…）その研究方法は、古典的な化学の方法とは甚だしく異なっている。その研究対象は、物理学者の大部分が主たる関心を抱くものではない。こうした境界領域を扱う雑誌が、このグループの人々に与えられることが適切と思われる」※6。

しかしながら、「化学物理学」または「理論化学」と呼ばれることが多かったこの新しい境界分野を、ハイトラー－ロンドン式の量子力学の応用事例としてのみ評価すると、理論物理と化学との間に広がるテーマの豊饒性をとらえそこなうことになろう。たとえば統計物理学も、活用しうる未開拓の広大な領域を化学の中に見出した。一九二〇年代にこの分野でも、化学の本質をなす熱力学的な現象を、量子論の新概念をめぐって拡張された統計物理的基礎のもとに置く最初の歩みが起こった。ポーリングのカルテックでの師匠であったリチャード・C・トールマンは、たとえば一九二二年に発表した論文で、熱力学と統計力学との関係を説明しようと努めた。ただしその際、量子論的側面は考慮しなかった。これを自身の研究の主たる関心に据えたのはとりわけ、その当時まだゾンマーフェルトの私講師だったカール・ヘルツフエルトである。一九二五年に出版された彼の著書『熱運動論』(*Kinetische Theorie der Wärme.* 一九三一年に米国で翻訳が出た)、そして『ハンドブーフ・デア・フィジーク』の論文「分子の大きさと構造」も、現代物理学の化学への応用にとって重要な観点を、量子力学の知識を仮定しない言葉によって紹介している。また、理論物理学者による大半の総説的記述と異なり、化学的事項の詳細をたくさん盛り込むことをためらわなかった。ヘルツフェルトは一九二六年に、三人目のゾンマーフェルト門下生として(エプシュタインとラポルテに次いで)、理論物理のミュンヘンのスタイルを米国に輸出して、化学者フランク・O・ライスとともに、ジョンズ・ホプキンス大学を米国における物理化学のセンターにしたのである[59]。

デバイ、ポーリング、そしてヘルツフェルト。物理化学を優先研究領域として選んだ数多くの理論家の代表としてこのゾンマーフェルトの教え子三人のみをあげておくが、彼らの名は、化学における新時代の始まりを画した。デバイは一九三六年に、極性分子、分子の電気的性質および強電解質溶液の理論の領域での研究によりノーベル化学賞を受賞した[60]。ヘルツフェルトは、「動力学理論」という広範な分野を自らの主たる研究領域に選び、特に反応速度論の分野で化学における理論物理学的な表象を確立した。ポーリングは、原子がいわば量子力学的な結合努力によって複雑な分子の中に並ぶのを導出したことによって、現代構造化学の創始者となる。「私は自分を原子の身に置いて考えようと努めます。もしも炭素原子やナトリウム原子だったら、私はこうした状況でどうするだろうか、と自問します。(…)入念に撮った写真から、X線パターンを導き出すのです」と彼は、量子力学と化学構造分析とのこうした連携について述べたことがある。この連携が彼のカルテックの学派のトレードマークとなる[61]。

分子生物学

理論物理学者たちが量子力学によって誕生に一枚噛んだ新しい複合科学のさらなる実例として、分子生物学をあげることができる。巨大な生体分子の場合にも、「化学物質とその反応を基本的な言葉で理解する」というポーリングのスローガンはすぐさま成果を導いた。血液色素ヘモグロビンが酸素をどのように取り込むことができるかという問題の解明によって、ポーリングのカルテックの研究グループは蛋白質研究の先鞭をつけたのである。長い鎖状分子の形成に際して、生体分子の基本的な構築原理としての水素結合が果たしている役割も、ポーリングのチームで認識された。そうした鎖の構造がらせん状であることの発見が、次の成果となる。構造化学者として、量子力学を使って原子間距離、結合力および結合角度を算出し、それに基づいて原子一個一個を模型の中の計算した場所に割り当てる。そのことによりポーリングは、たとえばこの場合らせん一回転あたり整数個の分子数を前提とする結晶学者たちとは異なる過程を追求。ポーリングは、そうした前提に反して、いわゆるαヘリックスではアミノ酸構成要素［アミノ酸残基］がらせん一回転あたり3.7になるのを示すことができた。「彼は原子と、そのさまざまな状態と、結合の条件を実によく知っていた。それゆえ、つまるところ因襲でしかない事柄と決別する用意が、彼にはできていたのである」。英国の結晶学者グループにいたライバルのジョン・バナールは、このようにポーリングの方法を賞賛した[62]。

量子力学にとって、分子生物学でのさらなる作業領域となったのは、遺伝学である。とりわけ、ボルンの教え子マックス・デルブリュックが、その中に理論物理学者の活動の場を見出した。デルブリュックは一九二八年に、当時ボルンの助手を務めていたハイトラーの指導のもとで博士論文研究として、ハイトラー－ロンドン過程を複雑な分子に応用した。その結果は、後年の回想によれば「かなりつまらない」ものだったが、それによって彼は、量子力学というツールに習熟したのである。もっと面白い応用テーマを求めて、最終的に分子遺伝学にたどりつく。一九三二年に彼は、ベルリン・ダーレムのカイザー・ヴィルヘルム化学研究所のリーゼ・マイトナーのもとで「研究室の理論担当助手《ファミーリエンテオレティカー》」としてのポストに就いた。「主として、すばらしいカイザー・ヴィルヘルム生物学研究所が隣接しているためです。私はそこと、よいコンタクトを保っております」と、彼はその直後にボーアにあてて書いた。ボーアのほうも、次第に生物学的問題への関心を持ち始めていた[63]。

　デルブリュックは特に、カイザー・ヴィルヘルム脳研究所のロシア人遺伝学者ニコライ・ティモフェエフ＝レソフスキーと、彼の共同研究者で物理専攻のカール・ツィンマーという、率直に議論できる仲間を得た。「三人組研究」(Dreimännerarbeit)として有名になった論文で彼らは一九三五年に、遺伝子変異の分子的理解の基礎づけを行った。そこでのデルブリュックの貢献は、量子力学に基づく分子の性質から遺伝子の安定性を捉えるという「遺伝子突然変異の原子物理学モデル」を構想した点にある。遺伝子の突然変異は、原子間結合の再編成によって新たな安定状態に達する量子飛躍の過程として解釈された。その際に核となるアイディアは、分子内配列についての、ハイトラー－ロンドンモデルですでに示されていたエネルギー論的な見方である。分子内の原子が取りうる多数の空間的な位置は、エネルギー論的には山形に描くことができる。さまざまな位置に対応して、エネルギーの値が高くなったり低くなったりして、山形のように分布している。デルブリュックのモデルは、エネルギーのそうした山形が作りうる多数の谷の部分に、遺伝子分子の多数の安定的な状態が対応するとみなしたのである。ひとつの谷から次の谷へ移るために消費しなければならないエネルギーが大きくなればなるほど、突然変異は起こりにくくなる。これによって初めて、遺伝子の安定性を定量的に評価することが現実化した。「それからというもの、遺伝学はそのアイディアについて、物理学（…）に本質的な考慮を払わなければならなくなった」。分子遺伝学にとっての「デルブリュックモデル」の役割は後に、このような基盤の中に位置づけられるようになる[64]。

新たな複合領域での量子力学の応用はさまざまだったが、理論物理の理解の仕方では共通していた。すなわち、理論を自己目的としてではなく、それを応用することによって初めて真価を確認しうる道具として扱ったのである。科学へのこうした「操作主義的」な理解の仕方は、ゾンマーフェルト学派の特徴である。量子力学の哲学的な意味づけといったことには、たとえばボーアの周辺がそうだったほどには、重きを置かなかった。この点においてゾンマーフェルトの伝統は、まさしく米国で強い共感を得たのである。たとえばヘルツフェルトは、ボルチモアでミュンヘン式の講義・ゼミナールの営みを移植して、シュレーディンガーやデバイのようなヨーロッパの大家を客員講義に招待した[65]。ある学生（ジョン・A・ホイーラー）の見方によれば、ヘルツフェルトのゼミナールは「量子力学の話題を通じて、ジョンズ・ホプキンス大学の伝統を示す事例を最良の形で提供した」[66]。

早くも第一次大戦前にミュンヘンの苗床を巣立って、とっくに独自の学派を築いていたデバイが特に、ゾンマーフェルトの伝統の普及に努めた。たとえば一九二八年に彼は、ゾンマーフェルト六〇歳の誕生日にちなんだ記念論文集を編集し、三〇人のゾンマーフェルト門下生に、彼らが当時関心を寄せていたテーマについて記事を執筆させた。『現代物理学の諸問題』(*Probleme der modernen Physik*)と題されたその論文集は、理論物理学の活動領域を概観するための示唆に富む。その範囲は、「潤滑剤の摩擦問題」(ルートヴィヒ・ホップ)や「熱陰極の燃焼」(ルドルフ・ゼーリガー)から、ヘルツフェルトの「2元素系の熱力学」、またデバイの「電解質溶液における時間変化過程」の理論、さらには、最新の量子力学的研究(そのほとんどが応用事例を扱った)に及んでいた。ロンドンとポーリングは化学結合の問題を扱い、ヴェンツェルは金属における光電効果を、そしてハイゼンベルクも、不確定性原理や量子電磁気学の基礎といったテーマではなく、「強磁性の量子論」を寄稿したのが目を引く[67]。

宇宙物理学

固体物理や、化学あるいは分子生物学への応用だけで、量子力学の活動領域が尽きるわけではもちろんない。たとえばアルブレヒト・ウンゼルトは、ゾンマーフェルト研究所で初めて波動力学の研究によって学位を取得したのだが、上述記念論文集で宇宙物理の問題を扱った。星の発する光のスペクトルは天文学者にとって、星を構成する物質の構造や組成を理解するための手がかりを提供していた。しかし、この手がかりを使うには、原子理論の知識が前提となった。何よりも量子力学が提供する知識である。「適切に用いるなら、量子論がこれらの問題を解決するであろうことは、ほとんど疑いがない」と、米国宇宙物理学界の長老ヘンリー・ノリス・ラッセルは、恒星スペクトルについての論文に書いた。宇宙物理学は二〇世紀初頭に米国で、目立って隆盛に達していた。そのことは、たとえばジョージ・E・ヘイルやエドワード・C・ピッカリングといった人々の名、あるいは、有名なカリフォルニア州ウィルソン山天文台やハーヴァードカレッジ観測所によって明らかである。しかし、原子理論のすさまじい発展に直面してラッセルは、恒星スペクトルの分野で米国の優位が、ゾンマーフェルト学派との競争によって次第におびやかされていると感じた。量子革命が頂点に達しようとしている時、彼はあきらめた調子で、ワシントンの国立標準局の分光学者ウィリアム・メッガースに書いた。「私はさしあたり、この仕事をゾンマーフェルトと彼の弟子たちに任せようかという気になっています。彼らはおそらく、それに深く入り込んでいるでしょう」68。

そのさいラッセルは、ラポルテのことを考えていたのかも知れない。彼はちょうどこの時期、メッガースのもとで客員として「理論担当」を務めていた。あるいは、ヘーンルのことだったかも知れない。折しも彼は、ゾンマーフェルトとともに「多重項線の強度」を研究していた。このテーマは、恒星大気中における特定化学物質の存在度と直接的に関係していた。スペクトル線の波長が恒星上の多様な原子種の存在証明であるとすると、その強度はさらに、それぞれの種の原子がどれだけ存在しているかを示唆するものだった。

量子力学は、宇宙物理学のこの原子理論的な側面について、化学や分子生物学分野の場合と同じく、新しい基礎科学としての役割を発揮した。天文学を副専攻として学び、博士論文の後はゾンマーフェルトの助手として化学から結晶構造解析にいたる問題を「量子力学的観点」という新しい光のもとに研究したウンゼルトは、最終的には理論宇宙物理学を自分の専門分野として認識したのである。「フラウンホーファー線がどのように生じるかを理解しようとすることだけでも、取り組むに値するのではないかと考えたのです」と、彼はこの進路決定について回想している。その際に彼は、新しい分野に飛び出していった原子理論家の多くの人と同じく、自身のもともとの専門を見限るという感覚は持たなかった。「私は理論物理学者でありつづけました」。あるインタビューで彼は、宇宙物理への転身について同僚物理学者がどのように反応したかという質問に答えている[69]。一九二八年のゾンマーフェルト記念論文集に寄稿した「フラウンホーファー線の構造への衝突過程の影響」はすでに、後年の彼の研究重点の方向を示している。スペクトル線の形、線のプロフィールから、たとえば電場や磁場の強さといった、原子が恒星大気中に置かれている状態を逆算することができる。すなわち量子力学は、恒星の化学的組成ということを超えてさらに、恒星表面における物理現象をも解明したのである。一九三八年にウンゼルトは、一〇年間のうちに発展した「恒星大気の物理学」について、教科書で概観を与えた(*Physik der Sternatmosphären*)。たとえばベーテの金属電子論についての『ハンドブーフ』論文や、ポーリングの『化学結合の本性』(*The Nature of the Chemical Bond*)〔邦訳:『化学結合論』〈改定版〉、小泉正夫訳、共立出版、一九六二年〕と同様、ウンゼルトの著書も、理論宇宙物理学での古典となった[70]。

化学と同様に天文学でも、量子力学の知識があってはじめて習得できる新しい部分領域が突如出現したことについては、緊張がなかったわけではない。ウンゼルトは、学生時代にミュンヘンの天文学教授アレクサンダー・ヴィルケンスの口述によって接した古風な天文学を「ひどく退屈」だったと形容した[71]。一九三〇年、彼はゾンマーフェルトあての手紙で、天文学者の多くに学ぶ姿勢がないことに愕然とした様子を書いている。「天文学者たちが繰り返し抗議する主な点は、『そんなことを私たちは習っていない』ということに帰着します。この世界に変化をもたらす任務はまず、天文学ポストの割り当てに責任を持つ学部当局や委員会が担っております。ドイツの天文学の大部分は、因襲からほとんど離れようとしない人々の一握りのグループの支配下にありますので、私が考えますには、模範的な物理学者・自然科学者たちがそこに強力に投入されてはじめて、変化が起こりうるでしょう」[72]。

古典的な天文学を代表する人々と、理論物理から鞍替えした宇宙物理学者たちとの対立関係をたどることは本書の範囲を超える。理論宇宙物理学や量子化学といった新しい複合科学の成立について、それぞれの分野形成の生みの苦しみを明らかにするような網羅的な研究は、まだほとんどなされていない。いずれにしても、量子力学的ノウハウと革新への要求をもって登場した理論家たちが、助っ人として歓迎されるばかりではなく、しばしば望まれざる闖入者としても認識されたことだけは確かなようである。新しい量子力学のコロニー(一九三〇年代以降、この新しい基幹的科学の影響を受けた個々の作業分野をこのように呼ぶことは不当ではないだろう)は、物理学内外の関係分野とその部分領域の地図を根本的に変えてしまった。

「知的移住」(intellectual migration)[73]と形容される、さまざまな専門領域間での知識の伝達は、新しい分野の登場に際して見られる顕著な現象である。しかしそれは、一九三〇年代に物理学とその境界分野に及んだ変化のひとつの側面を特徴づけるにすぎない。それに劣らず深刻だったのは、一九三三年にドイツでナチスが「権力掌握《マハトユーバーナーメ》」したことによって、物理学者たちが移住を余儀なくされた現象である。このことは、量子力学のさまざまな作業領域を眺めてきたわれわれを、理論物理学の発展に深甚な影響を及ぼした社会的な事象に再び直面させるのである。

第七章　幸福な三〇年代《ハッピーサーティーズ》？
亡命物理学者たち

一九七七年に米国で（原子）核物理学者のエリートサークルが、一九三〇年代における彼らの専門分野の初期を回顧する会議に参集した時、ハンス・ベーテはオープニング講演において、彼らの「コミュニティ」を回想するために「幸福な三〇年代」というこの表題を用いた。この時代が、政治的観点からは「まったく幸福ではなかった」ことを認め、「この部屋にいる私たちの多くが」と、彼は講演を始める。「独裁制が支配していたため、ドイツとイタリアから亡命しました」。しかしそのあと、大きな「しかしながら」(However) と、科学の発展にとって「非常に幸福だった時期」(a very happy period) に対する賛辞が続いた[1]。このスピーチが取り上げた核物理学については、本書でまた言及する機会がある。固体物理学についても同様である。これら二つの専門分野は一九三〇年代から、比類のない活況を呈することになった[2]。学問的に大きな成功を収めたこの時代が同時に、多くの物理学者にとって存在そのものの脅威、あるいは少なくとも職業的に極度の不安定に置かれた年月だったことは、物理学史上の特異現象に属する。亡命者の中で最も成功した人々にとってすら、移住は何よりもまず、不確実さへの歩みを意味したのである。

亡命科学者の全体的規模について、網羅的なデータは存在しない。ある統計によれば、ナチス勢力圏における大学の「粛清《ゾイベルンク》」に、一九三三年から一九三九年にわたって総計一六八四人の大学教職員が見舞われた。別の統計では、すでに一九三六年までに、すなわちオーストリアとチェコスロヴァキアからの亡命者の波が起こる以前に、一六一七人の大学教員が地位を追われたという数字もある。うち一二四人が物理学者だった[3]。これまでのところ「知識人の大移動」(exodus of the intellect)について最も包括的なデータを集成している『中欧亡命者(一九三三/一九四五年)国際人名事典』(*International Biographical Dictionary of Central European Emigres 1933-1945*)も、明確な数字は含んでいない。採録された四六五〇人分の短い伝記的記述からは、およそ二〇〇人ないし三〇〇人の亡命者が物理学者に分類されうる[4]。しかし、このような数字は大いなる不確かさを伴っている。物理化学者や、物理学的な研究に重点を置く数学者や、宇宙物理学者をどの分野に算入すべきであろうか? 亡命中に研究分野を変えた科学者をどのグループに分類すべきか? 同様に疑問なのは、物理学者の中で理論家のほうが、暗黙におおむねそのように想定されているほどはなはだしく、実験家よりもなおさら追放の憂き目にあったのかということである。ゲッティンゲンからの理論物理学者の追放※[1]といった、特に顕著な事例はこの想定を実証するように見える[5]。しかし、個々の大学の事情を簡単に一般化できないことは明らかである。同様に、追放された科学者のうち最も著名な人々のみを列挙しただけで典型像を得ることにはならない。アインシュタイン、ボルン、シュレーディンガー、ベーテ、パイエルス、テラーほかの亡命した著名な理論家たち(そのうちかなり多くが後に米国の原爆プログラム参加者として歴史に名をとどめている)[6]にかんがみて、理論物理学が他の分野よりも強く影響を蒙ったように見える。しかし、知名度だけでは、ある分野または下位分野が科学者亡命の中で占める割合の基準としては不確かである。物理学者の亡命がドイツにどのような損害を遺したか、また受け入れ先となったそれぞれの国がどのような利益を得たかについて、名前の列挙だけでは、いずれにせよほとんど答えたことにならない。統計的な方法も、そのためには適切ではない。ドイツにとって「亡命の損失」が約三〇％（以前のいくつかの研究でそのように報告されていた）にのぼるか、あるいは一一％にすぎないのかといったことは、相関関係とそれを解釈するほとんど恣意的な操作にゆだねられてしまうのである[7]。

亡命科学者の中で理論家の比重が大きかったという証拠がないとすると、理論物理でユダヤ人が高い割合を占めた結果としてそうなったのだという主張にも、ましてや根拠がないことになる。一九三〇年代に理論物理学は、世紀の変わり目ごろにそうであったような、実験物理から締め出されたユダヤ人私講師たちの溜まり場ではもはやなかった。一九三三年に理論物理学者として大学の研究所で働いていた者は基本的に、実験物理学者の万能の支配下に置かれてキャリアチャンスを持たない「プロレタリア的存在」などとは無縁だった。ポスト量子力学時代の理論家はむしろ、物理学におけるモダニズムを体現する使者であるように自覚していた。反ユダヤ主義的偏見はあいかわらずユダヤ人学者のキャリアを阻害していたが、理論研究は、それがれっきとしたキャリアと認められるようになってからは、大学運営から疎外された人々がくすぶる溜まり場であるという性格を脱却する。一九三〇年代の理論物理は、人種的な意味でも（抽象性への好みがユダヤ人の典型であるとみなされていた）、また社会的な観点でも（理論物理学研究所の所長ポストの多くが非ユダヤ人正教授[8]によって占められていたことにかんがみて）、「ユダヤ的」ではなかった。

したがって、理論物理学にとっての科学者亡命の影響は、一括りに要約できるものではない。ゾンマーフェルト周辺の亡命者たち（共通の伝統を有したことから特有の共通性があったのではないかと簡単に想定しかねないが）の間でも、それぞれの違いのほうが決定的だった。一人ひとりの亡命者ごとに、異なる人間関係、異なる通過経路、異なる職業的進路が見て取れるのである。

ミュンヘンからの理論物理学者の追放

一見したところでは、一九三三年以降の「粛清」の影響をミュンヘン大学の物理学はこうむっていないかのようである。ミュンヘン工科大学の宇宙物理学者（ローベルト・エムデン）の場合を除いて、「［ナチス］運動の首都」（Hauptstadt der Bewegung）において物理学者の追放は公的には文書に記録されていない[9]。ドイツのさまざまな大学を比較した統計でも、ミュンヘン大学の物理学では追放〇パーセントということで、一九三三年の出来事から完全に無事を保ったように見える[10]。しかしながら、視点を変えて、ゾンマーフェルトの文通に基づいてミュンヘンの物理学の一九三三年ごろの状況をながめてみると、このイメージがいかに誤解を与えるものであるかが明らかになる。

多数の科学者をドイツから追放することになった公の根拠は、一九三三年四月七日に発効した「職業公務員階級の再建に関する法律」（Gesetz zur Wiederherstellung des Berufsbeamtentums）である。体制への敵対者または「非アーリア人」に分類された者は、大学のキャリアから閉め出されることになった。そして「非アーリア人」への分類は、「両親の一人または祖父母の一人が非アーリア人」であればそれで足りるとされた。こうしたことについて、すべての大学構成員が質問票に情報を記入しなければならなかった。それがさらに関係官庁の調査に回った。ゾンマーフェルトの場合、その名前はユダヤ起源を連想させるものだったが、調査結果が大学学長名の官庁ドイツ語で次のように記されている。「帝国内務省の人種研究鑑定官は、一九三三年九月二一日付けF４３４号書簡において、次のことを告知した。すなわち、宮廷枢密顧問官ゾンマーフェルト教授・博士の家系を曽祖父母に至るまで調査したところ、ゾンマーフェルト教授の祖先はアーリア人血統であることが判明した」[11]。

ソ連邦への亡命——ヴェルナー・ロンベルクとヘルベルト・フレーリヒ

法律的な強制措置に先立ってすでに、締め出しは学生、博士候補生、私講師にも及んでいた。ユダヤ家系であるか、または反体制組織と関係を持っていると、大学のポストへの応募はまずまったく不可能にされてしまった。このグループの人々の多くは、二重の意味で締め出しを受けている。というのも、彼らの名は通常、科学者亡命の統計にも載ることがないからである。けれどもその中に著名な科学者が存在しうることを、ゾンマーフェルトの弟子ヴェルナー・ロンベルクの事例が示している。この人の名は、応用数学の数値積分法での「ロンベルク法」という用語に残っているが、科学者亡命の一覧では扱われてこなかった。

他の多くの人と同じく、ロンベルクがゾンマーフェルトのところに来たのは、『原子構造とスペクトル線』によって現代物理学に興味を覚えたからである[12]。彼がゾンマーフェルトのより身近なサークルに入ったことも、他のほとんどの門下生と同様の手順で進んだ。すなわち、ゼミナールですぐれた発表を行い、演習の課題を見事にこなすことによって、まずはゾンマーフェルトの助手（カール・ベヒェルト）の、次には枢密顧問官自身の認知を得た。ゾンマーフェルトは一九三〇年代になってもなお、自らしばしば演習の時間にやって来て、その折に新しい才能を期待して探したのである。そのうえロンベルクは一九三二年に、ある懸賞課題で自身の数学的・物理学的才能を実証した。テーマは「カナル線の偏光」に関するもので、面倒な「計算《レヒネライ》」がつきまとっていた。ロンベルクは競争相手の中でただひとりこの問題を解いた。しかし、賞は彼に与えられなかった。「必要とされる成熟が、彼には欠けているから」というのである。こうした公的見解の裏には、本来の拒絶理由が隠されていた。ロンベルクが左翼学生グループに属していたこと、そして、クルト・アイスナーと親戚だったことがそれである。アイスナーは一九一九年に暗殺されたバイエルンの首相であり、ナチスからバイエルンの革命の扇動者として殊に憎悪をあびていた。（アイスナーは二度目の結婚で、ロンベルクの母の姉［妹?］を伴侶とした。）「ゾンマーフェルト枢密顧問官殿はその当時、貴殿に賞を与えたいと思われたのですが、貴殿への配慮から氏名の公表と表彰を行うことができませんでした」。このような告知とともに、ロンベルクは一九四八年に「いまや事後的に」受賞を果たした。「この不正を埋め合わせる」ための措置である[13]。

ゾンマーフェルトは一九三三年に、少なくとも別の方法により弟子を公正に処遇しようとして、懸賞テーマを彼の学位論文課題に採用した。そして、できるだけすみやかに試験を修了するよう懇ろに諭した。というのも、あとどれほど彼を研究所に留めておけるかわからなかったからである。ロンベルクはこの助言を肝に銘じて、一九三三年七月に博士試験を済ませた。かくして彼のミュンヘン滞在は終わったのである。政治的信条と、その「名前」と、「ユダヤ人の祖母」を持っていることから、ドイツでポストを見出せないことは明らかだった。次の一年間を故郷で無職のまま過ごした後、家族と共にソ連に亡命。ゾンマーフェルトはそのためにも力を尽くす。推薦状の中で彼を「非常に丹念」で、「とりわけ理論的な方面と、波動力学的計算において訓練を積んでいる」と賞賛。こうした専門的評価に加えて、弟子の政治的立場を顧慮して付け加えた。「加えますに、彼はロシアに行くことに大変興味を持っております。その地での社会環境によく適応することでしょう。（…）お願いがございます。ロンベルクと文通なさる折には、彼が当地の官庁によって何らかの危険にさらされることがないよう、いくぶん慎重なご配慮をいただきたいのです」[14]。

しかし、ロシアへの亡命はロンベルクにとって、波瀾に富んだ亡命者としてのキャリアの始まりだったに過ぎない。ドニプロペトロフシク［ウクライナ］に三年間滞在し、物理工学研究所で、物理化学者ボリス・ニコラエヴィチ・フィンケルステイン指導のもとに金属性固体のX線構造解析の分析評価作業に携わった。その後、スターリンの「粛清」から逃れてプラハに出国。その地で一年間、補習教師として糊口をしのぎ、もうひとりの亡命者であった宇宙物理学者エルヴィーン・フィンレイ＝フロイントリヒが数値計算するのを時々手助けした。次の滞在地はオスロ大学である。ここでは、ゾンマーフェルトの賛美者であるエギル・アンデルセン・ヒュレラースが理論物理学研究所の所長になったばかりだった。ここでの彼の科学的関心は、海面の振動という領域に向かう。ロンベルクはこのテーマに変分法という手法を大変うまく応用できた。ノルウェーがヒトラーの軍隊に攻撃されると、さらにスウェーデンに避難。戦後オスロにもどり、ノルウェー国籍を取得した。一九六〇年代になってようやくまたドイツに戻ったのは、ハイデルベルク大学で応用数学教授職が彼に提供されたからである[※2]。

ロンベルクは、一九三三年以降の年月にゾンマーフェルトが将来のことを気遣った唯一の物理学者というわけではない。一九三三年五月一〇日、彼はかつての弟子マックス・フォン・ラウエからの手紙を受け取る。そこには、新しい公務員法によって被害を受けそうな、「科学的な活動をしているすべての物理学者の名前と住所を、上級学生に至るまで」知らせていただきたい、という依頼があった※3。これに対してゾンマーフェルトは、彼の私講師を勤めたハンス・ベーテ、ならびに学位を最近取得した弟子であるヘルベルト・フレーリヒとヴァルター・ヘンネベルクの名をあげた。ベーテはこのころ客員教授としてチュービンゲンにいた。フレーリヒは、フライブルクでちょうど教授資格を取得したばかりだった。ヘンネベルクの地位は、危機共同体〔第三章参照〕の奨学生というものだった。三人ともゾンマーフェルト研究所のポストには就いていなかったが、いずれもミュンヘンの「苗床」との関係が密接だった。彼らに共通した「欠陥《マーケル》」は、公務員法の意味で「非アーリア人」であるということだった。「ベーテはフランクフルトの生理学者の子息であり、母親がユダヤ家系です。(…)フレーリヒはユダヤ人です。(…)ヘンネベルクにはユダヤ人の祖母がおります」と、ゾンマーフェルトはラウエに書いた[15]。ヘンネベルクの場合、彼をマーデルンクの助手としてフランクフルト大学に世話する試みは失敗に帰した。プロイセン文部省は、ヘンネベルクの父親が第一次大戦の負傷がもとで亡くなったからといって例外を許す理由とはならないと認識したのである[16]※4。ヘンネベルクはその後、アカデミックなキャリアを断念し、企業に入った。彼は第二次大戦中に職場から東部戦線に徴用され、配属後わずか五日目に戦死した[17]。

ユダヤ人として、産業界にも安定した避難場所を得られなかったフレーリヒは、亡命を決心した。ロンベルクと同様に彼も、ソ連を亡命先に選んだ。ゾンマーフェルトは彼のために紹介状を書き、その中で彼を、精力的で実用志向の理論家であると保証した。彼の博士論文は「美しい仕事」

であり、「ロシアでも（タムによって）認められた」。彼は「波動力学に基づく金属伝導の理論に完全に精通し」、仕事をこなすエネルギーを豊かに持ち、量子力学の化学への応用にもすぐにうまく適応するであろう、というのである[18]。一九三四年三月、フレーリヒはミュンヘンの師に、レニングラードから「かなりよいポストの提示」を受けたことを知らせた[19]。しかし、フレーリヒにとってもソ連滞在は長続きしなかった。早くも一年後、ゾンマーフェルトは次のような便りに接する。「私のロシアでの仕事は、残念ながら突然終結となりました。最近の多くの外国人と同じく、滞在許可がおりなくなったからです。フレンケルとヨッフェが随分と尽力してくれたのですが」[20]。しかしロンベルクとは異なり、フレーリヒは物理学への忠誠を保った。彼のお好みのテーマである金属電子論は、レニングラードの物理工学研究所でも、また次なる避難場所となった英国ブリストルでも、研究の重点項目となっていたのである。それゆえ、亡命生活にあっても、自身の学術的な仕事の継続性を維持することができた[※5]。

ハンス・ベーテのための推薦状

ゾンマーフェルトが最も心配したのは、ベーテのことだった。新しい公務員法が施行されて四日後の一九三三年四月一一日に早くも、ベーテは八枚に及ぶ手紙でゾンマーフェルトに近況を語っている。チュービンゲンで彼の「出生の欠陥」(Geburtsfehler) が知れ渡っていることへの不審から、自分の境遇についてなんら幻想を持っていないというのである。すなわち、チュービンゲン大学物理学研究所長ハンス・ガイガーが、新しい状況について彼に手紙で知らせてきたのだが、「その短さからしてすでにほとんど侮辱であると感じております。その文面からは、チュービンゲン側と多く語るべきことがあるとはもはや思えなくなっています。（…）それに、『粛清』がいっそう進んでいくように思われます。（…）本質的なこととしまして、今日の方向性が続く限り、いつかドイツで教授職が得られるという見込みは、私にとって非常に小さくなってしまったように思われます。といいますのも、近い将来に反ユダヤ主義が弱まることも、またアーリア人の定義が変わることも考えられないからです。従いまして、好むと好まざるとにかかわらず、この結果を甘受して、どこか外国に渡ることを試みなければならないと存じます。それが私にとって楽でないことは、ご理解いただけるでしょう。外国では容易にくつろげず、どこに行ってもドイツでのように快適には感じられないことを、私はよく承知しています。けれども、見通すことのできる限りで申しますと、私に残された選択肢は、ドイツで市井の学者(Privatgelehrter)として飢え死にするか、あるいは前に進むかしかありません。そして、最後の蓄えを費やしてしまうのを待つよりも、むしろただちに決断しようと存じます！」

続けてベーテは、可能性のある外国のポストについての話題に入る。マンチェスターのブラッグのもとに任期つきポストがあることを彼は聞いていたが、「英国では、たしかに助手の地位を得るのは比較的容易ですが、外国人がよりよいポストに就くのは非常に難しいのです」という懸念があった。ひょっとしてイタリアのフェルミのもとで働くということを除いては、ヨーロッパでの見通しは彼にはないように思われた。「ボーアは、（それがそもそも可能ならばですが）彼の身近な知人たちの面倒をまず見ようとするでしょう。たとえばブロッホその他の人々です。スウェーデンに可能性がどれだけあるか、つまりシーグバーンに、彼が理論家を必要としているのではないかと水を向けてみる甲斐があるかどうか、私にはわかりません。フランスはもとより理論家を強く必要としているでしょうが、もちろん私は、政治的な理由からあまりその気になれません。何か提供されるのであれば、もちろんそれを拒絶するものではありませんが。最終的には米国が残ります。経済状況が今より改善すれば、そこで適切なポストを見つけるのは容易になるでしょう。現在の事情ではそれも万事困難なようです。けれどもまた、ドイツのユダヤ人（および、私のように、ドイツの法律によってそのように分類された人々）に対して大きな同情があると存じております。この点に関しまして、先生にぜひお願いしたことがございます。先生は米国に対して、特別に良好で友誼にみちた関係を常に築いておられます。お心当たりの幾人かの方々に、お手紙をお書きいただけませんでしょうか。英国やイタリアとは違いまして、私には米国で身近な人がおりませんので。経済的な不況にもかかわらず、米国が私にとってなお最大のチャンスであるように思われるのです」[21]。

一九三三年ごろの状況についてのきわめて主観的な判断であるとはいえ、この手紙は、理論家にとっての国際的な労働市場というものを照らし出している。また、ゾンマーフェルトの戦略的立場をも示唆する。すなわち彼は推薦状によって、人気あるポストをめぐる競争での候補者のチャンスを、その評価に従って高くまたは低く決定づけたのである。ベーテの場合に、ゾンマーフェルトは最大級の賛辞を与えた。マンチェスターのポストへの推薦で彼は、たとえばベーテの金属電子論についての『ハンドブーフ』論文のことを強調。「実際のところ彼はこの分野で、波動力学全般（水素およびヘリウムの問題についての『ハンドブーフ』論文を参照）に関してそうであるのと同じく、最も成功した研究者の一人です」[22]。彼はまた、ベーテの求めに応じて、米国に向けて推薦の労を取る。一九三四年夏、イサカのコーネル大学物理学科主任にあてて次のように書いた。「ベーテは、私の教え子の中で最も才能豊かな一人で、デバイ、パウリ、ハイゼンベルクらに次いだ位置にあります。私が彼をいかに高く買っているかは、ゾンマーフェルト－ベーテの署名で出た金属電子論についてのハンドブーフ論文の大部分の執筆を彼に託したことからもおわかりいただけると存じます」[23]。このいずれの場合にも推薦状が功を奏した。およそ二年にわたる英国滞在（マンチェスターとブリストル）の後、ベーテはイサカに安定的な新しい活動場所を得た〔一九三七年、コーネル大学教授に就任〕。ここで程なくして、彼自身が成果豊かな理論学派の中心となる。「そして、そもそも先生に感謝すべきであることを知っている私の学生はあまりに少ないのです」と、何年も後に彼はゾンマーフェルトに書いた[24]。

六五歳の枢密顧問官にとって一九三三年の出来事は、甚大な精神的負担としてのしかかった。彼は一方において、外国に対してドイツ科学の声望を保持することが、自身の学問分野の保守的・愛国的代表者として要請されていると感じていた。また他方で、教え子たちがこうむっている不正に対して何もせず傍観するわけにはいかなかった。そこで彼は一九三三年五月、シカゴの万国博覧会およびそれに引き続く学術会議に出る予定だった米国旅行をキャンセルした。「われわれの大学で予想される組織的な変化に私なりに関与し、学部の然るべき協議の場を逸することがないよう」にするためであった。こうした理由をはっきり述べたのは、もちろん学部の同僚に対してだけである。米国の会議主催者に対しては、自身の欠席を「個人的理由」によるとした[25]。それよりほんの数週間前に、彼はバイエルン州文部省に、この旅行のための休暇申請をしていた。ドイツ物理学会が彼を、「同時に開催される組織上の問題についての会合に参加すべき、学会の代表者として指名」し、彼もそれを「文化政策的に有効」であるとみなしていた。それによって、「学者たちが抱いている ドイツへの感情によい影響を及ぼす」と考えたからである[26]。その翌年アインシュタインにあてて書いた手紙にうかがえるように、ゾンマーフェルトの愛国主義的姿勢は、深く揺るがされた。「残念ながら、貴兄やその他多くの人々に加えられたこの不正を見ると、私は、わが同国人を許すことができません。ベルリンおよびミュンヘンのアカデミーの同僚たちも同断です」。そうした連中は、アインシュタインの追放を遺憾とすることなく受け入れたのである。手紙の草稿でゾンマーフェルトは、さらに次のような言葉を付け加えていた。「権力としてのドイツが崩壊し、平和の訪れたヨーロッパに解消するとしましても、もはやそれに抵抗しようとは思いません」[27]。こうした思考は、一九三三年より以前の彼には、ほとんど念頭に上ることがなかったであろう。そしてここに至っても、政治的立場におけるこのような激変を、自分にもアインシュタインにも告白するのをはばかった。手紙の草案にあったこの箇所を、彼ははっきりと、削除してしまう。それだけになおさらはっきりと、数多くの弟子や同僚たちへの迫害によって余儀なくされた内心の葛藤が、ここに現れている。一方では科学の国家的代表者であり、他方では、ミュンヘンの苗床および教え子たちの出張所で発展をとげた現代理論物理学者サークルの庇護者であるという、ふたつの役割の間に生じた葛藤である。

エリートたちの保護

ドイツの指導的物理学者たちが一方では祖国に、他方では彼らの学問共同体に帰属しているという二重のアイデンティティを有したことから、亡命者への救援措置は単なる人道的な配慮という性格を持つにとどまらなかった。このことは追放された同僚たちのためのプランクの尽力にとりわけはっきり現れているのだが、それは同時に、ドイツの科学の被害を抑えようとする努力でもあった[28]。ハイゼンベルクも、当初は辞職を考慮した後、「耐え抜き、さらに努める」というプランクのスローガン〔二〇一頁〕への忠誠を明らかにした。彼がボーアとともに「私たちの若い物理学者」のことを気遣い、「彼らの幸せが、私たちすべての切実な問題になっております」と述べ、同時に「この国で今起こりつつあることすべて」に「やましさ」(schlechtes Gewissen) を感じたのは、国民としての「われわれ」と、物理学者たちの「われわれ感情」という二重のアイデンティティを、無意識に表現している[29]。

ゾンマーフェルトと同僚たちの関心はつまり、それぞれが属する研究所の地平をはるかに超えていた。ハイゼンベルクがボーアに書いたように、たとえば彼はプランクやラウエとともに、フランクとボルンのゲッティンゲンからの退去を防ごうとした[30]。両人とも、「非アーリア人」として新公務員法の適用を受けてしまうのだが、彼らの第一次大戦への参加によって、法律が含んでいた世界大戦兵士への例外的地位を当てはめることができた〔訳注4参照〕。フランクは自発的にこれを拒み、公然たる抗議を表明しつつ辞職する。ボルンはまず「休暇」を取ったが、同じく亡命を決意[31]。ゾンマーフェルトにあてて、彼は書いている。「今の状況を悲しんでおられることを、私はあまりにもよく理解しております。私も、実に絶望的な時を過ごしました。けれども、避けがたい運命に従わねばならない私どもは、貴兄たちよりつらくはありません。貴兄たちは、それを望まないのに、この体制に多かれ少なかれ忠実でなければならないと感じておられるのですから。(…)彼年老いたプランクはひどく落ち込んでいます。彼の気分は貴兄と同じでありましょう。彼は、私が二〜三年の休暇を取り、その後また戻ることを望みました。しかし私には、それは不適当であると思われました。人を二級市民として扱い、子供たちにはもっとひどい仕打ちをする国家に仕えることはできません。それゆえに私は辞任を申し出たのです」[32]。まったく同様にフランクも一九三三年五月にすでに、ゾンマーフェルトの「私の辞任に対する友好的なご批判」に答えを寄せていた。「プランクは、そして当地の同僚諸氏も明らかに、私どもをめぐる状況は二〜三か月後には変わるであろう、私が辞任に固執するには及ばない、という希望的観測を抱いています。私自身はこの観測に与しません。そして、ドイツのユダヤ人を、望まれない要素、たかだか二級市民に格付けする国家において、公務員でいるわけにはいかないという立場に私は立っております」[33]。

シュトゥットガルトからも、ゾンマーフェルトのもとに絶望的な知らせが届く。初期の弟子で、個人的な友人でもあったエーヴァルトは、ユダヤ人女性と結婚しており、［工科大学］学長職を退いた。「人種問題で政府と観点を共にすること」が不可能だと認識したゆえに、と彼は学長辞任の弁に書いた[34]。その後数年は教授にとどまったけれども、一九三三年にすでに、ゾンマーフェルトにはあらかじめ、「外国でのポストを考慮中」であることを伝えた。ただし彼は、期限付きの「慈善事業的教職」に招かれるのではなく、「通常の手続きによっても」獲得できる地位を求めていた[35]。学長職を辞した際すでに、エーヴァルトには自身の亡命が念頭にあったのである。「いずれにしましても、子供たちにはドイツでまったく望みがありませんので、何かが起これば、私は出て行かねばならないでしょう」と彼は、一九三三年四月二一日にミュンヘンにあてて書く。彼にはまた、「脱ユダヤ化のための闘争」はようやく幕を開けたに過ぎないと思われた。ゾンマーフェルトやハイゼンベルクと同様に彼も、個人的な運命を超えて、二重のわれわれ感情の狭間に引き裂かれていると感じた。「ドイツで生きていくことが不可能となった人々のために、そもそも何をなすべきなのでしょうか」と彼は、チュービンゲンでのベーテの教職が「剥奪」されたという知らせに対してコメントした。新設されたプリンストンの高等研究所に、「物理学者および数学者の溜まり場」のようなものを作ってはどうか、という考えを彼は披瀝した。「この企画は珍奇かもしれません。けれども確かに、この地で『民族共同体』から猶予なく追放された特に若い人々を、何らかの方法で助けなければならないのです」[36]。

「私たちの若い物理学者たち」のための求職活動

かくも多くのドイツ人科学者の追放は、外国にも驚愕を呼び起こした。救援団体が作られ、そこかしこで新しい、たいていは期限付きのポストが提供された。しかし、この時期の一般的不況と、反ユダヤ感情と、外国人への敵意（とりわけ、「自国」研究者にとってポストがすでに乏しくなっているところで）から、亡命者が受入国で摩擦なく科学的活動に統合されうるというわけには概していかなかったのである[37]。異邦での年月が亡命者にとって「幸福な」時になるかどうかは主として、その人が他の求職ライバルたちよりすぐれているという特別な市場価値があることに依存した。「その幸せが私たちすべての切実な問題となっております私たちの若い物理学者たち」はたいがい、ゾンマーフェルト、ボーア、パウリ、ボルン、ハイゼンベルクらの研究所出身者で、一九三〇年ごろに初期の量子力学にかかわる博士および教授資格論文で資格を得ていた人々である。ベーテ、ブロッホ、パイエルス、ノルトハイム、テラーその他、このように心配してもらえたのは亡命物理学者の平均像などではなく、選り抜きの少数派だった。こうしたグループに属する「典型的」な亡命者はつまり、男性で、まだ三〇歳には達しておらず、師匠が最上の太鼓判を押した推薦状を持ってチューリヒ、ミュンヘン、ライプツィヒ、ゲッティンゲンやコペンハーゲンの研究所で紹介されていたので、少なくともこれらの拠点では名前がよく知られていた。そのような人は通常、米国で永続的な居場所を見つける前に、ドイツ以外の、緊密なネットワークに結ばれたヨーロッパの理論物理の拠点で期限付きのポストを得て亡命生活の第一段階を過ごした。たとえばパリのブリルアンのもと、あるいはブリストルのモットのところである。とりわけ、毎年のように国際的なエリート理論家たちが公式または非公式な会議のために訪れたコペンハーゲンの研究所が、一九三〇年代の新しい理論物理学にとって就職市場の最も重要な斡旋センターの一つとなった。

もとより、このような類型化は、亡命理論家たちのエリートサークル内部についてさえ、おおざっぱな要約にすぎない。こうした粗いスケッチによりはっきりした輪郭を与える例を、ロータル・ノルトハイムの亡命に見ることができる。ナチスの権力掌握の時に三四歳だった彼は、このグループの中では他のほとんどの人よりやや年長だった。しかしその他の点では、彼の進路はグループの共通性をよく反映している。彼は一九二〇年代初期にゾンマーフェルトのもとで学び、ゼミナールで師の注目を獲得して、ヒルベルトの「家庭教師」［一一九頁参照］の役割でさらにゲッティンゲンに行く推薦を受けた。その地で量子力学の発展が頂点に達した時、ヒルベルト研究所からボルン研究所に移り、そこで博士になった。ロックフェラー奨学生としてケンブリッジとコペンハーゲンに滞在した後、ゲッティンゲンに戻って教授資格をも手にした。ボルンの私講師および助手として、何年にもわたってボルン研究所の中心メンバーとなる。この時期に彼は、短期研究滞在の招きに応じて米国とソ連に行ったが、安定したポストは得なかった。「米国に行くのは」と彼は後に回想している。「誰もが好むアイディアでした。いろいろな面で、こちらには私にとってのキャリアが待ち構えているのではないかと期待しました。ヨーロッパには物理学者が非常にたくさんいて、それに比べてポストは少なかったのです」[38]。

ノルトハイムが一九三三年に「半ユダヤ人」としてゲッティンゲン大学を罷免された時、彼はすでにいくつかの論文によって名をなしていた。特に、量子力学の金属電子論への応用によってである。「ある意味で、私は幸運でした」と、他の多くの亡命者と比較して彼は述べた。「といいますのは、若かったし、名をあげたばかりで将来性があり、しかし雇うのに高額を要するほどの年配ではなかったからです。それにまた、ロックフェラー奨学生OBとして、ロックフェラー財団がいつも手助けしてくれました」[39]。彼の最初の亡命先はパリだった。彼と同じく折しも量子力学的金属理論を研究していたブリルアンによって、アンリ・ポアンカレ研究所［一九二八年創設。数学および理論物理が研究対象］に招かれたのである。この滞在は、主としてロックフェラー財団によってまかなわれた。しかし、この支援を得るためには、後ろ盾が必要だった。「先生がロックフェラー財団に簡単な推薦状をお送りいただけるならば、いまや確実に私にとって助けとなります」と彼は一九三三年一〇月に、ボーアにあてて書いた。ボーアは、彼が最後にコペンハーゲンに滞在した折、「私の将来について交渉が必要となる際には」支援することに同意していた[40]。パリからさらに、ノルトハイムはより安定した地位を探すことに努めた。たとえば、バンガロールのラマンのところ［インド科学研究所］で公募があった時、彼は再度コペンハーゲンのボーアに推薦状を依頼した。この件についてはすでにパイエルスから推薦状を頼まれていると返信し、ラマンに対して「あなた方おふたりのために最上級の推薦を行うこと」を、ボーアは約束した[41]。最終的にはパイエルスでもノルトハイムでもなく、インドに招聘されたのはボルンだった。しかしボルンは、数か月後にはヨーロッパに戻ってしまう。エディンバラ大学で終身の地位が提供されたからである。インドのこのポストに関して一時的に起こった期待は、(それが再び消えてしまう前に) ゾンマーフェルトの文通でもつかの間の炎のように盛り上り、彼にもいくつか推薦を書かせたのだが[42]、就職をめぐるきびしい状況を実にはっきりと示している。最も名声を得ていた亡命者たちですら、あまり選り好みはできなかったのである。

ノルトハイムが望んでいた終身ポストの提供は、最終的には米国から来た。その際にも、ゾンマーフェルトの庇護が大きな要因となった。「私どもは、第一級の理論物理学者を強く必要としております」と、米国ダラムのデューク大学物理学科主任は一九三三年一一月にゾンマーフェルトにあてて書き、「顕著な成功を収められる若い方なら例外的に、終身の地位につけるチャンスもございます」と請け合った[43]。ゾンマーフェルトは第一にエーヴァルトを推薦した。彼は「理論物理のグループを運営する」能力がある。「今のところは罷免されておらず、シュトゥットガルトで名声が高く、四人の子供がおりますので、良好で安定的な地位が提供される場合に限り、外国に出るでしょう。四〇歳ぐらいで、ユダヤ人と結婚しております。彼に提案をなさってみてください」。二番目にゾンマーフェルトが推薦したのは、より若いノルトハイムだった。この人のことも彼は「非常に優秀」と評価し、さらに「金属電子論に対する功績が特に大きい」ことを紹介した[44]。ノルトハイムにとってこの推薦が「特別に価値が高い」ものであったのは、彼が礼状でゾンマーフェルトに書いたように、「米国の教授職は、私のような境遇の者が望みうるおそらく最善のものであるからです」[45]。ノルトハイムが実際にこのポストの提示を受けた時、彼はすでにパーデュー大学の客員として米国に滞在していた。もっともそちらのほうは、愉快な経験とはならなかった。「これが発展して終身のポストに変わるのではないかという期待がありました。しかし、教員サイドに敵意がありました。物理学以外の教員たちです。また、その地の世論もあからさまに、外国人には敵対的な雰囲気でした」[46]。それだけに、ダラムからの招聘を彼はなおさら喜び、すぐに受け入れた。

一九三三年以前のゲッティンゲンでノルトハイムと親しい共同研究者であったエドワード・テラーの亡命は、さらに別の事例を提供してくれる[47]。テラーも、理論物理学への自分の興味を、ゾンマーフェルトの学生だった時に見出した。ところが、片方の足首から下を失う事故に遭って学業から数か月間遠ざかり、ゾンマーフェルトが一九二八／二九年にわたって世界旅行に出たことから、門下生としてのキャリアから離脱した。彼は勉学の場をミュンヘンからライプツィヒに替え、ゼミナールでいちはやくハイゼンベルクの注目を浴びた。一九三〇年春に彼は二二歳になったばかりで、水素分子イオンに関する量子力学的な博士論文研究を完成。復活祭の休暇中、ハイゼンベルクはコペンハーゲンに二週間滞在する際に彼を連れて行き、ボーアのサークルに紹介する。次のステップは、ゲッティンゲンの助手職である。ここでは特に、フランク、ハイトラー、ノルトハイムと共同で研究した。この時期（彼のキャリアにおける「分子（または）化学物理学」時代とされる）[48]、量子力学を分子物理学の諸問題に応用する専門家として同僚のあいだで名をなした。

ハイゼンベルク、ボーア、ゾンマーフェルトらのサークルに属する大半の博士候補学生や助手と同じく、彼は助手時代を、外国で研究滞在を行うことに活用した。一九三二年始め、ローマのフェルミ研究所で数週間を過ごす。その際にベーテ（ゾンマーフェルトのもとで一緒に過ごしたときからすでに知り合い）、パイエルス（ハイゼンベルクのもとでほぼ同時期に博士学位を取得）、ゲオルク・プラチェク、そしてフェルミならびに彼の最も近しい共同研究者エミリオ・セグレおよびフランコ・ラゼッティといった人々と、親しく知り合うようになった。彼らのほとんどは、後に米国の原子爆弾プロジェクトにおいて、まったく別の条件下で再会することになる。しかし一九三二年には、彼らの関心は量子力学のさまざまな応用領域に向かっており、核物理は数多いその中のほんの一つに過ぎなかったのである。

一九三三年、ハンガリー系ユダヤ人のテラーには、自分の職業の将来をドイツ以外に求めなければならないことが明らかだった。フランクは彼のために、ロンドン大学の生化学者ジョージ・フレデリック・ドナンのもとへの招聘を手配した。これは教授職ではなかったが、テラーがロックフェラー奨学金によってコペンハーゲンのボーア研究所で長く滞在できるための条件を作り出すものだった。この奨学金の支給は、奨学期間が経過したら特定のポストにつくことを証明できる候補者に限られていたからである。ドナンがボーアに書いたように、彼はロックフェラー財団に対して、テラーのために「三年間のポストの保証」を提示した。そしてボーアに、ロックフェラー財団への申請を彼も支持するよう頼んだ。「テラー博士は、貴兄のところにできるだけ長く滞在したいと強く希望」しているからである[49]。テラーのほうではこのころ、ボーアにあてて次のように書いた。すなわち、「形式的条件が満たされ」ればすぐ、彼のもとに「一年間」行くことを望んでいる、というのである[50]。この案件はまた、テラーの結婚計画によってややこしくなってしまった。「ロックフェラー奨学金をハンガリー人のハネムーンに出すわけにいかない」というのが、テラーの回想によれば、財団パリ事務所の反応だった。その時テラーは、どんな障害が道をふさいでも、それを取り除いてやろうと心に誓う[51]。

二人のノーベル物理学賞受賞者（ボーアとフランク）と、化学でよく知られたドナン（「ドナンの膜平衡」）の庇護によって、望んでいたコペンハーゲン滞在を彼は最終的に実現することができた。ボーア研究所では、テラーの亡命者としてのキャリアにとってさらなる展開があった。ジョージ・ガモフと友人になったのである。ロシア人亡命者で、他の多くの理論家と同様、彼も遍歴を重ねる中でコペンハーゲンを何度か訪れていた。ガモフはその後すぐ、ジョージ・ワシントン大学に教授職を得た。ここでもデューク大学と同様に、そのころ物理学科の設置に着手していた。さらにその後すぐ、理論家をもうひとり雇うことになり、ガモフの推薦でテラーも有望な候補になった時、亡命者が克服しなければならなかった障害がまたしてもあらわになる。「テラーが非常に優秀であることは疑っていませんが、わが国にも非常に優秀な若い人々の一団がおります。まず彼らから採用すべきであると存じます」と、米国の理論家グレゴリー・ブライトは、テラーの採用に反対して論じた[52]。それでも、この案件はテラーを雇うことに決着。彼は招聘を即座に受け入れて、一九三五年秋、米国に渡る[53]。

ノルトハイムやテラーとまったく同じように、一九三〇年代半ば、若いエリート理論家たちのグループが終身のポストを得て米国にやって来た。最も有名な人々の名をあげれば、ベーテがコーネル、ユージン・ウィグナーがプリンストン、ブロッホがスタンフォード、ヴィクトル・ワイスコップがロチェスターの各大学に行った[54]。これら若い理論家のほとんどが、彼らの名高い教師であるボルン（エディンバラ）やシュレーディンガー（オクスフォードおよびダブリン）の事例に倣ってヨーロッパで定住することを果たせなかった。ただしここでも例外はある。シュレーディンガーは、ゾンマーフェルト門下のハイトラー（すでにチューリヒとベルリンのシュレーディンガー研究所で働いたことがあり、その後ゲッティンゲンでボルンの私講師となる）に、ダブリン高等研究所の「下級教授職」（junior professorship）を世話した[55]。それを受諾する前、ハイトラーは研究奨学生としてブリストル大学にいた。モットが一九三〇年代に亡命理論家たちの助けを得て、現代的な固体物理学の研究拠点を築いた場所である。

地方大学への避難

パイエルスもまた、まずはバーミンガム、後にはオクスフォードで終身教授職の獲得を果たす。パイエルスの亡命者としての経歴の事例には、彼らエリート理論家がめぐり歩いた様子が典型的に示されている。ベーテ、ノルトハイム、テラーらと同様に彼も、ゾンマーフェルトのもとで理論物理学に興味を見出した※6。そしてテラーと同じく、一九二八年ゾンマーフェルトの世界旅行をきっかけに、ゾンマーフェルト学派のライプツィヒ出張所に移った。次の落ち着き先はチューリヒ工科大学のパウリ研究所だった。ついでライプツィヒに戻り、さらに再びチューリヒに行った。ゾンマーフェルトの学生、ハイゼンベルクのもとで博士候補生、そしてパウリの助手として、現代理論家がこれ以上は望めないような恵まれた学問的生い立ちを手にしたのである。一九三二年、彼は一年間のロックフェラー奨学旅行も獲得し、まずローマのフェルミ研究所に、それからケンブリッジ（ファウラーのもと）に行った。ロックフェラー奨学生を終えると研究者としての定職に戻ることができるという公式の条件は、パウリが保証してくれた。ただしかわりに紳士協定（gentleman's agreement）として、その条件を実際には自ら行使せず、助手の地位を一九三三年には他の後継者に譲ることをパウリは求めた。奨学期間終了後、彼は英国にとどまり、まずはマンチェスターのブラッグのもとで「助講師職」（assistant lectureship）を務め、それからケンブリッジのモンド研究所で王立協会の「特別研究員職」（research fellowship）の地位を得た。四年間の英国滞在を経てようやく、彼は安定的な地位への飛躍を手にする。すなわち、バーミンガム大学における「地方の椅子」（provincial chair）[56]である［新設の教授職公募に応じて採用された］。

パイエルスも一九三三年にはすでに、現代原子理論の大家たちの間で名をあげており、引用回数の多いいくつかの論文によって、量子力学が自家薬籠中のものであることを証明できた。その際に彼は二六歳とまだ十分に若く、研究者としてのキャリアをさほど積んでいなかったので、地方大学からみて安価に獲得することができたのである。同様に、彼と世代・専門を同じくする仲間たちが、米国のどこかの（たいがいは建設途上の）物理学科が新設する教授職に招聘されていった。パイエルスのような理論家を雇うことは、物理学研究所にまったく新しい品質を導入するための、割安な取引機会となった。そこに、たとえば英国の原子理論家ダグラス・レイナー・ハートリーは、彼の大学で自身の専門分野がようやく然るべき注目を獲得する好機を見出した。彼はボーアに次のように書いている。「マンチェスターの理論物理は、来年になれば強化されます。ベーテとパイエルスがブラッグのもとに来るのですから（…）理論物理コロキアムを開催することができるでしょう。前から始めたいと思っておりましたが、そのための人材が実際は十分に揃っていなかったのです」[57]。

放逐された物理学者の中でこれら若い量子理論家にとって、異国での年月が他の人々より「幸福」な時期になりえたのは、理論物理学が量子力学によって獲得した「操作的」性格にも起因する。ベーテやパイエルスが来るということはたいてい、量子力学の応用可能性という点で非常に高い期待を伴ったのである。このことは、量子力学のふたつの主要な応用領域として固体物理学および原子核理論を取り上げる際に、いっそう明らかになるだろう。いずれにしても、こうした量子力学の若い理論家エリートたちに向けられた大きな関心を、大多数の亡命物理学者が享受できたわけではなかった。

「追放……空虚な空間へ」

ゾンマーフェルト周辺にさらに着目して、年長の弟子たちや、文通相手だった友人、同僚、学生たちで一九三三年以降に亡命を強いられた人々の運命をたどっていくと、光景はほとんど即座に暗転する。フリッツ・ネーター〔有名な女性数学者エミー・ネーターの弟。父のマックス・ネーターも数学者〕は一九〇九年にゾンマーフェルトのもとで博士号を取得し、一九二二年にブレスラウ工科大学の数学正教授となったが、一九三四年にソ連のトムスクに移住した。そこで数学および力学の教授職が提供されたからである。彼の足跡は一九三八年に途絶えてしまう。おそらくはスターリンによる「粛清」の犠牲になった[58]〔一九四一年九月一〇日に銃殺された〕。ゲッティンゲンおよびアーヘン時代からのゾンマーフェルトの同僚だったオットー・ブルーメンタールは、一九三三年の追放後もドイツにとどまり、ようやく一九三九年になってオランダに亡命した。彼は第二次世界大戦におけるドイツ軍侵入の後、テレージエンシュタット〔チェコ北部のテレジーン。強制収容所があった〕に収容され、そのすぐ後に生命を失った[59]。

五〇歳代の亡命世代

悲劇的な運命は、ネーターと同じく一九〇九年にゾンマーフェルトのもとで学位を取ったルートヴィヒ・ホップにも襲った。学位取得後、彼はチューリヒとプラハでアインシュタインの助手を務めた。その後アーヘンで理論力学教授となり、ちょうど五〇歳だった一九三三年に追放された。彼も「市井の学者」としてドイツにとどまり、ようやく一九三九年に英国、そしてアイルランドに亡命し、その数か月後に亡くなった。一九三三年以降の彼の受難期は、五〇歳代の亡命世代にとって、「帰属すべきたったひとつの共同体から空虚な空間に追放されること」が意味するものを特にはっきりと示している。ホップの旧師への手紙は、ドイツの年長世代の亡命者たちに広がっていた気持ちを雄弁に伝える証言である。すなわち、「古い共同体に根ざしている」という感覚、そして、少なくとも一九三三年五月には、まだ「事態の回復も可能でしょう」という希望を抱く感覚。「人は単独で生きられるものではありません。近年の出来事は私に、故郷、祖国、民族（国粋主義者のいう意味では断じてなく）とは何を意味するかをまさしく教えてくれました。外国に行くということは私には『追放』にほかならず、子供たちがあらたに故郷を見つけるためにのみ、余儀なく行うことにほかなりません」。彼は科学者としても「祖国」のために功績をあげたことを自負していた。すなわち一九一六年から一九一八年にかけて戦時委託により流体力学の研究に従事。その成果を戦後、『飛行機学ハンドブーフ』（*Handbuch der Flugzeugkunde*）の一部となるモノグラフ『航空力学』（*Aerodynamik*）にまとめた。ゾンマーフェルトへの献呈本で彼は、詩の形でかの「研究する精神」を讃えた。すなわち「力強い行動」によって「道具として、また武器として」その力量を発揮した精神を[60]。加えて、彼は「ゾンム川沿いの前線で戦闘に加わった」ので、自身は新公務員法の適用除外になるべきであると考えていた。総じて「三か月後にはおおかたの事態が正常に復する」ことを彼は望んだ。「一四年間にわたって自分に不利な特例法規に苦情を唱えてきた国民が、自ら特例法規を定めるなどということは、あってよいはずがありません。絶えず少数派の権利を強く主張してきた国民が、自ら少数派に対して同様のふるまいをすることは、あってよいはずがありません」[61]。ショーペンハウアーに仮託して、彼は自分の心境を「邪道な楽天主義」（ruchloser Optimismus）※7と形容し、「未来に対して、理性に従って根拠があると思えるより以上に信頼」を置いていると述べた。亡命を余儀なくされるとすれば、英国との関係に彼は大きな希望を抱いた。今まさにこの国で、「ドイツから追放された学者のため特別に、寛大な救援事業が組織」されている。「ことによると私にも何か得られるかもしれません。同僚のゴールドスタイン（若い天才的な流体力学者です）は、八月にケンブリッジに来るよう私を誘ってくれました。そこから何かが生まれるかもしれません。それに加えまして、アインシュタインが私に、（相対論について私が書いた小冊子の成功のおかげで）しばしの間なんとか生計を立てられるように一般向け講演の機会を世話すると約束してくれました。そうした巡業の機会をすでに得まして、もう少し続けていけるという感触を得ました」[62]。

このような期待はすべて幻滅に終わる。ホップは機会あるごとに、卓越した理論家としての資質の証《あかし》となる学問的業績を示すことができた。アインシュタインとともに、相対性理論についての基本的な論文を発表。力学教科書の著者であり、ゾンマーフェルトと共著で数理物理学上の特殊関数についての論文を書いた。本来の専門分野である航空および流体力学では名の知られた大家だった。彼が専門家として重きをなしたのは、そのころさかんになった航空技術に関してばかりではない。たとえばミュンヘンの上水道施設の助言者として、「水路における水の挙動」や「取水溝のある傾斜地での地下水の流れ」といった問題にも取り組んだ[63]。ホップの理論家としての資質には、非の打ち所がない。うまくいかなかったのは、彼の年齢と、一九三三年にその名前が「現代物理学」ではなく、相対論や古典的連続体力学のような「古い」理論物理のテーマと結びついていたことによる。これらもまた、量子力学に劣らず理論物理学のテーマとみなされてはいたが、現代性の刻印を帯びることはまったくなかった。アインシュタインとゾンマーフェルトの援護でさえ、この追放された力学教授が望んだ外国での終身ポストを彼にもたらすことはできなかったのである。ゾンマーフェルトはホップを、米国に対してはコロンバスのオハイオ州立大学、インドに対してはバンガロールにあるラマンの研究所に推薦したが、いずれも不首尾に終わった。「コロンバス－オハイオに関しては、ご破算になってしまったようです。少なくともAE（アインシュタイン）は、彼の手紙に対して、お金がないという返信を受け取りました。それから、ツェッペリンの素晴らしい推薦状も功を奏しませんでした」と、ホップは一九三四年初め、ゾンマーフェルトにあてて書いた。しかし彼はあきらめなかった。「いずれにしましても私は、海外の諸機関に働きかけておりますので、近いうちに何らかの成果が得られることを期待しています」[64]。もともと、ゾンマーフェルト自身をコロンバスに招こうという試みが公然となされたのだった[※8]。「先生のためにまったく個人的に設けられた」ポストではないかというホップの疑いは間違いではなかった[65]。おそらく、ゾンマーフェルト自身を獲得できない以上、どんなに熱心に推薦された理論家がいても（「現代物理学」の保証人とみなされなければ）、その人をポストに充当するよりも、ポストの創設自体を断念することになったのであろう。インドのポストについても、ホップは「私のような素養と研究方向を持つ人間を欲しがるでしょうか」という疑念を抱いた[66]。それでも彼は、「このお話がなんらかの結果を生むならば魅力的」であると考え、「家財道具いっさいをもって飛び出し、子供たちに新しい故郷を与えてやることができるでしょう」と書く[67]。

外国でポストを得ようという自身のことに加え、子供たちの将来も心配の種になった。ホップの長男は一九三二年までミュンヘン大学学生であったが、「反ファシスト学生リスト」に署名したため、一九三三年［一一月］に大学から放校処分を受けた。それから丸一年を経てこの案件がふたたび取り扱われることになった。ホップはゾンマーフェルトに手紙で、息子の件を担当する部局に問い合わせて「ひょっとして、懲罰調査が他の何らかの結果と結びつく可能性があるかどうか」を確認してほしいという願いを送った。「全体としてさらにどんなことが降りかかってくるか知りえない」からである[68]。その数日後、彼はゾンマーフェルトに、いずれにせよ息子を英国に留学させたいという意向を知らせた。その政治的立場ゆえに、ドイツで息子は危機に瀕していると見たからである。「大学法廷の取り扱いは警察に通じるのでしょうか。放校された者の背後に警察をけしかけるのでしょうか。それとも、記録は文書館に収まるのでしょうか」。このことを彼は、ゾンマーフェルトを通じて突き止めたいと思った。さらに、その結果をできるだけ安全かつ速やかに知るための暗号をさえ取り決めた。すなわち、息子が警察の調べを受ける恐れがある時は、ゾンマーフェルトはアーヘンに「無事なご旅行を」(Glückliche Reise) という電報を送る。その場合、ホップは息子を遅滞なく英国に遣ってしまう。電報の文面が「メリークリスマス」(Fröhliche Weihnachten) であれば、危険はそれほど大きくなく、クリスマス休暇を一緒に過ごすことができる知らせとみなす[69]。

この件は無事で済んだが、家族全体にのしかかっている不安がいかなるものだったかをはっきり示している。差し迫った危難の有無は別としても、子供たちにドイツで然るべき教育が提供されえないことは、いずれにせよ明らかだった。上の二人の息子は一九三四年、英国留学に遣られた。父親はアーヘンに残り、市井の学者としての身分に甘んじなければならなかった。「当地の同僚たちは私を時折うらやましがります。ただし、職業収入のないことは別ですが」と彼は一九三五年に、定年を迎えたばかりのゾンマーフェルトにあてて書いた[70]。一九三八年夏に、彼は再び米国亡命を試みたが、入国ヴィザの発給が拒否されてしまう[71]。同じ年の一二月、ミュンヘンの旧師七〇歳の誕生日に祝辞を送った折、彼は「私たちすべてを巻き込んで奇怪な成り行きをもたらした」運命について言及した。「それについて多くを語るのは不要でしょう」と彼は書いた。ともかく、「まもなく新しい仕事の場を見つけるという希望を持って(もちろん、依然として希望以上のものになっていないという状況に!)おります。その数日後、彼は新たな苦悩について書いた。というのも、共通の友人たちが「苦痛を伴わない自殺を行いました。彼らに降りかかっている苦難に、もはや耐えられなくなったからです」。そして、「デンマークまたは英国に移る暫定措置(いずれも非常に不確かですが、望ましいと思っております)」についての新たな期待に言及した。「そうなれば素晴らしいでしょう」[72]。

「暫定措置」とは、一九三九年二月、アーヘンからゾンマーフェルトに送った最後の手紙で彼が書いたところによると、「ケンブリッジでの、さしあたり四か月の最低生活保障を伴った研究助成」であった。六年間のうちに、れっきとした専任で裕福だったアーヘンの教授は、亡命生活で新たな出発を試みるために、わずかな助成金という藁をもつかもうとする、零落した懇願者《ビットシュテラー》になってしまったのである。「さて、私は新しい生活を楽しみにしています」と彼は、事態の好転を確信するかのように書いた。「ハンスとペーターはロンドンにおりまして、当面の小さな住居を整えました。私たちはケンブリッジにおります。みなお金がなく、相互の訪問がかなうか否かも覚束ないのです」。このような見通しであっても、ニュルンベルクにいる父方の親戚に比べれば「大吉」(das grosse Los)であると彼には思われた。その親戚は、ニュルンベルクで古くから続くホップ〔植物〕販売会社を所有していたが、反ユダヤ主義による迫害の結果、いまや周知となっていたが、完全に破産してしまったのである。「ある日ニュルンベルクにまいりまして、悲惨さというものを十分すぎるほどに見てしまいました!」[73]。

ホップの亡命生活におけるその後の命運について、報告すべきことはもはやあまりない。ケンブリッジでの助成期間の後、彼はダブリンのトリニティカレッジで高等数学の「講師」(lecturer)という地位を得た。「しかし、その地での活動を長く保つことができなかった。彼は血液の病気にかかり、甲状腺の機能不全によって急逝した」。このあっさりした一節を載せた追悼文が、たとえばホップの死の直後に公表されなかったことは象徴的である。一九五三年になってようやくこれが、アーヘン工科大過去の清算を試みるかのように、アーヘン工科大学の年報に掲載された。そこでは、第一次世界大戦前のホップの経歴についてのゾンマーフェルトの追憶（彼の没後に発表された）が冒頭に置かれ、アーヘン関係をよく知る人の追悼文がそれに続いた。しかしながらその著者はホップの免職に驚くほど簡単にしか触れず、彼の生活感情を後まで決定づけた「追放された身の上」（Hinausgestossensein）については何も報告できていないのである[74]。

さらに別の、ホップと同世代の二人のゾンマーフェルト門下生、エーヴァルトとデバイの移住は、それとはまったく異なる道筋をたどる。ただしここでも、「幸福な」（glücklich）という形容詞は「どうにか無事な」（glimpflich）という言葉に置き換えるのが適切である。この二人はいずれも、ホップよりもはるかに強く、現代物理学の国際的ネットワークに組み込まれていた。デバイの移住は、一種特殊な位置を占めるものである。ノーベル賞受賞者［一九三六年化学賞］として、彼は世界的に認められる科学者だった。ドイツでも、実験と理論の両面に熟達した物理学の代表者として評価されていた。そのことは、ベルリンのカイザー・ヴィルヘルム物理学研究所所長という彼の地位にもはっきり現われている。デバイの移住は、人種的また政治的な理由によるものではない。彼の研究所で秘密の戦争プロジェクトが遂行されることになり、オランダ人である彼は岐路に立たされた。すなわちドイツ国籍を取得するか、または所長職を辞するかという選択肢である。デバイはその直後、米国の客員教授職を受諾し、その後ドイツに戻ることはなかった[75]［コーネル大学教授・名誉教授として後半生を過ごす］。

エーヴァルトの場合はまた事情が異なる。一九三三年のシュトゥットガルト工科大学学長職辞任によってすでに、彼は「体制への敵対者」とみなされた。彼自身は「アーリア人」として、ナチスの公務員法に抵触したわけではないが、ユダヤ人の妻と四人の子供たちには、ドイツでの今後はますます耐え難いものになった。一九三三年にすでに彼は亡命を考えていた。そしてナチスの支配が持続しそうなことがはっきりすればするほど、この結論はいよいよ不可避となる。エーヴァルトは結晶構造解析の分野で国際的評価を得た権威者とみなされていたため、外国からの招聘には事欠かなかった。とはいえ彼もまた、適切な移住先をすぐに見つけたわけではない。一九三五年に、スペインでポストを取得する寸前までいったが、スペイン内戦がこの可能性を奪ってしまった。一九三六年夏に米国に滞在した折には、ある教授職（六人家族を養うに十分な生活の糧が得られそうだった）の獲得に失敗。一九三七年に彼は、英国の救援組織の助成金をもらう可能性があるのをとらえて、まずは単身でケンブリッジに移住した。その翌年、米国から新たにサマースクールへの招待を受けた時、家族も従わせて、そこで安定したポストを得ようと努力したが、またしても結果が出なかった。ケンブリッジに戻り（そこに一九三九年まで滞在することができた）、最終的には北アイルランドから、ベルファストでの「講師職」（lectureship）の提供を受けた。結局その地位が、戦争の間における彼の避難場所となった。ようやく一九四九年に、米国のブルックリン工科大学に移動し、そこで物理学科主任として結晶学および固体物理学の研究拠点を創設することになる[76]。

アウトサイダー的立場への逃避

エーヴァルトの教え子ヘルベルト・イェーレの運命は、科学者亡命のまた別の側面を示している。イェーレは倫理的・宗教的動機から亡命した[77]。彼は「非アーリア人」ではなく、共産主義組織のメンバーでもなくて、公務員法の影響は蒙らなかった。シュトゥットガルト工科大学での勉学で工学士（Diplomingenieur）となり、ベルリン工科大学で工学博士（Dr. -Ing.）となった後、まず奨学生としてケンブリッジに行った。それからベルリンに戻り、ある数学論文集編纂の助手として、彼の多様な、主として理論志向の科学的興味に専心しようとした。その際に就職の見通しについては心配していなかった。彼についてマックス・デルブリュックが、私的な議論仲間の一員として回想している。「そのころわれわれはみな、彼から確率計算の基礎について多くのことを学んだ。信じられないほど献身的な人間だった。特に当時、またそれに続く亡命の年月にあっても」[78]。イエーレは神学者ディートリヒ・ボンヘッファー［反ナチス・キリスト教徒の象徴的存在］（一九四四年七月二〇日の、失敗したヒトラー暗殺計画に加担した後、逮捕・処刑された）のレジスタンス運動に加わった。そして迫害された体制反抗者たちのためにさかんに運動し、最終的には自身が危険に陥り、亡命を余儀なくされる。当初の亡命先は学術助手としてサウサンプトン大学（一九三七／三八年）およびブリュッセル大学（一九三八／四〇年）である。彼の学問的関心はこの時期、理論宇宙物理学にあった。おそらく、最初に英国を訪問した一九三四年にケンブリッジで、英国宇宙物理の大御所だったアーサー・エディントンの感化を受けたのであろう。エディントンとはまた、宗教的心情と、（彼らが帰属感を抱いた）クエーカーとしての社会的平和主義的コミットメントをも共有していた。「H・イェーレ氏とは、六年以上前からの知り合いである」と彼は、一九四〇年の推薦状で書いた。「彼の科学的な研究への関心もさることながら、私は彼と、より大きな個人的接触を持ってきた。というのは、彼の平和主義的な確信が、フレンド教会（Society of Friends）［クエーカー教会の正式名称］に彼を結びつけたからである。私も教会メンバーであり、しばらくの間われわれは同じ集会に参加したものである」[79]。

ドイツ軍のベルギー侵攻に伴い、多くの外国人と同じくフランスに退去させられ、ピレネー山脈（ギュール：Gurs）の収容所に抑留された。平和運動の仲間たちが一九四一年に彼の釈放に成功し、米国への脱出を可能にさせた。彼の学問の師であるエーヴァルトとエディントンの推薦により、一九四二年にハーヴァード大学でチューターの地位を得ることができた。平時なら、こうした従属的な地位であっても、ハーヴァードのような名門大学の門戸は亡命者に対して閉ざされていただろう。しかし、いまや戦争が始まり、物理学科は「人手不足になっていた。なぜなら、学科のほとんどすべての教員スタッフが、国家の戦争研究プロジェクトのどれかに従事するため休暇を取っていたからである。(…) 学科は、科学的資格を持った人を緊急に必要としていた」と、当時のハーヴァード大学物理学科長エドウィン・C・ケンブルが回想している[80]。

戦争が終わってハーヴァードの教授たちが大学にまた戻って来ると、イェーレの亡命者としての経歴は不安定なアカデミックな遍歴として続けられた。ようやく一九五九年になって、ジョージ・ワシントン大学で終身の地位を獲得できた。同じように不安定だったのは、その学問的生産活動である。彼は「理論物理学とその応用をめぐる、相互にかけ離れた数多くの問題に関して、オリジナルなアイディアで貢献した」と、ある追悼記事に書かれている。このように評価した文章からさえ、イェーレの学問人生がアカデミックなアウトサイダーのそれにとどまったことが推察されるのである。たとえば彼は「素粒子について非常に変わった考え方を」持っていた。そして「物理学者の大部分は、現在のところこの考えを受け入れていない」という[81]。

これまで述べてきた事例から、一九三三年以降の理論家の移動遍歴について一般的なことを抽出するのは困難である。共通性よりはそれぞれの相違のほうが際立っている。ここから得られる最も重要な結論は、典型的な理論家がユダヤ人物理学者であって、亡命に伴って理論物理をおみやげのように外国にもたらした、そのおかげで幸福で悩みなき学問生活を送ることができた、という紋切り型の説明を打ち破る点にあるかもしれないのだ。そうした言説にとっておあつらえむきの例が、アインシュタインと楽園のごとき避難所プリンストンというわけである。この紋切り型はつまるところ、ピーター・ゲイが説得力をもって暴露した神話のひとつの流れにほかならない。すなわち、「文化的な変化」全般「に対するユダヤ人の不釣合いに大きな関与」と「劇的な影響力」という神話である。それは、「自己意識をもったユダヤ人にも神経過敏な反ユダヤ主義者にも」等しく好まれるユダヤ人像(「偉大な革新者として――または偉大な破壊者として描かれ」、そして「社会においては近代人の原型と考えられた」「ゲイはさらに、「文化においてはモダニストの原型と思われていた」と続ける」)であった。「モダニズムという大きな現象をユダヤ人の問題という点から検討することは、純然たる反ユダヤ主義的偏向性の立場に身を置くか、あるいは、ユダヤ主義賛成の偏狭さに立脚点を求めるかの、どちらかの態度に徹することを意味する」[82]。同じことが物理学にも当てはまる。理論家である多くの人が、プランク、シュレーディンガー、ゾンマーフェルトあるいはハイゼンベルクのように、ユダヤ人ではなかった。にもかかわらず物理学におけるモダニズムの代表者だった。理論家亡命者の中にも、(ロンベルクやイェーレのように)人種的理由からではなく祖国を離れた多くの人がいた。他方でまた、自分自身ではなく(エーヴァルトのように)ユダヤ人の妻と子供が危機に瀕したために亡命した人々もいた。理論物理学者で「非アーリア人」だったほとんどの亡命者にとっても、一九三三年以前には、彼らの人種的「欠陥《マーケル》」という烙印が特に意識されることはなかった。彼らは自らをまずはドイツ人であると感じ、物理学におけるモダニズムのユダヤ・アヴァンギャルドであるなどとは認識していなかった。とりわけ、年長の世代（ホップのような）は自身の追放を、よりどころの喪失、「追放された身の上」(Hinausgestossensein) という感覚で受け止めた。

紋切り型の評言が亡命科学者たちの自己認識とかけ離れていたのと同様、亡命先のさまざまな場所で彼らが受け入れられたありさまからも、それは正当化できなくなる。能動的な関心が生じたところでのみ（たとえばテラー、ノルトハイムその他量子力学のエリートの場合に見られるような、安価で物理学科を拡張するとか、イェーレの場合のように、戦争による欠員を充当するとか）、亡命者たちが体現していた「おみやげ」は受領されたのである。亡命理論家の中のエリートだった人々でさえ、苦労なく溶け込めたわけではなく、「幸福な」亡命期間を過ごすことについて、ゾンマーフェルトやボーアのような国際的名声を得た教師たちの特別な庇護に負っていた。他方でホップの事例が示しているのは、研究領域が「現代物理学」の主流を占める関心と一致していなければ、最上の庇護ですら役には立たなかったということである。

第八章　一九三〇年代における理論物理学の中心点の移動

米国物理学協会（American Institute of Physics）の歴史家が述べたように、一九三〇年代以降、米国の物理学者たちは「世界の他の国々すべてを合わせたよりも重要な理論、実験、装置」を生産している。「科学の一分野で一国が有するこのような優位性は、近代史において先例がない」[1]。ヨーロッパの刻印を帯びていた理論物理学でもいまや顕著となった米国の主導的な地位は、「著名な移住者たち」が「伝道師」として果たした役割を証するかのようだが[2]、それだけでは旧世界から新世界への中心点の移動は不十分にしか把握できないだろう。「これらの亡命者たちは、米国における理論物理の伝統を創始したのではない。彼らはその伝統と共振現象を起こしたのである」というふうに、もうひとりの物理学史家がこの決まり文句を訂正している[3]。肝心な点は、米国への単なるノウハウの伝達にとどまらず、ヨーロッパと米国の伝統の融合によって、内容でも手法でも中心点が移動したということである。

固体理論の新たな中心地

スレイターが指導したMITの物理学科は、ヨーロッパの伝統が米国式の操作主義的科学モデルとうまく融合した見事な事例のひとつである。スレイターはすでに一九二九年、長期のヨーロッパ旅行からハーヴァード大学に戻った後で、「理論と実験との共同作業という非常に明確なプログラム」によって固体の性質に関する大がかりな研究を実施したいと考えた。その機会が訪れたのは、一九三〇年に彼がＭＩＴの物理学科主任に任じられた時である。そのころＭＩＴは、前例のない拡張のまさしく開始期にあった。管理者としても物理学者としても等しく定評のあったカール・コンプトン（ノーベル賞受賞者アーサー・ホリー・コンプトンの兄）は一九二九年に、ＭＩＴ当局から学長に任命された。ミリカンが改革したカルテック同様、彼のイニシアティヴにより徹底的な近代化を進めてほしいという期待があった[4]。カリフォルニアのライバル校と同様、技術教育の場としての使命を超えて、近代的なエリート大学としての威信を、自分たちの工科大学にもたらす刺激を与えることが、開拓精神に富んだ物理学者たちに望まれたのである。すなわち近代化と競争ということが、スレイターが彼のプログラム実現に着手した時の雰囲気を決定づけていた。

マサチューセッツ工科大学（ＭＩＴ）

ＭＩＴ物理学科にはすでに四人の理論家が所属していたけれども（そのうちナサニエル・フランクとウィリアム・アリスという量子力学に通じた二人は、共にゾンマーフェルト研究所で一九二九／三〇年に長期研究滞在を経験していた）、コンプトンとスレイターはさらに理論面の増強に努めた。彼らはまず一九三一年に、フィリップ・モースを雇う。彼もフランクやアリス同様、ミュンヘンのゾンマーフェルト研究所での長期滞在を終えたばかりだった。そしてミュンヘンの「苗床」と同様に、ＭＩＴでも進んだ学生たちをより強力に研究活動に取り込んでいく。「ジャーナルクラブ」（journal club）と称した上級セミナーでは、最新の論文が定例的に議論された。数年内に、ＭＩＴの理論家の間で一種の「家族意識」（family spirit）が共有され、それが学生および客員奨学生にも伝わる。「グループを集団としても知的にも結束するのを手伝ってくれたのはポスドク研究員たちだった」と、モースはこの普請期を回想している[5]。急激に成長したこの学派から、最後にはハーマン・フェッシュバックが学業終了後に研究所の常勤理論家メンバーとして迎えられた。

理論と並んで、実験物理学も計画的な拡充をとげる。結晶構造研究のための既存の作業グループに加え、分光学者、電子工学者、そして磁気現象の専門家も一人（フランシス・ビター）採用された。加えて核物理のブームにも目配りして、加速器設計家ロバート・ヴァン・デ・グラーフを中心にMIT付属の出先機関を作り、実験家と電気技師からなる独自のチームを立ち上げた。さらに研究の可能性を広げたのは、実業家ジョージ・イーストマンの募金から生まれ、MITの化学者たちと共同で利用された実験施設である[6]。それと並んで電気工学科でも、固体研究の新しい可能性が開けた。ゲッティンゲンからの亡命者だった実験物理学者のアルトゥール（アーサー）・フォン・ヒッペル※1はこの大学で教授職と、彼の専門である絶縁体物質研究のために独自の実験施設を獲得した。「電気工学の分野に、現代的な物質概念を導入する機が熟していた」と彼は、MITの技術者たちの間で広がった幕開きの感覚を回想している[7]。

キャリアをゾンマーフェルト研究所で開始した教授たちがこれほど多くいたのは、他の米国の大学になかったことである。「ここにいるたくさんのお友達、コンプトン学長、フランク、ギルマン、モース、アリス各教授ほかの人々が、先生によろしくとおっしゃっています」と、たとえばMIT学生ジェイコブ・ミルマンは一九三三年、ゾンマーフェルトにあてて書いた[8]。彼自身が一年間のミュンヘン留学を終えてMITに帰った直後の便りである。彼に対して「ナサニエル・」フランクが、ゾンマーフェルトのもとに自身が留学した後で助言したのだった。「一年間をドイツで過ごすのはいい経験になるよ、と話したのです」と、彼はゾンマーフェルトに対してミルマンの留学を予告した[9]。モースとアリスもまた、ロックフェラー奨学生としてミュンヘンに長期滞在した。モースに対してゾンマーフェルトの講義は、実に大きな印象を残した。そのため彼は、何十年もたってからの回想で次のように熱っぽく述べている。「できるだけ多くの講義に出た。(…) ゾンマーフェルトは、数学的解析を場の古典論に応用する名人だった。それこそ私の必要とするものだったのである。私はほれぼれと聴き入った (I drank it in)」[10]。

ミュンヘン滞在は、これらMITの物理学者にとってなつかしい追憶以上のものになったのだが、それは特に金属電子論への関心が共通していたことによる。「私は、金属の量子論的性質に興味があった。そしてミュンヘンで、ゾンマーフェルトがこの分野のパイオニアだった。かくして、われわれは当然そこに行くことになった」とモースは、ヨーロッパの他の拠点よりも優先してゾンマーフェルト研究所をアリスとともに訪れた理由を説明している。二番目の拠点として彼らはケンブリッジを選んだ。「そこにはネヴィル・モットがいて、金属理論を研究していた」。渡欧旅行が特定の場所での留学に重点を置き、幾多の大学をめぐる華々しいツアーとならなかったことは、ロックフェラー財団の方針にも起因している。すなわち奨学生に、「一箇所に一年間」または「二箇所に半年ずつ」の滞在を奨励したのである[11]。それでモースとアリスは、ヨーロッパにおける理論物理の二つの伝統と対面した。これは、MITで量子力学的固体物理研究を本格的に遂行する準備として最適の経験だった。彼らはいずれも、ヨーロッパから帰国した後もこのテーマを追い続けた。「モースと私は、金属における電子の相互作

「私はほれぼれと聴き入った」と、ゾンマーフェルトの講義についてフィリップ・モースは熱く回想。

用についての長い計算を行っている最中です」と、フランクはミュンヘンに報告した[12]。フランク自身はゾンマーフェルトとの共著で、金属における熱電現象および熱流磁気現象についての総説論文を発表した。それについて一九四九年に、年老いたゾンマーフェルトはなお好んで回想している。というのも、それが「『現代物理学総説』（*Reviews of Modern Physics*）の初期の号に掲載された」[13]からである。これは米国発刊の総説誌で、それ以前にはドイツの二つの大系書『数理科学百科全書』や『ハンドブーフ・デア・フィジーク』が享受したのと同様の名声を短期間のうちに獲得していた。

ミルマンもまた、ミュンヘンで開始されたテーマに忠実だった。金属電子のエネルギー状態について一九三五年に発表された計算方法によって、彼はいわゆる「バンド構造計算」※2のＭＩＴにおける幕開けを務めたのである。これは博士論文のテーマ群として実にうってつけだった。というのも、結晶構造に応じて異なる結果が導かれたが、方法面では多くの共通性があったからである[14]。こうした理論の発展によって、一九三三年にはかなりの規模に達していた拡大傾向に拍車がかかる。「私がMITを留守にした間に」とミルマンはゾンマーフェルトに書いた。「物理学研究所は大きく発展しました。今では新しい建物、つまりイーストマン実験施設を私たちは手にしています。国家研究員（National Research Fellows）〔国家研究会議（National Research Council）の支援制度〕が物理学で今年一〇人以上もここで仕事しているのを見るのは、驚くべき、また非常に満足すべきことであります」[15]。

まもなくしてMITは、規模によってばかりではなく、ドイツの大学で通常だった規範とは異なる実体を備えるようになる。理論家と実験家とが同じ一つの建物で働き、研究の方向性は多様だったとはいえ、優先すべき指針が形成された。それは、固体問題の研究である。スレイターは独自の「物質の性質に関する合同委員会」を創設した。その意図するところは、さまざまなグループによる協働作業と、理論家および実験家間でのできるだけ緊密なコンタクトを保証することにあった。MITのさまざまな部局（department(s)）間の垣根は、たとえばドイツの大学におけるさまざまな研究所（Institut(e)）間のそれよりも、明らかに低かった。ヴァニーヴァー・ブッシュは、電気技師としてドイツの工科大学でなら理論物理学者とのコンタクトをほとんど持つことはなかったであろうが、たとえばモースに対して、こしらえたばかりの計算機を利用に供することを躊躇なく提案した。「彼のオフィスはその最初の年、私のところから講堂を下ったすぐの場所にあり、立ち寄るのが容易だった」とモースは回想している。「その当時、彼は自作の微分解析機をせっせと改良しているところだった。微分方程式を解くことができる最初の操作可能な機械だった。（…）私は声を大きくして、原子からの遅い電子の散乱についてアリスと私が苦心して行っている計算を、これでできないものかなあ、と尋ねた。（…）ブッシュは、『いいよ』（Go ahead）と言ってくれた」[16]。このようにしてＭＩＴの理論家たちは、同僚技術家たちの最新成果を自身の研究に取り込んでいく。理論物理用の機械設備はこの大学で、他のどこよりも早く、コンピュータによって増強された。特に固体理論の分野で、このことは次のような結果を生んだ。すなわち、理想化された事例に量子力学を定性的に当てはめるばかりではなく、実在する物質の性質についての定量的な近似が可能となったのである。

　産業界とも、緊密な関係が維持された。特別に密接なコンタクトがあったのはベル研究所である。スレイター学派初期の卒業生としてベル研でキャリアを積んだのがウィリアム・ショックレーだった。量子力学を使った学位論文（テーマは金属化合物のバンド構造）によって彼は、ベル研究所が特に関心を向けたいわゆる「研究物理志向の人々」（research physics oriented people）の資格があることを証明する。そのような物理学者を募集するためベル研の経営陣は、大学の研究所と似かよった、できるだけオープンな研究環境を作ることに努めた。「お好きなことを何なりとやってください、とわれわれはいわれた」と、冶金学者フォスター・ニックスが三〇年代を回想している。ＭＩＴの「ジャーナルクラブ」のお手本にならって、ショックレーとニックスはただちに、自分たちと、就職したての物理屋仲間のために定期的なセミナーを組織して、固体物理の最新成果について議論する場を設けた。ここにおいて、企業研究活動の一種のメッカであるというベル研のイメージを作り出した「ブレーントラスト」が形成されたのである[17]。ショックレーと彼の二人の同僚［ジョン・バーディーンとウォルター・ブラッタン」は後に、トランジスターの発明――企業によるこの固体物理研究の成果――によって、通常はアカデミックな［学術機関所属の］科学者に与えられる栄誉であるノーベル賞を受賞する［バーディーンはベル研からイリノイ大学に移り、超伝導理論の研究によって二度目のノーベル賞に輝く］。

プリンストン

プリンストンでも一九三〇年ごろに、数学および物理学研究所拡張のために精力的な取り組みが起こる[18]。ジョン・フォン・ノイマン、ハワード・P・ロバートソン、エドワード・コンドン、ユージン・ウィグナーらによって、この大学は、純理論から応用志向にいたる幅広い理論物理の領域を代表する理論家たちを擁したのである。コンドンは、ゲッティンゲンのボルンおよびミュンヘンのゾンマーフェルトのところで客員研究員として、量子力学革命を体験した。ウィグナーは、フォン・ノイマンおよびテラーと同じくハンガリー出身であり、ヒルベルトの元助手としてゲッティンゲンの数学的伝統をも体現。量子力学の群論による定式化について豊かな業績をあげていた※3。一九三〇年から一九三三年にかけて彼は、一年の半分をプリンストン大学で過ごした。そこではフォン・ノイマンと教授職を折半したのである。もう半分の時間をベルリン工科大学で過ごした。一九三三年に彼は亡命し、米国に定住した。フォン・ノイマンが新設のプリンストン高等研究所でのポストを得たため、それまでは折半だった大学教授職をいまや単独で保持できたからである。

ＭＩＴに見ることのできる米欧の伝統の融合は、プリンストンの事例にもよく現れている。コンドンは、彼をＭＩＴに引き抜こうとしたスレイターと同様に、量子力学についての堅固な「作業知識」（working knowledge）を身に付けていた、と彼の弟子フレデリック・ザイツが特徴的にいい表している[19]。「作業知識」——何かを始動させるための理論的知識——というのは、スレイターやコンドンやその弟子たちの間で広まっていた操作主義的な精神に対する適切な表現である。コンドンが好んで関心を寄せたのは光学的な現象である。この分野で、量子力学的な手法の有効性が見事に実証された。それが一九三二年に行われた結晶光学に関するあるセミナーのテーマにもなり、ザイツはそこから刺激を受けて、固体物理学に打ち込んでいく。「私はこれに夢中になり、また、群論の作業知識を獲得することにも夢中になって、考えうるあらゆる機会に群論を用いるようになった」。コンドンは、そのころ原子スペクトルについての教科書を執筆中だったので、固体の諸問題に群論を応用することについては最上の相談相手として同僚のウィグナーをザイツに紹介した。彼らの協働作業により、いわゆる「ウィグナー−ザイツ法」という方法［各原子を包む多面体に結晶空間を分割してエネルギー状態を計算］が生まれた。これは、現実の結晶構造を対象とする最初のバンド構造計算である[20]。

ウィグナーのもうひとりの博士候補学生がジョン・バーディーンである。ウィスコンシン大学で学び、ピッツバーグのガルフ研究所で地球物理学者として三年間働いた後、バーディーンは一九三三年プリンストンにやって来て、数学的物理学的な関心をさらに深める。ウィグナーは彼のために、博士論文のテーマとして、量子力学により実際の金属の仕事関数を計算するという課題を与えた。これはバーディーンにとって、後年にベル研でトランジスターの共同発明者として取り組むことになる問題領域への、最初の接触となった[21]。将来のトランジスター発明トリオのもうひとり、ウォルター・ブラッタンは、二〇年代末すでにベル研に入所。一九三一年に、ミシガン大学のサマースクールに参加した。ゾンマーフェルトが金属電子論について講演した折である。ブラッタンはベル研に帰ってから、それについて自身も講演を行う[22]。

固体の性質を解明するために量子力学を応用するという共通の関心が、ＭＩＴとプリンストン大学との活発なコンタクトを促した。学生の交換が絶えず行われ、コロキアムでの講演にお互いのスタッフを招待しあった。たとえばバーディーンは、二年間のプリンストン在学の後、奨学生としてハーヴァード大学に行ったが、その際同時に、隣接するＭＩＴの理論家サークルにも加わった。スレイター自身、プリンストン高等研究所で客員として一学期を過ごし、ケンブリッジ〔ＭＩＴ〕に帰る際に、プリンストン大学からコニヤース・ヘリング（彼もウィグナーの博士候補学生で、バンド構造計算の経験を積んでいた）を奨学生として連れて来た。同様の過程が繰り返されて、米国における固体理論は、大学の物理学科や産業界の研究拠点にさらに広がっていく。たとえばザイツは、博士論文研究終了後、ロチェスター大学にポストを得た。そこで彼自身が、ゼネラルエレクトリック研究所でキャリアを重ねるまでの期間、バンド構造計算の手法を学生たちに授ける。この研究所で彼は、ＭＩＴ卒業後にゼネラルエレクトリック社に就職したラルフ・ジョンソンとの共著で、『応用物理学雑誌』（*Journal of Applied Physics*）に「現代固体理論」について一連の総説論文を発表した。そのすぐ後に彼は、同じタイトルで一九四〇年に出版された教科書（*The Modern Theory of Solids*）の執筆に着手。この本は、固体物理学の基本文献となる[23]。

一九三〇年代の米国で、固体理論の普及に連なった大学や産業界の研究所の名前をすべて列挙するのは煩雑に過ぎるだろう。あちこちで、固体物理熱が一時的に燃え上がり、程なくして再び沈静化し、新しい流行に道を譲った。たとえばコロンビア大学でイシドール・ラービは、およそ二年にわたり固体理論に精魂を傾けた。このテーマへの刺激を彼は研究旅行奨学生として、ミュンヘンとライプツィヒのゾンマーフェルトおよびハイゼンベルク研究所で得ていたのだが、米国に帰ってからこの分野にはもはや興味が見出せなくなった。「固体の性質についていいアイディアを、実際にいいものだったのですが、持ってはいました。でもそれは、私には退屈きわまるものでした。(…)そのころの私は、固体研究がとてつもない進歩をとげうることに気づきませんでした。しかしいずれにせよ、固体が私を神に近づけるものであるとは思わなかったのです」。そのかわりに彼は、やはりヨーロッパで知識を得たもうひとつの研究領域を追求していった。すなわち、分子ビーム法である。ハンブルクのオットー・シュテルンが発展させたこの手法も、「現代」物理学と関わっていた。磁場における分子線の偏向現象によって、原子の性質（電子スピンと核スピンの相互作用など）が解明できたのである。そこではラービが習得したような量子力学の着実な「作業知識」が、決定的に有用だった。しかし、本来的なチャレンジは実験の領分にあった。より正確に言うなら、理論的な洞察を実験的巧妙さと正しく結びつけることにあった。そのことにラービは自らの真の才能を見出す。これもつまるところ、ヨーロッパおよび米国の伝統の融合である[24]。

ブリストル

ラービの事例が示しているのは、固体理論の研究が、米国のすべての（「量子力学の作業知識」と「実験家気質」が融合した）物理学科で好まれたわけではないということである。核物理学がより興味深い選択肢を提供し始めた時、固体物理のパイオニアだった多くの人々がこの分野から離れた。逆に、固体研究初期の拠点形成は米国のみに限られていたわけではない。その実例を示すのは、英国の理論家ネヴィル・モットが築いた「ブリストル学派」である。ここでもやはり、さまざまな伝統の融合が実に大きな成功を収めた。ドイツの量子力学革命の拠点から、他のどこよりも多くの亡命者たちが、固体の性質についての実際的な成果を目的とする研究プログラムに糾合された。

ブリストル大学でも、新たな研究重点としての固体理論の構築は、物理学科の近代化および拡張プログラムの一環になっていた。三〇年代英国における物理学の拡充は、米国に比較すればささやかだったといえるが、それを実現できた箇所では、やはり近代化への志向性が原動力となっていた[25]。ブリストルには特別に有利な条件があった。というのは、ここの物理学科長アーサー・ティンドールが、大学と非常に関係の深い企業家（ハリー・ウィルス）と懇意にしていた。物理学科の拡充は、「大学が科学の発展と戦後の産業への応用に全面的に参与すべきであるとすれば、喫緊事なのであります」と、ティンドールは一九一六年に、この企業家にあてて書く。その結果、即座にではなかったが、およそ一〇年間にわたる寄付を得て、新しい研究所の建設が可能となった。一九二五年にジョン・E・レナード＝ジョーンズが「数理物理学准教授」として雇用された。そして一九二七年から、新設の「ヘンリー・ハーバート・ウィルス物理学研究所」が始動するのと同時に、「ヘンリー・ハーバート・ウィルス研究員」というプログラムにより、外国人ゲストが絶えず研究所を訪れて、国際的な物理学者の世界とのつながりができる[26]。

ロックフェラー財団もまた、ブリストルでの物理学の拡充を支援した。「ブリストルで実験物理および理論物理に携わる若い研究者たちの協働を図り、仕事で親しく連携させて、これら二つのグループの間で常に相互作用を醸成しようとする彼らの計画は、まことに賢明である」。ティンドールのプロジェクトを、財団側ではこのように評価[27]。さらに別の支援が、科学工業研究庁（DSIR：Department for Scientific and Industrial Research）から来る。第一次大戦中に設置された政府の研究助成機関である。DSIRでは特に、固体の性質についての理論的研究が欠落していることを遺憾としていたので、この分野での補助金申請がとりわけ歓迎された。「この分野は、技術的諸問題にとって実に重要であるが、目下のところ、理論物理の訓練を経ていない人々にまったくゆだねられてしまっている。それを成功裡に研究するためには理論物理が不可欠であるにもかかわらず」。レナード＝ジョーンズはそのことから、助手ポストの設置を認めさせた。しかし、飛躍というには程遠かった。大学は当初、理論物理教授職を物理学科第二の正規教授ポストとして認めようとしなかった。そのため、臨時の身分であることを余儀なくされた理論家ポストの経費が恒常的にまかなわれる保証もなかった。レナード＝ジョーンズはまた、本来の研究領域である物理化学ほどには固体理論に興味を持っていなかった。一九三二年にケンブリッジ大学から理論化学講座への招聘が来たとき、彼はそのチャンスを利用して、ブリストルと固体物理から決別してしまったのである。彼の助手（ハリー・ジョーンズ）も、「まるで、どこかで別の仕事をするように、というサイン」でもあるかのように感じた[28]。

転機は、レナード＝ジョーンズの後任者ネヴィル・モットとともにようやく到来する。彼はそれに先立ち、ケンブリッジの［実験物理研究で］令名高いキャヴェンディッシュ研究所で、ひたすら理論研究に専心する数少ない英国物理学者としてアカデミックなキャリアを開始していた。キャヴェンディッシュ研究所の理論家ラルフ・ファウラーを別にすると、「英国では実質的に、私とアラン・ウィルソン、それに数年先輩のディラックとダグラス・ハートリーだけが、この分野に携わっていました」と、モットは一九三〇年代初頭における英国の理論物理学者の人員構成について要約している。彼らはいまや、理論物理のためあちこちに新設される教授職を物色することができた。「理論物理では、仕事の口のほうがそれを行う人の数よりたしかに多かったのです」と、彼は状況を説明している。「キャヴェンディッシュはいまや、理論家に対してこれまでより大きな役割を与えているように思われました。(…)ハンス・ベーテやルドルフ・パイエルスなど、私と同世代のドイツ人物理学者が出入りしていました。ポール・ディラックは前よりずっと親しみやすく思われました。しかし、ファウラーは別として、私たち理論家は公的な地位をそこで得られず、仕事をする場所は図書館以外にありませんでした」。新しいポストという点に関しては、オクスフォードにもケンブリッジにもつまり見込みはなかったのである。同じことが新しい固体理論にも当てはまる。キャヴェンディッシュ研究所での関心の第一はこのころ、核物理にあった。モットもそこにいた時は、この地のトレンドに熱中する。彼はとりわけ、『ハンドブーフ・デア・フィジーク』のために書いた「波動力学と核物理学」という論文によって名をあげていた。しかし、波動力学のそれ以外の応用についても十分な準備ができていた。奨学生としてコペンハーゲンとゲッティンゲンで(一九二八〜一九二九年)、彼は量子力学をその現場で学んでいた。さらにマンチェスターのブラッグのもとでの研究滞在(一九二九〜一九三〇年)を経て、結晶構造解析(これによって初めて、現実に即した固体理論構築のために必要な構造データが得られた)もまた、彼の科学的技能の一部となる[29]。

モットが一九三三年秋にレナード＝ジョーンズの後任の地位に就いた時、彼はたいそう楽観的だった。彼の念願は、「英国で最強の理論物理学派」以上のものを構築すること[30]。ドイツからの亡命理論家の誰かしらを、少なくとも一時的にブリストルに迎える見通しのあったことが、この自信を少なからず支えていた。まだケンブリッジにいた時、彼はティンドールに、ハイトラー、ブロッホ、ベーテ、パイエルスらが職を探していることを知らせた。彼らのいずれもが、固体の問題に量子力学を応用するパイオニアだった。ブリストルは実際、多くの亡命者にとって、移住遍歴途上での通過地点となったのである。ベーテは、まずマンチェスターのブラッグのもとで期限付きポストを得たが、米国へ移住する前の一九三四年秋をとりあえずブリストルで過ごす。同じくハイトラーもやって来て、一九四一年までここに留まった。後に「原子力スパイ」として歴史に名をとどめたクラウス・フックス※4は、上級学生としてここに来て、三年間を過ごした。フレーリヒも一九三五年に、ソ連から追放された後〔二〇九頁参照〕、この地に受け入れられた。（その他の亡命者としては、クルト・ホーゼリッツ、ハインツ・ロンドン〔フリッツ・ロンドンの弟〕、フィーリップ・グロス、ローベルト・アルノ・ザックらがいた）。彼らのほとんどは、研究所の一時的なゲストであり、三人より多く同時に滞在することは稀だったので、ブリストルの物理学者グループが主として亡命者から構成されていたという結論づけはできない[31]。

モットと彼のチームを英国の他の理論家たちと区別するものは、その規模よりはむしろ、それよりもはるかに、新しい種類の関係性に組み込まれたという点にあった。すなわち、彼らは「理論グループ」として物理学科の中で独自の一体性を保っていたけれども、実験物理学者たちとの間で組織的な障壁はなんら存在しなかった。それに、彼らは共通の研究プログラムに携わっていると感じていた。理論を自己目的ではなく、最終的には産業的な利用をめざすプロジェクトの不可欠な構成要素とみなすようなプログラムである。彼らはその上、プログラムを通じて英国科学政策の新しいトレンドに応ずべき義務があると自覚していた。彼らの研究は、「国益のための研究」とみなされていたからである[32]。

実際の物質への関心という点で、ブリストルにおける固体理論はまた、ドイツの理論学派とは本質的に異なっていた。後者にとって固体は、工業的な材料というより、新しい量子力学のデモンストレーションの対象として興味を持たれていたのである。ブリストルで扱っていたのは実際の固体、とりわけ軽金属と合金であって、理想的な結晶ではなかった。「量子力学が金属産業のビジネスに入り込めるということは、私には啓示的でした」とモットが反応したのは、ブリストルに着いた当座に早くも、理論物理研究のこの新しい性格を示す初めての事例をまのあたりにした時である。すなわちハリー・ジョーンズの最新の計算が、それまで経験的な「ルール」しか知られていなかった合金について、量子力学的に理解する道を開いた。それより数年前にヒューム=ロザリーは、異なる銅合金が、合金の各構成要素（銅と亜鉛、あるいは銅と鉛）が一定の存在比になる時、原子の外殻の（1原子あたり）平均電子数〔価電子濃度〕がある決まった値に達すると、同一の結晶構造を持つことを発見していた。化学者としてヒューム=ロザリーは、関与しうる結合電子の数から合金の凝集力を説明しようとする思考様式に慣れていた。しかしながら、そのことによっては、電子数と結晶構造との関係を解明することはできなかった。それに対してジョーンズは、合金の各構成要素の外殻電子を、量子力学的金属理論のモデルに従って、自由電子気体であるとみなした。このことにより彼は、「ヒューム=ロザリーの法則」は量子力学および結晶構造の幾何学から、いわば諸力の自由な戯れの中で(in einem freien Spiel der Kräfte)〔シェリングの自然哲学で用いられた言い回し〕自明な結果として現れるのを示すことができたのである[33]。

当初のこの理論的成果への感激が起こったところに、ブリストルの実験物理学者サイドからも、決定的な衝撃がもたらされた。MITでの研究滞在から帰って来たばかりの分光学者ハーバート・スキナーが、軽金属におけるX線放射の測定によって、バンド構造についてのデータを示したのである。理論的な計算と直接関係づけられるデータであった。これを基礎としてたとえば、伝導電子相互の静電気的衝突が実際には無視できるのがどのような場合であるかを決定することができるようになった。これはあらゆる「一粒子系」〔一体近似〕の理論が暗黙のうちに仮定していたことである。こうした個別的成果よりもなお重要なのは、理論家と実験家とが緊密に協力できるというばかりではなく、このことが双方にとって非常にダイナミックな相互作用を作り出すのだという、その際に得られた経験である。「私は、どういう実験をすべきか指示できましたし、その結果が量子力学的にどういう意味を持つのかを探ることもできました」と、モットは述懐している[34]。このような研究方法が、「ブリストル学派」特有のスタイルを特徴づけている。実験家でもすぐに見通すことができ、大した骨折りなく新しい実験的所見と適合させられるような複雑でないモデルが、包括的できわめて厳密に磨きをかけた理論の構築よりも優先されたのである。このことは理論家に「十分根本的ではない」(not gründlich enough)と感じられることもあった。たとえば、ドイツの伝統の中で教育を受けたある亡命物理学者で、一九三四年ブリストルでの金属をテーマとした会議に参加した人がそのように回想している。モットのやり方、すなわち「多かれ少なかれアドホックなモデルと理論を用い、その有効性を実験的にチェックすること」は、ドイツの理論家のスタイルとは対極にあるものだった。後者の場合、問題に対してむしろ「包括的なアプローチ」(all-embracing Ansatz)で立ち向かい、「一体的で矛盾を含まない理論」(monolithic self-consistent theory)を作ることに努める[35]。まさにこうした対比によって明らかとなるのは、ブリストルでもやはり、ドイツ人亡命者の理論を単純に受容し、練り上げただけではなかったということである。たとえばベーテにより『ハンドブーフ』論文で定式化された電子論(この「記念碑的かつ包括的な報告」が彼らの始動を手助けする上でいかに重要であったにしても)の単なる受容にはとどまらず、さまざまな伝統が融合して、斬新な、将来の固体物理にとって実に有望な理論物理学のスタイルがここに出現したのである[36]。

核物理学の繁栄

固体物理学にとって決定的な役割を演じた原子の被膜〔原子核をとりまく電子の領域〕における事象について、理論家たちはモデルを、またそれを発展させた特殊理論を打ち立てるのに十分な知識を有していた。しかし原子核内部の過程については、「すべてが未知で、大がかりな機器と才能ある理論家たちがようやく解きほぐしはじめたのでした」と、モットは回顧する。彼は、ブリストルに固体物理学の輝かしい成果をもたらした理論の確固たる基盤を失いたくなかった。「私は量子力学で解明でき、さらにやるべき仕事が残っている領域を研究することにしました。また、産業界と接触する可能性にもひかれました」[37]。こうした見解によってモットは、固体物理学の多くの理論家を代弁している。しかしながら、ブリストルや

MITほど固体物理が著しい重点分野ではない場所、あるいはまた、産業的応用への見通しより、新しい根本的な発見のほうに魅せられた理論家がいる場所、そうしたところでは、日増しに強まる関心が、一九三〇年代の主たる呼び物としての核物理学に移っていったのである。

化学結合や金属内の電気伝導と同じく、核物理現象も一九二〇年代後半から、新しい量子力学の応用事例として探求の対象となっていた。量子力学のパイオニアで、この新しい手段によって核物理学の領域をも開拓しようと試みなかった者はほとんどいない。中性子の発見以前には、原子核は陽子と電子からなると考えられていた。こうしたモデル自体が、量子力学における未解決な根本問題と直接関わりあうことになった。電子が、原子核内部のような狭く限られた場所※5に留められるならば、不確定性原理によって電子は、その中を光速に近い速度で動き回らざるをえない。したがって、相対論的量子力学によって扱われなければならない。核内の電子と、それに関わるベータ（β）崩壊［後述］などの現象が、量子力学の完全性を実証すべきテストケースを提供した。ボーアは、ここに現れた矛盾を除去するためにエネルギー保存則にさえ疑念を呈し、そのことから微視的世界のまったく新しい物理学（それまでに確証された量子力学も、その特殊な場合に過ぎないような）を作り上げようと努めた[38]。

しかし、こうした未解明の謎とともに、量子力学を原子核に当てはめることにより、注目すべき成果も現れはじめた。たとえば一九二八／二九年に、コペンハーゲンにいたガモフと、プリンストンのコンドンおよびロナルド・W・ガーニーによって、原子核のアルファ（α）崩壊［原子核がα線（ヘリウム原子核）を放出して異種の原子核に変化］が量子力学的現象として解明された。すなわち、「ポテンシャル井戸」内での1粒子系のシュレーディンガー波動関数は、ポテンシャル障壁の外側で突然ゼロになるのではなく、壁からの距離が増えるにともなって徐々にゼロに近づく。言い換えれば、α粒子は原子核の外側にあっても一定の存在確率を持ち、核のポテンシャル障壁を「トンネルのように通過」できる。古典論的モデルでは、原子核における結合エネルギーに逆らってポテンシャル障壁を越えることは不可能だった。ケンブリッジにいたモットは同じころ、ファウラーの助言により、ヘリウム気体におけるα粒子の散乱現象を、量子力学を用いて計算した。古典的な（ラザフォードの）散乱公式からのずれを説明するためであった。この場合にもやはり、量子力学が原子核内の過程をつきとめるための正しい手がかりであることが証明されたのである[39]。

しかし、核物理学を新しいトレンドに押し上げたのは、量子力学の成功ではなく、新たな実験の諸成果である。しかもこれは、実験核物理の長い伝統を誇るケンブリッジ大学キャヴェンディッシュ研究所※6だけの出来事ではない。たとえばイタリアで一九二九年に、オルソ・マリオ・コルビーノ（物理学者。ムッソリーニ政権で大臣。フェルミの特別な庇護者でもあった）※7は、「実験物理学の新しい目標」という綱領的な演説の中で、次のように述べた。「実験物理における進歩は、通常の領域では起こり難くなっておりますが、原子核の探求には多くの可能性があります。将来の物理学者にとって最も魅力的な分野であります」。これはまた、ローマ大学で［新設の］理論物理教授職に就き、それまで理論研究によって名をなしていたフェルミにとって、実験核物理に特に目を向けるきっかけともなった。一九三一年一〇月に彼は、もっぱら核物理を対象とする（同時に、自身の研究所の新たな優位性を世界に知らしめる）初めての国際会議を開いた。ここには、国際的な大家となっていた錚々たる理論家（ボーア、エーレンフェスト、フェルミ、ハウトスミット、ハイゼンベルク、パウリ、ゾンマーフェルトほか）ならびに実験物理学者（ブラケット、ボーテ、キュリー夫人、ガイガー、リーゼ・マイトナーほか）が参集した。こうした面々が一堂に会するだけでも、一九三〇年代における物理学の重点領域としての核物理の重要性がまざまざと示されている[40]。

しかしながら、その翌年にやって来た核物理学の新発見により、ローマ会議での最も印象深い発表すら色あせてしまう。それは一九三二年一月、米国からのニュースで始まった。ハロルド・ユーリー［コロンビア大学化学教授］が、通常の水素の二倍の重さを持つ水素同位体を発見し、ユーリーはそれを「重水素」（デューテリウム）と名づけた。一九三二年二月にはキャヴェンディッシュ研究所から、ラザフォードの弟子で協同研究者のジェイムズ・チャドウィックにより、中性子を発見したという驚くべき報告がなされた。電子、陽子に次いで最初に見つかった、新しい素粒子である。四月には、キャヴェンディッシュ研究所の別の二人の研究者（ジョン・コッククロフトとE・T・S・ウォルトン）が、新しい高電圧加速装置を用いて原子核に陽子線を照射し、原子核を構成要素［α粒子］に砕いたこと［リチウムからヘリウムへの核変換］を公表した。八月にはパサデナから、宇宙線中に新しい粒子が発見されたというニュースが伝わる。それは電子のようなふるまいをするが、正の電荷を持ち、それゆえ「陽電子」（ポジトロン）と命名された［カルテックのカール・デヴィッド・アンダーソンが発見］。同じ年の夏さらに、［カリフォルニア大学の］アーネスト・ローレンス、スタンリー・リヴィングストン、ミルトン・ホワイトが、サイクロトロンという新種の加速器によって原子核を照射し、やはり構成要素への破壊に成功したことを報告。「当時の興奮を覚えている物理学者たちが微笑みながら『あれはすごい年でした』とコメントする時、彼らはしばしば、まるで特上のワインを味わうような様子を見せる」。核物理学の「驚異の年」（annus mirabilis）は、半世紀を経てもなお、多くの証言者に質問した米国の歴史家に、こうした印象を残したのである[41]。

核物理学における金鉱探し感覚

実験家と同じく理論家も、一九三二年の諸発見の後、ゴールドラッシュのように核物理学に殺到する。ハイゼンベルクは原子核の陽子－中性子モデルを構想した。その際の基本的アイデアは、「原理上の困難をすべて中性子に押しつけ、原子核の内部で量子力学を適用する」ことであると、一九三二年六月のボーアあての手紙で彼は説明している。フェルミは一九三三年に、β崩壊の理論を定式化。それによって、ハイゼンベルクが仮定した原子核内の陽子－中性子の相互作用を、新たに放出される粒子の生成過程の起源に拡張したのである。これはパウリが一九三〇年に提唱したニュートリノ仮説にさらなる重みを加えた[42※8]。一九三四年、パリのイレーヌ・キュリーとフレデリック・ジョリオ〔夫妻。イレーヌはピエールおよびマリー・キュリーの長女。両親同様、カップルでノーベル賞受賞〕による人工放射能の発見（α線照射によりアルミニウムを放射性のリンに変えた）が、さらなる金鉱脈の先触れとなった。それにすぐ引き続いてのフェルミの発見（減速された中性子によって、人工の放射性元素がはるかに容易に生み出されること）が、彼のグループによる原子核の中性子反応についての体系的な研究方法に発展した[43]。ボーアは一九三五年、「複合核」モデルによって、フェルミ研究所の実験的所見に対する理論的説明を与えた。すなわち、低速の中性子が衝突するのは原子核内の単一粒子ではなくて、すべての原子核構成粒子（核子）に衝突エネルギーを伝える。あたかも窪みに落ちた一個のビー玉（Murmel）が、そこにあるすべてのビー玉に衝突エネルギーを伝えるようなイメージである。それにより短時間で、当初に比して中性子一個を余分に含んだ中間状態の原子核ができる。そしてこの複合核は、（たとえばガンマ線量子［光子］放出により）新たな安定的最終状態に移ろうとする[44]。

実際のゴールドラッシュと同じく、核物理学者たちのこの科学的ゴールドラッシュでも、優位性を示す場所が存在した。ケンブリッジのキャヴェンディッシュ研究所以外では、ローマ、パリ、ライプツィヒ、コペンハーゲン、バークレーで大発見がなされた。とりわけ、ローレンスが率いたバークレーの研究所が、核物理学の正真正銘のクロンダイク［ゴールドラッシュの中心的金産地］となった[45]。ハイゼンベルク研究所を除いては、これらの場所は主として実験に焦点を定めた研究拠点である。ボーアでさえ、彼の研究所が核物理学のセンターに飛躍することについて、特に実験的な設備のおかげをこうむった。それによりなかんずく、生物医学的な応用（「トレーサー」技術［生体物質の定量的な研究のために放射性同位元素などを添加］や、腫瘍への放射線照射）が研究され、それゆえにまた、ロックフェラー財団の特別な援助を享受した[46]。これらの拠点には、ロックフェラー奨学生たちからも特段の関心が向けられた。たとえばベーテとパイエルスは、奨学金旅行の期間をローマとケンブリッジとで半分ずつ過ごした。二人とも、このころ（一九三二／三三年）はまだ主に固体物理に携わっていたのだが、この契機により核物理との最初の出会いを経験したのである[47]。

核物理ほど、その当初から国際性の刻印を帯びていた物理学の専門分野はほかに存在しない。一九三一年のローマ会議に続いて、一九三三年にはもっぱら核物理をテーマとするソルヴェイ会議がブリュッセルで開かれる。一九三四年にはさらなる国際会議がロンドンとケンブリッジで開催[48]。しかしながら、核物理学の生産性の重点は当初から米国にあった。この国で核物理のブームは他のどこにもないほど大規模に、新しい研究スタイルの隆盛とも結びつく。すなわち、チームによる研究である。多くの場所でサイクロトロンが建設され、それをめぐってしばしば多人数の研究グループが形成された。それを促すきっかけは主に、ローレンスが主宰するバークレーの放射線研究所から発していた。ここのチームは、一九三〇年代を通じて、米国の一〇を超える大学と、そして海外（コペンハーゲン、ケンブリッジ、リヴァプール、パリ、ストックホルム、東京［仁科芳雄の理化学研究所］）にもサイクロトロン建設のノウハウを輸出したのである。バークレーチームのサイクロトロン設計者（ドン・クックシー）は一九三八年に、彼の研究所から米国と外国の実質的にすべてのサイクロトロン研究所とを相互に結びつけるネットワークを「世界サイクロトロン連邦」（Cyclotron Union of the World）と呼んだ[49]。

「ベーテのバイブル論文」の出現

ヨーロッパでは当初、米国の核物理学の優位性はさほど認識されていなかったが、たとえばさまざまな物理学雑誌所収論文の統計を調べれば、それはすでに明白だった。一九三〇年代に物理学の国際的世界で指導的な発表媒体に成長した米国誌『フィジカルレビュー』（*Physical Review*）だけをとっても、一九三二年の諸発見後の二年間のうちに、核物理の論文は全記事の五分の一を占めるまでに増加[50]。それだけなおさら、ベーテのような亡命物理学者たちは、かの地に着いてそのありさまに直面し、米国における核物理学ブームに驚嘆した。ベーテは、一九三六年にゾンマーフェルトに書いたところによると、「非常に複雑な気持ちで米国に着きました」。そして、「宣教師がアフリカの最奥地に行って、真実の信仰を広めようとする」という心境だった。ところが早くも到着後まもなく、彼は考えを劇的に変えてしまう。「そして今では、コーネルと同程度のお金を得られるとしましても、ヨーロッパに戻る気がほとんどなくなってしまいました。米国には実際に多くの利点があります。個人的には、実に気軽に人々と『打ち解ける』ことができます。(…)そして学問的に米国は、個人的なことよりさらに快適です。米国物理学の特徴は、チームワークにあります。(…)『まさに関心が寄せられていること』は、もちろん核物理学です。その結果、この分野ではすべての研究のうち九〇%が米国で行われております。(…)私自身が行った仕事、その主要な部分は『フィジカルレビュー』と『現代物理学総説』でごらんいただけます。これらはすべて原子核に関するものです」[51]。

ベーテは英国にいた時からすでに、固体理論という従来の研究重点について、亡命前に打ち込んでいたほどのエネルギーを注ぐことはなかった。あるインタビューで彼は(パイエルスも同様であるが)、亡命の有無にかかわりなくいずれにせよ、遅かれ早かれ核物理に赴いたであろうという見解を述べた。「けれども、それは早くやって来ました。というのも、核物理学を研究している人々と接するようになったからです。私が一九三三年に行った時、英国は核物理学者があふれかえっておりました」[52]。その後ほどなくして米国に到着してみると、核物理学は英国よりはるかに大がかりに時代のテーマとなっていて、それがまるごと彼にとっての新しい研究重点になったのである。そのころコーネル大学物理学科は、まさにサイクロトロン(バークレー以外で最初の)を建設しようとしていた。そのためにローレンスの助手だったスタンレー・リヴィングストンを設計者として雇い入れた。「私はリヴィングストンと、当時は新しかったコーネルのサイクロトロンでの彼の実験についてたくさん論議しました」とベーテは後に、彼の伝記作者に語った。「費用は八〇〇ドルで、それまでに完成した実際に動くサイクロトロンとしては二番目に小さいものでした。もっと大きいのを作りたいと思いました。そのころ私が行ったことの一つは、最低限の鉄を用いればすむようなサイクロトロンを設計することでした。鉄は高価でした。これは私の生涯で最初の、純然たる工学的な計算でした」[53]。ゾンマーフェルトにあてて書いたように、リヴィングストンという人物において彼は、「優秀な実験家」とめぐりあった。この人と彼は好んで一緒に仕事をした。「理論について彼は何も理解していません。でもそのことを自ら承知していて、助言を快く聞いてくれます。(…)コーネルには、よくできる若者が何人もおります。物理について最も実り多く語りあえるのは(ロバート・F・)バッカーです。彼は以前ハウトスミットのところで研究していました。(…)三か月前から研究助手が一人つきました。哲学学会から給与が出ています。とても優秀で、自発的に研鑽しています。ウーレンベックの弟子で、ローズといいます。来年は、ウーレンベックのもう一人の弟子コノピンスキーを獲得します。U〔ウーレンベック〕とともに、フェルミのβ崩壊理論に対して、その時点では正当な変更を加えました。その結果、国家研究員の三人分の割り当ての一つを獲得しました」[54]。この環境をベーテは「まったく居心地よい」(perfectly at home)と感じた。彼はこのことを何度も折にふれて強調している。「私は、コーネルの同僚たちが実に学習意欲の高いこと、しかし知識はあまりないことに気づきました。(…)前から核物理の仕事をたくさんしていたリヴィングストンは、核物理に関して書かれたすべての論文を大きなカードファイルに収めていました。(…)しかし彼は、多くの基本的な考え方を本当には理解していませんでした。そこで私は、彼にそうしたことを説明しました。私はまた、それをロイド・

スミスに説明しました。すると、私は国中から招かれるようになり、もう少し詳しい核物理をあちこちで説いたのです。そうしたことをすべて書いてしまえばずっと楽になると思い定めました。それが『現代物理学総説』に私の書いた核物理についての論文の基盤となったのです」[55]。

これらの総説論文でベーテは、一九三六年時点における核物理の事実上すべての知識（実験的および理論的な知見）を集大成した。知識の空隙を埋めることができる場合には自らのオリジナルな寄与を付け加えて補強。まもなく「ベーテのバイブル」と呼ばれることになる「三部作」（Trilogie）は、最初のものがバッカーとの共著による「原子核の定常状態」についての論文、それから「核の動力学理論」（ベーテ単独）、および「実験的核動力学」（リヴィングストンとの共著）からなっている。「出版されてからの半世紀間、ベーテのバイブルは幾世代にもわたって、核物理学者やその大学院生、また言うまでもなく核物理学史研究者やその大学院生らによって読みつがれてきた」。このような序文を伴って、一九八六年にベーテの三部作は単行本として再刊された。三編の個別論文をほとんど五〇〇ページにも及ぶ一冊の論文集にまとめての刊行である[56]。

「多方面からなる協働」

ベーテがコーネル大学物理学チームと合流したことは、亡命理論家と米国の状況とが共鳴現象を起こしたという印象を与えるものである。しかし、このように成功した融合にあってさえ、不愉快な経験が皆無ではなかった。コーネル大学物理学科ではたとえば、研究所長（ギブス）とある物理学者（リクトマイヤー）との間で軋轢があった。後者は、新しい研究重点すなわち核物理学になじまず、ベーテのことを好まなかった。その理由は、「私が（a）外国人であり、（b）ギブスを評価し、（c）

物理をあまりにもたくさん知っているからであります」[57]。米国の大学における外国人への敵意は、他の亡命者たちも報告している。たとえばノルトハイムがパーデュー大学についてゾンマーフェルトに書いたところによると、彼本人と妻（物理学者で、彼の研究に加わっていた）は「米国でこれまでのところ元気にしております。ただし、私どもは再びポストを探しています。私の契約が、大学当局の外国人への敵意によって、今学期年度からさらに延長することができないためです」〔三二〇頁も参照〕。ノルトハイムもやはり、それまでは固体理論の領域で研究していた。しかし米国に来てからは、「金属よりもむしろ、宇宙線と核物理に携わるように」[58]なっていた。

　ノルトハイムが宇宙線と核物理をセットにして挙げたのは偶然ではない。核物理においてβ崩壊で観察されるような粒子の生成と変換は、特に宇宙線で目立つ現象である。一次宇宙線の放射量子から、粒子の「シャワー」全体が作られうる。それは、いわゆる同時計数法（Koinzidenzmessung）によって確かめられた。核物理と宇宙線物理という研究方向のいずれもが、粒子と場の相互作用に適合しうる包括的な量子理論を追及する上での実例となった。これら二つの分野が重なりあうのは、たとえば中間子のような新しい粒子の存在が仮定される場合である。日本人物理学者湯川秀樹は、原子核内での陽子と中性子〔核子と総称される〕の相互作用を中間子によって説明し、中間子について「宇宙線によって生み出されるシャワーとも何らかの関係がある」であろう、と想定した[59※9]。

　量子電磁気学、場の量子論、原子核物理そして宇宙線物理には接点が非常に多く、ある分野でのブレイクスルーはほとんどおのずから他の分野にも進歩をもたらした。この関係性から説明できるのだが、ベーテやノルトハイムのような、ヨーロッパで量子力学の基礎が定まるのと歩調を共に成長し、さまざまな拠点で量子力学から量子電磁気学への展開を直接経験した理論家には、いまや宇宙線および核物理学で、多様な理論的アプローチの融合をもたらすことが可能だったのである。ノルトハイムは、パーデュー大学での再出発が失敗に終わった後、デューク大学からポストの提示を受けた［二一九―二二〇頁参照］。この大学では、宇宙線物理学に特に関心が寄せられていた。ベーテ、ハイトラーやその他の亡命者と同じく彼もヨーロッパですでに、量子電磁気学の枠組みの中で宇宙線を理解するための理論的な基礎を学んでいた。いまや新しい環境で、自身の古くからの関心事をさらに追求する機会を得たのである。「宇宙線グループがありまして、ほとんどの人が学科長ウォルター・ニールセンの指導下にいました。彼がグループに導いてくれまして、私は、彼らが得た結果を解釈する手助けをしました」[60]。ノルトハイムの米国科学界への参入が結局うまくいったことは、ベーテの場合［コーネル大学］と同じく、自分自身の科学的方向性を、デューク大学物理学科が抱いていた個別具体的な期待にぴたりと適合させた結果である[61]。

移住者の関心が、新しい雇用者の関心とこれほどよく一致することは、どこでも起こったわけではない。核物理での卓越した資質でさえ、常に有利に働くとは限らなかった。亡命前にヨーロッパで原子核に関する基本的な理論研究を発表したヴァルター・エルザッサーが、一九三六年にカルテックでの雇用を求めてミリカンに打診した時の返事は、次のとおりだった。「もしも地球物理学をなさりたいなら、お雇いできます。核物理または宇宙物理のポストを求めておられるなら、お役に立つことはできません」。それでエルザッサーは地球物理学者になった[62]。

米国への亡命者たちがさらされた競争と適応の重圧は、たとえばテラーのジョージ・ワシントン大学（ジョージ・ガモフの採用によって外国人理論家を一人雇ったばかりだった）への招聘の前段階でも見られたことである〔二二二頁参照〕。テラーは、ワシントンで教授職に就くと、そこでの慣習に適応するためには何でももした。「その地のコミュニティですぐに知られるところとなったのですが」と、ワシントン大学物理学科のある同僚は回想している。「テラーは化学的および物理的問題全般に興味を持っていまして、人が課題としていることについて語るのを喜んでいました」。元々の研究分野に加えて、核物理学にも次第に関わりを強めていく。核物理は、ジョージ・ワシントン大学物理学科でも、また、隣接するカーネギー研究所の地磁気部（責任者はマール・テューヴ）でも、ホットなテーマとなっていた。二人の外国人に対する当初の敵意はその後、比較的早くに克服されたようである。というのも、テラーは時間の多くの部分を学生の面倒見に当てるという意志を表明し、またガモフもテラーも大学総長の格別の評価を享受したからである。総長は、理論物理学のヨーロッパ人スターである彼ら二人によって、理論物理を大学の主たる呼び物にしようと望んだのである[63]。

ヨーロッパ出身のこの理論家コンビは、こうした期待を裏切らぬよう力の限りを尽くす。二人はテューヴとともに一九三五年、第一回「理論物理学ワシントン会議」（Washington Conference on Theoretical Physics）を開催。米国理論家の年一回の集まりの皮切りとなったこの催しには、次のような明確な目標があった。「米国において、コペンハーゲンの会議に類するものを発展させること。つまり、関連する課題を研究している少数の理論物理学者が集まって、自らの研究で遭遇した困難な点についてインフォーマルに議論する場を作ること」[64]。ワシントン大学の物理学の最新トレンドに従って、第一回会議では核物理学が扱われた。その翌年には、テラーのかつての専門である分子物理学が会議テーマとなった。ついで、核物理のトレンドにより近い分野がふたたび選ばれる。すなわち一九三七年は素粒子、一九三八年は星におけるエネルギー生成である。特に後者のテーマへの関心が日増しに強まっていた。一九三七年に、ガモフとテラーは共同で、熱核融合過程についての理論を発表。テラーは、彼の学生の一人（チャールズ・L・クリッチフィールド）にこのテーマを託した。この学生は、一九三八年のワシントン会議の場を利用して、いくつかの困難な点についてベーテの助力を求めた。ベーテ自身がこれに刺激を受け、星のエネルギー生成についての包括的理論を生み出した。およそ三〇年後、これが彼にノーベル賞をもたらす[65]。

「一言でいえば、移住および非移住（emigré and non-emigré）の核物理学者たちの間で発展した多方面からなる協働（multi-faceted symbiosis）」というふうに、核物理分野での亡命理論家と米国物理学との協働作業の様子が描かれている[66]。フェーリクス・ブロッホがカリフォルニアのスタンフォード大学の環境に適応し、あるいはヴィクトル・ワイスコップがロチェスター大学メンバーになったこと〔二二二―二二三頁参照〕は、そうした融合のさらなる成功例である。そして一九三八年、米国の核物理学は、フェルミとその弟子たちの移住によって、いっそう強化される※10。一九三九年初頭にボーアが核分裂の知らせを新世界にもたらした時※11、そのことから結果を引き出す下地がよりよく備わっている国は他のどこにもなかった。しかし、これはすでに新しい章で扱うべきテーマ――第二次世界大戦における核物理学の応用――に属する。一九三〇年代に起こった研究重点の移動と、その期の末には真価を存分に発揮した理論物理学の操作主義的性格とが、米国の戦時科学プロジェクトにおいて、この上なく徹底した形で示される。それを取り上げる前に、再びドイツの状況を見ることにする。この国でも、新しい研究重点、すなわち核物理と固体物理とが物理学者の関心を集めていた。しかし、これらの分野での生産性は、英米における諸成果との比較では、一九三〇年代にはすでに拮抗できなくなった。そして後続の戦争プロジェクトの遅れはいうまでもないことである。この対比においてまさしく、操作主義的な要求（このことが決定的な相違として認識できる）のもとで、理論物理学がどれほどの規模で新しい進路をたどったかが明確になるだろう。

第九章　「第三帝国」下の物理学

第二次世界大戦の終焉によってドイツにおけるナチス支配の帰趨が明白になると、ドイツ人物理学者の「ふるまい」もまた、勝利した連合国側の同僚たちから厳しい注目を集めることになった。ドイツでの原爆研究の実態を調査する米国の特殊部隊の科学責任者を務めたサムエル・ハウトスミットは、国家社会主義下でのドイツ科学没落の主たる理由として三つのことをあげた。すなわち、「自己満足、純粋科学への関心の低下、科学を役所的な統制下に置いたこと」である。ドイツ人原子物理学者の間で高慢なうぬぼれが、それ以前長きにわたって優勢な位置を占めていたことによって醸成されて、彼ら自身が実用可能な結果に達しない限り、科学分野で危機が差し迫ってくるはずがないという間違った自信に安住させてしまった。二番目の過誤である基礎研究の軽視は、ナチスのイデオロギーの直接的な帰結であるという。つまり、量子力学や相対性理論といった抽象的な理論は「ユダヤ物理学」とみなされ、それに対しては「ドイツ的物理学」と称する間違った教義が対置させられた。ドイツにおける研究マネジメントの失敗という三番目の過誤は、責任を有する政治的立場にいた連中の側の単純な無知と、彼らと科学者たちとの連携が欠けていたことから説明される。この点についてハウトスミットは、言い古された「組織化という点でのドイツの定評」にもかかわらず、と皮肉を交えて付け加えた[1]。

こうした論述によって、ハウトスミットは激しい論争を引き起こす。ハイゼンベルクとその周囲

ドイツ原子力プロジェクトに関わった2人の理論家：ヴェルナー・ハイゼンベルク（左）とカール・フリードリヒ・フォン・ヴァイツゼッカー（右）。ファームホール抑留時の写真。

の人々は、彼らの科学研究が無力だったという評価に反論。そうではなくて、ナチス体制に順応することを拒んだのだ、という言い方が、幾多のジャーナリスト・歴史家によって熱心に受け入れられ、これを消極的に是認する人々や、また、激しく批判する人々もいた[2]。その間、いわゆる「ファームホール調書」（英国ファームホールに拘留されていたドイツ人原子科学者たちが、一九四五年八月六日の広島への原爆投下のニュースに反応した様子などを盗聴した記録）が公開されることによって、この論争は新しい材料を獲得した。少なくとも、自己を過信したというハウトスミットの非難は当たっているだろう。たとえばハイゼンベルクは、ニュースに対して「まさかそんなことが」と応じた。彼とその同僚らが遠い将来に残された非現実的な可能性に過ぎないと評価していたことを、米国物理学者たちがなしとげてしまうとは、想像もできなかったのである。この時に述懐したように、彼はすでに一九四四年に、ある外務官僚からドイツへの原爆攻撃に備えるべきかどうかという質問を受けていた。「それが可能なのかと尋ねられて私は、絶対的な確信から『いいえ』と答えました」[3]。

「第三帝国」における物理学の凋落についてハウトスミットがくだした他の結論はしかし、仔細に検討すると疑わしくなる。特に「ドイツ的物理学」については、この運動によって「正常な」物理学が足場を失うほど強く広く普及することはまったくなかった。「ドイツ的物理学」が話題をにぎわせたのは特に、ゾンマーフェルトの後任人事についてである。数年にわたる綱引きの末に「ドイツ的物理学」は、その信奉者を招聘することにより、ゾンマーフェルトの後任ポストを奪うことに成功。しかしそれは、この「物理学」の運動が敗北するのを加速したにすぎない。「ドイツ的物理学」に目を奪われると、ナチス時代の物理学をより詳しく分析する視点が閉ざされてしまう。「無制限の全体主義的権力意志がすべての社会的な力を吸い込んで服従させた、というイメージはある傾向をとらえてはいるが、完全な真実ではない」というふうに、ナチス体制について広まっているイメージをマルティン・ブローシャトは批判している[4]。物理学もまた、一気の奇襲によって統制されて「ドイツ的物理学」なるものに変質したわけではない。物理学者のナチス体制への順応が「ドイツ的物理学」への加担という形を取ることはほとんどなかった。多くの物理学者にとってこれはセクト主義的少数派と目されていたのである。

実践対イデオロギー
――「ドイツ的物理学」の過大評価

一九三〇年代にドイツの理論物理が、特に米国との比較で退潮となったことは、何よりもまず、この両国における科学の全般的な発展という背景から考慮されなければならない。三〇年代のドイツ高等教育は全体として、学生数でも教員数でも縮小傾向を示していた。一九三八年に米国では人口一万人あたり学生数は一〇四人であったのに対して、ドイツでの同様の比率を見ると、一九二九／一九三〇年学期において人口一万人あたり二〇人で最高に達した後、一九三三／三四年にすでに一五人となり、一九三七／三八年に至ってわずか八人にまで落ち込む。ドイツにおけるこの急激な学生数減少の原因は、一九二九年以降の経済危機に加えて、とりわけ、一九三四年の勤労奉仕義務、そして一九三五年の国民皆兵義務の導入に求められるだろう。義務を勤めた後で学生生活を送るのは、就職して生計を立てるまでに時間がかかりすぎると、多くの人に思わせた。この縮小傾向はドイツで、すべての分野に同じように影響した[5]。物理学に関しては、たとえばドイツ技術物理学会会長が一九三〇年にゾンマーフェルトに次のように書いていた。「産業界では今後、若い物理専門家を受け入れる余地が従来ほどではなくなると予測されます。それゆえ、物理専攻学生の数を当面はいくぶん減速すべきかと存じます」〔一七三頁にも引用〕[6]。大学教員の数にもこの傾向を見て取ることができる。ドイツの大学の物理学者は、一九三一年から一九三七年にかけて一七五人から一五七人に減少した。これに対して工科大学においては、その数はわずかながら増加した（一三九人から一五一人）[7]。全体として一九三〇年代のドイツでは、それ以前のブームの後に停滞期を迎えたわけである。いっぽう米国では、大恐慌をものともせず、拡大が続く[8]。

　このような量的な差異に加えて、米独の物理学研究には歴史的に形成された構造的な相違点が存在した。米国の物理学科では同じ屋根の下で理論家と実験家とが相互に関わり、チームワークで研究を進めることが珍しくなかった。それに対してドイツでは、理論物理と実験物理は別々の研究所で行われ、個々の研究所はまったく独自のダイナミズムで動いていた。一九二〇年代における理論物理のブームはこの組織的な障壁を取り去るよりもむしろ、さらに堅固なものにしてしまい、方向転換をもたらすことはなかった。

米国とドイツの物理学のこのような量的・質的相違だけですでに、これらふたつの研究体制のギャップが拡大していったことが説明される。「ドイツ的物理学」なるものはこうした比較とは無縁だった。しかしながらナチス時代におけるこの一派と、多数派を占めた「正常」な物理学との闘争は、特段の注目に値する。ゾンマーフェルトの後任をめぐる対立の事例に、これがはっきりと現れている。

「ドイツ的物理学」のゾンマーフェルト学派への敵対

「ドイツ的物理学」がおそらく最も耳目を驚かせたふるまい、すなわち、ミュンヘンの「理論物理の苗床」におけるゾンマーフェルトの後任候補としてのハイゼンベルクに対する攻撃についてはすでに、詳細にわたる数々の記述がある[9]。ここでは最も重要な局面を簡単に要約すれば足りよう。

「ドイツ的物理学」はその大部分が、ヨハネス・シュタルクとフィーリップ・レーナルトという二人のノーベル賞受賞者の所産である。両人とも二〇世紀初頭に学問的成功を収めながら、一九二〇年代の原子理論と折り合えず、ナチス台頭を契機として、「現代的《モダン》な」理論への嫌悪と反ユダヤ主義を中核とする「アーリア」物理学なるものを新たに作り上げようとした。シュタルクにはその上、ゾンマーフェルトへの敵意を募らせる個人的な動機があった。すなわち一九二九年に、ゾンマーフェルトはヴィリー・ヴィーンの後任としてシュタルクが実験物理の同僚となるのを阻んでいた。それにかわってミュンヘンに招聘されたのはヴァルター・ゲルラッハだった。シュタルクは一九三〇年にいくつかの文書で、「特にゾンマーフェルト氏によって定式化・弁護・伝播されている現代理論の観念と教義」に対する闘争を宣言した。同じ年、シュタルクはナチスに入党。一九三三年に内務大臣ヴィルヘルム・フリックは彼を、国立物理工学研究所長に任命。さらに一年後、彼はドイツ学術危機共同体（後のドイツ学術振興会：DFG）総裁に任じられた。

一九三三年末、シュタルクはすでに自らの運動を公的に注目させるだけの影響力を有していた。それにより特に、ゾンマーフェルトと現代物理学への以前からの敵対が、新たな激しさを伴って蘇った。理論物理では「コンツェルン企業体」ができあがっている。「その理論を通用させるために、ユダヤ根性を持った科学者たちは、彼らの思惑に沿って科学的な仕事をする若い人々だけを身内に引き寄せている」。いまや彼はこのように、アインシュタイン、ゾンマーフェルト、ハイゼンベルクとその「理論家コンツェルン」を非難した。この集団は「ドイツから誇大なドグマ的理論を世界市場に流通させた」というのである[10]。一九三五年、ゾンマーフェルトの定年が間近になった時、このキャンペーンは頂点に達する。きっかけとなったのは、ハイデルベルク大学物理学研究所の「フィーリップ・レーナルト研究所」への改名にちなんだ連続講演である。「ドイツ的物理学」のもうひとりの立役者を顕彰する企てであった。ハイデルベルクで攻撃の火蓋が切られると、反現代物理学キャンペーンが一連の新聞雑誌記事によって続いた。いまや、ゾンマーフェルトが望む後任候補ハイゼンベルクが標的となる。「そしてその上、アインシュタイン精神の権化たる理論派形式主義者ハイゼンベルクが、招聘によって顕彰されようとしているのである」とシュタルクは、たとえば一九三六年二月に『月刊国家社会主義』(*Nationalsozialistische Monatshefte*)に書く。その一年後、彼は親衛隊機関誌『黒い軍団』(*Das Schwarze Kòprs*)でハイゼンベルクを「ドイツの精神生活におけるユダヤ主義の代弁者、ユダヤ人自身と同じく消え去らねばならない」連中の一人であると決めつけた[11]。

一九三九年一二月一日、最終的にゾンマーフェルトの後任ポストはハイゼンベルクではなくヴィルヘルム・ミュラーに決着し、「ドイツ的物理学者」が招聘されることになった。しかし、一見するとシュタルクとその同志たちの権勢の見本のような出来事の仔細はむしろ、ナチスの派閥間のグロテスクな権力闘争だった。すなわち親衛隊(SS)との一時的な共闘が有利に働いて、「ドイツ的物理学」に好都合な結着を見たのである。三年以上かかったゾンマーフェルトの後任者の決定は、「ドイツ的物理学」の絶対的権力をなんら示すものではない。シュタルク自身は早くも一九三六年に、帝国教育大臣との争いのあげく、ドイツ学術振興会総裁の地位を追われる。また、一九三六年秋にハイゼンベルクは、技術物理学者マックス・ヴィーンおよび実験物理学者ハンス・ガイガーとともに作成した「ドイツ的物理学」批判文書に七五人の物理学者(実質的にドイツの著名な物理学者の全員が含まれる)の署名を集めることができた。一九三七年春にハイゼンベルクは、確信しきってボーアに書いている。「今年中に私がミュンヘンに移るのはいまや確実と思われます。これは好ましいことです。というのも、決定的な何かを築き上げようという気持ちになれるからです」。その直後、ゾンマーフェルトの後任が彼に決したという公的な通知も手にした。しかし同じころ、「ドイツ的物理学」一派は親衛隊とその「諜報部」(SD: Sicherheitsdienst) 内に、味方となる盟約者を獲得できた。シュタルクが親衛隊の新聞に書いた中傷記事はこうした同盟の現れであり、帝国教育省といえども反対しがたいものだった。それでもハイゼンベルクは、親衛隊長官ハインリヒ・ヒムラーとの家族的な関係のおかげでその擁護を受けることができた。しかしその結果は単に、別のケースで公平な扱いを受けることのみにとどまった※1。この案件そのもの、すなわちゾンマーフェルト後任問題では、さらなる方向転換をもたらすまでには至らず、「ドイツ的物理学」がこの件では勝利をさらってしまう12。

しかしながらミュンヘンでの成功は、「ドイツ的物理学」にとってピュロスの勝利〔損害の大きすぎる勝利〕にすぎなかった。物理学が第二次大戦開始後に、ナチスの立場とのイデオロギー的一致性よりも軍備への有効性によって測られるようになればなるほど、「ドイツ的物理学者」たちは守勢に立たされる。「手短に申せば、物理学者のあるグループが、残念ながら総統に具申するすべを持ち、理論物理に対して怒り狂い、最も功績の大きい物理学者たちを誹謗しているのです」。たとえば流体力学者ルートヴィヒ・プラントルは一九四一年四月に、ナチス体制での軍備問題の最有力な権威者である「帝国元帥」、「四か年計画全権委員」ヘルマン・ゲーリングにあてて書く（プラントルは彼のために、航空研究の問題について個人的な助言者役も務めていた）。「現代理論物理学とはユダヤ人のこしらえ物であり、一刻も早く抹殺して『ドイツ的物理学』に置き換え替えねばならない」という主張によってこのグループは、「ヴィルヘルム・ミュラーとかいう名の」人物をゾンマーフェルト後継者として押し付けることに成功した。この人は技術力学方面で若干の業績はあるものの、理論物理学に関しては「何も、まったく何も」もたらしていない。こうした状態は、「理論物理が、総統に仕える後継世代の物理教育にとってまさしく不可欠の分野」であるだけになおさら深刻だ、と手紙は続く。その半年後、まったく同様の論旨が、帝国教育省にあてた公的な「ドイツ物理学会陳情書」（産業界と軍関係の有力者たちにも配布）で展開された。「技術的物理学の後継世代の教育にとって、理論物理学者の研究についての知識は不可欠そのものである。したがって、大学において、この重要な基幹科目を業績に基づく人選によって支援していくために、あらゆる手段を尽くさねばならない。にもかかわらず、遺憾ながら逆のことが進行している。物理学者のあるグループが理論物理に対して怒り狂い、その分野で最も功績の大きい代表的な人々を誹謗し、大学教員ポストをまったく不当に占拠している。理論物理はユダヤ人のこしらえ物だというのが、彼らの理由づけである。その最悪の実例は明らかに、W・ミュラー氏なる人物を、ミュンヘン大学の世界的に高名な理論物理学者A・ゾンマーフェルトの後継者にすえたことである」[13]。

このイニシアティヴは無効ではなかった。ゲーリングおよび膝下の航空省の支援を得て、「現代」物理学者たちは願いをナチス国家の他の有力諸機関に伝えることができた（そのうちには特に、新たに任命された軍需大臣アルベルト・シュペーア［建築家。ヒトラーの信任を得て、ナチスの建造物の設計を多く手がけた］がいた）。「ドイツ的物理学」はその後の招聘案件を意のとおりに操ることができなくなった。一方ハイゼンベルクは、カイザー・ヴィルヘルム物理学研究所長職に就任して、ゾンマーフェルトの後任となれなかったことの埋め合わせを得た。彼の弟子カール・フリードリヒ・フォン・ヴァイツゼッカーは、シュトラースブルク（ストラスブール）大学に招聘された。この大学は対仏「出兵」の後で、ドイツ式「帝国大学」（Reichsuniversität）

に変貌させられていた。こうした目立つポストを「ドイツ的物理学」にはっきり敵対する人々が占めたことは、この運動の終焉を広く知らせる合図となった。同時にこれは、ナチス国家との協力も辞さないという「現代」物理学者たちの姿勢を際立たせた。「ドイツ的物理学」への彼らの敵対を、ナチス体制全体への反抗的な立場と同一視することは（これは戦後になされがちのことだったが）、「第三帝国」における彼らの複雑な関わり合いを免罪しようとする意図の見えすいた試みにほかならない[14]。

現代物理学を擁護した産業界の物理学者たち

「ドイツ的物理学」に対する闘争の主唱者たちが、産業界および軍部と特別に密接な関係を保っていたことは偶然ではない。プラントルの航空力学実験施設（AVA：Aerodynamische Versuchsanstalt）は「第三帝国」において航空業界の軍事化とともに「ドイツ最大の研究機関のひとつ」[15]に成長した（このような言明が、すでに一九三五年になされた）。プラントル以外では特に、AEG研究所長・ドイツ物理学会会長のカール・ラムザウアーと、彼の代理者［学会副会長］となったヴォルフガング・フィンケルンブルクがそうした関係を築いていた。フィンケルンブルクはダルムシュタット工科大学の実験物理学者で、後にジーメンス－シュッケルト研究施設の所長になる。「ドイツ的物理学」への反対運動に加わった産業界の物理学者としてはさらに、ゲオルク・ヨースがいた。一九四一年からイェーナのツァイス工場の主任物理学者を務めていた。ヨースは一九二〇年にゾンマーフェルトのゼミナールで学び、それ以来、ミュンヘンの枢密顧問官の忠実なファンとなった。プラントルとゾンマーフェルトは古くからの知り合いで、いずれも（異なる領域ではあったが）、ゲッティンゲンの「偉大なるフェーリクス」［フェーリクス・クライン。

第一章参照〕の伝統と、科学と実用《プラクシス》とを結び付けるこの人の努力を受け継いでいた※2。

まさにこの伝統から見ると、ゾンマーフェルトが広めた現代物理学は現実離れ《プラクシスフェルン》しているという「ドイツ的物理学」が投げつけた非難は、ばかげたものだった。「ヴィルヘルム・ミュラーが俗悪誌『全体自然科学雑誌』（*ZS f. d. gesamte Naturwiss.*）最新号に載せた記事を、戯れまでにお読みください」とゾンマーフェルトは一九四一年三月、プラントルにあてて書く。「そこにはわれわれが登場しています。貴兄は彼の共犯証人《クローンツォイゲ》〔免罪の条件で相棒に不利な証言をする共犯者〕（！）として。私は、技術や現実にまったく背を向けた数学者（！）として。まだご存じないかも知れませんが、ミュラーは私を研究所から追い出してしまったのです」[16]。このことはプラントルにとって、「この問題において何事かを行う」[17]直接の刺激となり、ゲーリングあての手紙を彼に書かせた。この手紙によって、「ドイツ的物理学」に対する攻勢は頂点に達したのである。この「戦争と経済のために重要な専門分野」においてゲーリングの「個人的な介入」が求められている。プラントルはこのように航空大臣を促し、ラムザウアーとヨースを引き合いに出す。「産業界に身を置いた二人の著名な物理学者」で、実用にとっての「理論物理学の必要性」を証明できる人物として[18]。彼はゲーリングあての手紙の写しを、これら二人の企業物理学者に送った。そして、「理論物理についての基本的な理解が工業の発展という観点からいかに重要であるか、実例により説明してくださる」ことを、彼らに提案した[19]。

「ドイツ的物理学」反対運動のクライマックスとなった「ドイツ物理学会陳情書」は、これら「数の上では小さい、極端な思想を持った物理学者、天文学者、哲学者たちのグループ」に対する断罪と、国家の重大案件として現代理論物理学の振興を促す意見表明を、当然のごとくに結びつけた。英米物理学の拡張にまさしくかんがみて、ドイツにおける物理学への支援強化が今こそ求められている。たとえば核物理の領域では、一九二七年から一九三九年にかけてドイツの論文は三・五倍しか増えていない（四七から一六六）。同じ時期に英米の論文は一三・五倍にも跳ね上がった（三五から四七二）。特に米国は、「数の上で強力な、何らの不安も持たずに楽しく仕事する若い研究者世代の育成」に成功した。それに対してわが国では、ゾンマーフェルト学派への攻撃が「わが理論家たちの創造意欲を萎縮させ、若年層が理論研究に従事することへの妨げ」となってしまった。「理論物理、とりわけ現代理論物理学の決定的な重要性」は、特に核物理の領域で明らかとなった。なぜならこれこそ「エネルギーおよび爆薬の問題で本質的な進歩を期待できる唯一の分野だからである。最も実り多い理論を発展させ、理論と実験の最も調和的な結合を行いうる国民が、この分野において、最大の、おそらくは将来にとって決定的な成果を収めうるであろう」。この文言に続けて、「現代理論物理学がいわゆるユダヤ精神の所産であるという非難に対する反論」が来る。もとより署名者（ラムザウアー）も「アインシュタインの信奉者というわけではない」が、「現代理論物理学の代表者たちに対する、ユダヤ精神の前衛であるというまったく雑駁に言い立てられる非難は、無根拠であり不当である」。締めくくりとして再度、ドイツの理論物理学への侵害は「ドイツの経済と国防技術に対する無責任な損害」をもたらすことを強調した[20]。

ラムザウアーとヨースのような企業の物理学者を現代理論物理学の弁護者として動員することは、戦時にあってゲーリングその他の権力者たちの注目をミュンヘンのスキャンダラスな状況に向けさせる単なる方策にはとどまらなかった。ラム

実践対イデオロギー：ルートヴィヒ・プラントル（左）とカール・ラムザウアー（右）。「ドイツ的物理学」に反対して理論物理学を擁護。

ザウアーは、レーナルトの教え子として、ゾンマーフェルトのグループとはむしろ縁遠かったのだが、「原理原則の上から、また産業界の利益のために、理論物理学の危機に対して異議申し立てを行う用意」があることを宣言した。そのことによって、たとえ旧師との関係が「まるごと壊れる」ことになっても、と彼はプラントルに書く[21]。産業界にいる物理学者として彼には、有能な後継者の育成という問題が特別の関心事だった。またドイツにおける物理学職能団体の会長として、自らの職業グループの自律性を保つこともとりわけ切実な課題になった。加えて、物理学がドイツの資産であるという強固な確信がある。その国際的名声が、「ドイツ的物理学」のナンセンスな攻撃によって危険にさらされているのだ。この確信が、「ドイツ的物理学」との闘争をまさしく道徳的な義務と感じさせたのである。「ケプラーも、母親のために魔女裁判を一〇年にもわたって闘いました※3。同じくわれわれも母なる物理学のために、悪意と迷信に対する長期の裁判を闘わねばなりません」と、ヨースはプラントルにあてて、この運動に協力する用意のあることを伝えた[22]。

ドイツ物理学会はこの闘いに臨んで、次第に自信を強めていく。一九四三年八月に決議された学会の改革プログラムでは、自分たちの学問分野をあらゆる政治的イデオロギー的な影響から守り、自律性を回復することに焦点を当てた。軍需省と宣伝省の援助を受けて、新しい雑誌を発刊し、独自の情報オフィスを設置。また、「戦局にとって重要」という名目で学術的な研究への助成を得るために、軍事委託契約を利用した。「戦争後半期の記録を徹底的に調べるなら、当時の科学でなされたほとんどすべてのことが『戦局を決定づける』(kriegsentscheidend) と称しているのに気づくだろう。というのも、さもなければ政府や党の当局者が資金も人材も提供するはずがなかったからだ」。たとえばラウエは終戦後、戦争目的という名目の両義性についてこのように説明した。この名目のもとには、実際の軍事研究から、「純粋」研究のために軍事資金を提供者から巧妙に詐取する行為に至るまでの、物理学と政治との相互作用の幅広いスペクトルが存在しえたのである[23]。

基礎研究と戦時委託研究の間

「ドイツ的物理学」は、それでは研究それ自体の遂行に対してどのような影響を及ぼしたのであろうか？　ドイツにおける戦時物理学研究の最も有名な例である「ウランクラブ」(Uranverein)[24]の場合、これをめぐる対立関係は間接的な役割を演ずるにとどまった。シュタルク、レーナルトとその追随者たちによって糾弾された現代物理学の概念、すなわち相対性理論と量子力学が、原子核の諸過程を説明する鍵であることは明白だった。そして、核分裂発見後ほどなく、この現象から導かれる応用可能性について帝国教育省に注目を促したのは、ゲオルク・ヨースとその助手ヴィルヘルム・ハンレのような「ドイツ的物理学」への断固たる敵対者だったのである。ハンレはそれより前、核分裂の技術的な帰結についてあるコロキアムで講演した。核分裂が持つ可能性について政府に知らせようとヨースが思い立った動機は、ハンレの回想によればむしろ自己防衛的なものだった。つまり、コロキアムでの講演後、所管の国家機関への報告なしにこの新しい可能性が知れ渡るならば、サボタージュとみなされかねないことを恐れたのである。ハンレ自身はこのことを特別の国家的な義務であると感じた。その義務にはまた、個人的な満足感も伴っていた。学生時代、相対性理論の信奉者だった彼は、レーナルトの不興を買った。いまやこの同じ理論の価値を、実際的な応用（しかも国家規模の事業に成長しうるような）によって示すことができたわけである[25]。

「マンモス物理学」としての核物理

核分裂の技術的応用を考えたのは、ハンレとヨースだけではなかった。ドイツでも他国でもただちに、核分裂の可能性を精査し、経済と軍事への効果を政府に気づかせるための活動があわただしく始まる。ドイツではたとえば、企業の物理学者ニコラウス・リール（アウアー社の研究部門を率いていた）が、国防軍に対してただちに、彼の会社によるウラン生産奉仕を申し出た。そしてハンブルクからは、ふたりの物理化学者から陸軍兵器局に一通の手紙が届いた。それには、核爆薬の製造が軍事的にも政治的にも高度の緊急性をもった計画であることがしたためられていた。こうした提案は政治的レベルで、帝国教育省およびその一部局である帝国研究評議会（Reichsforschungsrat）、ならびに国防軍側にも活発な関心を引き起こす。陸軍兵器局が、最終的に主導権を握った。カイザー・ヴィルヘルム物理学研究所をすばやく押収し、その所長ペーター・デバイを岐路に立たせた。ドイツ国籍を取得して自らの研究所での戦時研究に加わるか、または休暇を取るかの選択である［一三二頁参照］。デバイは休暇のほうを選び、コーネル大学客員教授職の提示を受けていたので米国に移住した。核物理学者で陸軍兵器局の爆薬専門家だったクルト・ディープナーが、カイザー・ヴィルヘルム研究所の管理責任者になった。彼の指導のもとで、ハイゼンベルクとハーンが核分裂の軍事的産業的応用の研究を監督することになる[26]。

ここに述べてきたような、戦争開始から一年以内に遂行された再編が示しているのは、「ドイツ的物理学」なるものが実際の研究政策における決定にもはや影響力を持たなくなったということである。「ドイツ的物理学」の圧力をそれまで最も強く蒙っていた帝国教育省の帝国研究評議会ではなくて、陸軍兵器局がいまや主役を務めたことは、戦争開始後の「第三帝国」におけるさまざまな関係当局の間の階層的構造をはっきりと示している。すなわち軍と産業界とが、アカデミックな科学を所管する帝国教育省よりも本質的に強力な権力中枢を形成した。プラントル、ヨース、ラムザウアーといった人々も、この権力構造に身を賭した。「ドイツ的物理学」への彼らの反対運動は、教育・科学大臣から原子核研究に対する広範な権限を奪い取ることに影響を及ぼしたのである。同様に、陸軍兵器局が原子核研究に戦争の決め手となるような直接的な意義をもはや認識せず、その責任が帝国研究評議会に再委譲された時、その責任権限を獲得したのは帝国教育省ではなく、航空省であった[27]。

注目すべきは、核物理とはさしあたり直接の関連があるとは推測しがたい航空軍備の方面で、この分野が最大の関心を呼んだことである。早くも一九四一年、たとえばヘンシェル飛行機工業社で、「原子核物理学――技術動向と応用可能性」というレポートにおいて、「資源を最大限投入して、核物理および核化学の国立中央研究所を設立すること」が提案された。この関連においてまた、理論物理学への評価を高めること、および、理論と実験との伝統的な障壁を克服することに注目を喚起している。その目的は、「理論的な新知見、およびそれと実践との関わりを正しく活用すること」である。「有機的な協働によってのみ、理論家が迂遠なかなたに迷い込む」のを防ぐことができる。またそれによってのみ、「理論家は研究全体の技術的目標と絶えず通じ合う」ことが達成できるのだ[28]。航空兵器界の科学への関心は、航空戦についての直接的な問題をはるかに超えていた。「物理学的知見が航空業全体に、とりわけ航空軍備にとってきわめて重要な意義を有していることにかんがみて、航空技術は、帝国におけるこの分野の科学研究活動のあらゆる出来事に多大の注目を払わなければならない」。「ドイツ航空研究アカデミー」(ゲーリングが治める航空省の直接的責任のもとに置かれた、産業界、軍、大学の研究機関のゆるやかな連合体)はこのように述べて、科学が同アカデミーにとって特別な管轄事項であることの理由づけを行った。そのきっかけになったのは、ラムザウアーの「陳情書」についての専門的評価が航空省に委託されたことである。国防関係の他機関にもこの文書は同じく送付されたが、「十分な権威を備えた科学部門」がなかったため、航空研究アカデミーがこの課題を引き受けた。その最終報告において評価者たちは、ラムザウアーのすべての提案に対して「全面的に同調」した[29]。

こうした事情ゆえ、航空科学アカデミーが、物理学近代化に向けた広範な活動の一種フォーラムになったこともまた不思議ではない。一九四三年にラムザウアーは航空科学アカデミーに対して、「ドイツの物理学との対比を含めた英米物理学の業績と組織」に関する概観を報告した。「ドイツ的物理学」がいかなる破滅的な影響を及ぼしたか、いまや言及にも値しないというのが彼の見解である。「陳情書」の中ですでに十分に展開した議論を用いつつも、彼の主たる関心はいまや、物理学の研究全般をいかにして強めるかということにあった。「英米のように徹底して、物理学者を前線からすっかり引き抜いてしまうこと」まではいかなくとも、「兵士の三〇〇〇人減」を国防軍はなんとか持ちこたえるべきである。というのも、「物理学者の三〇〇〇人増」が、「もしかすると戦局を決定づける」可能性があるからだ。さらに、既存の物理学研究所の設備と機械を完全に近代化しなければならない。そして、実験家と理論家とが「同じ場所で、たえず科学的な相互作用を及ぼしあう」のが可能な状態を実現すべきである。彼はサイクロトロンの例を引いて、ドイツの物理学と英米の物理学との懸隔が広がりつつあることを説明した。この「核物理学の最も重要な実験研究手段」は、米国に三七、英国に四あるのに対してドイツにはただ一つしかない。サイクロトロンには莫大な技術的・経済的資源の投入を伴う。ドイツではこうした「マンモス物理学」を、「精神よりもお金が物をいう」事柄のようにみなしがちである。しかしこれは「まったく間違った考えである。なぜなら第一に、米国のこのマンモス物理学には多大なる精神が潜んでいる。第二に、そこで追求されている目的は、そもそも達成されるべきであるなら、基本的にそれだけの出費を要求するのである」。それでもラムザウアーは、このことから集中管理的な巨大研究への方向転換という主張を導いたわけではない。ただし巨大研究というアイディアも具体的に示しつつ、次のように述べた。「たとえば、国立物理工学研究所や、カイザー・ヴィルヘルム協会や、企業の大規模研究所を徹底的に拡充すること、あるいは、ドイツ中央物理学研究所を設立することなどが考えられよう。しかし実際には、最適解はまったく異なるところにある。われわれは大きな資産を有している。それをきちんと認識し、さらに充実させねばならない。すなわち、大学および工科大学の物理学研究所である。それら研究所が、物理学におけるかつてのわが国の優位性を確立したのであり、その特性全体からして、わが民族の精神に由来しているのである」[30]。

米国とドイツのサイクロトロン建設の比較は、急所をついていた。開戦時すでにドイツでは、いくつものサイクロトロン計画が進んでいたのだが、さまざまな研究グループ相互の競争的関係が、スムーズな実現を妨げてしまった。「かくして混迷がいよいよ深まった」と、カイザー・ヴィルヘルム協会会長は一九四一年に述べた。そして、ようやく一九四三年秋になって、最初の、唯一完成したサイクロトロンが稼動したのである[31]。理論家と実験家との協力がそこで不調だったのも、見逃すことができない。サイクロトロンが理論家・実験家・技術者のチームワークと緊密な協力関係のまさしく触媒として機能した米国とは異なり、ドイツのサイクロトロンはもっぱら実験的な関心を呼んだにすぎない。実験物理学者ヴァルター・ボーテ（ハイデルベルクのカイザー・ヴィルヘルム医学研究所の彼の実験室でドイツのサイクロトロンが建設された）は、ある共同研究者の回想によれば「一匹狼」だった。彼はたしかに「オリジナルな物理学」の仕事を行い、「天才的な実験家」ではあったが、「われわれの研究所には理論家がいなかった。そのことが後に痛手となったのである」[32]。

ボーテの研究所は組織的には「ウランクラブ」に属していたのだが、それだけなおさら、理論と実験との接触がなかったことは奇異に見える。というのも、ハイゼンベルク自身の証言によれば、このクラブでは「理論家があまりにも多く、実験物理学者があまりにも少なかった」からである[33]。「ウランクラブ」内部の物理学者たちにあってさえ、理論家と実験家との障壁が除去されなかったことは、理論と実験の両部門の伝統的な「自治」の強さをはっきりと示している。もとより「ウランクラブ」は、ロスアラモスにおけるオッペンハイマーのチームのような集権的な大規模研究組織ではなく、実にさまざまな研究所の物理学者たちの、組織的にはゆるやかな連合体にすぎなかった。彼らの研究は、全国にちらばった大学研究所、企業実験施設、そしてカイザー・ヴィルヘルム協会のさまざまな研究所で行われた[34]。こうした拠点で支配的だったのは各機関の自律性という精神であって、「マンモス物理学」に典型的なチームワークではなかった。米国とドイツの原子力プロジェクトを直接比較しようとしても、共通する基準点が存在しないことはすでに上述の理由から明らかである。著名な理論家であるオッペンハイマーとハイゼンベルクが、一見するとそれぞれのプロジェクトで同様の役割を演じたように思われるかもしれないが、実態はまったく異なる。「ウランクラブ」のメンバーの大半にとって、この組織にかかわる研究テーマは、それのみに従事すべき対象というわけではなかった。たとえばハイゼンベルクの研究所では、「ウラン原子炉」の理論と技術ばかりではなく、宇宙線と素粒子の物理学も研究されていた。ボーテも研究所の余力を、「ウランクラブ」での課題設定とは無関係な原子核物理の基礎研究に当てた[35]。この点からもまた、次のような逆説的な分析がもっともらしさを帯びてくる。すなわち、「ウランクラブ」の参加者たちには、戦争中の自らの仕事がまったく上々であると思えた（彼らにとって成否をわける基準は「クラブ」ではなく自身の研究所なのだから）のに対し、同じ研究が米国の視点からは機能不全とみなされてしまう。

ゾンマーフェルトが戦後、「一九三九年～一九四五年の理論物理学におけるドイツ人研究者の寄与」について概観した時、ハウトスミットが「ナチスのイデオロギー」の帰結であると考えた「純粋科学への関心の低下」といったような傾向をそこに窺うことはできない。まったく逆に、ゾンマーフェルトはたとえば、ハイゼンベルクとその弟子であるカール・フリードリヒ・フォン・ヴァイツゼッカーおよびジークフリート・フリュッゲによる中間子理論への重要な貢献や、戦争中にあって「量子論の新局面を切り開いた」ハイゼンベルクのS行列理論を紹介することができた[36]。同様にマックス・フォン・ラウエもまた、「ウランクラブ」の同僚たちが戦争中になしとげた科学的な仕事についてコメントした時、当時は「研究の大きなうねりの中にいる」ように感じていたという。「最新の実験的手法ときわめて大胆な理論的アイディアが、原子核、宇宙線、素粒子がまさに密接に関わりあう諸問題をめぐってせめぎあっていた」[37]。ラウエは、基礎研究の比重の大きさということを、「ヒムラーの目論見とアウシュヴィッツのために仕事をしたのだ」という非難からドイツ人物理学者を擁護するためにも援用したのである[38]。

固体物理におけるドイツの伝統

ゾンマーフェルト研究所が「ドイツ的物理学」の手に落ちていなかったらどんな未来が開けたかを考えるのは、甲斐のないことであろう。おそらく、ハイゼンベルクがゾンマーフェルトの後継者として、成果豊かな理論家グループを作り上げた（ライプツィヒで彼は、一九三〇年代を通じてそのことをなしとげていた）かもしれない。都合よくいけば、ライプツィヒでハイゼンベルクの同僚フントがその役を務めたのと同じく、助手または「員外教授」が補強されて、その人がミュンヘンにおける固体物理の伝統を推し進めたかもしれない。しかしながら、仮にそうなったとしても、ミュンヘンがスレイターやモットの学派に比肩できるような現代固体理論の中心地にまで登りつめるきざしは、まったくなかった。ミュンヘンには、金属および磁気の分野の専門家として実験物理学者ヴァルター・ゲルラッハ〔二七五頁参照〕がいたけれども、隣接する研究所どうしで科学的な協働作業は行われなかった。そのことは、ハイゼンベルクがゾンマーフェルトの後継者になったとしてもおそらく変わらなかっただろう。ハイゼンベルクは実際、ライプツィヒで理論と実験との制度的な障壁の除去に動くことはなかった（そこの大学にはゾンマーフェルトの弟子だったデバイが、理論に通じた実験物理学者として在籍し、緊密な協働作業を行うこの上ない環境があったにもかかわらず）。ミュンヘンにもライプツィヒにも、またその他のドイツの大学のどこにも、一九三〇年代のＭＩＴやブリストル大学で観察されるようなあの操作主義的な現代固体物理学の拠点を見出せるきざしはなかった。

固体物理でも、一九三〇年代のドイツの状況は米国の物理学科の関係者からは凋落と映ったに違いない。ドイツの視点からは同じ状況が、長く続いた伝統の一要素にすぎないことになる。たとえばハウトスミットは、ミシガン大学に雇われてから一〇年後の一九三六年、ゲルラッハにあてて、ドイツの物理学が停滞期に入ったように思われる、という印象を書き送った。それに対してゲルラッハは反論する。ここ数十年の理論物理のブームを際限なく続けられないのは当然のことで、今度は実験物理が活性化しなければならない、というのである[39]。

ドイツで一九三三年以前に培われた伝統を基準とするならば、その後の展開は、「ドイツ的物理学」

のような極端な例を別にすると、しごく通常だったようにも思われる。ゾンマーフェルトとその学派は大半の物理学者から、ドイツにおける理論物理学の模範的な存在として評価されていた（特に固体理論に関して）。国際的なコンタクトも、政治状況の変化にもかかわらず、驚くほどの持続性を保っていた。たとえば一九三四年一〇月、ジュネーヴでゾンマーフェルト指導のもとで金属物理についての会議が開催された。理論固体物理学におけるミュンヘン学派の中心的な地位をあらためて強調する催しとなった。すでに米国に亡命したベーテの働きかけにより、英国からもモットやファウラーらの理論固体物理学者が参加。かくしてジュネーヴの会議は、国際的に注目される催しとなる[40]。その一年後、固体物理はシュトゥットガルトでのドイツ物理学会年次大会の中心テーマにもなった[41]。これは国際会議ではなかったが、参加者の中にはたとえばオランダ人理論家ラルフ・デ・ラエル・クローニヒがいた。彼は結晶のX線吸収についての最新の実験成果を発表し、それによって量子力学的バンド理論への確証を与えた。シュトゥットガルトでフントは、バンド模型についての一般的な概観を行い、英国で生まれた最新理論に依拠しつつ、金属、絶縁体、半導体の電気的特性がこの模型により統一的な概念枠組みの中で理解されうることを示した。理論家であり、ジーメンス－ハルスケ所属の企業物理学者として、技術的な興味を呼び始めた半導体を重点的に研究していたヴァルター・ショットキーは、固体における電気的な過程について、より現象論的に概観した。彼もまた、まったく当然のようにバンド模型を援用した。彼は量子力学的固体理論について「ほんの直感的なイメージ」を持っているにすぎないとしたが、フントや、ゾンマーフェルトの弟子ノルトハイムおよびパイエルスらと行った文通を見ると、ショットキーがこの理論の発展を注意深く追

ローベルト・ヴィーヒャルト・ポール（左前）とアルノルト・ゾンマーフェルト（右）。写真裏面には「カノニカル（正準）集団」というメモ書きがある。しかしながら、両者およびその学派同士で学問的な協働作業が行われることはなかった。

いかけていたことがわかる。特にパイエルスとは活発に交流し、彼が亡命した後もそれは続いて、ようやく一九三九年に終わったのである[42]。

このように理論家サイドでは、固体物理学に対する関心が少なくとも持続していたということができるが、実験的な固体研究の領域では、ゲッティンゲン大学正教授ローベルト・W・ポールのもとに、外国の新しい研究拠点からも最大級の尊敬を集めるほどに成功した学派さえ存在した。その専門は色中心の研究である※4。この分野は、「ポールとその協力者たちが一〇年以上にわたって一連の系統的な実験を行うまでは、一時的な関心を持たれていたにすぎなかった」と、ザイツは戦後に、彼らの研究を評価して回想している[43]。ポールとゾンマーフェルトの学派間では、一九三三年以前にもその後にも、相互協力関係は存在しなかった。これもまた、主としてドイツの大学研究所の自律性ということに起因し、固体物理へのゾンマーフェルトの関心が薄れたとかいうことによるのではない。ゾンマーフェルト研究所でも、固体理論はアクチュアルな研究領域であり続けたのである。たとえば一九三七年一月、チューリヒ物理学会の創立五〇周年にちなんだ会議の場で、ゾンマーフェルト自身が金属電子論の最近の進歩について講演。この問題について彼はノルトハイム〔当時すでに米国のデューク大学に移っていた。第七章参照〕と文通しており、この教え子の最新成果を会議の場で披露する[44]。

ゾンマーフェルトの固体理論への関心がこの時期いかに大きかったかということは、彼の助手ハインリヒ・ヴェルカーの教授資格申請論文のテーマが超伝導だったことからもうかがえる。金属電子に量子力学を適用するようになった当初から、この現象は電子論にとってやっかいな謎の一つだった。「ゾンマーフェルトが一九三八年、この問題の追及を私に勧めた主な理由がそのことだった」と、ヴェルカーは回想している[45]。彼がこの問題に取り組んだ時、ボーア、ブロッホ、クローニヒその他、名だたる理論家の試みが失敗に帰して、すでに久しかった[46]。「ここでのモデルは、従来の研究が採用したような自由電子気体ではもはやなく、ほとんど結晶の性質を有する液体というモデルである。その液体中では、電子どうしがお互いの磁気による影響で、絶えず振動する格子上に並んでいる、というものである」と、ゾンマーフェルトは弟子の理論について、教授資格申請論文に関する学部への所見書の中で述べた。この新理論は一九三八年のドイツ物理学会年次大会で、クローニヒ、ショットキー、フントらの注目を集める。一〇年前にまったく同様の想定から強磁性についての理論を提唱したハイゼンベルクも（いずれの場合も、基本的なメカニズムは電子スピンどうしの相互作用）、これに深く感心した。いまや「超伝導に関して非常に楽観的」になったと、彼はライプツィヒから（この地でのゼミナールでフントがヴェルカー理論について紹介したあと）ゾンマーフェルトにあてて書く[47]。

この経緯において注目すべきなのは、ヴェルカーの理論の物理学的な詳細ではない。当初の熱狂の後まもなく、このアプローチも成功を導くものではないことが明らかになる。注目すべきはむしろ、ヴェルカーの研究が生み出された環境である。学部がヴェルカーの教授資格審査を行っていた時、ゾンマーフェルト後継者をめぐる争いは頂点に達していた。ゾンマーフェルト自身はすでに定年を迎えていたが、後任が空席である間、代理として職務を引き続き遂行していた。ヴェルカーはゾンマーフェルトの助手として、指導教授ともどもナチスの講師組合の指導層から嫌われていた。その上、大学教員になろうとする者をナチスのイデオロギーに親近させようとする大学講師キャンプ（Dozentenlager）への参加を拒んだことにより、大学でキャリアを積んでいく見通しはほとんどなくなってしまう。それでも彼は、教授資格申請論文を続けることができた。「この研究によって私は、教授資格博士（Dr. habil.）なる学位を得ました。これは第三帝国時代に作られたもので、講師にしたくない人にも学位あるいは称号を獲得させる可能性を残したのです。ある意味では好意的といえることで、可能性をまるきり奪うには忍びないという配慮でした。ただし、このような学位を得た者を大学教員にする意図はありませんでした」[48※5]。この「好意的な」措置の結果、ヴェルカーは助手として研究所の正規の地位を維持できたが、大学教授への道は閉ざされてしまった。ミュラーがゾンマーフェルトの後任教授職に就任する直前の一九三九年八月に、彼の助手ポストはさらに更新される[49]。ヴェルカー自身は、ゾンマーフェルトの後任者との争いを避けるため休暇を取って、ミュンヘン近郊のグレーフェリングにあった「無線電信および空中電気実験施設」における軍事研究への徴用に応じた。助手ポストの更新がなされたことにより、自身の選択で助手を充当できなかった新任教授ミュラーは怒りをあらわにする。「私はゾンマーフェルトの弟子たちと関わりあいたくありませんし、対外的にも、彼の学派とのあらゆる接点が拒絶されるよう求めざるをえません」と、彼は大学学長に苦情を綴った[50]。ミュラーはさらに、ゾンマーフェルト時代からの研究所技師とも折り合わねばならなかった。彼は前の上司に心服し、後任者にはなにかと厄介な存在となった。「最近の出来事が私にはひどくこたえまして、完全な神経虚脱に陥りそうであります」とミュラーは学長に訴えた。技師のほうは、ゾンマーフェルトにこの手紙の写しを送り、余白にメモを付した。「私の振る舞いが原因というわけです！」[51]

ゾンマーフェルト研究所最後の数年間は、往時の活況とはもはや比較にならなかった。けれどもヴェルカーの例が示すように、後継者をめぐる争いのさなかにあっても、研究所における科学的な営みは機能停止したわけではない。教授空席の時期にも研究所の自律性はなんとか保たれて、ヴェルカーはナチスの講師組合や「ドイツ的物理学」の敵対に屈せずに研究を続けることができた。

ある理論固体物理学者の戦時研究——「電波探知」のための半導体検波器（レーダー）

ヴェルカーがグレーフェリングの実験施設に徴用されたのは、戦時研究への科学者の大量動員の一環というわけではない。彼の進路は、大学でのキャリアを閉ざされた研究者にとっての、より実際指向で、イデオロギー的な圧迫から自由な隙間への、個人的な逃避だったのである。まったく同様にヨースも一九四一年に、彼が現代理論物理学への仲間入りを果たしたゲッティンゲン大学における党派的な攻撃から逃れるため、イェーナのツァイス社で主任物理学者の地位を得た。「彼はゲッティンゲンにおける正教授職を辞して、替わりにツァイス社の主任物理学者というポストを得た。ゲッティンゲン大学におけるナチスの介入が耐えがたくなったためである」[52]。

小規模だった無線電信実験施設（一九四一年に国に売却され、「オーバープファッフェンホーフェン航空無線研究所」の支所として運営された）[53]は、航空省の数多い研究機関のひとつだが、ヴェルカーのそこでの研究テーマはやはり固体物理だった。彼が携わったのはもちろん、もはや超伝導理論ではなく（ただし、機会があれば彼はこのテーマにも注意を向け続けた）[54]、「電波探知《フンクメス》」（レーダー技術のことをドイツではこう呼んだ）の分野における諸問題である[55]。ゾンマーフェルト門下のヴェルカーにとりわけ解明が期待されたのは、「センチメートル波の受信というテーマについて何か思いつくところがないかどうか、ということでした。というのも、この点については具合が思うさま悪かったからです」[56]。電磁波の受信に用いる電子管で、レーダー波が高周波数になる時、電子の「走行時間の効果」（Laufzeiteffekte）を排除しうるほどに、電極の距離を十分短くできない点に問題があった。ヴェルカーはショットキーの界面障壁理論を思い出した。それによれば、半導体－金属の接触面にある電子に関して、空間電荷層はたかだか一万分の一ミリメートル（電子管で技術的に到達可能な電極間距離より千倍も短い）という結果が導かれた。したがって、金属の先端を適切な半導体に接触させた「ピーク検波器」（Spitzendetektor）は、感度の低い電子管の適切な代用物になるはずである。そのような検波器は、ラジオの初期の時代にすでに用いられていたが、信頼性がより高く、ラジオ波の長波長域で性能が高い電子管によって駆逐されていた。

理論的な見積もりを背景として、ヴェルカーがピーク検波器にいまやルネサンスをもたらそうとした時、彼は技術者たちの不信を招いてしまう。「センチメートル波を受信できる電子管さえあれば、検波器にかかわりあう必要はないのだ」というのが、グレーフェリング実験施設で主流を占める見解だった。ヴェルカーはそうした狭量な考え方に「失望」した。「それは単純で、思慮に欠けていました。ほとんどの連中は一歩遅れていたのです」。それに、グレーフェリングで彼が得た「隙間」も、イデオロギーと無縁ではなかった。「また何よりも、ハイルヒトラーの叫びがやかましくなって、嫌気がさしました」[57]。彼はそれで、別のポストを探すことにした。一九四一年夏に彼は、なかんずくハイゼンベルクに問い合わせた。彼にもよい当てはなく、「これからはすべての若い人たちが容赦なく巻き込まれるようになるでしょう」と警告し、「英国で新しいポストが提供されうるかどうか、いささか疑わしく存じます」と書く[58]。しかしヴェルカーは最終的に、「クルージウスのもとにもぐり込むこと」に成功。クラウス・クルージウスはミュンヘン大学物理化学研究所長で、「ナチスへの徹底的な反対者」かつ「偉大な俳優」で、軍当局から大きな尊敬を勝ち取るすべを心得ていた［クルージウスは「ウランクラブ」の一員として、同位体分離の研究にも従事］。ヴェルカーはグレーフェリングの上司に、彼の検波器研究は「木造の掘立て小屋」では遂行できず、「きちんとした」物理化学研究所でこそ可能である、ということを首尾よく納得させた。しかし、彼は公的にはグレーフェリング研究施設の研究員の資格を維持し、そのため徴用状態が続いて、兵役に取られずに済んだ[59]。

クルージウスのもとでヴェルカーは、高性能ピーク検波器を開発するのに役立つ物理的化学的な知見をすばやく獲得する。それまでは、検波器の材料としては伝統的に黄鉄鉱が用いられてきた。しかしヴェルカーは、先端部のすぐ周囲が高熱を帯びて化学的な分解現象を引き起こし、半導体の安定性を損なうことを発見した。できるだけ純粋な元素の半導体によって、この不安定性は回避できるはずだった。該当するゲルマニウムとシリコンというふたつの物質のうちでは、ゲルマニウムのほうが高純度の製造が可能だった。そして一九四二年には早くも、ヴェルカー、クルージウスともう一人の共同研究者により特許申請がなされた（「半導体ゲルマニウムによる整流器の構築、およびこの整流器構築のためのゲルマニウム製造過程」）。これは、センチメートル帯域におけるレーダー検波器開発のための確固たる基礎を提供するものだった[60]。一九四三年五月、ヴェルカーはショットキーにあてて次のように書く。「いまや、物理化学研究所での検波器についての研究は、実際的な意義を獲得しました。私どもの検波器の製造が、ジーメンス社電波・真空管実験施設のヤコービ博士に委託されております」[61]。しかし、ヴェルカーのテーマはそれで決着したわけではない。彼があるレポートで書いているように、「ゲルマニウム調合の影響を調べる」ためには、より厳密な「導電率とホール効果の測定」が必要だった[62]。こうした測定において、ゲルマニウムに銅を「添加」した不純物を作ることによって、電子の可動性がきわめて高くなることが確認された。この可動性についてヴェルカーは、量子力学を使ったバンド理論に基づいて、理論的な説明を与えることに成功した[63]。このようにしてヴェルカーは、ドイツにおいてクルージウスの物理化学研究所の共同研究者たちと、ゲルマニウムの体系的研究に先鞭をつけた。ゲルマニウムは戦後、いわば固体物理学における「ショウジョウバエ」〔遺伝学など生物学の研究に「モデル生物」として活用された〕となった物質である。

ヴェルカーのアイディアによって開発されたレーダー検波器はジーメンスにより、ウィーンに移転した工場支所で一九四四年四月から組み立てラインにのって製造された。この検波器は、実際の配備という点では脇役にとどまった。整流効果が波長九センチメートル以下で低下したためである。軍事的により重要な役割を演じたのは、半導体材料としてシリコンを使った検波器である。このタイプは撃墜した英米の爆撃機から収用され、テレフンケン社で模造された。このようにして始ったシリコンについての半導体研究も、ヴェルカーの場合ほど直接的ではないものの、ゾンマーフェルトの伝統に連なっていた。テレフンケンでシリコン検波器の解析を行ったカール・ザイラーは科学者としてのキャリアをゾンマーフェルトの弟子エーヴァルトとヘーンルのもと、シュトゥットガルトで開始し、一九四〇年にブレスラウのエルヴィーン・フュース（やはりゾンマーフェルト門下生）のもとで教授資格申請論文のテーマとして低温物理学の研究を、兵役で中断するまで手がけていた。一九四二年に「呼び戻し」措置の一環として、ロシア戦線からテレフンケン研究施設への移動を命じられた。産業界サイドで、専門家集団の不足が日増しに強く意識されるようになった時である。戦争が終わるころまでには、ザイラーはショットキーやヴェルカーと並んで、ドイツにおける半導体物理学のパイオニアに数えられるまでになっていた[64]。

理論物理学者と軍産界との新たな連携

軍事的な「成果」という点で、ドイツの原子力プロジェクトとレーダー開発（特にセンチメートル波帯域の）は、次章で触れる連合国の巨大プロジェクトに比べると遥かに見劣りがする。そうではあるが、第二次大戦中の科学者たちの経験はドイツでも、政治および産業界との彼らの関係に新たな方向性を与えることになった。固体物理学分野でまさに、アカデミックな科学と産業界との間で戦争中に築かれた連携が、その後の非常に堅固な相互協力関係の幕開けとなる。ヴェルカーは終戦直後の時期（一九四五―一九五〇年）にフランスで企業勤務をした後、ジーメンス＝シュッケルト研究施設に新設された「固体物理」部門の責任者となった[65]。ザイラーは、テレフンケンで開始した半導体物理学者としてのキャリアを、南ドイツ装置製造所（ＳＡＦ：Süddeutsche Apparate Fabrik）という会社の電子工学部品工場で継続した[66]。戦後は連合国の措置によって直接的な軍事研究が禁止されたため、戦時中の実績がたとえば米国におけるように華々しく映ることはなかったが、その間の経験を生かす道が多様に存在したことを、まさにレーダー研究が示している。終戦時にドイツのレーダー研究の全体を統括し、戦後になってノルトライン＝ヴェストファーレン州の次官として科学技術政策を築いたレーオ・ブラントという人物がいた。一九五六年にアイフェル地域にドイツの電波天文学研究施設が新設されたことにちなんだ祝辞で、彼は単刀直入に述べている。「こうした連携を完全に喪失することがないように、将来の発展のため可能なかぎりの人材を糾合し、根本的に重要な課題に取り組むための責任ある方策を見出す必要がありました。こうした思案から出発しまして私は四年ほど前、ノルトライン＝ヴェストファーレン州政府に、レーダー問題一般を扱う研究拠点に発展しうるような電波天文学研究施設の設立を提案したのであります。かくして、戦争中に『ヴュルツブルクの巨人』※6と呼ばれた巨大レーダー施設の開発に関わったすべての専門家が再び集められました」[67]。

しかしながら、英米の状況と比較する際にはまさしく、ドイツと英米それぞれにおいて科学と社会との関係を特徴づけていた伝統の相違を認識することが重要である。ナチス時代における産業界、軍と理論物理学との連携は、米国におけるそれとはまったく異なる利害によって定まった。それを反映して、理論物理の「軍産複合体」への組み入れも異なる論理に従ったのである。とりわけ、軍と産業界がドイツの理論物理に対して施した庇護は、（能うかぎり［英米式の］操作主義的な科学が必要であるという双方の認識に由来する）理論と実践との自明な相互協力であった、などと性急に説明すべきものではない。ドイツにおける理論物理の失地回復と自律性への努力は、英米の状況が示したような現代化のコースに通じることはなかった。そうではなくて逆に、古い伝統と理想の強化という方向に作用した。科学はその根本において非政治的な営みであるべきだ。「ドイツ的物理学」とのいきさつを経た理論家たちは、まさにこのような自己理解にこれまで以上に依拠せざるを得ないと感じたのである。社会的な事柄にできるだけ適応していくことではなく、それに対する独立性を最大限に確保することこそが、追求すべき目標として意識された。産業界と軍は彼らを、科学的な知見の提供を受けて自分たちの最終目標を達成するための情報源としてよりはむしろ、それぞれの自律性を守る闘争の盟友とみなした。だからといって、ドイツの理論家たちが「純粋」科学にのみ関心を寄せたというわけではない。そもそも軍と産業界の保護を獲得するためには、応用が可能であるという認識を持たせる必要があった。とりわけ固体物理の領域では、実用との関係を直接見て取ることができた。ここにおいて、ドイツと米英における研究の相違がはっきりとする。後者では同じころ、スレイターやモットの学派によって、固体物理学理論は操作主義的科学の花形に成長していたのである。

要約すると、「第三帝国」におけるドイツの理論物理学は、「ドイツ的物理学」のイデオロギー的倒錯に染め上げられたわけではまったくなかった。英米の戦時期物理学が質・量とも優位に立ったのは何よりもまず、一九二〇年代末から停滞を示しはじめたドイツ科学との構造的な差異を示している。理論と実験との障壁が戦時物理学の効果的な展開を困難にしたが、これはナチス体制への物理学者の抵抗といったことではなく、各研究所の自律という伝統に由来していたのである。「ドイツ的物理学」との闘争によって、自律を希求する努力はさらに強まったが、この動きは同時に、アカデミックな物理学と「第三帝国」における軍および産業界の中枢との接近をもたらした。こうした過程において、物理学の近代化、理論と実践の関係のいっそうの強化が唱えられた。

こうした複雑な相互関係に接すると、ナチスのような独裁体制には科学的ポテンシャルを効果的に投入する能力がない、というハウトスミットが強調して述べたような説明は危険な錯覚のように思えてくる。科学と軍との接近は、たとえば航空アカデミーの傘下でなしとげられたが、そこに見られるのは、「近代的な」戦時研究という点で、科学者の道徳的なためらいによって揺らぐことなどのない、まったく首尾一貫した力学である。ドイツにおけるシリコンおよびゲルマニウム検波器の開発も、この国自身の尺度で測れば意義がないわけでは決してない。ただし、英米の戦時プロジェクトと比較すると、こうした「成果物」の輝きは色あせてしまう。よりによってここに、自由で民主主義的な研究組織の優越性が現れているといえるかどうかは、疑う余地がある。米国において物理学がドイツより強力な戦時科学に発展したことについては、この国についてもやはり、何よりもまず物理学研究における固有の伝統と構造ということを尺度として考えなければならない。

第十章　物理学者たちの戦争

第一次大戦中すでに殺人兵器の威力を示した化学と違って、物理学は長らく、軍部からさほど重要視されなかった。しかしながら、第二次大戦でその位置づけは劇的に変わる。音響学から電気力学に至るまで、物理学のほとんどあらゆる領域が、兵器や防御手段に動員されるようになった。たとえば磁気機雷による敵艦の撃沈に、船体の金属塊が起こす地磁気の局所的な変化が利用された。対抗策として、機雷が感応しないよう、船舶には消磁措置を施すようになった。物理学的アイディアはまた、魚雷が目的物を検知し、逆に、接近してくる魚雷を惑わせ誤進路に導くという巧妙な技法なども豊富に提供した。こうした事例は、物理学者の数々の伝記の中に見出すことができる[1]。レーダーと原子爆弾のプロジェクトを度外視するとしても、第二次大戦で物理学は、交戦国の軍部から戦時科学としての評価を獲得した。しかもそれは、戦勝国だけのことではない。ドイツ側でも戦時研究は「高い成果をあげた」([was] highly remunerative)という見解が、米国陸軍「弾道研究所」の所長が終戦直後に分析した記録に残っている[2]。

レーダーと原爆プロジェクトは、物理学的戦時研究の規模という点で異例だったが、特別な注目に値する事柄である。これらふたつの分野で、「物理学者たちの戦争」(Krieg der Physiker)[3]における連合国の勝利が何よりもはっきりと顕示された。そこから生まれた電子工学および原子核工学の新しい技術が戦後、冷戦時代における米国の世界戦略の支柱となる。これらの大規模プロジェクトは、理論物理学に格別な役割を与えた。すなわちいずれの事業も、理論研究のために独自の部門と作業グループの形成を促すほど大規模に遂行された。理論的成果はレーダーと原爆の技術開発に直結したので、軍事および産業にとって理論物理学の有用性はもはや疑うべくもなかった。

マイクロ波レーダー

レーダーが第二次大戦の戦局を決定づけた兵器であるという評価は、誇張ではない[4]。とりわけ、ドイツ空軍に脅かされた英国にとって、襲来する爆撃機に対する早期警戒システムの構築は、国の存亡にかかわる課題となった。早くも一九三四年に英国航空省で、「敵国の空襲に備える現在の防衛手段を強化するために、自然科学および技術分野の成果を有益に応用する可能性」[5]についての調査が実施された。ヘンリー・ティザード（第一次世界大戦前にベルリンのヴァルター・ネルンストのもとで学び、科学工業研究庁［一五〇頁参照］の指導的地位に就いていた）の指揮下で、「防空科学調査委員会」による関連研究の調整が行われた。特に関心を呼んだのは、国立物理学研究所のロバート・ワトソン＝ワットによる「無線検波」（radio detection）の提案である。その原理は、電離圏※1の物理観測に使われていた短波長の電磁パルスを放射し、その反射波を飛行体の位置測定に利用するというものである。デモ実験によって実際に、接近してくる飛行機の距離をおおまかに測定できることが証明された。このことにより、英国レーダー開発の進路が定まる。その後四年のうちに、海岸線に沿って二〇ものレーダー基地網（「チェインホーム」）が建設された。これは、波長一〇〜一二メートルの電磁パルスによって、約一五〇キロメートル圏内の飛行機の位置を数キロメートルの誤差で測定することを可能にした[6]。

英国レーダー開発のこの第一段階は本質的に、通常の無線技術の範囲内にとどまっていた。他の国でも三〇年代に、レーダー実現のための試験と実装が行われた技術と大差はなかった。英国における開発の特殊性は、個々の過程自体よりはむしろ、レーダーへの取り組みに当初から見られるシステム的思考にあったのである。英国におけるレーダーは他のどの国よりも、国家の安全にとって決定的な要素であると認識され、それに伴い政治サイドからも最大限の注目を集めた。「チェインホーム」の早期警戒システムは、敵機発見のためには単なる初動的な警告というべき粗い走査線パターンを与えるにすぎなかった。これを補完したのが「チェインホームロー」である。より短波長（一・五メートル）で動作し、長波長レーダーとは異なって、低空飛行による侵入を決定的に困難にする技術だった。他方で一九三七年からは、敵軍の飛行機・艦船を追撃するために、レーダーを飛行機にも搭載することが試行された。それを実現するには、アンテナの大きさを最小限にとどめ、また目的物を正確に捉える必要に応じて解像度を高めるために、できる限り短波長を用いることが課題となった。

マグネトロン

しかしながら、そのような短波長の電波を十分なパワーで送信することは、従来の無線技術の能力を超えていた。ドイツではそれゆえ、当該産業界でまさに克服すべき課題であった数十センチメートルの波長帯域で実現できたことに甘んじた。それに対して英国では、レーダー技術のこの国特有のシステム的な性格、それと別次元での政治的関心のありさまから、関連するありとあらゆる問題の研究が最大限に優先されたのである。したがって、短波長レーダーの探求は、単に電子工学技術者の開発テーマにはとどまらない、物理学的研究の喫緊の課題であると認められた。そのことからたとえば、実験核物理の分野で名声を獲得したバーミンガム大学モンド研究所は、センチメートル波送信管の開発を委託された。その成果は、空洞型マグネトロン（磁電管）の開発に現れた。その核となる部分は穴を開けた金属シリンダーであって、電子管というよりはむしろ銃の円筒部に似ていた。英国実験家の技術が生み出したこの傑作の厳密な動作様式は明らかではなかったが、達成した送信性能は従来のあらゆる種類の電子管よりすぐれていた。ある企業研究所（ティザードの委託により、飛行機に搭載する短波長レーダーの開発を担当）との協働により、マグネトロン開発は数か月のうちに、波長一〇センチメートル帯域のレーダー発信が可能な送信管が作られるという進展を見せる。これにより、搭載可能なセンチメートル帯域（マイクロ波）レーダーにとっての主たる障碍が克服された。しかしながら明らかに、マイクロ波レーダーを実現するには、まったく新しい技術が求められていた[7]。

この時期、すなわち一九四〇年夏ごろには、英国のレーダー研究は国際的な比較で最も進んでいた。とはいえ、ドイツ軍の電撃作戦《ブリッツクリーク》が勝利を収めていたこの段階における英国は明らかに、必要な大規模研究開発プロジェクトを自国内で遂行できる状態にはなかった。それゆえティザードは、英国の兵器技術の機密を米国に開示し、そのかわり新しい兵器システムの開発と製造に米国の助力を求めるべきであると提案した。この計画はチャーチルとルーズヴェルトの承認を経て、一九四〇年八月、ティザード指導のもとで英国の高位の軍人と科学者たちからなる代表団が組織されることにより、ただちに実行に移された。「ティザードミッション」（この事業のニックネーム）のもたらした物件の中には、マグネトロンも含まれていた。代表団にいたレーダー専門家（E・G・ボーウェン）は後年、この電子管がベル研究所におけるデモで与えた印象について回想している。「非常に注意深く、スイッチを入れて陽極電位を与えると、出力端子から約一インチの放電発光が直ちに得られた。（…）デモとしてこれ以上の成功はありえなかっただろう」[8]。

米国でのレーダー研究は、ヴァニーヴァー・ブッシュが一九四〇年に設立した国防研究委員会（NDRC：National Defense Research Committee）と、その後身組織である科学研究開発局（OSRD：Office of Scientific Research and Development）の管轄領域だった。OSRDは大統領直属の行政機関で、米国の軍事研究全体の調整と研究委託の拠点として機能した[9]。マイクロ波レーダー開発には、アルフレッド・L・ルーミス指導下の委員会がその任に当たった。陸軍長官ヘンリー・L・スティムソンの従弟で、富裕な弁護士・銀行家そして物理学者でもあった彼は、このテーマを自身の私的研究所でも手がけた。ルーミスの「マイクロ波委員会」には物理学者（MITのE・L・ボウルズと、カリフォルニア大学のアーネスト・O・ローレンス）とともに、主要な電子工学企業の代表者たちが入っていた。「マイクロ波委員会」は、いちはやくマイクロ波レーダーシステムのため多くの部品（導波管、クライストロンなど）を関連企業に発注したが、必要な送信出力をどのように獲得できるかという中心的な問題は未解決のままだった[10]。それゆえ、マグネトロンによりティザードミッションは、軍備における英米の「結婚」が進む中で、格好の持参金《ミットギフト》をもたらしたのである。この融合はレーダープロジェクトを、それまでにはなかった規模の研究活動に発展させた。

最重要の施策として、拠点となるべきレーダー研究所の設置が決定された。これはMITに付設され、「放射線研究所」という偽名で呼ばれる。バークレーにあったローレンスの放射線研究所（そこでの原子核物理学研究は、そのころまだ軍事的応用とは結びついていなかった）〔現在はローレンス・バークレー国立研究所となり、軍事研究は基本的に対象外〕からの借用である。ローレンスもまた、研究者たちの中核メンバーとして適任の人々をリクルートするのに決定的な役割を果たす。彼は所長ポストを、ロチェスター大学物理学科長だったリー・A・デュブリッジに委嘱した。数週間のうちに、三〇人以上の物理学者が応募してきた。その中にはスレイター、コンドン、ラービといった理論家もいた。創設四か月を経た一九四〇年一一月には、MITの放射線研究所はすでに九〇人の物理学者・技術者、四五人の技術スタッフ・その他補助要員と、六人のカナダ人客員研究員を擁するに至った。終戦時までにその人員は三八九七人に膨れ上がっている。研究所組織も、こうした成長を反映して変化する。当初は六つの部品開発グループと一つの理論グループ（独自の作業グループというより、さしあたり顧問団のような体裁を取った）で出発し、最後には一一の部と一〇〇以上の（一部は高度に細分化された）作業グループに増殖したのである。放射線研究所の理論グループは、一九四二年初頭から「研究部」（責任者はラービ）の中で、ハウトスミットとスレイターの共同指導のもとに、独自の作業グループとして活動した。一時的な研究協力者としてベーテや、いずれもゾンマーフェルト研究所の客員研究員だったアリスとフランクのような造詣豊かな理論家が加わった。このグループの主たる任務は、「レーダーのある種の部品の設計と開発に寄与するような理論的情報の提供」にあった[11]。

放射線研究所の公的な歴史では曖昧にしか浮かんでこない理論家の役割は、マグネトロンをめぐる理論的探求の事例を見ると、より明確になる。マグネトロンはプロジェクト全体にとってのいわば点火プラグとして、最初から関心の中心に位置していた。交流磁場における原子ビームの研究[12]により、この新種のマイクロ波送信管の問題について大まかなイメージを持っていたラービは、理論グループの同僚であるコンドンとスレイターに対して、マグネトロンを「一種の笛のようなもの」と形容してみせた。けれどもこれは、問題を言い換えたにすぎない。というのは笛の場合にも、好みの音の高さと強さに合うような共鳴空洞を計算できる理論家はいなかったからである。それゆえコンドンは、「わかったよ、ラービ。笛ではどうなるんだい？」と聞き返した[13]。スレイターにとっても、マグネトロンの動作様式は解けない謎だった。「その操作は芸術であって、科学ではなかった。（…）僕もわからないがやってみよう、と私はラービにいった」[14]。

仕事のスタイルと動機づけ

スレイターと同僚たちがこの問題に取り組んだありさまは、放射線研究所における理論物理学者たちの操作主義的な研究スタイルを知る上で示唆に富む。スレイターは一九三〇年代に、他の多くの研究者と同じく超伝導理論に挑み、失敗を味わっていた。しかし、その際に発展させた数学的手法がマグネトロン問題にも適用可能であることがわかった。それは、空洞における電子雲の運動を計算することである。すなわち、個々の電子に対して作用する電磁場の生成は、他のすべての電子の運動の原因であると同時に結果でもある。出力構成の幾何学的特徴が、超伝導における「マイスナー効果」に関する彼の（うまくいかなかった）計算を連想させた。超伝導状態のケーブルから磁場が外に「押し出される」現象である。それに対してスレイターは、シリンダー状容器（シリンダー軸と平行する磁場が貫流している）における電子雲のふるまいを解析していた。その計算方法自体は、「自己無撞着場」（selbstkonsistentes Feld）という量子力学的近似法との類似性を示す。それによって、原子核をめぐる電子雲の状態を計算することができた。「これはかなりの算術的計算を伴うが、私は原子の問題で同様のことを手がけていた」と、スレイターは回想している。地球磁場内での宇宙線の研究で同様の計算を行ったことのある同僚とともに、このことからスレイターはマグネトロンの動作様式について、初めて定量的な理解を得たのである。彼らとは独立に英国で、ダグラス・R・ハートリー（「自己無撞着場」方法の考案者）が同じ結果に達する。これは一九四〇／四一年冬に、極秘の報告書に記載され〔英米間では情報交換があった〕、技術的な観点からもマグネトロンを完成に導く成果だった。スレイターは、「こうした空洞の共振モードについての私の理論を試してやろう」という野心に燃えて、その開発フェーズにも参加。彼は仕事場所をニューヨークのベル研究所に移した。そこではすでに、波長わずか三センチメートルのマイクロ波を発振するマグネトロンを手がけていた。彼のそこでの仕事はマグネトロン開発全体の統括的な部分であり、理論から製図上の設計、さらには生産の細部にまで及んだ。加えて、米国と英国のレーダー開発の科学コーディネータの役割を担った[15]。

産業界との連携や、英米の科学交流と並んで、軍関係者との緊密な相互作用が、連合国の戦時科学の特徴をなしている。学と軍とのこうした接近は、双方の行動様式と伝統の違いから、円滑自明なことではまったくなかった。たとえばラービは、ある海軍士官との出会いについて述べている。この士官は彼のところにレーダー装置について質問に来たのだが、それを実戦でどう使うかは何も明かそうとしなかった。「『何のために使うのですか。目的は何ですか』と私は尋ねた。その海軍士官は私の目を見ていった。『それについてはワシントンの私どものオフィスでならお話しできます』。私は答えなかった。そして何もしてやらなかった。彼らはまたやって来た。再び質問を持ってきたのだ。今回は次のように言ってやった。『レーダーがわかる方、海軍がわかる方、飛行機がわかる方、そして戦術がわかる方に来ていただければ、ご要望について話し合えるのですが』。これを承諾するのは彼らにはかなり困難なことだったが、聞き入れてくれた。私たちはすばらしい関係を築いた。(…)お互い尊敬しあえる友人となったのである」[16]。

ラービは戦時研究に強い動機づけを持っていたが、それはスレイターやコンドンほか、レーダープロジェクト参加者の多くも同様だった。彼らはそれぞれにドイツのことを知り、ドイツの科学が戦争に全面的に投入されているであろうことをいささかも疑わなかった。「私が見聞できた範囲では、ハイゼンベルクは〔亡命せずに〕ドイツでがんばろうとしています」※2と、ベーテは一九三七年、ドイツを訪問した後でラービへの手紙に書いた。エーヴァルトは一九三八年八月、ラービにあてて「事態はどんどん悪くなっています」と伝えてきた[17]。かつてゾンマーフェルトやハイゼンベルクのもとに留学した〔米国の〕元奨学生たちや、亡命したゾンマーフェルト学派の理論家たち自身が、この戦争ではナチスドイツに対して積極的に立ち上がらなければならないという特別な使命感を抱く。戦争勃発時にバーミンガム大学で職を得ていたパイエルスは、折しもマグネトロンが開発されていたこの時期、英国のレーダープロジェクトへの参加を希望したが、〔敵性外国人という理由で〕当局は許可を与えなかった。一九四〇年春に英国籍を取得した時も、参加は拒否されてしまった。そこで彼は、核分裂の軍事的応用に関心を転換する[18]。ベーテも、当初は戦時機密プロジェクトから排除された。「フランスの敗北後、私は何かをやりたくて焦っていました。戦争に役立つ貢献をしたいと思ったのです」と、彼は後に回想している[19]。戦争への彼の最初の貢献は、装甲板貫通についての理論だった。委託を受けたわけではなく、報告先もわからず、まったく自発的に取り組んだのである。次には、衝撃波の理論を手がけた。この件も、イニシアティヴを取ったのは国や軍関係の委託者ではない。その着想は、カリフォルニアでベーテとテラーが会ったことから生まれた。その地で、ベーテは一九四〇年夏に客員講演を行い、テラーはちょうど休暇を過ごしていた。二人とも戦時研究に大いに興味を抱いていたので、カリフォルニア工科大学の航空力学者セオドア・フォン・カルマンを訪ねた。彼らにカルマンは、衝撃波を然るべき研究テーマとして提案した※3。「われわれはそれについての形式的理論を作りました」とベーテは回想している。「これは私の装甲板貫通についての論文よりはるかに有用でした。というのもそれが、気体の性質を調べるために衝撃波を利用する基礎となったからです」[20]。「帰化」により米国籍を取得した後、また、米国が一九四一年一二月に第二次大戦に正式に参戦した後にようやく戦時機密研究に入る許可を得て、ベーテはMIT放射線研究所でのレーダープロジェクトにリクルートされた。このプロジェクトは彼にとって当初から「本物で、衝撃波よりも重要」であると思われた[21]。

ベーテは、放射線研究所のためにまず、レーダー波が導波管を伝播する際の決め手となるテーマを扱った。彼の「小孔による散乱理論」は、ゾンマーフェルト学派お好みのテーマと結びついていた。「私はゾンマーフェルトに倣いました。彼は量子論の前には回折理論に関心を持っていたのです。それで私は、電磁波、レーダー波が金属板中の比較的小さい孔を通って伝播する現象を研究し

（…）これを計算する方法を見つけました。それまでこれは、まったく経験的にしかわかりませんでした。その後シュウィンガーがさらに改良を加えて、見事な芸術に仕上げました」[22]。ジュリアン・シュウィンガーは一九三〇年代にラービのもとで学び、一九四二年初頭から、ベーテがコーネル大学でマイクロ波レーダー研究のために結成した理論家の小グループに加わった。一九四二年五月にこのグループがMITの放射線研究所に〔すでに存在していた理論グループ強化の目的で〕移った時、導波管の理論はシュウィンガー指導のもとで体系的な研究領域に成長し、あらゆる技術的応用の形が調べられた。一九四二年秋には早くも、『導波管ハンドブック』（*Wave Guide Handbook*）という形で、成果が「有用な工学の形において」提示されたのである[23]。一九四四年には内容を全面的に拡充した第二版が編集された。このハンドブックは戦後も同じタイトルで〔戦後は *Waveguide Handbook* に改められた〕、さらに改訂を加えた形での刊行を見た。内容は一新されてもその序文だけは今なお、マイクロ波技術についてのこの基本的著作がどのように特殊な状況で生まれることができたかを伝えている[24]。

レーダー探知機――半導体電子工学の先駆

ベーテ自身の仕事も、導波管の理論に限られたわけではない。「研究所を歩き回り、人々の話を聞き、何か面白いことがないか探るよう促されました」。彼はこのように、放射線研究所で自分のテーマと出会った様子を語っている。たとえば彼は、レーダー探知機問題の検討を要請された。それはヴェルカーがドイツでこの問題を手がけた〔第九章参照〕のとほぼ同じ時期だった。ベーテも、金属と半導体との接触部分における未解明の過程が、マイクロ波帯域のレーダー探知機開発にとっての根本問題であるという結論に至る。そのために彼は、この過程について最初の理論を作り上げた。「私は理論の意味を理解しようと努め、この点でトランジスターを切り拓く道のおそらく四分の一ほどには達していたでしょう。この接合状態がどのように作動するかを、私はかなりよく理解していましたが、残念ながらそこで止めてしまいました」。ベーテはこのように、チャンスに接しながらトランジスターの原理発見に至らなかったのを悔しがってみせた。その発見は数年後に、ベル研究所の三人の固体物理学者にノーベル賞をもたらすことになる〔二四四—二四五頁参照〕[25]。ベーテの「鉱石整流器の境界層理論」（一九四二年一一月、「ＲＬ（Radiation Laboratory）レポート　No.43-12」として配布された）[26]は、モット（一九三九年）やショットキー（一九三九～一九四二年）によるモデルとともに、現代半導体理論のパイオニア的研究に数えられている[27]。

放射線研究所は鉱石検波機研究のため、ＭＩＴ以外の大学や企業にもかなりの件数の委託を行った。この分野における最も重要な実験拠点のひとつとなったのが、パーデュー大学物理学科である。これを指導したのはカール・ラルク＝ホロヴィッツという、一九二〇年代末に米国に移住したオーストリア人実験物理学者である。彼は自身の作業グループと協力して放射線研究所のために、半導体材料としてゲルマニウムを用いた探知機の開発を手がけた[28]。もうひとつの拠点はペンシルヴァニア大学である。こちらはシリコンを原料とする研究に特化した。いずれの場合も、主として実験のために編成された研究グループが、高純度を要求される当該半導体物質の製造者である企業と緊密な協力関係を保っていた。しかし、ここでも理論家は重要な役割を演じる。たとえば、高純度シリコンの製造プログラムは、フレデリック・ザイツのイニシアティヴによるものである。彼は一九四二年六月、レーダープロジェクトにおけるゲルマニウムとシリコンの重要性を明確に示した[29]。パーデュー大学グループの助言者として招かれた理論家にはヘルツフェルト、ノルトハイム、ワイスコップのように、米国移住前にゾンマーフェルト、ボルン、パウリらの研究所で成立期の現代固体物理学を体験した理論家たちがいた。

レーダー探知機のための半導体整流器の諸研究は、戦後になっても教科書的な総括によって記されるほどの規模に達した[30]。鉱石検波機開発における数々の成果が、今日の半導体電子工学の基盤となっている。

原子爆弾

しかしながら、戦時物理学研究で最も耳目を驚かせたものはマイクロ波レーダーではなく、原子爆弾である[31]。軍事的な意味ではレーダーにはるかに及ばなかったにもかかわらず、長きにわたり原爆は、第二次大戦中の物理学者の活動が記事になる時にはその中心を占めてきた。「原爆が戦争を終わらせた。しかし、戦争に勝ったのはレーダーのおかげである」。MIT放射線研究所のOBたちは、二大プロジェクトを比較してこのように言うのが常のことだった[32]。マイクロ波レーダーがヨーロッパやアジアの実にさまざまな戦闘場面に投入された様子は、ある「包括的な戦術史」に記録されている[33]。それとは違い、原爆はヨーロッパ戦線には間に合わなかった。開発の主たる根拠は、ドイツの原爆というありうべきものと思われた脅威だったが、ドイツが降伏すると、まだ最初の試験的爆破も行われていない段階で、この根拠は無意味になってしまった。そして日本への投下については、原爆に関与した多くの科学者たちからさえ、道徳的に非難すべき、軍事的に無意味、政治的に危険な行為であるとみなされた[34]。

科学的な観点からも、原爆プロジェクトは典型的な戦時プロジェクトであったとはいえない。レーダーの場合とは違って、原爆の実現可能性は当初まったく不確かで、ほかの戦時研究には非常に熱心に参加した有能な核物理学者たちも、それには関わりたくないという反応を示していた。「原子爆弾の可能性ははるかに先のことと思えたので、それに関わることは、三年後になるまで、一切断りました」。ベーテはこのように、一九三九年（核分裂発見の翌年）における自身の態度について説明した[35]。陸軍、海軍、空軍あるいはスパイ活動に役立ちうる戦時研究は実に多様だが、典型的な科学的戦時プロジェクトは、投入可能な兵器や技法の開発を行う応用的研究であることが普通である。それに対して原子爆弾の研究は、その大部分が基礎研究に関わっていたので、少なくとも戦争初期の二年間は、既存のアカデミックな研究所の枠内だけで小規模に遂行されたにすぎない。

「純粋」理論から戦争プロジェクトへ

レーダーとは異なり、原子核研究の戦時科学への組織化が実に遅々としていたことは注目に値する。きっかけは基本的に科学者たちの働きかけにあり、軍事的政治的な利害とは無縁だった。たとえばドイツでは、一九三九年四月にハンブルクの物理学者パウル・ハルテックとヴィルヘルム・グロートが、核分裂の軍事的可能性について陸軍兵器局に注意を喚起した[36]。同年夏に米国で、三人のハンガリー人亡命物理学者シラード、テラーおよびウィグナーが、名高い理論家の同僚アインシュタインに、「政府を巻き込む」ためルーズヴェルトにあてて手紙を書くよう促した[37]。ドイツでも米国でも、こうしたイニシアティヴが「ウラン」委員会の結成を導いたのではあるが、未解決の研究上の諸問題があったために、大規模な原子爆弾プロジェクトのための動員が正当と認められたわけではまだなかった。ドイツのウランプロジェクトは戦争中を通じてこのレベルにとどまる。当初これに責任を負った陸軍兵器局は一九四二年初頭、このプロジェクトは戦争のためには無意味であるという結論に達した。その後、カイザー・ヴィルヘルム協会および帝国研究評議会に管轄が移り、「戦局にとって重要」なプロジェクトとして終戦まで継続されたが、原爆開発のために包括的なプログラムを立ち上げようという特段の動きは起こらなかった[38]。

米国でも、物理学者の要請に対して政治・軍事の当局者たちの反応はむしろ消極的だった。「ハンガリー人の陰謀」(シラード、テラー、ウィグナーの働きかけがこのように呼ばれた)[39]の二年後にもなお、米国のウランプロジェクトは原爆プロジェクトとなるには程遠かった。転機が訪れたのは、ようやく一九四一年七月になって、およそ五キログラムのウラン同位体U235があれば原子爆弾の製造が可能であるという情報が英国からもたらされた時である。これをきっかけとしてヴァニーヴァー・ブッシュは、長官を務めていたOSRD〔三〇八頁参照〕がウラン研究の舵取りもしていたことから、この方面の研究強化へのゴーサインを大統領に求めた。ルーズヴェルトは一九四一年一〇月、ブッシュの勧めに応じたが、原爆製造のプログラムが確定したわけではまだなかった。しかしブッシュはいまや、大規模な研究を進める裁量権を手にした。その成果から爆弾製造の可能性をアピールし、必要な支出の決定に導くことができたのである※4。さらに一年たった一九四二年一二月二八日にルーズヴェルトはようやく、それまで実験室規模で行われていたプロジェクトを「総力をあげて取り組むべき生産事業」(all-out production effort)に位置づける最終的決定を下した[40]。

この事業で理論物理学は特別な役割を担うが、その手始めは、爆弾に必要とされる物質の量がどれくらいか、まるきり見当がつかなかったことである。「見積りは理論物理学者たちの計算に依存しております。その計算は、極度に少量の物質についての困難な測定に基づくものであります」。

このようにブッシュは米国大統領に説明した[41]。U235の臨界質量の計算は、その最も好適な事例である。ボーアと米国理論家ジョン・アーチボルド・ホイーラーが考案し、一九三九年夏に『フィジカルレビュー』誌に発表した核分裂の仕組みについての理論によれば、低速中性子との衝突で分裂するのはこの軽い同位体に限られることが予想された[42]。天然ウランで連鎖反応を可能とするためにはそれゆえ、大量のウランと、「減速材」(核分裂で生じた放出中性子を然るべき低速度に抑える物質)を適切に組合せる必要があった※5。それによって、軽いウラン同位体［U235］から十分な核分裂が得られる。核分裂の技術的な活用という目的のためまず集中的に取り組まれたのがこの課題である。しかしボーアとホイーラーの研究はまた、当初はあまり注目されなかったもうひとつの結論を導くものだった。純粋なU235は、どんな速度の中性子によっても分裂を起こせるということである。減速材がなくても、高速中性子によって連鎖反応が引き起こされる。その条件は、放出中性子が逃げ去ることなく新たな原子核と衝突し、それを分裂させるだけ十分な量のU235が存在することである。この時、核分裂エネルギーは爆発によって解放されることになる。純粋なU235を球状に固めた場合の「臨界質量」は、表面を通って逃れ出る中性子と、球中で核分裂を引き起こす中性子との比率によって決まる。逃れ出る中性子の数は球の表面積、すなわち球の半径の二乗に比例し、核分裂の頻度は体積、すなわち半径の三乗に比例する。ある臨界半径を超えた時に、体積の効果が優勢となる。したがって、連鎖反応を実現するためには、臨界以下の質量の二つの塊を合体して、臨界を超える球体を作ればよい。

さしあたり純粋に理論的なこの可能性に初めて注目したのは、オットー・ローベルト・フリッシュとルドルフ・パイエルスである。一九三九年に、亡命者としての運命の偶然から、この年デンマークから英国に移住した実験家フリッシュと、ゾンマーフェルト学派出身の理論家パイエルスとがバーミンガム大学で合流。当時この地で行われていたレーダープロジェクトに加わることは、外国人である彼らには許可されなかった。そこで、二人とも当初はその可能性を真剣には考えていなかった核分裂の可能性に取り組んだ。そのきっかけとなったのは、フリッシュが英国化学会に執筆を依頼された核分裂についての報告〔核物理学について の総説論文に核分裂の項を含めた〕である。彼はデンマークにいた時すでに、叔母のリーゼ・マイトナーから核分裂発見の知らせを聞き、自身も簡単な実験を行ってこのテーマを追求していた。彼の報告は、天然ウランに含まれるにすぎないエネルギーのほんの極微の部分が解放されるにすぎないので、取るに足るような効果を得るには莫大な質量が必要になる（材料がただちに膨張し、さらなる反応が阻まれるので爆発には不適）という確信を裏書きするものだった。後年の述懐によれば、「この論文を書いた時、私は本当に、原子爆弾は不可能であると信じていた」。しかし、「遅い中性子に依存しないで本当に爆発的な連鎖反応を起こす」のに十分なウラン235を天然ウランから分離することができるのではないかと着想した。「もちろん、私はすぐにこのことをパイエルスと相談した」[43]。

パイエルスもまた、その直前に発表した論文で、爆発を導くような核分裂エネルギーの解放には、天然ウランでは莫大な質量が必要との結論に達していた。しかしその際すでに、低速ではなく高速の中性子を考慮すべきであるという仮定に立っていた。そしてフリッシュは、一九四〇年の二月か三月のある日、あらためてこのテーマを携えてパイエルスを訪ねた。「誰かが純粋なウラン235を手に入れたら、どうなるかな?」これまで天然ウランに対してだけ試みられた計算を、とりわけ高速中性子が連鎖反応に実質的に寄与するという仮定のもとにウラン235に当てはめると、まったく新しい姿が浮かび上がった。「私たちはこの結果にたいへん動揺した。やはり原子爆弾はできるのだ。少なくとも原理的には」[44]。彼らは、この可能性をただちに英国政府に知らせることを自分たちの義務であると考えた。「ウランの核連鎖反応による『超爆弾』の構築について」という三ページの覚書で彼らは、「ほどほどの量のウラン235」があれば原子爆弾の製造は可能であろうと論じた。臨界質量の大きさはキログラム一桁台の範囲にあり、そのような爆弾の爆破圧力は「約10^{13}気圧」に達し、発生する温度は「10^{10}度の桁」にのぼるという。解放されるエネルギーは半径二・一センチ、四七〇〇グラムで「$E = 4 \times 10^{22}$エルグ」となり、これをもっとわかりやすく言い換えれば「五キロの爆弾によって解放されるエネルギーはダイナマイト数千トンに匹敵する」[45]。英国の戦時研究当局との直接の接点がなかったので、彼らは覚書を同僚〔マーク・オリファント〕にゆだね、それがティザードに回った。英国の原子核研究はこの時期（一九四〇年三月）まだ戦時プロジェクトにはなっていなかったため、この結果は物理学者たちの評価にゆだねられ、最終的には、「航空機製造省」監督下に新設された下部委員会でさらなる審議の対象となった。「モード委員会」(Maud Committee) と呼ばれたこの機関はその後、一連の研究、とりわけ同位体分離の問題と、中性子の断面積〔核分裂を起こす確率〕（その値は臨界質量の大きさを定める）の決定についての研究を促進した。この委員会は同時に、そうした実験を行いうる米国のいくつかの研究機関と接触した。

一九四一年三月にパイエルスは、自身が前年に行った理論的予言が初めて実験的確証を得たのを知る。ワシントンのカーネギー研究所での測定に関して彼はコメントした。「理論についての最初のこのテストは、完全に肯定的な回答を与え、この構想全体が実現可能であることは疑いを容れなくなった」。その後まもなく、モード委員会はそれまでに得られたすべての研究成果を要約した。「いまやわれわれは次のような結論に達した。すなわち、約二五ポンドの活性物質〔U235〕があれば、破壊効果がTNT爆弾一八〇〇トンに匹敵するウラン爆弾を製造することが可能であろう」。このように結論づけて委員会は特に、「この事業は最優先で、可能な限り早期に兵器を獲得できるよう規模を拡大して継続すること」を勧告[46]。

この報告書は、米国においてウラン研究が増強される「転機」を画した。米国ではしかし、ウラン235の臨界質量の問題については、パイエルスと英国の同僚たちほどの確信を持っていなかった。たとえばフェルミは、下限を二〇キログラムと見積もり、上限については一〜二トンと仮定した。オッペンハイマーは当初、数百キログラムほどを想定した。彼はローレンスから、臨界質量の計算のため理論面で協力することを依頼されていた。関連する実験研究は、バークレーにおけるローレンスの研究所で、質量分析機に改造したサイクロトロンを使って行われた。ようやく一九四二年春になって、高速中性子による核分裂断面積をある程度の信頼性をもって決定するのに十分なウラン235（百万分の数グラム）が生産できるようになったのである。それでオッペンハイマーは、臨界質量の値を二・五〜五キログラムと見積もるに至る[47]。

しかしながら臨界質量の計算は、「総力をあげて取り組むべき事業」なる決定を下すため最大限確実に解明すべき幾多の問題の、ほんの一つにすぎなかった。他にも、ウラン同位体を大工業的規模で分離するために適切な方法を選択することや、プルトニウムの生産という課題があった。プルトニウムは原子炉の中で天然ウラン238から生成し、理論からこれも核分裂物質として妥当と推測された新元素である。この可能性もまずは理論的に認識された後、バークレーのローレンス研究所のサイクロトロンで作られた極微のプルトニウム試料によって実験的な確証を得た。シカゴ大学のフェルミのチームによって建設された原子炉が臨界に達するよりかなり前のことである。しかしバークレーの加速器施設で原爆一個分のプルトニウムを生産することは、ウラン235を十分な量生産するのと同様に実現性が乏しかった。原子炉の建設によって初めて、プルトニウムによる原爆製造が現実的な選択肢となったのである。それで、原子炉の理論も原爆プログラムのためにいまや戦略的な重要性を獲得した。特にウィグナーが、フェルミとサミュエル・アリソンとともに理論家として、この問題を「冶金研究所」(シカゴの原子炉プロジェクトがこのように呼ばれた)における主要なテーマとして取り組んだ[48]。

組織的にも、理論物理学の特別な役割が重視された。米国の「ウラン委員会」では、理論研究の連絡調整を当初グレゴリー・ブライトが受け持った。彼は米国の著名な核物理学者・理論家で、一九二〇年代にキャリアをヨーロッパの量子力学の中心地で開始していた。原子炉にとって重要な低速中性子の物理学研究が一九四二年にシカゴの冶金研究所に集約されると、ブライトの責任分野は爆弾製造の根幹となる高速中性子の理論に特化した。しかし、彼は一九四二年五月、実験研究の調整役であるアーサー・コンプトンと意見が対立したため辞任[49]。そこでオッペンハイマーがこの分野の責任を負うことになる。彼もヨーロッパ経験を持つ理論家であり〔ゲッティンゲン大学ボルンのもとで博士学位取得〕、大西洋の両側にいた理論物理の権威者たちと多くのコンタクトを持っていた。ジョン・H・マンリー（実験に長じた冶金研究所の助手で、調整役としてコンプトンから推薦された）とともに、オッペンハイマーは高速中性子を喫緊の研究テーマとして大規模に推進するためにあらゆる力を尽くす。

マンリーは後年、彼とオッペンハイマーが当初どのような困難に逢着したかを非常に具体的に述べている。「私は国中を駆け回らねばなりませんでした。中性子源として利用可能な加速器を持った諸大学と、たしか九つもの別々の契約があったからです。（…）そうした実験が本当にいかに難しかったか、簡単に言うことはできません。使用できる材料はごく限られていました。（…）爆弾一個を作るためにU235やプルトニウムがどれだけ必要かさえわからないのに、生産プラント一切合切の設計は、兵器一個あたり必要な材料についての何らかの見積もりにかかっていました。一九四二年のこのころには、まったく不確実な混乱のさなかにあったのです。（…）一方オッペンハイマーは、バークレーで小さなグループを組織して理論的な問題に集中して取り組み、実験プログラムが提供するデータによって計算を行いました」[50]。このためにオッペンハイマーは、ベーテやバッカーのように他の戦時プロジェクトに参加していた物理学者たちをも動員した。この二人は「ベーテのバイブル論文」〔二六一頁参照〕の共著者として課題にぴったりの資格を有していたが、すでにレーダープロジェクトに加えられていた。オッペンハイマーは当初、（バッカーにそうした会議への誘いの手紙で書いたのだが）「決定的な議論のために時々」彼らが協力してくれるだけでよいと懇願した[51]。

彼が特に獲得に努めたのは、ベーテである。テラー、ブロッホほか少数の「輝ける人々」

(luminaries)※6とともに、バークレーでの原子爆弾の理論に関する夏期プログラムに招待しようと考えた。そのために彼は、ハーヴァード大学の理論家ジョン・ヴァン・ヴレックへの手紙で次のように念を押す。「決定的なポイントは、ベーテの関心をひきつけ、私たちがなすべき仕事の重要性を彼に印象づけることです」[52]。ヴァン・ヴレックの説得技術は功を奏した。「好奇心が私を捉え、行くことに同意しました」とベーテは回想している。バークレーに向かう途中、ベーテはシカゴに寄った。テラーと合流して旅を続けるためである。テラーにとっては、原爆はすでに「確かな物」だった。「実際には、仕事はほとんど始まっていませんでした」。このようにベーテは回想の中で、テラーの性急な評価を訂正する。テラーは、バークレーの夏期コースで新しいテーマを扱うことに最も熱心だったという。「彼は、われわれが本当に考えるべきなのは核分裂爆弾によって重水素を点火する可能性、つまり水素爆弾なのだ、と言いました」。まずはフェルミとテラーの間で議論されたこの可能性はテラーを夢中にさせ、彼はバークレーでの議論の大きな部分をこのテーマに向けさせることに成功した。「その夏、時間の四分の三ほどは水素超爆弾の可能性の検討に充てられました。次から次へと困難が現れ、次から次へと解決を考え出しました。しかし、明らかに困難が勝っていました」と、ベーテは回想している[53]。この関連で、もうひとつ別の想像が興奮を呼び起こした。すなわち、原子爆弾によって大気中の水素が、したがって地球自体が爆発してしまわないか？　という疑問である。この世界破滅のシナリオは、理論家たちを短期間の計算に従事させることになった。しかし、そのような事態が起こりそうにないことは、ただちに一致した結論となった。「ありうることとはまったく思えませんでしたが、そうした可能性は排除されねばなりませんでした」と、テラーは彼の伝記作者に語った。「他の同僚とともにそれに関わって、起こりえないという答えを提示しました」[54]。

プロジェクトY

こうした回り道はあったものの、理論家たちはこの夏バークレーで、原子爆弾の理論について包括的な見通しを得た。たとえばベーテとヴァン・ヴレックは、衝撃波理論を用いて爆破過程について議論した。同様に、パイエルスと彼の助手クラウス・フックス、およびその他の英国原爆プロジェクトの理論家たちの成果も議論に組み入れられた。研究上で不十分な点が指摘され、それを埋めるのに適切な研究機関への委託が行われた。たとえばブロッホは、所属するスタンフォード大学のサイクロトロン（バークレーのローレンスのチームの協力により戦争直前に建設）で、核分裂中性子のエネルギー分布をできるだけ正確に決定する任務を負った[55]。バークレーでの理論家会議の終わりには特に、原爆開発のためにどのような障害を克服すべきかが明らかとなった。「議論のうちの多くは、のちに開発の主流となる方向には沿わなかったが、基本的な着想を明らかにし、基本的な問題を定義し、核分裂爆弾の開発が多大の科学的技術的な努力を要することを示すのに役立ったのである。」「プロジェクトY」（その直後にオッペンハイマーによって組織されたロスアラモスの原爆プロジェクトがこのように呼ばれた）の公的歴史において、バークレーの理論家会議には、このような評価が与えられている[56]。

そのことにより、理論家の役割はさらに重きを増した。オッペンハイマーが理論物理学者としてこのプロジェクトで決定的な役目を帯びたのも不思議ではない。高速中性子の物理学はオッペンハイマーの専門領域に入るものだった。シカゴでコンプトンの指導のもと冶金学研究所（低速中性子の物理学を担当）に集約された原子炉プロジェクトとは、明確な区別があった。しかしながら、バークレーから来た理論家〔オッペンハイマー〕がロスアラモスで、理論を越えたすべての科学分野にわたる指導権限を託されるのは、自明なことではまったくなかった。何よりも、投入可能な原子爆弾の製造がその目的だったからである。製造過程の全体は軍の所管で、「マンタハッタン工兵管区」(Manhattan Engineer District) なる呼称のもとに、理論物理学を手放しに信奉しているとはいいがたい将軍（レスリー・R・グローヴズ）の指揮下に置かれた。それだけになおさら、オッペンハイマーがロスアラモスの原爆プロジェクトの研究所長に任じられたことは意外の感を抱かせる。グローヴズが後年になって率直に認めたように、オッペンハイマーはこの所長ポストの第一候補というわけではまったくなかったのである。「私自身は、彼がこの仕事の理論的側面を扱う資格が十分あると感じてはいたが、実践的な実験作業や、行政的な責任をいかにうまくこなせるかは、見当がつかなかった」57。バークレーの理論家が選ばれたのは何よりも、高い名声を得たローレンスやコンプトンのような実験物理学者が、すでに別の使命を帯びて手が離せないと判断されたからである。そもそも、彼が注目されたこと自体、原子爆弾のために行った理論研究の結果というより、強烈なイニシアティヴのもと、当初は各地に散在していた関連研究を調整して、シカゴの「冶金研究所」と少なくとも同等の独自プロジェクトに集約するのを推し進めたことによる。「グローヴズ将軍が当地を訪れた時、私は彼に会い、研究所の問題についてかなり徹底的に話し合いました」と彼は、一九四二年一〇月一二日、旅行中の助手マンリーに報じた。「研究所を設置してわれわれの仕事を再編成することにただちに取り組む必要性を、彼は確信したと思います」58。

指導的理論家：「プロジェクトY」の科学技術責任者J．ロバート・オッペンハイマー（左）と、理論部門部長ハンス・A．ベーテ（右）。

ニューメキシコ州に「プロジェクトY」にふさわしい土地が見つかると、次なる課題は科学者のリクルート。この点でもオッペンハイマーは、理論家としては稀なイニシアティヴを発揮する。何よりも実験を事とすべきプロジェクトであったので、実に様々な研究グループがそれぞれの実験装置とともにロスアラモスに引っ越さねばならなかった。さらに、軍によって隔離された生活を科学者たちに受け入れさせることも簡単にはいかなかった。オッペンハイマーはとりわけ、MIT放射線研究所から多くの物理学者をスカウトしようとした。誰よりもベーテを、彼はロスアラモスの理論部門の責任者にしたいと考えた。まずは自分自身がこのポストにつくつもりだったが、レーダー開発を経験したラービとバッカーが彼を説き伏せて、プロジェクト全体の管理と理論部門の指導とを同時には行いがたいことを納得させたのである[59]。

一九四三年春、科学者たちがはじめてロスアラモスに到着し、ぎりぎりのタイミングであっという間にできあがった宿舎と実験施設に入った時、理論家たちは、到着したばかりのすべての人々に最新の知見を説明する役割をも担った。オッペンハイマーの弟子で、前年開催されたバークレーでの夏期プログラムにも参加したロバート・サーバーは、速成の入門講座（indoctrination course）を開いた[60]。そして、オッペンハイマーが副所長としてロスアラモスに迎え入れたエドワード・コンドンは、その素材を簡略な教科書にまとめる役割を担った。この『ロスアラモス教本』（*Los Alamos Primer*）は、物理学者、化学者、数学者、技術者、冶金学者やその他の資格で、この技術領域の機密サークルに加わるあらゆる人々にとって、共通の入門書となる[61]。こうしたオリエンテーションの後で一連の会議が開かれて、第一段階の研究プログラムが構想された。実験的・技術的な研究が最優先だったにもかかわらず、理論研究も、実験物理学的、化学的、冶金学的、兵器技術的な主要プログラムと同格の位置を占めた。「会議で明らかになったのだが、理論プログラムの主たる目的は、爆発を解析し、関連する計算技術を開発し、爆弾製造のためにより信頼性が高く正確な核関連仕様書を作ることであった」。理論家の役割がこのように記述されている。「理論研究にはまた、実験研究のためにさまざまな解析と計算を行うことが含まれていた。その内容は、日常的な計算業務から、濃縮ウラン235を格納する低速連鎖反応装置の設計にいたるものであった。そして最後に、さらなる課題として、爆発のダメージや、組み立てにおける自己触媒法の可能性、また、熱核反応誘発のために核分裂爆弾を用いてその効果を高めることなどがあった」[62]。

こうしたプログラムの遂行は、ベーテが率いた「理論部門」のもとでなされた。これは、「実験物理部門」、「兵器部門」、「化学及び冶金学部門」と並ぶ基幹部局として編成され、その内部が一連の下部組織に区分されていた。テラーは「爆縮の流体力学とスーパー［水素爆弾］」、サーバーは「拡散理論、ＩＢＭ機による計算、実験」、ワイスコップは「実験、効率計算、放射の流体力学」、プリンストンで学位を取得したばかりのリチャード・ファインマンが「拡散問題」のグループリーダーとなった。そして五番目の理論グループ（D・A・フランダースがリーダー）の担当分野は、簡潔にも「計算」（Computations）と名づけられた。これらのテーマが示すのは、理論研究がもっぱら原子核物理学的な問題設定に限られてはいなかったということである。それにとどまらず理論家は、他の部門にも配置された。たとえばテラーの教え子チャールズ・L・クリッチフィールドは、「兵器部門」において「投射物、目標、投射源」という領域のグループリーダーになる[63]。このような組織の図式はしかしながら、ロスアラモスプロジェクト当初の粗い構成を示しているにすぎない。実際のところ、古い問題が片付くか、またはそれが新しい問題の脇に追いやられるとただちに、作業グループは、必要に応じて新しいテーマのために設置され、あるいは、人的構成が然るべく変化していく。

爆縮《インプロージョン》方式

理論家たちはバークレーの夏期プログラムですでに、臨界未満状態にある核分裂物質の配置に変更を加えてごく短時間のうちに臨界質量を実現するための、二つの異なる方法を認識していた。いわゆる「ガン」［銃］方式では、砲身の先端に臨界未満の物質を取り付け、それに向けてもう一つの臨界未満物質を弾丸のように発射する。爆縮方式では、球体の中にぎっしり詰まった臨界未満物質を、外部の爆破によって球の中心に向けて圧縮して臨界状態に至らせる。後者のより複雑な方法はもともと、副次的な可能性としてついでに研究されていたにすぎない。ガン方式のほうが核爆発を起こす有効なメカニズムであるとみなされていたからである。それを反映して、「兵器部門」に置かれた爆縮研究は、最初の数か月の間は低い優先順位しか与えられていなかった。その部門内で、セス・ネッダーマイヤーの指導のもと少数の爆薬専門家たちが爆縮の調査をしていた。一九四三年秋になってようやく、理論部門は爆縮が重要な研究テーマであることを認識する。ロスアラモスプロジェクトの数多い外部助言者の一人であった数学者ジョン・フォン・ノイマンが、爆薬をより大量に用いて爆縮方式の効力を高めることを提案したのがそのきっかけとなった。これにより圧縮速度が向上し、その直接の結果として、核分裂物質がより少なくてすむとともに、その純度にさほど重きを置く必要もなくなったのである。グローヴズはこの提案の実用面を評価した。他方、物理学者たちにとっては爆縮方式が「技術的においしい」(technically sweet)※7テーマともなった。彼らはこの爆縮問題を、内部に向かって加速される固体物質の相互衝突とはもはや考えず、球の中心に向かって収斂する衝撃波の流体力学的な問題として捉えたのである。そうした波の運動過程の予測が課題となった[64]。

グローヴズとオッペンハイマーはいまや、この方法の優先順位を高めた。彼らはネッダーマイヤーの作業グループを強化するため、ジョージ・B・キスチャコフスキーをメンバーに加えた。爆薬の専門家であったが、彼は軍の爆破材料専門家とは違って、通常の兵器ではなく精密機器を扱うようにこの問題を捉えたのである。キスチャコフスキーはただちに、爆縮過程におけるさまざまな物理学的パラメーターを算出するための、大規模な診断プログラムに着手した。それと並行して、理論部門のベーテは担当の変更を企てた。一九四四年三月に、爆縮問題をテラーの作業グループの主要テーマにした。しかし、テラーは引き続き、自分の気に入りのテーマである水素爆弾にも最優先で取り組んだので、ベーテはテラーを自身の部門からはずし、爆縮グループはパイエルスに担当させた。それより少し前に彼は、英国物理学者の一団に加わってロスアラモスに到着していた。パイエルスは英国にいた最後の時期、流体力学者ジョフリー・I・テイラーとともに衝撃波の計算方法を開発した。原子爆弾の爆発後における衝撃波の破壊効果を評価するためである。彼のこの計算方法が、爆縮問題で現れる流体力学方程式の数値解法にも適用できたのである[65]。

こうした計算は、綿密な計画のもとでIBM社の事務用計算機を大規模に投入することによってなしとげられた[※8]。しかしながら、新たな問題が浮上して、理論家と実験家とのより緊密な協力作業を促した。「軽量の高性能爆薬が、それよりも重いタンパー物質〔核分裂物質塊が膨張して未熟爆発するのを防ぐため、塊に覆い被せる物質〕に向かって押される時、爆縮には重大な不安定が生じる恐れがあった」[66]。「プロジェクトY」の技術報告書ではこのように、テイラーが爆縮方式の根本問題と認識した困難が記述されている。十分な効果を発揮しうる球対称の〔一様に球中心に向かう〕衝撃波を作り出すことを不確かにする困難である。問題の解決は、「レンズプログラム」によって見出された。これは、実験家と理論家とが協働して設計を進めたプロセスである。波の伝播が高速な爆薬と低速な爆薬とを適切に組み合わせて、衝撃波が、光と同じく物質を透過する際の屈折率の差違により、さながら光学レンズを通るように焦点に集まる。理論家と実験家はその設計のために「反復的な」解決手法を採用した。必要とされる屈折率および幾何学的な構成について、理論に基づく計算がまず行われ、それに基づき実験家が対応する爆薬の配合を検討する。発生した爆発波の「診断」から理論家にデータが提供される。そのデータによって、理論家は自分たちの当初の評価を修正し、二度目の試行で爆薬レンズを改良するための幾何学的配置と屈折率に関する基準値を、実験家に示すことができた。これを十分な回数繰り返すことにより、衝撃波を焦点に集める最適条件の実現が期待された[67]。

このような方法には多大の費用がかかる。しかし、プルトニウムが「ガン」方式によっては点火できないことが明らかになると、その遂行に必要な優先権を獲得する。一九四四年夏のこの「危機」が来る前、プルトニウム試料としては、サイクロトロンによってごく少量得られ、実用に適する質量数239の同位体のみからなるものが実験に用いられていた。はじめて原子炉でプルトニウムのサンプルが得られるようになると、同位体のプルトニウム240も混じっていることがわかった。この同位体は早期爆発を引き起こし、それ故、臨界状態に達するのが十分早くないと未熟爆発の原因となる恐れがあった。「ガン」方式では遅すぎたので、プルトニウム爆弾の点火には爆縮方式のみが有効だったのである。このころにはまた、高濃縮ウランの生産はせいぜい爆弾一個分にしか達しないのに対して、ハンフォードの原子炉におけるプルトニウムの生産は大量の爆弾を作るのに十分であることがわかってきて、爆縮の研究はその後の最優先課題となった[68]。

一九四五年七月に「トリニティ・プロジェクト」で爆縮方式のテストが行われるまで、理論家たちは爆縮において予想される過程や、火の玉の形成などの随伴作用や、生成される放射能やその他の「ダメージ」に関わるデータについて、定量的な見通しを与えられる唯一の存在だった。理論部門の指導者ベーテの代理を務めたワイスコップは、そうした評価作業においてロスアラモスの「預言者」という評判を取った。「私は、中性子の作用を予測するようひっきりなしに依頼された。爆発の強度がどの程度で、爆弾物質がどのように分裂するかを知ることが重要だった。そして、私たちがとりわけ心を砕いたのは、どれだけの放射線が生成され、大気中に広がって行くかという問題である。これらの問題は何一つとして実験では答えられなかった。そのような過程は模擬実験といえども、原子爆弾を点火することによってしか実現しえなかったからである。私たちはその作用を前もって知らねばならず、その知見はほとんどが理論研究の成果に基づかねばならなかった」69。理論物理学はこの段階において組織上でも重視されたのだが、それは理論部門が大々的に増強されたことに現れている。作業グループの数は五から八に増えた。そして、実験部門に対する助言的な役割も強まった。「トリニティ実験に対しては、実に様々な助力がなされた。そのあらゆる段階が、理論部門の監督下にあった」と、プロジェクトの歴史に記されている70。

誇りと苛立ち——ロスアラモスの経験

トリニティにおける試験爆発での原子の閃光とともに、ロスアラモスの科学者の中でも特に理論家たちは、新しいヒーローとしての役割を保証されたように感じた。戦後に出た数多い回想記の中でも、彼らによる記述にはとりわけ大仰な賛辞が目立つ。理論部門において「ダメージ」研究グループの責任者だったジョセフ・O・ハーシュフェルダーは、「ロスアラモスにおける科学技術の奇跡」について語った71。ワイスコップにとって、ロスアラモスは生涯における「偉大な時期」であった。「仕事の魅力が私たちをとらえた。これほど多くを学び、物質の構造についてあらゆる現象形態においてこれほど多くの知識を獲得した時期を、同僚たちも私も、それ以前にはまったく経験したことがなかった」[72]。ベーテはそれを「私たちすべてにとって非常に楽しい時期」と呼んだ[73]。ファインマンはトリニティ爆発実験への反応として「ものすごい興奮」を味わった。それだけではなく、よりによって、権威に対する反抗で知られたファインマンが、そこでの「大物」たちとの出会いを特に印象深く感じた。「本当に偉い人とは、こういう連中のことをいうのに違いない」[74]。

ロスアラモス体験について、すべての人がこうした感激を覚えたわけではない。爆薬専門家キスチャコフスキーは、多くの人が高揚した気分で追懐するのに接して「困惑と苛立ち」を覚えた。万事が「あまりにすっきり、あまりにお気楽で、みんながお互いに友達だった」かのような描写を、彼は自身の回想記で批判した。彼のロスアラモス体験の記述には、栄誉を競い合って対立する科学のプリマドンナたちのいさかいやねたみやライバル関係のほか、グローヴズが個人的にすすめようとした「ジャンボ」プロジェクトのような失敗したいくつかの計画も含まれている。試験爆発が失敗して化学爆発のみが起こった場合のことを考え、グローヴズは、貴重なプルトニウムを無駄にしたという非難が米国上院で起きないように、爆発試験を巨大な鋼鉄容器の中で行おうとした。鋼鉄のこの怪物は実際に建造されたが、使われることはまったくなかった。試験が計画通りに行われる時に、核爆発過程についての実験データが一部失われる恐れがあったからである。「この途方もないジャンボは上院にアピールせず、壊れた残骸がまだそこにある。トリニティの地で、埋葬もままならずに」と、キスチャコフスキーは諧謔ぎみに述べた[75]。理論家でも、体験談は感激一色というわけではない。オッペンハイマーの代理を務め、『ロスアラモス教本』の筆記者でもあったコンドンは、軍の保安規則や外界からの隔離状態を

「ジャンボ騒動」

「病的なまでに圧迫的」であると感じ、ロスアラモスで一か月過ごした後、辞職を申し出た[76]。ロッホも、半年いただけでプロジェクトから離れた。「この雰囲気の中で暮らすのは耐えがたいことでした。軍事的な雰囲気だったのです」と、彼は後に述懐している。「私はロスアラモスを去って、ハーヴァードの無線研究所のグループに加わりました。レーダーに対する防御がテーマでした」[77]。レーダープロジェクトや海軍のさまざまな戦時研究プロジェクトで大いに活躍したフィリップ・モースは、戦後になって原爆プロジェクトでの労働の実態を同僚たちから聞いた時、ぞっとするような気分に陥った。「それは衝撃的だった。(…)聞けば聞くほど、レスリー・R・グローヴズ少将のような冷徹な管理者のもとで働く必要がまったくなくてすんだことを、感謝せずにはおれなかった」[78]。

倫理的な価値判断はさておくとしても、こうしたコメントを見れば、ロスアラモスでの「成功」は、ハウトスミットのいった自由で民主的な科学の優越性とはほとんど関わりないことが明らかになる。「なぜドイツの科学は失敗し、英米の科学は成功したか」という問いへの答えとしてハウトスミットは、次のように述べた。「ファシズム下の科学は、民主主義下の科学と対等ではなかったし、あらゆる可能性にかんがみても決して対等ではありえないであろう」[79]。しかしながらハウトスミットは戦時中、鉄条網に囲まれグローヴズによって専横的に管理されていたロスアラモスのゲットーで過ごすことはなかったのである。そこにいたなら、この事業に「民主的」というレッテルを貼ることはなかっただろう。逆に、戦後の「原子科学者たち」の運動と、彼らの活動が培った政治的な路線への参加の呼びかけが示しているのは、原爆プロジェクトに参加した科学者と技術者が民主的な権利を奪われているように感じ、このような状態が続くことを未来への脅威として恐れた、ということである[80]。

原子爆弾プロジェクトはまったく類例のないものだった。それゆえ、米国の他の戦争プロジェクトに加わった者でさえ、ロスアラモスでの経験を実感としてとらえることは困難だった。ドイツの「ウランクラブ」の状況と比較するのはなおさら甲斐のないことである。ゾンマーフェルトの教え子たち（ミュンヘンの「理論物理学の苗床」出身という点で、少なくとも伝統と出自を共有しているといえる）のような個人的グループに話を限っても、大西洋の両側で繰り広げられた「物理学者たちの戦争」において比較できるものはほとんどない。ハイゼンベルクの「ウランクラブ」における役割は、ベーテの「ロスアラモスでの」役割とはまったく異なる（両者とも、それぞれのプロジェクトで指導的理論家として傑出していたにもかかわらず）。この二人の学問的出自が一緒であったことは、理論物理学の異なる伝統の懸隔をなおさらはっきりと示すものである[81]。米国で非常に顕著な「経験主義的情熱」も操作主義的スタイルも、ドイツにいる理論家たちには十分に根付くことがなかった。一方で、こうしたアングロサクソン的な伝統は、連合国の戦争プロジェクトでいかんなく発揮された。ロスアラモスの特殊な条件において、理論物理学の操作主義性が空前の規模で実践されたことが、米国の状況にあっても物理学研究のまったく新しい次元を切り拓いたのである。

第十一章　結び

　第二次大戦後に物理学は、歴史に例を見ない発展を経験する。「この戦争で、あらゆる疑念を超えて明らかになったのは、国家の安全にとって科学研究が絶対に必要だということである」。ヴァニーヴァー・ブッシュは戦争終結の前すでに、このように米国大統領あての意見書に書いた。後にこれは、『科学――はてしなきフロンティア』（*Science – The Endless Frontier*）という印象的な表題で刊行された［一九四五年］。彼がそこで考えたのは直接的な戦時研究だけではまったくない。「今日、基礎研究が技術の発展にとってのペースメーカーであることはますます真実となっている」[1]。戦後米国における国家の科学振興の規模を見れば、この指摘が空疎な言葉に終わらなかったことがわかる。戦前には、研究開発への国家の支出は年額数億ドル規模（うち軍事関係の割合は半分以下）だったが、戦争中にはこれが数十億ドルに上昇、その中で軍事支出がおよそ九〇％を占めた。戦後になっても、これが国家的軍事的な科学振興の規模として維持される[2]。一九五〇年代は、贅沢な研究費を手に入れた科学者に「一〇〇万ドル時代」（megabuck era）という記憶を残している[3]。しかしこれは、ブームの終わりではまったくなかった。国家による研究開発への支出は、五〇年代から八〇年代にかけて二〇〇億ドル以下から四〇〇億ドル超に跳ね上がる。その中で基礎研究は、全支出額の増大率を上回る伸びを示している[4]。

国家安全保障のために

明らかに、第二次大戦前に比較して「一〇〇万ドル時代」の科学は、政府や軍という顧客との関係を本質的に緊密化した。たとえば戦略防衛構想（SDI：Strategic Defense Initiative）のような、つい先ごろの八〇年代［本書出版は一九九三年］にまたも推し進められた兵器研究は、五〇年代（その時期、多くの関係者にとって、第二次大戦の巨大プロジェクトが直接の先例としてなお眼前にあった）との少なからぬ類似点を示している。「第二次大戦は多くの点で、米国の科学および科学者にとっての分水嶺となった」と、MITのある物理学者が一九八四年に回想している。「それは科学を行うことの意味を変容させ、科学と政府（…）、軍（…）そして産業界との関係を根本的に変えたのである」[5]。

「戦略的同盟」

科学と軍事との相互接近は、冷戦時代の米国物理学が「国家安全保障」を担う側で確固とした位置を占めるのを保証した[6]。ロスアラモスやオークリッジの巨大な戦時研究プラントの「国立研究所」への転換（民生上および軍事上の目的を包含する国家の原子力委員会［エネルギー省の前身］の監督下に置かれた）、また、こうした手本に倣った大規模研究施設の新設（上記研究所と同一の官庁が所管）は、物理学エリートが政府の権力者と結ぶに至った「戦略的同盟」の最もきわだった事例にすぎない。オッペンハイマーやベーテのような、戦争プロジェクトの指導的理論家たちはこうした新しい相互作用を体現したが、その仕方も同様に華々しかった。すなわち彼らとその後継者たちは、高位の諮問委員会（たとえば原子力委員会の「包括諮問委員会」や、アイゼンハワーが召集した「大統領科学諮問委員会」）のメンバーとして、水素爆弾のような新規兵器システムについての決定や、新種のミサイル兵器をめぐる論争から国際政治の諸問題に至るまで、科学分野の助言者としての新たな役割を担う[7]。そうした方面で科学が置かれた新しい環境のありさまを例示しているのは、一九五〇年代における原爆実験中止をめぐる論争である。ベーテは、アイゼンハワーの大統領諮問委員会の座長としてこの議論の調整役を務めた。「原子力委員会、国防省、中央情報局（CIA）、兵器研究の諸機関、国務省の人々が議論に加わりました。国務省は、政治的な理由から実験中止に賛成しました。国防省は中止に反対、原子力委員会はいわば中立、テラーのリヴァモア研究所は中止に強く反対、ロスアラモスは賛成、私自身はといえば、賛成でした」。こうした状況でベーテと彼の科学者グループは一種の仲介役を務めた。「それで、われわれは議論のすべてを六〇ページのレポートにまとめ、大統領に提出しました。国家安全保障会議で私がそれを発表し、アイゼンハワーは大変興味を示しました」[8]。理論物理学者が国家権力とかくも緊密に接触するのは、それまでになかったことである。

助言者としてのこうした役割や新しい大規模研究センター設置に見られるような、高度の政策過程への接近だけが戦後の物理学を特徴づけたわけではない。戦争の遺産は、より地道なことのなかにも現れている。半導体物理学（その重要性は、レーダープロジェクトにおける鉱石検波器開発によってまず輪郭を現していた）のような部分領域が、学術的な、また産業的な研究のいまや重点項目となる。ベル研究所におけるトランジスターの発明は、こうしたトレンドの実例である[9]。同様に、それを継承し、軍の支援を得たマイクロエレクトロニクスの発展は、一九五〇年代における科学技術開発の背景にあった「戦略的同盟」の実践のありさまを示している[10]。技術革新の先導者としての現代物理学のポテンシャル（レーダープロジェクトによって解き放たれ、戦後もシステマティックに活用された）を示すものとして劣らず重要なのは、量子エレクトロニクスの隆盛である。これは原子時計、メーザー、レーザーなどの成果物によって華々しく報道された分野である。この研究領域がブームとなったのも、とりわけ冷戦期に「国家安全保障」への関心が強まったおかげである[11]。半導体物理学でも量子エレクトロニクスでも理論物理学者は、実験家との協力により、また、産業的または学術的な研究プログラムの目標設定の中で、彼らの分野の操作主義的特質を発揮した。そのさい頼みとなったのは戦時プロジェクトの経験と、「二〇〇万ドル時代」において彼らが享受しえた潤沢な補助金である。

新しい研究スタイル

量子電磁気学［量子電気力学あるいは量子電磁力学ともいう］のような学術的かつ理論的な分野でさえ、戦争の影響により、一九三〇年代の研究スタイルとは様相を一変させている。［物質粒子だけでなく］電磁場の量子的性質をも理解するためのより包括的な量子論の探求は、量子論そのものと同様の歴史の長さを持つ。第二次大戦のかなり前から、特に宇宙線という現象が場の量子論に持続的な関心をもたらしていた[12]。理論が成功するための材料はすべて出揃っていたにもかかわらず、一九四七年になってようやく現代的な量子電磁気学のブレークスルーが到来する。いわゆる「くりこみ」（Renormierung）という概念がその鍵となった。これは、電子の「無限大自己エネルギー」やその他の「無限大」を補正する技術である。くりこみ原理自体は、すでに一九三〇年代から萌芽的には用いられていたが、これらの問題に対処する包括的な方法とは認識されなかった。その功績は、第二次大戦でレーダーや原子核プロジェクトに参加し、いまやこの「正負相殺」の計算技術によって量子電磁気学への一種エンジニア的なアプローチを切り拓いた三人の理論家に帰する。すなわち、ジュリアン・シュウィンガー（ラービの教え子で、MIT放射線研究所におけるベーテの共同研究者）、リチャード・ファインマン（ロスアラモスを経験し、コーネル大学でベーテの同僚）、そして朝永振一郎（ライプツィヒのハイゼンベルクのもとに留学し、第二次大戦中の日本のレーダープロジェクトでマグネトロンの理論を研究※1）である※2。この研究により三人は、一九六五年にノーベル物理学賞を受賞する。三人の研究対象である量子電磁気学自体は米日それぞれの戦時プロジェクトのテーマではなかったが、このブレークスルーにはまぎれもなく戦争の経験が関わっている。「私は当初、核物理学者としてレーダーの電磁気学的問題にアプローチしました」。このようにシュウィンガーは、量子電磁気学を手がけるきっかけについて語った。「まもなく私は、核物理学を電気工学の言葉で考えるようになりました。（…）それから、マイクロ波の大出力が得られていたことから、電子加速器について考えるに至りました。これが磁場中の電子による放射という問題につながったのです。（…）その後すぐに起こった量子電磁気学の全面的な展開にとって大きな意義を持つことになりました」[13]。

しかしながら、量子電磁気学の発展にあずかったのは、このように戦時の課題によって理論家が身につけた技術者的な研究スタイルばかりではない。理論的な手法に劣らず、戦時プロジェクトの直接の遺産といえる実験的な知見もその発展に寄与したのである。オッペンハイマーの教え子であるウィリス・ラムは戦後、コロンビア大学放射線研究所の実験家の助力により、この施設のマイクロ波技術を利用して、センチメートル波帯域での水素スペクトルの微細構造を決定する仕事を手がけた。この研究所は戦争中、ラービの指導のもとでMIT放射線研究所のいわば小型版として設置され、きわめて短い波長のマイクロ波（三センチメートル以下）に特化した研究を託されていた。いまやここで、水素原子のスペクトルにおける微細構造（ラム・シフト）が観測された。この現象はただちに、幾人かの理論家によって、水素電子がそれ自体の作る放射場と行う相互作用の結果であると解釈される[14]。それをめぐる議論が、シェルターアイランドで開催された米国の物理学者の戦後初めての会議の内容を決定づけた。会議の開催そのものは、それまで秘密の戦時プロジェクトの中でしか労働意欲の発揮を許されなかった米国の若い理論家たちに、オープンなフォーラムを提供しようという努力のたまものである。後から振り返ってこの会議は、理論物理学発展の「分水嶺」（watershed）と形容されている。これによって明らかになったのは、純粋理論の最前線でも米国が（どれだけ遅く見積もっても）いまやリーダーとなったことである。ラービはこのシェルターアイランド会議を一九一一年の第一回ソルヴェイ会議になぞらえた。ヨーロッパの物理学エリートがブリュッセルに集まり、原子理論が彼ら同業者仲間《ツンフト》にとっての重大テーマであることを宣言した会議である［第一章訳注3参照］。新たな挑戦課題は量子電磁気学と素粒子物理学になり、新たなスターたちの多数は、レーダーまたは原爆プロジェクトでキャリアを始めた若い米国人だった。たとえばリチャード・ファインマンがそうだが、彼は後年シェルターアイランド会議のことを、あらゆる時代を通じて最も重要な理論家の会議であったと回想している[15]。

第二次大戦による物理学のラジカルな変貌は、二〇世紀における諸々の変化の中でも顕著な部類に属する。冷戦期「国家安全保障」への関心からこの学問分野が獲得した新たな評価も同様である。この「安全保障」という政策が巨大なクラーケ［大王イカ。また、ノルウェーの沖に現れて海を荒らすという怪物］のように、応用から基礎にいたる幅広い領域にわたって、実質的に物理学の全体を荒々しい触手で取り込んだのである。一九四五年以降の物理学の構造変化の全体像の解明は、ようやく緒に就いたばかりである[16]。それでも、輪郭ははっきりしている。政治的・軍事的・経済的な力としての意義が増大したこと、そして研究成果が高度に技術化され、ますます「人工的」な性格を帯びていることは見誤りようがない。戦後物理学の多くの部分領域で直接の軍事的応用目的は見出せないとしても、歴史的な文脈からほとんど明らかなのは、「純粋」な研究関心さえも組み込んでしまう非常に緊密な関係性の網の目の存在である。現代の素粒子物理学は機器装置の点でも組織の点でも、戦時研究機関（サイクロトロン、電子計測工学、大規模研究マネジメント、その他「ビッグサイエンス」の諸要素が育まれた）の直接的な遺産であり受益者である。理論も、この関連と無縁ではありえない。むしろ、まさしく大規模研究においてそれが決定的な操作的役割を演じている。新しい実験計画と施設設計は、理論から導かれる命題に依存し、それによる測定結果から再び、理論の進展が方向づけられる[17]。実験と理論とのこの相互作用も、ロスアラモスにおける爆縮方式の開発の例が示すように、戦時研究機関で初めて大規模に習得されたのである。

素粒子物理学や他の大規模研究の分野で、ロスアラモスのこうした遺産が生きているのは明らかだが、まったく別の分野でもそれをたどることができる。「ロスアラモス戦時施設で科学者たちが立ち向かった新たな問題群をきっかけとして、主たる目的に隣接する領域での研究やアイディアへのニーズが起こった。この傾向は今日まで変わらず続いている」[18]。やはりロスアラモスの経験者で、ゾンマーフェルトの弟子ルビノヴィッチのもとで学生時代から理論物理を愛好していた数学者スタニスラフ・ウラムは一九八四年、ロスアラモスから戦後期に広まり、世界中の研究風景を変えてしまった変革についてこのようにコメントしている。いわゆる「モンテカルロ法」のような新たな数値計算法を例に取れば、それは明らかになる。まずは、中性子がさまざまな原子爆弾材料の中を通過するシミュレーションとしてこの手法が用いられた。衝突、捕獲、分裂からなる多様な過程が、あたかもギャンブルのように偶然の所産として扱われる。そうした現象のおびただしい数の総和（大型電子計算機の投入によってのみ算出可能）を取ることで、いわばコンピュータ実験に基づく結果が得られた。戦後になってこの方法は理論物理学の標準的な手段として発展し、ありとあらゆる応用可能性が試された。コンピュータ技術の進歩により、「モンテカルロ型実験」やその他の「徹底的な、しかし『知的に選ばれた』腕力的アプローチ」が理論物理の日常的な道具となる。それがこの分野に特有の実験様式として認識され、実に多様な応用領域で用いられている。それは、いわゆる臨界現象（相転移）から場の量子論にまで及ぶものである[19]。ロスアラモスの遺産はまた、同じく巧緻な方式によって、その他の「主要な目的に隣接する領域」にも波及した。たとえば理論生物学や数論である。それらの分野でも、原子爆弾の物理学における中性子物理の問題と同様の数学的構造を持つ課題が見つかったのである[20]。ロスアラモス国立研究所が今日、その傘下の非線形研究センターによって現代的カオス研究の先端のひとつとなり、そうした研究トレンドを目覚しい形で統合し、ここ数年来、新たな科学革命として話題をにぎわしているのも、偶然ではない[21]。

連続性と変化

第二次大戦の終結は新たなものをもたらした

が、物理学にとってそれは「ゼロ時」(Stunde Null)〔ナチスドイツの無条件降伏が発効した一九四五年五月九日〇時を指し、まったく新しいことが始まる時点という意味で比喩的に使われるようになる〕ではなかった。ラジカルな変化と古い伝統の持続とが、しばしば相携わった。理論物理学の発展における連続性を保証する支柱となったのは、ゾンマーフェルト学派(その出身者たちが一九三〇年代にあちこちで新たな研究拠点を形成していた)のような伝統に富んだグループである。第一次大戦後と同じく一九四五年以後においても、教師と学生から感得できるのは、大学に戻り、アカデミックな伝統(戦争中には軍事研究ニーズの下風に立たされた)を再興したいという強い欲求である。物理学の新世代を教育したのは、ベーテやハイゼンベルクのようにプロジェクト研究を経て学究生活に戻った人々で、彼らは自ら、伝統に富んだ学派の連続性と、戦時研究の経験を通じてのラジカルな変化とを体現していた。それだけでなく、原爆に衝撃を受けると同時に「原子の平和的利用」の神話に感激した大衆にとって「原子物理学者たち」は、新しい「原子力時代」における高位聖職者のように映ったのである。

エリート集団の伝統意識

ベーテとハイゼンベルクはいずれも、ゾンマーフェルト学派の理論家の長き伝統を代表していた。その後のキャリアは異なっていたが、一九四六年には彼ら二人に共通の伝統を想起させる直接のきっかけとなる出来事があった。「ドイツ的物理学者」が戦争中に研究所を奪い取り、終戦後に米国の占領軍の圧力でそのポストを手放した後で、ゾンマーフェルトは自身が築いた「理論物理の苗床」の後継者として、まずはハイゼンベルク、次にはベーテを思い描いた。いずれの場合もゾンマーフェルトの希望は叶わなかった。しかしながら、これをきっかけとする文通に現れた思考と感情の往還は、終戦直後における理論物理学の変容過程の様子をまざまざと示している。

戦争中にはゾンマーフェルトと［米国に亡命した］ベーテとの文通は途絶えたが、ハイゼンベルクは戦中を通じて旧師と便りを交わし、近況を伝えていた。英国での抑留生活や連合国の同僚物理学者たちとの再会についてもミュンヘン［のゾンマーフェルト］に報じている。「英国の物理学者たちは、あらゆる手を尽くして私どもがまともに仕事をできるよう取り計らってくれています。しかしながら、米国占領地域［バイエルンほか］に行く許可は出ていませんし、長期滞在はいずれにしても望めません」。このように彼は一九四六年二月、自身の将来について判断を示した[22]。ゾンマーフェルト研究所ではしばらくの間、短期の暫定的な講座担当者の任用で間に合わせていた。「私はもう授業をしていません。七七歳になったのです。しかし講義録を出版する仕事には精を出していま

す。私の代行はガンス教授が務めています」。ゾンマーフェルトは一九四六年七月、古くからの知人女性にこのように伝えた。「戦争中に私の後任だったW・ミュラーはもちろん解任されました。私どもはあいかわらずハイゼンベルクを後継者にと念じていますが、オットー・ハーン、フォン・ラウエ、フォン・ヴァイツゼッカー、ゲルラッハたちと同様、彼もしばらくは英国占領地域から出ることができないでしょう」[23]。一九四六年一一月、ゾンマーフェルトは戦後はじめてベーテにあてて再び手紙を書いた。「ハイゼンベルクがミュンヘンにはついに来られないという状況にあるとして、ドイツにあえて帰られる意欲をお持ちいただけませんでしょうか」。ドイツへの移転に伴う不快を「故郷への愛着」によって埋め合わせることはできないものであろうかと心情に訴えた後で、学問的な伝統意識へのアピールを続ける。「私が貴兄を後継者としていかに切望しているかをご

想像いただけるでしょう。私の代理者のガンスはとてもよくやっていますが、ゾンマーフェルト学派の解析接続（analytische Fortsezung）［数学（複素関数論）の用語。継続性・拡張性などを表す比喩と考えられる］というわけではありません」[24]。

ハイゼンベルクは、ゾンマーフェルトの後継に迎えられる可能性に接して、一九四七年二月のゲッティンゲンからミュンヘンあて手紙にしたためたように、「もしかすると先生がお考えになる以上の感激」を示した。しかしながら、英国の占領政策はいまだそのような移動を許容しなかった。さらに彼は、米国占領地域ではまったく別の逆境にさらされるのではないかと懸念した。というのも、「米国指導部はどうやら、ドイツの科学者を軍事課題に組み込むことしか眼中にないようです。ナンセンスの跋扈が治まるまでしばらくここにとどまれ、と分別が私に命じます。けれども心情はまったく別でありまして、バイエルンの山並み、先生にご指導いただいた学生時代、そしてかつてのミュンヘンの光輝が心象に浮かんでまいります」[25]。実際に、ハイゼンベルクが披瀝した米国占領当局による一種の賠償要求への恐れは、まるきり的外れだったわけではない。たとえば「ペーパークリップ」プロジェクトに見られるように、多数の科学者・技術者が（多かれ少なかれ自由意志によってであるが）軍事研究のため米国に送られた[26]。結局、［「ドイツ的物理学」の妨害を受けた前回と同様］今回も政治的な状況によって（ただしイデオロギー的な動機というより、冷戦下における占領軍の利害の影響で）、ハイゼンベルクがゾンマーフェルト学派の学問的伝統を継承する道は阻まれてしまった※3。

ベーテも、ゾンマーフェルトの後継に指名されたことにはハイゼンベルクに劣らず感激する。ゾンマーフェルトの手紙は米国の占領当局を経由してベーテに届いた。旧師への彼の返信も、同じ経路をたどった。大変名誉なお話であるが、ミュンヘンへの招聘を受けることはできない、コーネル大学をとても快適に感じているから、というのである[27]。この簡略な返信の数週間後、ベーテはあらためて詳細な手紙を送り、自身の感情と思考をゾンマーフェルトに打ち明けた。「先生に物理を学び、問題を入念に解くことを学んだ場所に戻るのは素晴らしいことと存じております。その地ではさらに、先生の助手としてまた私講師として私にとってことによると最も実り多い学問的生活を経験しました。お仕事を引き継ぎ、先生が常にしてこられたのと同じようにミュンヘンの学生たちに教えるよう努めるのは素晴らしいことでしょう」。だがこのあと、大きな「しかしながら」(Aber)が続く。「ドイツで地位を奪われた私どもは、そのことを忘れるわけにまいりません。一九三三年の学生たちは私から理論物理を学ぼうとはしませんでした(それは強力な学生グループを形成した連中で、さらにいえば、多数派だったかもしれません)。一九四七年の学生の思想が当時とは別であるとしましても、それを信頼する気にはなれないのです。そして多くの大学で学生たちが国粋主義的な立場を取り、他のドイツ人も多く同様であると聞き及びますと、意欲がそがれてしまいます。ドイツにおけるネガティヴな記憶よりおそらくもっと重要なのは、アメリカを私がポジティヴにとらえているということです。私の感覚では(すでにかなり前からなのですが)、ドイツにいた時よりもアメリカにいるほうがはるかにくつろげるように思われます。(…)さらにいえば、アメリカは私を大変厚遇してくれました。当地に来た時に私は、あまり選り好みできる立場ではありませんでした。けれどもすぐに正教授の地位を得ました。ドイツではおそらく、仮にヒトラーが政権を取らなくてもこれほど早くは達成できなかったでしょう。私のような新参者にも戦時研究への協力が許され、声望ある地位が与えられたのです。いまや戦争が終わり、コーネルはまさしく『私のために』巨大な原子核物理研究施設を新設してくれました。そして二、三の米国のトップ大学から魅力的なポストの提示を受けております」[28※4]。

ゾンマーフェルトの教え子だったカール・ベヒエルトとグレゴール・ヴェンツェルも、年老いた枢密顧問官からの後継者の要請を断る。すでにマインツで満足すべき教授職を得ていたベヒエルトは、ひょっとして競争になった時にねたみを買うのは避けたいとの思いから、「先生の後任は、他の方のほうがふさわしいと存じます」とミュンヘンに便りを寄せた[29]。チューリヒで安定した地位にあったヴェンツェルも、考慮の栄に浴する誉れは、あまりにも「過大な理想主義」を背負わねばならないという意味でむしろ重荷となる、と考えた。付け加えて、「ここの生活に満足している家族を、今のミュンヘンの生活条件に置く」には忍びない、という事情を述べた[30]。ハイゼンベルクの最も親しい教え子であり共同研究者であったカール・フリードリヒ・フォン・ヴァイツゼッカーも後任者として有力視されたが、ハイゼンベルクと同様に英国占領当局による「公的手続きの難しさ」を抱えており、ゾンマーフェルト後任の招聘案件について事前の打診があった時、ミュンヘンへの招きには応じがたいことを示唆。ミュンヘン大学理学部長にあてて書いたところによれば、ゲッティンゲンでは免れている「破壊された都市における生活の物質的困難さ」は措くとして、かくも伝統に輝く地位は彼にとっても荷の重さが勝るというのである[31]。

ゾンマーフェルトの後任は最終的にフリッツ・ボップが務めることになった。ゾンマーフェルト門下のエルヴィーン・フュースの教え子でありハイゼンベルクの共同研究者である。彼はフランス占領地域に移送され、旧カイザー・ヴィルヘルム物理学研究所のうちヘヒンゲンに移転した部分を管理していた。「ハイゼンベルク研究所が無理やり引き裂かれた後のヘヒンゲンに私は義理を感じておりません」と、彼はミュンヘンに引っ越す用意のあることを〔ゾンマーフェルトに〕打ち明けた。しかし、「最終的にお引き受けする前に、招聘の件についてハイゼンベルクと相談したいと存じます」[32]。ハイゼンベルクも共同研究者の招聘に異議なかった。かくして、ミュンヘンの教授職は結局のところ、ゾンマーフェルト学派（弟子と孫弟子からなる大家族への成長をとげていた）のもとにとどまった。

物理学の営み全体が巨大で多様なものに成長しても、理論家がゾンマーフェルト学派またはその名高い支流に学問的出自があるということは、アカデミックなキャリアのデビューから没後の追悼記事に至るまで、そうした経歴の証明を受けた者をいわば理論物理学における正系の地位に列する働きをもたらしたのである。ゾンマーフェルト学派の伝統意識は戦中と終戦後の激変を乗り越えた。これはまた、本来の教え子たちの範囲を超えて、孫弟子「にすぎない」人々やゾンマーフェルトの教科書を熱心に学ぶことによってミュンヘンの伝説的な教師に親しんだと考えるすべての理論家たちに共有されたといってよい。理論物理学者は「すべて、何らかの形で先生の弟子なのです」と、たとえばフリードリヒ・フントは一九四三年にゾンマーフェルト七五歳の誕生日を祝福して述べた[33]。さらにチューリヒから、一二人の物理学者の署名による祝い状が届いた。「私どもはみな先生の生徒、または生徒の生徒であることを自認いたしております。少なくともご高著『原子構造とスペクトル線』または最近では『〔理論物理学〕講義』によって先生のお声を聴かなかった者は一人としておりません。時代の厳しい状況にもかかわらずこの『講義』の幸福なる完成を、心よりお祈りしております」[34]。

『理論物理学講義』(*Vorlesungen über theoretische Physik*) は、物理の実践的な授業においてもゾンマーフェルトの伝統を物理学者の戦後世代に生き生きと示す素材となった。戦争のさなかゾンマーフェルトは、長年にわたる講義を助手たちが筆記したものに手を加えて、本の形で出版する事業に着手した。そして第一巻『力学』がいちはやく、敬意あふれる反応を呼んだ。「この上ない賛嘆と感謝の念をもって世界中の物理学者が、貴兄の偉大にして実り多い科学的・教育的なお仕事を銘記するでありましょう」と、ボーアは一九四三年四月に献呈本の送付に謝辞を述べた[35]。戦後、米国占領当局は、講義録の出版が円滑に継続することを支援した。「過去数十年の科学の発展、とりわけアメリカにおける発展に対する貴殿のご著書の偉大な価値ゆえに、本局は権限の範囲において極力、ご新著の出版に助力いたします」と、米国占領地域における科学技術問題を管轄したFIAT (Field Intelligence Agency, Technical) の当局者がゾンマーフェルトに保証を与えた[36]。こうした反響が国際的名声を得た教授に対する単なる友好的なジエスチャー以上のものであったことは、『講義』の英訳とロシア語訳がすぐさま出たことにも示されている。この連作は、戦争であらゆる関係が壊れてしまった状況を超えて、来るべき世代のためにいわば希望のしるしを指し示すような、理論物理学という分野全体の一種マニフェストとなったのである[※5]。「ご高著は長きにわたり、若い物理学者たちが思考方法を身につけるのを容易にするでありましょう」と、アインシュタインはゾンマーフェルトの没後、最終巻の贈呈に応えて彼の未亡人に感謝を捧げた。その思考方法は、「ご夫君の稀有な精神が、この分野全体をやすやすと制覇してもたらしたすべてのものと同様の明晰性とエレガンス」に特徴づけられているという[37]。

1948年、ゾンマーフェルトの門下生たちは、師匠80歳の誕生日を祝って展示を催した。「円は楕円の縮退であることの証明」と題されたこの肖像写真は、原子理論におけるゾンマーフェルトの業績を記念したもの。

「原子物理学者」の神秘化

多数の下位分野に分枝して見通しが悪くなってしまった戦後の物理学にかんがみて、こうした言明は普遍的な学殖という失われた理想の喚起にすぎないとも見られる。そうだとしても、それは、過去より未来を志向する科学者の日常の実践活動では看取できない伝統と連続性という意識の、紛う方なき表白に他ならない。その意識に由来する「われわれ感情」(Wir-Gefühl)の中に、理論物理学の代表者たちは戦後になっても、国や専門の境界を越えて単一の学問に属しているという共通のアイデンティティを見出していた。ゾンマーフェルトの名は、このような「われわれ感情」の象徴になる。専門分野の移り行きがあわただしくなるのに伴って、理論物理学の共同体《ゲマインシャフト》はなおさら熱心にこうした象徴に拠り所を求めた。一九六二年に開催された「X線放射・干渉五〇周年」会議や、ゾンマーフェルト生誕一〇〇年にちなんだ一九六九年の「一電子および二電子原子の物理学」会議〔開催は一九六八年九月、会議録の出版が翌一九六九年〕などの記念シンポジウムが、そのための国際的な儀式となった。そのような契機にゾンマーフェルトの門下生集団《ゲマインシャフト》は、結晶学や素粒子物理など実に幅広く分散した彼らとその後継者たちもろともに、共通の起源を確認しあった[38]。この種の儀式は、単なる回想行事をはるかに超える意味を持つ。科学の発展をそれが置かれた歴史的状況の文脈から掘り起こし、専門家集団《ファッハゲマインシャフト》が希求するアイデンティティ的・意味的象徴を付与する神秘化作用を伴うことが少なくないのである[39]。

かくしてゾンマーフェルトという人物において、その死後もなお、ある学問分野全体の伝統とアイデンティティの意識が結晶化した。このことは、理論物理学の戦後の発展を特徴づける再出発感覚と矛盾するものではまったくない。連続性と変化、保たれた古きものの想起と新時代への出発、このようなヤーヌス的（二面的）表情が、古くして新しい二〇世紀科学としての理論物理学を際立たせている。一九二〇年代と同様に、「原子」という言葉はこの学問の現代性を表す、ほとんどカルト的呪縛力を帯びたシンボルとなり、「原子物理学」の新旧のパイオニアたちが新しい「原子の時代」における尊崇の対象として扱われたのである。「原子研究という分野での偉大な出来事の吸引力が、若い世代の中で最たる才能を有する人々を引き寄せた。アルノルト・ゾンマーフェルトの著書『原子構造とスペクトル線』において、こうした出来事の魅力的で感動的な記録を見出すことができる」と、理論原子物理学者パスクアル・ヨルダン※6は、一九四九年に出版された一般向け小著『進み行く物理学』(*Physik im Vordringen*) の中で読者に説いた。「ボーア、ボルン、ゾンマーフェルトら教師にして指導者」において、原子に熱中した〔第一次大戦の〕戦後世代の物理学徒は彼らのアイドルを見出し、「物理学的思考の栄光あふれる古き伝統」が生き続けたのだという[40]。「ラムシフト」のブレークスルー（現代量子電磁気学にとってまさしくそうした意義を有し、それにより原子物理学が第一次大戦後と同様にいまや新生面を拓いた）を祝福して、その発見者［ウィルス・ラム］に対してゾンマーフェルトは一九五〇年、自ら「微細構造の曽祖父」※7と称した[41]。

しかし「原子」という概念は、原子核および素粒子物理学の話題の一般向け効果を高めるために引き合いに出されることが多かった。「原子物理学者」とか「原子科学者」という呼称には畏敬の念が伴ったが、それは原子爆弾の不吉（黙示録的《アポカリュプティッシュ》）な根源的暴力《ウーアゲヴァルト》性のイメージと、原子力発電による無尽蔵のエネルギーという託宣と結びついていたのである。原子への夢と恐れが、一九五〇年代の公衆の気分を特徴づけていた[42]。米国で、マンハッタンプロジェクトに参加した科学者たちは戦後、「原子科学者連盟」という団体を結成した。新しい雑誌『原子科学者会報』（*Bulletin of the Atomic Scientists*）によってこの団体は、自らの問題意識を公にした。彼らはまた、幅広い公衆に向けて『ライフ』のようなグラフ雑誌にも折に触れて寄稿する一方、特別に編集した小冊子『原子爆弾』を議員に送るなど、政治的なレベルで彼らの専門知識を役立たせようとする[43]。米国の「原子科学者」にとってこうした活動は、いちはやく職業実践上の具体的案件となるが、戦後当初は原子核研究が許されなかったドイツの原子物理学者たちは、まずもって一般向けの著述などにより同じく社会の関心を向けさせることに取り組む。ヨルダンは一九四九年、「原子爆弾の創造は、科学研究の新しい方法と条件がはじめて全面的に発揮された世界史的出来事である」と、ドイツ人読者に対してコメントした[44]※8。その際に鍵となる役割を担った理論物理学は、多くの人にとって一種の秘密の学問――あたかも、高位聖職者が、世界をその内奥において統べているものを知悉している新興宗教とほとんど同じ域――と映るようになる。こうしたイメージを特徴的に示す事例として、ハイゼンベルクの「世界公式」（Weltformel）に対する一般の反応をあげることができる。これは「物質方程式についての提案」として公表された抽象的な数学的構築物で、「物理学全体がそこから導出」されるべき公式であると、ドイツ通信社（Deutsche Presse-Ageneur）は報じた。「願わくはこれが、不純な者の手に落ちるといつもそうなるような悪しき暴力をふるうことがないように」と、『ヴェルト』紙は、原子物理学の寺院からのこの知らせに対してコメント[45]。

公衆のこうしたマインドに、科学ジャーナリズムは熱心に反応した。歴史的な美化操作が、それ自体理論物理学の歴史の一部となる。理論家が悲愴な、浮世離れした思索家であるかのような歪曲化されたイメージはそれ以前にも普及していたが、前述のような兆候に直面してあらためて好んで取り上げられた。理論家の仕事は何よりも、「創意的な人間の心の永遠の努力」のあかしでなければならない。この言葉は、『物理学の発展――ニュートンから量子論まで』という本の前書きに見える[46]。歴史と現代社会における理論物理学者の役割について先入主なくとらえる見方が、こうした歪みによって今日に至るまで妨げられているとするなら、そのことはとりもなおさず、この職業グループが一貫して彼らの専門分野を二〇世紀における崇敬の対象としようとしてきたことを、またもや示しているのである。

原注

[訳者補記]

引用文献の詳細については、文献一覧参照。

ゾンマーフェルトの文通は重要な情報源として、本書で数多く引用されている。その一部が、著者らの編纂により『アルノルト・ゾンマーフェルト科学書簡集』として出版されるとともに、Ｗｅｂでも公開されている。このプロジェクトは本書原著刊行の二年後（一九九五年）に始まったため、そこにはもちろん言及がない。著者の強い賛同を得て、『科学書簡集』またはＷｅｂ版所収の書簡については、その引用(Ｗｅｂ版ではＵＲＬ)を付加することにした。『科学書簡集』（2巻＋CD-ROM 1枚）の書誌的事項は次のとおり。

Arnold Sommerfeld: *Wissenschaftlicher Briefwechsel* (Band 1: 1892-1918; Band 2: 1919-1951; 1 CD), herausgegeben von Michael Eckert und Karl Märker. Deutsches Museum, Verlag für Geschichte der Naturwissenschaften und der Technik, 2000, 2004.

これに収録されている書簡は、［ASWB 1, 108-109］のように追記。

Ｗｅｂ版（ミュンヘン大学自然科学史研究所提供）のＵＲＬは次のとおりである。http://www.lrz.de/~Sommerfeld/ 日付および文通相手の氏名からの検索が可能になっている。Ｗｅｂ版に全文所収のものは、たとえば次のようにＵＲＬを示す。

[http://www.lrz.de/~Sommerfeld/KurzFass/00295.html]

序章

1 Segré (1981) および Hermann (1964)（それぞれのカバーの標語から引用）［前者には邦訳あり。セグレ『Ｘ線からクォークまで――二〇世紀の物理学者たち』、久保亮五・矢崎裕二訳、みすず書房、一九八二年］

2 Pyenson (1985).［パイエンソン『若きアインシュタイン――相対論の出現』、板垣良一ほか訳、共立出版、一九八八年］、Cassidy (1991)［キャシディ『不確定性――ハイゼンベルクの科学と生涯』、金子務監訳、白揚社、一九九八年］。キャシディは、パイエンソンのアインシュタイン研究を見て、「エコバイオグラフィー」なる概念を造語した。なお Cassidy (1986), 182 参照のこと。

3 Benz (1975).［訳注］二〇一〇年に、次の研究書も刊行された。Seth, S.: *Crafting the quantum: Arnold Sommerfeld and the practice of theory, 1890-1926*. MIT Press, 2010. 彼を記念して、バイエルン科学アカデミーは、一九九四年（本原著刊行の翌年）に、若手自然科学者のすぐれた業績を顕彰する「アルノルト・ゾンマーフェルト賞」(Arnold Sommerfeld-Preis) を創設した（人文系研究者には「マックス・ウェーバー賞」)。

第1章

1 Stichweh (1984); Jungnickel/McCormmach (1986).

2 Mehrtens (1982), 226.

3 Wehler (1989), 10, 491-494.

4 Tenorth (1987).

5 Kytzler (1987), 103-107.

6 Olesko (1991).

7 Volkmann (1896), 52 から引用。

8 Olesko (1991), 450.

9 Neuerer (1978).

10 Turner (1987), 232.

11 Turner (1971).

12 Jungnickel/McCormmach I (1986), 230-233, 261; Wolff (1988), 56.

13 Volkmann (1896), 53 から引用。

14 Jungnickel/McCormmach I (1986), 154, 288.

15 Volkmann (1896), 60-68.

16 Tobies (1981), 14-26; Hawkins (1981), 243-244; Mehrtens (1990), 206-222.

17 Pyenson/Skopp (1977).

18 Perron (1926); Boehm/Spörl (1980).

19 August Wilhelm Hofmann（リービヒ［一九世紀ドイツの指導的化学者］の弟子で、コールタール染料会社を創設）、Busch (1959), 74 から引用。

20 Werner Sombart, Ritter/Kocka (1982), 15 から引用。

21 Plessner (1974), 93.［H・プレスナー『遅れてきた国民——ドイツ・ナショナリズムの精神史』、土屋洋二訳、名古屋大学出版会、一九九一年、一一四頁］

22 Ritter/Kocka (1982), 13, 15, 34-35, 115-117, 321-324; Lundgreen (1985).

23 Jarausch (1980).

24 Pfetsch (1974), 52, 85-88.

25 Cahan (1985).

26 Jungnickel/McCormmach II(1986), 112-114, 144-148.

27 Sommerfeld: Autobiographsiche Skizze. In: GS IV,674.
28 Jungnickel/McCormmach II(1986), 151-152; Wien(1926).
29 ベイヤー（Baeyer）から大学評議会あて（一八八九年一一月二四日）、SN. Eckert/Pricha (1984),103 に掲載。
30 Koch (1967).
31 Ferber (1956), 197.
32 Ziegler (1913), 99. Busch (1959), 70 から引用。
33 Busch (1959), 71 から引用。
34 Jungnickel/McCormmach II(1986), 165, Tab. 2.
35 Preston(1971), 111-124, 193-194.
36 Jungnickel/McCormmach II(1986), 274-281.
37 Brocke (1980).
38 Ibid., 81.
39 Ibid., 46.
40 Manegold (1970), 85-95 から引用。
41 Ibid., 88, 125.
42 Klein (1898), 35.
43 Klein (1900), 145.
44 Inhetveen (1978).
45 Klein (1898), 32-33.
46 Manegold (1970), 201 から引用。
47 Vorwort, *Encyklopädie* 1, IX.
48 Sommerfeld (1949), 289.
49 Tobies (1981), 64.
50 クラインからブリル（Brill）あて（ブリルからの一八九六年一一月二六［一九］日付け書簡への返信）、Benz (1974), 27［Benz (1975), 24］から引用。
51 Vorwort in Sommerfeld/Klein I(1897).
52 ゾンマーフェルトからクラインあて（一八九八年一二月一五日）、Klein-Nachlaß.
53 Benz (1974), 34［Benz (1975), 27］から引用。
54 ゾンマーフェルトからクラインあて（一八九九年七月一〇日）［ASWB 1, 108-109］、Klein-Nachlaß; クラインからゾンマーフェルトあて（一八九九年一〇月四日）［http://www.lrz.de/~Sommerfeld/KurzFass/00295.html］、SN; ゾンマーフェルトからクラインあて（一八九九年一一月二九日）、Klein-Nachlaß.
55 Krüger (1921).
56 Holzmüller (1896), 472.
57 クラインからゾンマーフェルトあて（一九〇〇年四月二五日）［ASWB 1, 165］［http://www.lrz.de/~Sommerfeld/KurzFass/00304.html］、SN.
58 ゾンマーフェルトからクラインあて（一九〇〇年一一月九日［八日］）、Klein-Nachlaß.

59　ゾンマーフェルトからクラインあて（六月一三日、年表記なし。おそらく一九〇〇年）［ASWB 1, 167］、Klein-Nachlaß.

60　Hermann (1967).

61　このクライン－ゾンマーフェルトの応用数学志向に、たとえばゲッティンゲンの数学者エドムント・ランダウは「潤滑油」という言葉を投げつけた（Hermann, 1967, 319）。［訳注］「理論と実践のこの一般的相互作用は、クーラントにとってゲッチンゲンの科学的伝統の特質であった。エドムント・ランダウはこの伝統精神に合わない。彼の専攻は解析的整数論であって、数学の応用に関することは何でもSchmieröl（「潤滑油」）と称して高慢に一蹴した」。（C・リード『クーラント――数学界の不死鳥――ゲッチンゲン－ニューヨーク』、加藤瑞枝訳、岩波書店、一九七八年、四一頁）

62　Sommerfeld: Autobiographsiche Skizze. In: GS IV, 677.

63　Forman et al. (1975), 12, 31.

64　ゾンマーフェルトからヴィーンあて（一八九八年六月二日）［ASWB 1, 89］［http://www.lrz.de/~Sommerfeld/KurzFass/00110.html］、Wien-Nachlaß.

65　ヴィーンからゾンマーフェルトあて（一八九八年六月一一日）［ASWB 1, 91］［http://www.lrz.de/~Sommerfeld/KurzFass/00213.html］、SN.

66　Sommerfeld: Vorrede zum fünften Band. In: *Encyklopädie* 5/1, III.

67　ローレンツからゾンマーフェルトあて（一九〇〇年一〇月六日）［ASWB 1, 180］[http://www.lrz.de/~Sommerfeld/KurzFass/00222.html], SN.［訳注］著者との相談により、原文の不正確な点を改めた。なお、第三子（一九〇四年生まれ）にはローレンツの名を借用してアルノルト・ローレンツ・ゾンマーフェルトと命名。ゾンマーフェルトからローレンツあて（一九〇六年一二月一二日）(ASWB 1, 257-258)。

68　ゾンマーフェルトからヴィーンあて（一九〇一年七月六日）[http://www.lrz.de/~Sommerfeld/KurzFass/00050.html]、Wien-Nachlaß.

69　ゾンマーフェルトからクラインあて（一八九八年一一月一六日）[ASWB 1, 96], Klein-Nachlaß.

70　ゾンマーフェルトからヴィーンあて（一九〇四年二月一八日）［ASWB 1, 225-229］［http://www.lrz.de/~Sommerfeld/KurzFass/00052.html］、Wien-Nachlaß.

71　ゾンマーフェルトからヴィーンあて（一九〇六年七月五日）［ASWB 1, 252-253］［http://www.lrz.de/~Sommerfeld/KurzFass/00061.html］、Wien-Nachlaß. ゾンマ

ーフェルト招聘の詳細については、Eckert/Pricha (1984) が取り上げている。

72 *Encyklopädie* 5/2.

73 デバイのほかに、パウル・エプシュタイン、カール・ヘルツフェルト、アドルフ・クラッツァー、マックス・フォン・ラウエ、ヴォルフガング・パウリ、およびルドルフ・ゼーリガーがいた。

74 *Encyklopädie* 5/2, 151-290. これらの数字を評価するにあたっては、引用された文献がすべて理論研究的な性格を有しているわけではないという制約を念頭に置かねばならない。

75 *Encyklopädie* 5/1, 494ff.

76 Ammon (1992).

77 W. von Dyck（百科全書出版のための学術委員会委員長）の百科全書編纂事業についての緒言報告（一九〇四年七月三〇日）。*Encyklopädie* 1, XIV.

78 Sommerfeld: Vorrede, *Encyklopädie* 5/1, VI.

79 Hirosige (1969); McCormmach (1970a,b). 古典物理学者の世界像を小説風に、しかし多数の一次資料に基づいて描いたものとして、McCormmach (1982) がある［マコーマック『ある古典物理学者の夜想』、小泉賢吉郎訳、培風館、一九八五年］。

80 Sommerfeld: Vorrede, *Encyklopädie* 5/1, VI.

81 Eckert (1989).

82 Vorlesungsmanuskript Sommerfelds: Wärmeleitung, Diffusion und Elektritätsleitung nebst ihren molekular- und elektronentheoretischen Zusammenhängen, Sommersemester 1912, SN.［ゾンマーフェルトの講義原稿、一九一二年夏学期］

83 Ibid.

84 Solvay-Institut (1927). ボーア、プランク、アインシュタインおよびシュレーディンガーの発表論文についてはEckert (1989) 参照。

85 Seeliger: Elektronentheorie der Metalle, *Encyklopädie* 5/2, 777-878.

86 アインシュタインからゾンマーフェルトあて（一九二二年一月一四日）［ASWB 2, 113］、SN. Hermann (1968), 97-98 所収［アーミン・ヘルマン編『アインシュタイン／ゾンマーフェルト往復書簡』、小林晨作・坂口治隆訳、法政大学出版局、一九七一年、一三六―一三七頁］。

第I章

1 Born (1928), 1036.

2 Hagstrom (1965); Lemaine et al. (1976); Guntau/Laitko

(1987); Weingart (1976); Crane (1972)［ダイアナ・クレーン『見えざる大学―科学共同体の知識の伝播』、津田良成監訳、岡沢和世訳、敬文堂、一九七九年］; Geison (1981).

3 Sommerfeld (1949), 289.

4 D・カー（D. Kerr）によるデバイとのインタビュー（一九六五年一二月二二日～一九六六年六月一六日）、AIP.

5 Sommerfeld: Autobiographsiche Skizze. In: GS IV, 677.

6 Ewald (1969), 10.

7 アインシュタインからゾンマーフェルトあて（一九〇八年一月一四日）［ASWB 1, 321］、SN. Eckert/Pricha (1984) に掲載。

8 ゾンマーフェルトからヴェニゼロス（Venizelos）あて（一九一一年三［一］月二四日 [http://www.lrz.de/~Sommerfeld/KurzFass/01544.html], SN.

9 Glasser (1931).

10 Sommerfeld (1899, 1900). X線の本性に関する初期の理論について、Wheaton (1981) が論じている。

11 ゾンマーフェルトからヴィーンあて（一九〇五年五月一三日）［ASWB 1, 244］[http://www.lrz.de/ ~Sommerfeld/KurzFass/00054.html]、Wien-Nachlaß.

12 Sommerfeld (1904, 1905).

13 ゾンマーフェルトからヴィーンあて（一九〇六年一一月二三日）［ASWB 1, 256］[http://www.lrz.de/~Sommerfeld/KurzFass/00063.html]、Wien-Nachlaß.

14 Joffe (1967), 39-40.［ヨッフェ『ヨッフェ回想記』、玉木英彦訳、みすず書房、一九六三年、四五頁］［訳注］本書で引用されたドイツ語版はこの邦訳と多少相違がある（昼食ではなく朝食、午後一時ではなく一時間などとしている）。ロシア語原書に徴したところ玉木訳の方が正確であり（同僚の教示による）、相違点はこちらに拠った。ヨッフェは後年、ソ連の指導的物理学者となる（第五章参照）。

15 Sommerfeld (1907).

16 レントゲンからツェーンダーあて（一九〇六年一二月二七日）。Zehnder (1935), 112 所収。

17 ゾンマーフェルトからヴィーンあて（一九〇六年一一月二三日）[ASWB 1, 256][http://www.lrz.de/~Sommerfeld / KurzFass/00063.html]、Wien-Nachlaß.

18 Sommerfeld (1907).

19 Sommerfeld (1909).

20 アインシュタインからゾンマーフェルトあて（一九〇九［一九一〇］年一月一九日）［ASWB 1, 378-379］、

SN. Eckert/Pricha (1984), 32 に掲載。

21 Sommerfeld (1909), 970.

22 Sommerfeld (1911). ゾンマーフェルトの量子論への初期の取り組みについては、Stuewer (1975), 55-58 および Benz (1974), 109-119 で論じられている。

23 Sommerfeld (1932), 49.

24 Laue (1961), XX.

25 Sommerfeld (1912).

26 Sommerfeld (1926).

27 Joffe (1967), 40〔『ヨッフェ回想記』、四七頁〕; Ewald (1962, 1969); Forman (1969).

28 ゾンマーフェルトからヴィーンあて（一九〇七年一月七日）[http://www.lrz.de/~Sommerfeld/KurzFass/00065.html], Wien-Nachlaß.

29 Forman (1969), 63.

30 デバイからゾンマーフェルトあて（一九一二年五月一三日）、SN.

31 Heilbron (1974), 194-195 に掲載。

32 W. L. Bragg: Personal reminiscences. In: Ewald (1962), 531-539; ibid. Chapter 5: The immediate sequels to Laue's discovery, pp. 57-80.

33 Heilbron (1974), 205.

34 Friedrich (1949).

35 Meyenn (1987); Busch (1985).

36 Ewald (1962); Hildebrandt (1985).

37 Laue (1961).

38 ゾンマーフェルトからクライナー（Kleiner）あて（一九一二年五月一三日）〔ASWB 1, 420〕[http://www.lrz.de/~Sommerfeld/KurzFass/00998.html]、チューリヒ連邦工科大学文書コレクション。

39 Sommerfeld (1913), 706.

40 ゾンマーフェルト著作リスト (Verzeichnis der Publikationen Sommerfelds in GS IV, 683-722) のうち、700-703.

41 Sommerfeld (1918).

42 Sommerfeld (1915).

43 Sommerfeld (1916).

44 Sommerfeld (1917).

45 ミュンヘンの水曜コロキアム講義要綱（AHQP マイクロフィルム P-2/20）。これらの講義が行われた時には、ボーアの論文「原子および分子の構成について」は知られていなかった。ボーア論文は雑誌『フィロソフィカルマガジン』に掲載（一九一三年七月一日付）。

46 Sommerfeld (1913), 774.

47 Sommerfeld (1914).

48 Sommerfeld (1942), 123.

49 ゾンマーフェルトからボーアあて（一九一三年九月四日）[ASWB 1, 477], Rosenfeld (1963), LII に掲載［『ニールス・ボーア――その友と同僚よりみた生涯と業績』、S・ローゼンタール編、豊田利幸訳、岩波書店、一九七〇年、五八頁］。ボーア原子模型の成立については、Heilbron/Kuhn (1969) 参照。

50 ミュンヘンの水曜コロキアム講義要綱、AHQP.

51 ゾンマーフェルトからシュヴァルツシルトあて（一九一四年一〇月三一日）[ASWB 1, 485-486], Schwarzschild-Nachlaß（ゲッティンゲン大学図書館）。

52 ミュンヘン大学講義要綱（一九一四／一五年冬学期）、*Phys. Z.*, 15, 1914 に掲載。

53 Sommerfeld (1942), 635.

54 ボーア－ゾンマーフェルト原子模型の物理学的展開については次をも参照。Nisio, (1973) および Benz (1974), 129-151. X線スペクトルについては、Heilbron (1974) 参照。物理学の内在的観点からの量子論の歴史一般については、Mehra/Rechenberg I(1982) 参照。［訳注］日本語文献ではたとえば、高林武彦『量子論の発展史』（吉田武監修、ちくま学芸文庫、二〇〇二年）、特に「第四章、定常状態と遷移」（四九―八二頁）参照。

55 レンツからゾンマーフェルトあて（一九一五年一月一六日および四月一〇日）、SN.

56 ゾンマーフェルトからヴィーンあて（一九一五年二月二二日）［ASWB 1, 492］[http://www.lrz.de/~Sommerfeld/KurzFass/00043.html]、Wien-Nachlaß. 「一〇万人のロシア人」という言葉でゾンマーフェルトは、ヒンデンブルクがロシア軍の一部を壊滅させたマズール湖の戦いを暗示している。Benz (1974), 125［Benz (1975), 85］から引用。

57 Sommerfeld (1916).［A. Sommerfeld 著、及川浩訳「スペクトル線の量子論」（『物理学古典論文叢書 3：前期量子論』、物理学史研究刊行会編、東海大学出版会、一九七〇年、五三―一八八頁）］［訳注］『アナーレン』は当時の代表的物理学雑誌で、アインシュタイン一九〇五年の「三大発見」（光量子論、ブラウン運動の理論、特殊相対論）や、一般相対論の包括的論文（「一般相対性理論の基礎」、一九一六年）を掲載した。

58 Sommerfeld (1942), 636.

59 J・L・ハイルブロンによるエプシュタインとのインタビュー（一九六二年五月二五日）、AHQP.

60 Kleinert (1987), 47.

61 水曜コロキアム、AHQP. エプシュタインのインタビュー、AHQP.

62 水曜コロキアム、AHQP.

63 エプシュタインからシュタルクあて（一九一七年一二月一一日）。Bohr(1964), 30 に掲載。

64 Sommerfeld (1915). パッシェンがゾンマーフェルトに知らせたのは一九一五年一一月二四日。ゾンマーフェルトのアカデミー報告の日付は一九一五年一二月六日。Benz (1974), 130, 142-143 も参照。

65 エプシュタインのインタビュー、AHQP.

66 シュヴァルツシルトからゾンマーフェルトあて（一九一六年三月二一日）［ASWB 1, 542-544］［http://www.lrz.de/~Sommerfeld/KurzFass/00319.html］、SN.

67 シュヴァルツシルトからゾンマーフェルトあて（一九一六年三月二六日）［ASWB 1, 545］［http://www.lrz.de/~Sommerfeld/KurzFass/00320.html］、SN.

68 ゾンマーフェルトからシュヴァルツシルトあて（一九一五年一二月二八日）[ASWB 1, 511], Schwarzschild Nachlaß.

69 アインシュタインからゾンマーフェルトあて（一九一五年一一月二八日）[ASWB 1, 500-501]; Herman (1968), 32 に掲載［『アインシュタイン／ゾンマーフェルト往復書簡』、三〇頁］。

70 アインシュタインからゾンマーフェルトあて（一九一五年一二月九日）[ASWB 1, 503], SN; Herman (1968), 36 に掲載［『アインシュタイン／ゾンマーフェルト往復書簡』、三六頁］。

71 ゾンマーフェルトからシュヴァルツシルトあて（一九一五年一二月二八日）[ASWB 1, 511], Schwarzschild-Nachlaß.

72 ゾンマーフェルトからシュヴァルツシルトあて（一九一六年二月一九日）[ASWB 1, 529], Schwarzschild-Nachlaß.

73 レンツからゾンマーフェルトあて（一九一六年三月七日）[ASWB 1, 532-534], SN.

74 Sommerfeld (1916)［「スペクトル線の量子論」（注57参照）、一〇六頁］、225.

75 A. Rubinowicz: Zur Geschichte meiner Entdeckung der Auswahl und Polarisationsregeln（未発表原稿）. AHQP.

76 Heilbron (1967).

77 Sommerfeld (1942), 635-636.

78 Sommerfeld (1917), 858.

79 *Atombau und Spektrallinien*（原子構造とスペクトル線）(1919) 序文。

80 ゾンマーフェルトからワイルあて（一九一八年七月七

日)、チューリヒ連邦工科大学文書コレクション。

81 Eckert et al. (1984), 39-40.

82 ローレンツからゾンマーフェルトあて(一九一七年二月一四日) [ASWB 1, 574] [http://www.lrz.de/~Sommerfeld/KurzFass/00235.html], SN.

83 レントゲンからゾンマーフェルトあて(一九一六年一月一六[一月六]日) [http://www.lrz.de/~Sommerfeld/KurzFass/01090.html], SN.

84 T・S・クーンとJ・L・ハイルブロンによるランデとのインタビュー(一九六二年六月一四日)、AHQP. Forman (1970)も参照。

85 Moore (1989), 135 [W・ムーア『シュレーディンガー——その生涯と思想』、小林澈郎・土佐幸子訳、培風館、一九九五年、一五五頁。シュレーディンガーが『原子構造とスペクトル線』を集中的に勉強したという記述]。ゾンマーフェルトからシュレーディンガーあて(一九一九年一一月三日)、SN.

第三章

1 Ringer (1987) [F・K・リンガー『読書人の没落——世紀末から第三帝国までのドイツ知識人』、西村稔訳、名古屋大学出版会、一九九一年]; Schwabe (1969).

2 Eckert et al. (1984), 129-130.

3 ゾンマーフェルトからヴィーンあて(日付なし) [ASWB 1, 603] [http://www.lrz.de/~Sommerfeld/KurzFass/00096.html]、Wien-Nachlaß. この手紙は一九一八年夏季休暇中、おそらく八月に書かれた。というのもゾンマーフェルトは、彼の原稿をヴィーンに「九月になってから」送ると、その中で告げているからである。

4 ネルンストからゾンマーフェルトあて(一九一七年二月二二日)、SN; ロゴウスキーからゾンマーフェルトあて(一九一八年一二月二九日)、SN.

5 Sommerfeld (1918), 523.

6 エーヴァルトからゾンマーフェルトあて(一九一六年一二月一二日)、SN; Dessauer (1919).

7 Külp (1919), 217.

8 レンツからゾンマーフェルトあて(一九一六年一月二八日)、SN.

9 Born (1975), 239-242; ランデのインタビュー、AHQP.

10 エーヴァルトからゾンマーフェルトあて(一九一五年九月五日)、SN.

11 Born (1975), 235; Lemmerich (1982), 36-41.

12 Laue III (1961), V-XXXIV のうち、XXVI.

13 Laue (1918, 1919).

14 レンツからゾンマーフェルトあて（一九一六年五月一八日）、SN.

15 レンツからゾンマーフェルトあて（一九一六年五月二五日）、SN.

16 Born (1975), 252.

17 エーヴァルトからゾンマーフェルトあて（一九一六年一〇月二一日および一一月三日）、SN.

18 エーヴァルトからゾンマーフェルトあて（一九一六年二月一四日）、SN; Schulze (1992).

19 Burchardt (1975).

20 ゾンマーフェルトからベック（サンリヒト社総支配人）あて（一九一八年二月一七日）[http://www.lrz.de/~Sommerfeld/KurzFass/01549.html; http://www.lrz.de/~Sommerfeld/KurzFass/01550.html]、SN.

21 ゾンマーフェルトからAEG、ミュラー（ハンブルク）、ライニガー－ゲッベルト－シャル（エアランゲン）、ジーメンス&ハルスケ、ファイファ工業あて（一九一六年七月二四日）[http://www.lrz.de/~Sommerfeld/KurzFass/05681.html]、SN.

22 Gerlach/Sommerfeld (1931), 669.

23 ゾンマーフェルトからヴィーンあて（一九一八年一一月一二日）[ASWB 1, 610] [http://www.lrz.de/~Sommerfeld/KurzFass/00097.html]、Wien-Nachlaß.

24 J・L・ハイルブロンとT・S・クーンによるアーダルベルト・ルビノヴィッチとのインタビュー（一九六三年五月一八日）、AHQP.

25 ゾンマーフェルトからヴァッカーあて（手紙の草稿、日付なし。おそらく一九一七年末）、SN.

26 ベックからゾンマーフェルトあて（一九一八年二月九日）、SN.

27 ゾンマーフェルトからベックあて（一九一八年二月一七日、写し）[http://www.lrz.de/~Sommerfeld/kurzFass/01550.html]、SN.

28 バイエルン文部省からゾンマーフェルトあて（一九一七年七月一三日）[ASWB 1, 576] [http://www.lrz.de/~Sommerfeld/KurzFass/01526.html], SN.

29 ゾンマーフェルトからヴィーンあて（一九一七年七月三〇日）[http://www.lrz.de/~Sommerfeld/KurzFass/00093.html]、Wien-Nachlaß.

30 ゾンマーフェルトからヴィーンあて（一九一七年一〇月二四日）[ASWB 1, 579] [http://www.lrz.de/~Sommerfeld/KurzFass/00095.html]、Wien-Nachlaß.

31 会員証書（一九二二年一一月一五日付け）、ドイツ博物館文書保管庫。ゾンマーフェルトとドイツ博物館との関係は、Eckert（1984）が論じている。

32 Matschoss (1925), 16.

33 Willstätter (1949), 350.［『リヒャルト・ヴィルシュテッター自伝――仕事　余暇　友人達』、高尾楢雄・高尾佐知子訳、日本図書刊行会、二〇〇四年、四〇八頁］

34 Gerlach/Sommerfeld (1931), 669.

35 アンシュッツ＝ケンプフェからゾンマーフェルトあて（一九二三年一二月一六日）[http://www.lrz.de/~Sommerfeld/KurzFass/02442.html]、SN; Heinrich/Bachmann (1989), 65-66.

36 グリッチャーについての研究評価書（一九二五年一〇月一日）。これの教示についてＪ・ブレールマンに感謝する。

37 アインシュタインからゾンマーフェルトあて（一九一八年九月）[ASWB 1, 604-605]、SN.; Herman (1968), 51に掲載［『アインシュタイン／ゾンマーフェルト往復書簡』、五九–六一頁］。ゾンマーフェルトの専門鑑定書（一九二六年九月二七日および一〇月八日）、SN.

38 Broelmann (1991).

39 Gehlhoff et al. (1920), 2, 4; Hoffmann (1987).

40 Zierold (1968), 4-8から引用。

41 Ringer (1987), 186-228［リンガー『読書人の没落』、「第四章　政治的対立の絶頂　一九一八年–一九三三年」（一三六–一六九頁）］; Töpner (1970).

42 Forman (1973), 37から引用。

43 Heilbron (1989), 269から引用。

44 Forman (1967).

45 Zierold (1968), 9.

46 Siemens (1960), 181.

47 Forman, 42（未発表原稿）から引用。［*Collected papers of Albert Einstein*, vol. 8, part B. Princeton University Press, 1998, 973.］

48 Ibid., 34.

49 Manegold (1970), 224.

50 ドゥイスベルクからヴィーンあて（一九二〇年一一月二四日）、Wien-Nachlaß.

51 ドゥイスベルクからヴィーンあて（一九二一年一月七日）、Wien-Nachlaß.

52 ルンメルからゾンマーフェルトあて（一九一八年六月四日および九日）; ゾンマーフェルトからルンメルあて（一九一八年六月六日）、SN.

53 フェーグラーからヴィーンあて（一九二〇年一一月二八日から一九二二年九月七日まで。一四通）、Wien-Nachlaß.

54 ドゥイスベルクからフェーグラーあて（一九二〇年九月）、Flechtner (1959), 323 から引用。

55 ドゥイスベルクからヴィーンあて（一九二〇年一一月二四日）、Wien-Nachlaß.

56 Richter (1973), 199; Forman (1974).

57 Forman, 142-166（未発表原稿）から引用。

58 ゾンマーフェルトからヴィーンあて（一九一九年一二月二七日）[http://www.lrz.de/~Sommerfeld/KurzFass/00102.html], Wien-Nachlaß.

59 ゾンマーフェルトからヴィーンあて（一九一九年三月二七日）[http://www.lrz.de/~Sommerfeld/KurzFass/00099.html]、Wien-Nachlaß.

60 Hermann (1968), 63-74.［『アインシュタイン／ゾンマーフェルト往復書簡』、七九―九九頁］

61 Schroeder-Gudehus (1966).

62 ハーバーからゾンマーフェルトあて（一九二〇年七月一日）、SN.

63 ゾンマーフェルトからアインシュタインあて（一九二〇年九月三日）［ASWB 2, 83］、SN; Herman (1968), 68に掲載［『アインシュタイン／ゾンマーフェルト往復書簡』、八四―八五頁］。［訳注］書信の中で「人間として、また…」の句は、直接的には、アインシュタインへの誹謗に対して「本当に激怒しています」という言葉にかかっている（邦訳、八四―八五頁）。アインシュタインは三日後、「私を護って下さる友人たちの所から去ることは間違っているという認識に達しました」と返信した（同書八九頁）。

64 Forman (1973); Heilbron (1989), 108-121.［ジョン・L・ハイルブロン『マックス・プランクの生涯――ドイツ物理学のディレンマ』、村岡晋一訳、法政大学出版局、二〇〇〇年、一〇六―一一九頁］

65 ゾンマーフェルトからヴィーンあて（一九一九年八月九日）[http://www.lrz.de/~Sommerfeld/KurzFass/00100.html]、Wien-Nachlaß. ゾンマーフェルトとボーアが一緒に映っている掲載写真は、この旅行中に撮られたものである。一九一九年九月一〇日という日付がある。SN.

66 ゾンマーフェルトからヴィーンあて（一九一九年一一月一七日）[ASWB 2, 66] [http://www.lrz.de/~Sommerfeld/KurzFass/00101.html]、Wien-Nachlaß.

67 デバイからゾンマーフェルトあて（一九二〇年二月九日）、SN.（デバイは、一九一四年にユトレヒトからゲッティンゲンに招聘され、同地の『フィジカーリッシェ・ツァイトシュリフト』誌の編集者から、雑誌編集の手伝いを依頼され応諾。彼の死後、デバイが編集責任者となる。D・カーによるデバイとのインタビュー。）

68 ゾンマーフェルトの履歴書。SN; Eckert et al. (1984), 39-40 に掲載。

69 ケラーからゾンマーフェルトあて（一九二三年一一月四日）、SN.

70 Schroeder-Gudehus (1966), 236-265.

71 ドイツ外国協会（Deutsches Auslandsinstitut）のプレス発表（一九二三年一〇月三一日）、SN. Benz (1974), 219［Benz (1975), 138-139］から引用。

72 ゾンマーフェルトからバイエルン文部省あて（一九二二年七月四日）[http://www.lrz.de/~Sommerfeld/KurzFass/04998.html]、SN.

73 ゾンマーフェルトから外務省あて（一九二二年七月三一日）[http://www.lrz.de/~Sommerfeld/KurzFass/02238.html; http://www.lrz.de/~Sommerfeld/KurzFass/05685.html]、SN.

74 ゾンマーフェルトからバージ（Birge）あて（一九二二年七月一七日）、SN.

75 メッガースからゾンマーフェルトあて（一九二四年五月一二日）、SN; Weart (1979), 300-301 も参照。

76 メッガースからゾンマーフェルトあて（一九二六年七月八日）、SN. T・S・クーンによるオットー・ラポルテとのインタビュー（一九六四年一月二九日）、AHQP.

77 Stuewer (1975), 240-249.

78 Sopka (1980), 2.26-2.31.

79 Schroeder-Gudehus (1972).

80 プランクからゾンマーフェルトあて（一九二三年七月八日）、SN; Heilbron (1989), 100［ハイルブロン『マックス・プランクの生涯——ドイツ物理学のディレンマ』、九八頁］

81 Forman (1967), 309-348; Richter (1972).

82 Richter (1972), 35; Forman (1967), 313.

83 Richter (1972), 37 から引用。

84 Zierold (1968), 29-39; Forman (1974), 40.

85 Forman, 211（未発表原稿）から引用。

86 助成関係書類、Wien-Nachlaß.

87 Forman (1974), 42.

88 Forman (1967), 346.

89 Forman (1971), 24 から引用。

90 Meyenn (1993)[1994].

第四章

1 Heisenberg (1973), 88.［W・ハイゼンベルク『部分と全体——私の生涯の偉大な出会いと対話』、山崎和夫訳、みすず書房、新装版、一九九九年、一一五頁］

2 Weisskopf (1992), 18［Viktor Weisskopf『量子の革命』、三

雲昂訳、丸善、一九九三年、一八頁〕；Mehra/Rechenberg (1982).

3 Willstätter (1949), 298.〔『リヒャルト・ヴィルシュテッター自伝』、三四九頁〕

4 アインシュタインからゾンマーフェルトあて（一九一九年一月五日）、SN; Hermann (1968), 55-56 所収〔『アインシュタイン／ゾンマーフェルト往復書簡』、六七頁〕。

5 Ferber (1956), Tab. I, 197.

6 Verein Deutscher Ingenieure（VDI）II(1931), 62-80. 理論物理学のため独立の研究所を設けた大学は、ベルリン、フランクフルト、ギーセン、ゲッティンゲン、ハレ、ハンブルク、ハイデルベルク、ケルン、ライプツィヒ、ミュンヘン。工科大学ではアーヘン、ドレスデン、シュトゥットガルト。

7 Ch・ワイナーによるP・P・エーヴァルトとのインタビュー（一九六八年五月一七〜二四日）、AIP.

8 Unsöld (1957).

9 Sommerfeld (1948).

10 Kevles (1979), 211-212 から引用。

11 シュタルケ（Starke）からデバイあて（一九二一年三月一八日）、デバイからシュタルケあて（一九二一年三月二一日）、Debye-Nachlaß, Max-Planck-Archiv, Berlin.

12 Forman (1967), 463-489. エプシュタインからランデあて（一九二二年一二月三一日）、AHQP 4, 14.

13 ボルンからクラインあて（一九二〇年七月一一日）、Klein-Nachlaß.

14 Meyenn (1985), 280 から引用。

15 Robertson (1979), 21 から引用。

16 T・S・クーンによるP・P・エーヴァルトとのインタビュー（一九六二年五月八日）、AHQP; Reid (1970), 153.〔C・リード『ヒルベルト――現代数学の巨峰』、彌永健一訳、岩波現代文庫、二〇一〇年、二五一頁〕

17 ボルンからゾンマーフェルトあて（一九二〇年三月五日）。[ASWB 2, 75], SN.

18 ボルンからゾンマーフェルトあて（一九二三年五月一三日）[ASWB 2, 118], SN.

19 Robertson (1979), 18-22; Rosenfeld/Rüdinger (1967),69 [レオン・ローゼンフェルト、エリク・ルーディンガー「決定的な年月一九一一―一九一八年」。『ニールス・ボーア――その友と同僚よりみた生涯と業績』、七六頁〕; Röseberg (1992).

20 Robertson (1979), 35 から引用。

21 Ibid., 24; Meyenn (1985), 290.

22 Born (1975), 275.

23 ゾンマーフェルトからアインシュタインあて（一九二一年八月一〇日）、SN; Hermann (1968) 87 所収［『アインシュタイン／ゾンマーフェルト往復書簡』、一一九頁］。
24 ミュンヘン大学の講義要綱（一九二〇〜一九二一年）。
25 Hermann et al. (1979), 1 から引用。
26 Ibid., 8-10.
27 Heisenberg (1973), 27［ハイゼンベルク『部分と全体』、二八頁］；Cassidy (1991)［キャシディ『不確定性――ハイゼンベルクの科学と生涯』］
28 Sommerfeld (1942), 638.
29 Cassidy/Baker (1984), 1.
30 Hermann et al. (1979), 36-58.
31 Hippel (1988), 49.
32 Hund (1969). 212.
33 Hund (1982), 31.
34 ボルンからゾンマーフェルトあて（一九二三年一月五日）［ASWB 2, 135-136］、SN.
35 Cassidy (1991), 139.［訳注］このページ指定が必ずしも適切でないことから著者と相談し、ハイゼンベルクのゲッティンゲン時代に詳しい新文献の引用に変更。Helmut Rechenberg: *Werner Heisenberg: die Sprache der Atome: Leben und Wirken – eine wissenschaftliche Biographie: die "Fröhliche Wissenschaft" (Jugend bis Nobelpreis)*, Band 1, 143-221 (Kapitel 3). Springer, c2010. ボルンが彼を二人目の助手に任じたという記述は同書一八五頁にある。
36 Robertson (1979), 50.
37 ハイゼンベルクからゾンマーフェルトあて（一九二四年一一月一八日）、[ASWB 2, 174], SN.
38 ハイゼンベルクからパウリあて（一九二四年九月三〇日）: Hermann et al. (1979), 162所収。[訳注]キャシディ『不確定性――ハイゼンベルクの科学と生涯』、一九九頁でも同じ手紙が引用されている。
39 ボルンからゾンマーフェルトあて（一九二三年一月五日）[ASWB 2, 136-137], SN.
40 ゾンマーフェルトからフランクとボルンあて（一九二四年一月三〇日）[http://www.lrz.de/~Sommerfeld/KurzFass/02014.html]、SN.
41 Davidis (1985), 68 から引用。［訳注］著者との相談により、次の書簡（注40と同一）の引用を追加。ゾンマーフェルトからフランクとボルンあて（一九二四年一月三〇日）。
42 ボルンからゾンマーフェルトあて（一九二三年一月五日）[ASWB 2, 137]、SN.
43 ゾンマーフェルトからヴィーラントあて（一九二八年

一二月一三日)、[ASWB 2, 292] [http://www.lrz.de/~Sommerfeld/KurzFass/00175.html]、Wieland-Nachlaß.[訳注]京都からの発信(次章参照)。ミュンヘン大学の同僚ハインリヒ・オットー・ヴィーラント(リヒャルト・ヴィルシュテッターの後任)のノーベル化学賞受賞への祝詞に続けて、この不満を打ち明けた。

44 パウリからゾンマーフェルトあて(一九二四年一一月)[ASWB 2, 171-172]、SN.; Hermann et al. (1979), 173所収。

45 ボルンからゾンマーフェルトあて(一九二三年一月五日)[ASWB 2, 137], SN.

46 ゾンマーフェルトからボルンあて(一九二一年三月八日[http://www.lrz.de/~Sommerfeld/KurzFass/05652.html]; ランデからゾンマーフェルトあて(一九二一年三月一七日); ゾンマーフェルトからランデあて(一九二一年三月三一日)、Forman (1970), 257-261から引用。

47 Raman/Forman (1969).

48 Cassidy (1992); Moore (1989), 135, 222. [訳注]ここでの引用箇所を、著者との相談により次のように変更。Cassidy (1992), Chapter 11 [キャシディ『不確定性――ハイゼンベルクの科学と生涯』、第一一章]。Moore (1989), Chapter 6 [ムーア『シュレーディンガー――その生涯と思想』、第六章]。量子力学の解釈をめぐり、ボーア、ハイゼンベルク、シュレーディンガーらの論争のことを指している。「心身の限界」とは、シュレーディンガーが一九二六年一〇月にコペンハーゲンを訪ねた際、ボーア、ハイゼンベルクとの議論の挙句に寝込んでしまったことに基づく。ボーアとハイゼンベルクが緊張した関係に陥ったことについては、たとえばハイゼンベルク『部分と全体』邦訳一二六頁に記述がある。また、アブラハム・パイス『ニールス・ボーアの時代 2――物理学・哲学・国家』、西尾成子・今野宏之・山口雄仁共訳、みすず書房、二〇一二年、「十四 コペンハーゲン精神」(三五一―六九頁)も参照。

49 Robertson (1979), 156-159.

50 リヒテンシュタインからゾンマーフェルトあて(一九二六年一月一九日)、SN.

51 ゾンマーフェルトからリヒテンシュタインあて(一九二六年一月二七日)[http://www.lrz.de/~Sommerfeld/KurzFass/05903.html]、SN.

52 パウリからボーアあて(一九二六年二月二六日)、Hermann et al. (1979), 297所収。

53 ボーアからパウリあて(一九二六年三月三日)、ibid., 301.

54　パウリからヴェンツェルあて（一九二六年五月八日）、ibid., 323.
55　パウリからヴェンツェルあて（一九二六年六月一一日）、デ・クードルからパウリあて（一九二六年七月二日）、ibid., 331-332.
56　パウリからハイゼンベルクあて（一九二六年一〇月一九日）、ibid., 349.
57　ヴィーナーからゾンマーフェルトあて（一九二六年一一月二八日）[http://www.lrz.de/~Sommerfeld/KurzFass/03509.html]、SN.
58　ゾンマーフェルトからヴィーナーあて（一九二六年一二月三日）[http://www.lrz.de/~Sommerfeld/KurzFass/05902.html]、SN.
59　ハイゼンベルクからパウリあて（一九二七年五月一六日）、Hermann et al. (1979), 395 所収。
60　チューリヒ連邦工科大学の招聘記録（一九二七年一二月一七日）、チューリヒ連邦工科大学文書コレクション。
61　同記録（一九二七年七月二二、二三日）。
62　同記録（一九二七年一二月一七日）。
63　ヴェンツェルからゾンマーフェルトあて（一九二七年五月二六日）、SN.
64　パウリからローン（Rohn）あて（一九二八年一月二八日）、ローンからパウリあて（一九二八年一月三一日）、チューリヒ連邦工科大学文書コレクション。パウリからクローニヒあて（一九二八年二月七日）、Hermann et al. (1979), 432 所収。
65　パウリからボーアあて（一九二八年六月一六日）、ibid.,463.
66　パウリからゾンマーフェルトあて（一九二九年五月一六日）、ibid., 500[ASWB 2, 300].
67　パウリからハイゼンベルクあて（一九二九年八月一日）、ibid., 517.
68　この点については、第六章参照のこと。
69　レンツ（ハンブルク）、フュース（ハノーファー）、ヨース（イェーナ）、コッセル（キール）、ハイゼンベルク（ライプツィヒ）、ゾンマーフェルト（ミュンヘン）、クラッツァー（ミュンスター）、エーヴァルト（シュトゥットガルト）、ランデ（チュービンゲン）、オット（ヴュルツブルク）、パウリ（チューリヒ連邦工科大学）、ヴェンツェル（チューリヒ大学）。
70　ベルリン（大学と工科大学）、ベルン、ボン、ダンツィヒ［グダニスク（ポーランド）］、フランクフルト、フライブルク、ゲッティンゲン、ハレ、ウィーン。
71　Robertson (1979), 156-159.

第五章

1 Mott (1986), 23〔『科学に生きる——ネビル・モット自伝』、山科俊郎・紀子訳、日経サイエンス社、一九八九年、四二頁。ただし引用原文の解釈は本訳書と異なる〕.

2 一九一五年のある講義筆記から。Sopka (1980), 1.56〔Sopka (1988) では三五頁〕から引用。

3 Pestre (1984), 107 から引用。

4 Wilson (1984), 174.

5 Pestre (1984), 198-201.

6 Schweber (1986), 55.〔ウィリアム・ジェイムズ『プラグマティズム』からの引用。桝田啓三郎訳、岩波文庫二〇一〇年改版、五八頁〕

7 Weart (1979).

8 Pestre (1984), 119-126.

9 Robertson (1979), 156-159.

10 Gray (1941), 3.

11 Curti (1963), 272-275, 619-621.

12 Gray (1941), 10 から引用。Kohler (1985) も参照のこと。

13 Kohler (1985), 80 から引用。

14 Gray (1941), 16 から引用。

15 Ibid., 20.

16 ハイトラーからゾンマーフェルトあて(一九二六年八月二九日)、SN; Rasche/Thellung (1982).

17 ポーリングからゾンマーフェルトあて(一九二五年一〇月二一日)、SN.

18 メンデンホールからゾンマーフェルトあて(一九二七年五月一七日)、ゾンマーフェルトからメンデンホールあて(一九二七年五月三一日)[http://www.lrz.de/~Sommerfeld/KurzFass/02171.html]、SN.

19 Kargon (1977, 1982).

20 ゾンマーフェルトからミリカンあて(一九二七年一一月二八日)、SN.

21 Rigden (1987), 46.

22 Slater (1975), 3-7.

23 Höflechner/Hohenester (1985), 130-133 から引用。

24 Sopka (1980), A11-A28.

25 コルビーからゾンマーフェルトあて(一九二三年一月一九日)、ゾンマーフェルトからコルビーあて(一九二二年二月二三日)、コルビーからゾンマーフェルトあて(一九二三年三月一三日)、SN.

26 Sopka (1980), 3.16.

27 Ibid., 3.19. Weart (1979), 311. 人件費は含まない。

28 Raymond B. Fosdick, Sopka (1980), 3.22 から引用。

Fosdick (1955), 140-149 も参照。

29 Sopka (1980), A17-A28.

30 Weart (1979), 298 および Fig. 1.

31 Born (1969), 97; Sopka (1980), 3.35.

32 Ibid., 3.40-3.43.

33 Ibid., 3.49.

34 Ibid., 3.52.

35 Ibid., 4.5.

36 Kant (1989), 76 から引用。

37 Forman (1973), 165-168.

38 ペンナーからゾンマーフェルトあて（一九三一年五月二七日）、SN.

39 タムからディラックあて（一九三〇年一二月二九日）、Kozhevnikov/Frenkel (1988), 47-48 所収。［訳注］同じ手紙が、ディラック伝でも引用されている（グレアム・ファーメロ『量子の海、ディラックの深淵――天才物理学者の華々しき業績と寡黙なる生涯』、吉田三知世訳、早川書房、二〇一〇年、二三二頁）。ポール・ディラックには、陽電子（反粒子）の理論的予言ほか多数の業績がある。一九三三年、シュレーディンガーとともにノーベル賞受賞。彼はロシア人物理学者と親交を結んだばかりでなく、ソ連社会への強い期待を抱いていた。タムも一九五八年にノーベル物理学賞を受賞した。

40 ディラックからタムあて（一九二九年四月一五日）、ibid., 19-20.

41 Eckert (1992).

42 Pyenson (1982).

43 Sommerfeld (1929), 104.

44 Ibid., 101. ゾンマーフェルトからミリカンあて一九二七年一一月二八日）[http://www.lrz.de/~Sommerfeld/KurzFass/05774.html]、SN.

45 ゾンマーフェルトからラマンあて（一九二八年二月二八日）[ASWB 2, 274-275]、SN.

46 ラマンからゾンマーフェルトあて（一九二八年二月一一日、三月二四日、四月二六日、五月一四日、八月九日、九月二六日）、サハからゾンマーフェルトあて（一九二八年四月二五日）[ASWB 2, 277-279]、SN.

47 ティール（Thiel：上海のドイツ総領事）からゾンマーフェルトあて（一九二八年一一月一三日）、SN.

48 長岡からゾンマーフェルトあて（一九二八年五月一六日）、SN.［訳注］ゾンマーフェルトは長岡への返信で次のように書いた。「アインシュタインは私に、彼の日本での滞在［一九二二年］がどんなにすばらしく快適であったかをしばしば語ってくれました。私も日本滞在を大いに楽しめるであろうことを疑っておりません」（一九二八年六月二三日。Ulrich Benz: *Arnold Sommerfeld.* 1975, 168)。

49 ゾンマーフェルトから危機共同体あて（一九二八年五月一日）、SN.

50 Notgemeinschaft der Deutschen Wissenschaft, Jahresbericht［ドイツ学術危機共同体年報］1927.

51 Reisetagebuch［旅行日記］、SN.

52 Jahresbericht der Technischen Fakultät der Staatlichen Tung-Chi Universität zu Woosung, Shanghai［上海呉淞・国立同済大学工学部年報］1930, 8, SN.

53 Tung-Chi Medizinische Monatsschrift［月刊同済医学］Nr. 3, 1929, 75-87 に掲載、SN.

54 Reisetagebuch［旅行日記］、SN.

55 Reisetagebuch［旅行日記］、SN; Torkar (1986) をも参照。

56 Reisetagebuch［旅行日記］、SN. ゾンマーフェルトからヴィーラントあて（一九二八年一二月一三日）［第四章の原注43も参照］、Wieland-Nachlaß.

57 Reisetagebuch［旅行日記］、SN.

58 Sommerfeld (1929).

第六章

1 Klein, M. (1970); Holton (1981).

2 スレイターのスピーチ（一九三七年）。Schweber (1990), 391 から引用。

3 Geiger/Scheel (1933).

4 Haber (1923).［訳注］「物質の所定の性質の限界」という言葉に続けてハーバーは、「性質を変えることによってのみ新しい世界が開けるのであり、そうした変化すべてが化学なのである」と続けている。ハーバーについては第三章訳注2参照。

5 Hoffmann (1987), 149.

6 ゲールホフからゾンマーフェルトあて（一九三〇年一二月二日）［http://www.lrz.de/~Sommer-feld/KurzFass/05814.html］、SN.

7 Hoddeson (1980), 437.

8 ダロウからゾンマーフェルトあて（一九二五年一月二八日）、SN.

9 Schweber (1990), 361 から引用。

10 パウリからヴェンツェルあて（一九二六年一二月五日）、Hermann et al. (1979), 361 所収。

11 Eckert (1989).

12 パウリからシュレーディンガーあて（一九二六年一一

月二二日）、Hermann et al. (1979), 356 所収。

13　A・ウンゼルトによる講義筆記、一九二七年夏学期、HSSP.

14　ゾンマーフェルトからベルリーナーあて（一九二七年八月六日）［http://www.lrz.de/~Sommerfeld/KurzFass/02021.html］、SN.

15　Sommerfeld (1927, 1928), 825, 374.

16　ゾンマーフェルトからミリカンあて（一九二七年一一月二八日）［http://www.lrz.de/~Sommerfeld/KurzFass/05774.html］、SN.

17　アインシュタインからゾンマーフェルトあて（一九二七年一一月九日）［ASWB 2, 272］、SN, Hermann (1968), 111-112 所収［『アインシュタイン／ゾンマーフェルト往復書簡』、一五八頁］。

18　K・コンプトンからゾンマーフェルトあて（一九二八年三月六日）、SN.

19　A・H・コンプトンからゾンマーフェルトあて（一九二八年五月四日）［ASWB 2, 281］、SN.

20　ヒューム＝ロザリーからW・L・ブラッグあて（一九二九年一月一七日）、ブラッグ文書（ロンドン）。これについて、スティーヴン・キースの教示に感謝する。

21　Hoddeson (1980), 437.

22　Sommerfeld (1930), 588.

23　タムからディラックあて（一九三〇年一二月二九日）、Kozhevnikov/Frenkel (1988), 47 所収。

24　Sommerfeld (1928), 60.

25　L・ホジソンによるF・ブロッホとのインタビュー（一九八一年）、HSSP.

26　Hoddeson et al. (1987).

27　H. Bethe, Vorwort in Eckert et al. (1984), 8.

28　ベーテの学位論文「結晶における電子の回折」についてのゾンマーフェルトの所見書（一九二八年七月二四日）、ミュンヘン大学文書館所蔵学位記録。

29　ミュンヘン大学文書館所蔵学位記録。

30　Hoddeson et al.(1987) , 293-295 ; Peierls (1986), 32-53.［R・パイエルス『渡り鳥――パイエルスの物理学と家族の遍歴』、松田文夫訳、吉岡書店、二〇〇四年、四六―八二］

31　Hoddeson et al (1987).

32　*Encyklopädie* 5/3 (1926), 816-1214.

33　スメーカルからゾンマーフェルトあて（一九三一年四月一七日）［ASWB 2, 327-328］、SN.

34　ゾンマーフェルトからベーテあて（一九三一年四月一八日）、SN.

35 ベーテからゾンマーフェルトあて（一九三一年四月二五日）[ASWB 2, 329-330]、SN.

36 ベーテからゾンマーフェルトあて（一九三二年四月二〇日 [ASWB 2, 336-343]、一〇月一日 [ASWB 2, 347-348]、一九三三年一月五日 [これはゾンマーフェルトからベーテあて。http://www.lrz.de/~Sommerfeld/KurzFass/04433.html]）、SN. L・ホジソンによるベーテとのインタビュー（一九八一年四月）、HSSP.

37 次に収録：*Zeitschrift für Elekrochemie und angewandte physikalische Chemie*, 34, 1928, 421-426.

38 ゾンマーフェルトからフントあて（一九二八年二月二九日）[http://www.lrz.de/~Sommerfeld/KurzFass/02045.html]、SN.

39 Sommerfeld (1928b), 427.

40 Pauling/Wilson (1935), 340. [Linus Pauling, E. Bright Wilson, Jr. 共著『量子力学序論――および化学への応用』、桂井富之助・坂田民雄・玉木英彦・徳光直共訳、白水社、一九六五年改訳、三六八頁]

41 パウリからボーアあて（一九二八年六月一六日）、Hermann et al. (1979), 455 所収。ワイルについては、Sigurdsson (1991).

42 Slater (1975), 62.

43 Schweber (1990), 377 から引用。

44 Ibid., 393.

45 ライプツィヒ大学講義要綱（一九二九／三〇年冬学期）、*Physikalische Zeitschrift*, 30, 1929. 662 所収、Geiger/Scheel 1 (1933), 561-694; M・エッケルト、J・タイヒマン、G・トルカルによるF・フントとのインタビュー（一九八二年五月一八日）; F. Hund: Wissenschaftliches Tagebuch. HSSP.

46 ロンドンからデバイあて（一九二八年五月九日）、Debye-Nachlaß.

47 ブリッジマンからデバイあて（一九二八年三月一日）、デバイからブリッジマンあて（一九二八年三月一二日）、Debye-Nachlaß.

48 Hoddeson et al. (1987), 309.

49 Schweber (1990), 379 および 392 から引用。

50 Ibid., 398.

51 Ibid., 402.

52 Aaserud (1990), 14.

53 ルイスからゾンマーフェルトあて（一九二五年一〇月一六 [二六] 日）[http://www.lrz.de/~Sommerfeld/KurzFass/03370.html]、SN.

54 Pauling (1972), 284.

55　ポーリングからゾンマーフェルトあて（一九二五年一〇月二一日）、ゾンマーフェルトからポーリングあて（一九二五年一一月一二日）［http://www.lrz.de/~Sommerfeld/KurzFass/02179.html］、SN.

56　Goodstein (1984) から引用。

57　ポーリングからデバイあて（一九二八年五月一一日）、Debye-Nachlaß; Serafini (1989), 44-51. ［Anthony Serafini『ライナス・ポーリング――その実像と業績』、加藤郁之進監訳、宝酒造、一九九四年、「第四章　量子力学における進歩」（四五―五二頁）］

58　Schweber (1990), 405 から引用 ; Sopka (1980), 4.83-4.89.

59　Johnson (1990).

60　ストックホルム・ノーベル賞文書から関係するコピーの送付について、エリザベス・クロフォードに感謝する。

61　Goodstein (1984), 706 から引用。

62　Olby (1974), 267-295［オルビー『二重らせんへの道　下：DNA構造の発見』、道家達将ほか訳、紀伊國屋書店、一九九六年、第一七章「ポーリング、カリフォルニア工科大学、αらせん」、五九―九四頁］［訳注］バナールのポーリングについてのこのコメントは、次の文献が出典となっている。Bernal, J. D.: The pattern of Linus Pauling in relation to molecular biology. In: *Structural Chemistry and Molecular Biology*, ed. by A. Rich and N. Davidson. 1968, 370-379 のうち三七八頁。

63　Fischer (1985), 45, 55 から引用［E・P・フィッシャー、C・リプソン『分子生物学の誕生――マックス・デルブリュックの生涯』、石館三枝子・石館康平訳、朝日新聞社、一九九三年、五五―五六、七一頁］。［訳注］デルブリュックはロックフェラー財団の奨学金により渡米してカルテックほかに在籍し、「ファージグループ」を形成した（一九六九年ノーベル生理学医学賞）。

64　Ibid., 81［フィッシャー、C・リプソン『分子生物学の誕生』、一一六頁］、Kay (1985).［訳注］「この研究の主な結果として、一つには遺伝子がいよいよ物理・化学の測定システムと結びつくことができたということがあった。大きさ抜きの抽象的な単位から高分子へと変わったのだ」（フィッシャー、リプソン『分子生物学の誕生』、一一二頁）。ローカルな学術雑誌に掲載されたこの研究を一躍有名にしたのは、シュレーディンガーの『生命とは何か』（*What is life*）という著作である。ナチスを逃れてダブリンにいた彼は、抜き刷りをパウル・エーヴァルトから入手し、一九四三年の講演で「デルブリュックの模型」として大きく取り上げた（一九四四年出版）。この本は、のちにDNAの分子構造模型を確立したジェームズ・ワトソンとフランシス・クリックの進路を決定づけた（フィッシャー、リプソン前掲二六五頁、およびJ・ワトソン『二重らせん』、江上不二夫・中村桂子訳、講談社文庫、一九八六年、二二頁など）。邦訳は岩波新書のロングセラーだったが（初版一九五一年）、二〇〇八年に文庫化された（シュレーディンガー『生命とは何か――物理的にみた生細胞』、岡小天・鎮目恭夫訳、岩波文庫）。

65 ヘルツフェルトからゾンマーフェルトあて（一九二七年四月三日）、SN.

66 Johnson (1990), 1565 から引用。

67 Debye (1928).

68 De Vorkin/Kenat (1983), 197 から引用。De Vorkin (1982) をも参照。

69 O・ギンガリッチによるA・ウンゼルトとのインタビュー（一九七八年六月六日）、SHMA.

70 Unsöld (1938).

71 ウンゼルトとのインタビュー、SHMA.

72 ウンゼルトからゾンマーフェルトあて（一九三〇年九月二六日）、SN.

73 オルビーは、物理学と化学の生物学への参入に関する章をこのように題した。Olby (1974), 223［オルビー『二重らせんへの道 下』、一頁］。一般的な議論は Hoch (1987) 参照。

第七章

1 Bethe (1977), 11.

2 Weart (1981); Geballe (1981).

3 Kröner (1983), 13.

4 Strauss/Röder (1983).

5 Rosenow (1987).

6 Fermi, L. (1968)［ローラ・フェルミ『二十世紀の民族移動 1・2』〈亡命の現代史 1・2〉、掛川トミ子・野水瑞穂訳、みすず書房、一九七二年］、Weiner (1969)［チャールズ・ワイナー「新しいセミナーの地――三〇年代における亡命者とアメリカの物理学」、広重徹訳（シラードほか『知識人の大移動 1：自然科学者』〈亡命の現代史 3〉みすず書房、一九七三年、七七―一三六頁）］; Holton (1983).

7 これについては Fischer (1988) 参照。

8 たとえば、シュレーディンガー（ベルリン）、ゾンマーフェルト（ミュンヘン）、エーヴァルト（シュトゥットガルト）、レンツ（ハンブルク）、ハイゼンベルク（ライプツィヒ）、マーデルンク（フランクフルト）、シェルッァー（ダルムシュタット）、ゼーリガー（グライフスヴァルト）、スメーカル（ハレ）、ヨース（イェーナ）、ウンゼルト（キール）、ヨルダン（ロストック）、オット（ヴュルツブルク）。

9 Kröner (1983), 70-71.

10 Fischer (1988), 88.

11 学長から教員団（Dozentenschaft）指導者あて（一九三九年四月一八日）、ミュンヘン大学文書館。

12 M・エッケルトによるロンベルク教授とのインタビュー（一九八五年一〇月八日）。

13 マウハーからロンベルクあて（一九四八年六月四日）。この書信のコピー提供についてロンベルク教授に感謝する。

14 ゾンマーフェルトの書簡（宛名・日付不明）、SN.

15 ラウエからゾンマーフェルトあて（一九三三年五月一〇日）、ゾンマーフェルトからラウエあて（一九三三年五月一九日）、SN.

16 ゾンマーフェルトからマーデルンクあて（一九三三年五月一八日）[http://www.lrz.de/~Sommerfeld/KurzFass/04417.html]、SN.

17 E・ブリュッヘによる追悼文。*Physikalische Zeitschrift*, 43, 1942, 205-207 所収。

18 ゾンマーフェルトの書簡（宛名・日付不明）、SN. 金属における光電効果についてのフレーリヒの学位論文に関する所見書でゾンマーフェルトは、この成果により「重要な実験的課題設定」にも道が開けると述べている。ミュンヘン大学文書館の学位記録。

19 フレーリヒからゾンマーフェルトあて（一九三四年三月七日）、SN.

20 フレーリヒからゾンマーフェルトあて（一九三五年七月八日）、SN.

21 ベーテからゾンマーフェルトあて（一九三三年四月一一日）[ASWB 2, 380-383]、SN.

22 ゾンマーフェルトからW・L・ブラッグあて（日付不明）、SN.

23 R・C・ギブスからゾンマーフェルトあて書簡（一九三四年六月一四日）への返信メモ、SN.

24 ベーテからゾンマーフェルトあて（一九四八年一一月二八日）、SN.

25 ゾンマーフェルトからミュンヘン大学哲学部第二部門あて（一九三三年五月一三日）[ASWB 2, 383] [http://www.lrz.de/~Sommerfeld/KurzFass/02217.html]、被雇用者記録（ミュンヘン大学文書館）。

26 ゾンマーフェルトからバイエルン文部省・デッカー参

事官あて（一九三三年三月二八日）［http://www.lrz.de/Sommerfeld/KurzFass/05819.html］、SN.

27 ゾンマーフェルトからアインシュタインあて（一九三四年八月二七日）［ASWB 2, 416-417］、Hermann (1968), 113-116 所収［『アインシュタイン／ゾンマーフェルト往復書簡』、一六一―一六五頁］。［訳注］「この手紙はイタリアから書いています。ドイツから書きましてもまずあなたのお手元には届きますまい」（邦訳、一六四頁）。「権力としてのドイツ」以下は草稿で書かれたが、「投函されず、ゾンマーフェルトの遺稿中に発見された」と同書の注にある（一六五頁）。削除部分も含んだ草稿の日付は八月二六日。手書き草稿のスキャン画像は邦訳一六二～一六三頁に採録され、また、Ｗｅｂでも公開されている（http://www.lrz.de/Sommerfeld/KurzFass/02811.html）。

28 Heilbron (1989), Kapitel 4.［ハイルブロン『マックス・プランクの生涯』、第四章「挫折のなかで」］

29 ハイゼンベルクからボーアあて（一九三三年六月三〇日）、BSC 20,2; Cassidy (1991), 299-313［キャシディ『不確定性――ハイゼンベルクの科学と生涯』、三〇六―三二〇］。［訳注］引用された書簡は、助手フェーリクス・ブロッホ保護のため官庁への働きかけを約したボーアへの礼状で、キャシディ『不確定性』邦訳の三一八頁にも引用がある。

30 Ibid.

31 Rosenow (1987), 377-382; Bayerchen (1982), 36-45.［バイエルヘン『ヒトラー政権と科学者たち』、二一―三一頁］

32 ボルンからゾンマーフェルトあて（一九三三年九月一日）、SN.

33 フランクからゾンマーフェルトあて（一九三三年五月一八日）、SN.

34 エーヴァルトからゾンマーフェルトあて（一九三三年四月二〇日）、SN.

35 エーヴァルトからゾンマーフェルトあて（一九三三年一二月一四日）、SN.

36 エーヴァルトからゾンマーフェルト夫人あて（一九三三年四月二一日）、SN.

37 Hoch (1983).

38 B．ホイートンによるL・ノルトハイムとのインタビュー（一九七七年七月二四日）、AIP.

39 Ibid.

40 ノルトハイムからボーアあて（一九三三年一〇月二六日）、BSC 24,1.

41 ノルトハイムからボーアあて（一九三四年二月一日）、

ボーアからノルトハイムあて（一九三四年二月八日）、BSC 24,1.

42 ノルトハイムからゾンマーフェルトあて（一九三四年二月一日）、ホップからゾンマーフェルトあて（一九三四年一月三一日）、パイエルスからゾンマーフェルトあて（一九三四年一月二八日）、SN.［訳注］パイエルスの書簡は、次の本に収録されている。*Sir Rudolf Peierls : selected private and scientific correspondence*, vol. 1, World Scientific, 2007. 426-427.

43 エドワーズからゾンマーフェルトあて（一九三三年一一月二四日）、SN.

44 ゾンマーフェルトからエドワーズあて（一九三四年一月二二日）［http://www.lrz.de/~Sommerfeld/KurzFass/04938.html］、SN.

45 ノルトハイムからゾンマーフェルトあて（一九三四年一月二三日）、SN.

46 ノルトハイムとのインタビュー、AIP.

47 Blumberg/Owens (1976).

48 Wigner (1969), 2.

49 ドナンからボーアあて（一九三三年一一月一〇日）、BSC 18,4.

50 テラーからボーアあて（日付不明）、BSC 25,4.

51 Blumberg/Owens (1976), 56 から引用。

52 Schweber (1986), 80 から引用。

53 Ibid., 60-70.

54 Weiner (1969).［ワイナー「新しいセミナーの地」（原注6参照）］

55 シュレーディンガー亡命の初期については、Hoch/Yoxen (1987) 参照。シュレーディンガーおよびハイトラーのダブリン亡命については、Moore (1989), 352-385［ムーア『シュレーディンガー——その生涯と思想』、四〇四—四四三頁］参照。

56 Peierls (1985).［パイエルス『渡り鳥』第六章の標題］

57 ハートリーからボーアあて（一九三三年九月一〇日）、BSC 20,1.

58 これについてはMeyenn et al. (1985), 705 参照。

59 Ibid.

60 Sommerfeld/Seewald (1952).

61 ホップからゾンマーフェルトあて（一九三三年五月二四日）[ASWB2, 386]、SN.

62 ホップからゾンマーフェルトあて（一九三三年六月二八日）[ASWB2, 389-390]、SN.

63 これについては、Sommerfeld/Seewald (1952), 26 における文献リスト参照。

64 ホップからゾンマーフェルトあて（一九三四年二月一一日）[ASWB2, 408]、SN.
65 ホップからゾンマーフェルトあて（一九三三年一二月一六日）、SN.
66 ホップからゾンマーフェルトあて（一九三四年一月三一日）[ASWB2, 406]、SN.
67 ホップからゾンマーフェルトあて（一九三四年二月一一日）[ASWB2, 407-408]、SN.
68 ホップからゾンマーフェルトあて（一九三三年一二月一〇日）、SN.
69 ホップからゾンマーフェルトあて（一九三三年一二月一六日）、SN.
70 ホップからゾンマーフェルトあて（一九三五年五月二二日）、SN.
71 ホップからゾンマーフェルトあて（一九三八年八月二日）、SN.
72 ホップからゾンマーフェルトあて（一九三八年一二月三日および一一日）、SN.
73 ホップからゾンマーフェルトあて（一九三九年二月九日）、SN.
74 Sommerfeld/Seewald (1952), 25.
75 デバイからゾンマーフェルトあて（一九三九年一二月三〇日）[ASWB2, 469-471]、SN; Walker (1990), 32-33をも参照。
76 Ch・ワイナーによるP・P・エーヴァルトとのインタビュー（一九六八年五月一七～二四日）、AIP; Hildebrandt (1985), 412-413 も参照。
77 M・エッケルトによるディートリンデ・イェーレとのインタビュー（一九八六年四月三日）。
78 Fischer (1985), 60 からの引用。［訳注］同書（原著ドイツ語）の英語版とその邦訳（『分子生物学の誕生――マックス・デルブリュックの生涯』）では、この箇所は省かれている。
79 イェーレのためのエディントンの紹介状（一九四〇年一〇月一三日）。この情報の教示についてディートリンデ・イェーレ夫人に感謝する。Jehle/Rechenberg (1983) をも参照。
80 ベルリン地方裁判所へのケンブルの報告（一九七四年九月一九日）。この文書の背景は、イェーレのための補償手続きである。ディートリンデ・イェーレ夫人の教示に感謝する。
81 Dreschler/Rechenberg (1983).
82 Gay (1989), 42.［ピーター・ゲイ『ドイツの中のユダヤ――モダニスト文化の光と影』（原題：Freud, Jews

and other Germans)、河内恵子訳、思索社、一九八七年、二二四—二二五頁〕

第八章

1 Weart (1981), 45.

2 Fermi, L. (1968)〔ローラ・フェルミ『二十世紀の民族移動 1・2』〕〔訳注〕「著名な移住者たち」とは、この著作の原題から来ている(*Illustrious immigrants – the intellectual migration from Europe, 1930/41*)。著者はエンリコ・フェルミの妻。フェルミ伝、ムッソリーニ伝も遺した。

3 Schweber (1986), 81.

4 Kargon/Hodes (1985), 305.

5 Morse (1977).

6 Slater (1975), 165.

7 Hippel (1988), 103-110.

8 ミルマンからゾンマーフェルトあて(一九三三年一〇月二一日)、SN.

9 フランクからゾンマーフェルトあて(一九三二年八月一二日)、SN.

10 Morse (1977), 108.

11 Ibid., 105.

12 フランクからゾンマーフェルトあて(一九三二年八月一二日)、SN.

13 Sommerfeld (1949).

14 これについてはHoch (1992) 参照。

15 ミルマンからゾンマーフェルトあて(一九三三年一〇月二一日)、SN.

16 Morse (1977), 121.

17 Hoddeson (1980), 442.

18 Sopka (1980), 4.37-4.39.

19 Seitz (1980), 87.

20 Ibid. Hoch (1992) も参照。

21 Bardeen (1980).

22 Hoddeson (1980), 439.

23 Hoch (1992); Seitz (1980), 89-90; Herring (1980).

24 Rigden (1987), 73-114.

25 Williamson (1987).(その中に、両大戦間の英国の大学における物理学の発展について、一八人の指導的な物理学者たちの回想が要約されている。)

26 Keith (1984).

27 Ibid., 354.

28 Keith/Hoch (1986), 26 から引用。Jones (1980) も参照。

29 Mott (1986), 24-57.(特に三九頁)〔『科学に生きる——

ネビル・モット自伝』、四四―九三頁、特に六七頁〕

30 Keith/Hoch (1986), 33 から引用。

31 Mott (1986), 49.〔『科学に生きる――ネビル・モット自伝』、八〇頁〕

32 Keith/Hoch (1986), 24 から引用。

33 Mott (1986), 48.〔『科学に生きる――ネビル・モット自伝』、七八頁〕; Jones (1980), 52; Mott (1980).

34 Mott (1986), 49.〔『科学に生きる――ネビル・モット自伝』、八〇頁〕

35 Smoluchowski (1980).

36 Mott (1980), 57. 金属および合金の理論と並んで、イオン結晶と半導体が、さらなる重点テーマとなった。このことについて、また固体物理学の全般的な発展については、Hoddeson et al.（1992）参照。

37 Mott (1986), 50.〔『科学に生きる――ネビル・モット自伝』、八一頁〕

38 Bromberg (1971); Stuewer (1979, 1985); Brown (1985); Brown/Rechenberg (1985); Meyenn (1982).

39 Stuewer (1985), 198-199; Mott (1986), 30-31.〔『科学に生きる――ネビル・モット自伝』、五四―五六頁〕

40 Holton (1974), 168-171.

41 Weiner (1985), 332.

42 Brown/Rechenberg (1987).

43 Holton (1974), 172-177.

44 Stuewer (1985), 204-207. 一九三〇年代における核物理学の一般的な歴史については、Weiner (1972) と Stuewer (1979) を参照。

45 Heilbron /Seidel (1989).

46 Aaserud (1990).

47 Bernstein(1980), 41-42; Peierls (1986), 82-98.〔パイエルス『渡り鳥』、一二六―一五〇頁〕

48 Weiner (1974).

49 Weiner (1985) 339 から引用。

50 Baracca et al. (1980).

51 ベーテからゾンマーフェルトあて（一九三六年八月一日）〔ASWB 2, 429-433〕、SN.

52 L・ホジソンによるH・ベーテとのインタビュー（一九八一年）、HSSP.

53 Bernstein(1980), 45 から引用。

54 ベーテからゾンマーフェルトあて（一九三六年八月一日）〔ASWB 2, 429-433〕、SN.

55 Bernstein(1980), 44 から引用。

56 Bethe et al. (1986).

57 ベーテからゾンマーフェルトあて（一九三六年八月一

日）[ASWB 2, 429-433]、SN.

58 ノルトハイムからゾンマーフェルトあて（一九三六年一〇月二四日）[ASWB 2, 435]、SN.

59 Cassidy (1981), 26; Brown/Hoddeson (1985). [ローリ・M・ブラウン、リリアン・ハルトマン・ホジソン「素粒子物理学の誕生」（『歴史をつくった科学者たち Ⅱ』、西尾成子・今野宏之共訳、丸善、一九八九年、一五一―一八〇頁）]

60 ノルトハイムとのインタビュー、AIP.

61 Wheeler (1979), 254-270.

62 Elsasser (1978), 210.

63 Blumberg/Owens (1976), 70-78.

64 Schweber (1986), 81 から引用。

65 Bernstein(1980), 45-55.

66 Stuewer (1984).

第九章

1 Goudsmit (1983), 232-243. [サムエル・A・ハウトスミット『ナチと原爆――アルソス：科学情報調査団の報告』、山崎和夫・小沼道二訳、海鳴社、一九七七年、二三一―二四四頁（「第十五章　それはアメリカでは起こり得ない」）] [訳注] ハウトスミットはユダヤ系オランダ人で、ジョージ・ウーレンベックとともに電子スピンの概念を導入（一九二五年）。一九二七年に米国に移住（本書一五五頁参照）。彼の両親はアウシュヴィッツで虐殺された。長年にわたり『フィジカルレビュー』の編集長、また、『フィジカルレビューレターズ』創刊などの功労もある。

2 Jungk (1956). [ロベルト・ユンク『千の太陽よりも明るく――原爆を造った科学者たち』（菊盛英夫訳、平凡社ライブラリー、二〇〇〇年）]；Irving (1967); Kramish (1987) [アーノルド・クラミッシュ『暗号名グリフィン――第二次大戦の最も偉大なスパイ』（新庄哲夫訳、新潮文庫、一九九二年）]；Walker (1990a, b, c). [訳注] 日本語で読めるものとしてこれらのほかに、トマス・パワーズ『なぜ、ナチスは原爆製造に失敗したか――連合国が最も恐れた男・天才ハイゼンベルクの闘い　上・下』（鈴木主税訳、福武文庫、一九九五年）がある（本原書と同年にパワーズの原著が出たので、著者は執筆中にこれを参照できなかったであろう）。ユンクとパワーズはハイゼンベルク「善玉」説（原爆の脅威を察知して、ドイツで意図的にその研究をサボタージュした）、クラミッシュは「悪玉」説（ナチスの手先だった）に立っているが、いずれも当たっていないようである（ユンクは後年、自説を撤回した)。ハイゼンベルクと原爆との関わりを扱うものとして、マイケル・フレイン『コペンハーゲン』(『マイケル・フレイン I』、小田島恒志訳、ハヤカワ演劇文庫、二〇一〇年)という戯曲も逸することができない。ハイゼンベルクが一九四一年にコペンハーゲン(当時はドイツの占領下)を訪れた際にボーアと会ったが、それ以降、二人の関係は悪化したという。その折に何が話されたかの謎をめぐるドラマである。劇作家自身による「作者あとがき」は、そうした「ハイゼンベルク問題」についての好適な解説となっている。ボーア関係の新資料公開が新たな論議を呼んで、フレインは二〇〇二年に「あとがきのあとがき」(Post-Postscript)を発表。本書の著者エッケルトも、劇作『コペンハーゲン』と史実をめぐる論集に寄稿している(*Michael Frayn's Copenhagen in debate : historical essays and documents on the 1941 meeting between Niels Bohr and Werner Heisenberg*, ed. By Matthias Dörries. Office for History of Science and Technology, University of California, Berkeley, 2005)。

3 Hermann (1992), 33 から引用。これについては、次の諸文献も参照。Hoffmann et al. (1992); Goldberg/Powers (1992); Bernstein (1992); Walker (1992, 1993).［訳注］次の本が、「ファームホール調書」の内容を詳細な注釈とともに紹介している。*Hitler's uranium club : the secret recordings at Farm Hall*, annotated by Jeremy Bernstein, 2nd ed. Copernicus Books, 2001.

4 Broszat (1986), 39.

5 Quetsch (1960), 4-7, 13, 28, 42.

6 ゲールホフからゾンマーフェルトあて(一九三〇年一二月二日)[http://www.lrz.de/~Sommer feld/KurzFass/05814.html]、SN.

7 Ferber (1956), 197.

8 米国の状況については Weart (1979) を参照。［訳注］著者が引用した文献によれば、米国における大学教員数、物理学博士号授与数、物理学会会員数は、大恐慌の影響をほとんど蒙ることなく増大し続けた。

9 Beyerchen (1982), 207-222.［バイエルヘン『ヒトラー政権と科学者たち』、二〇四―二二二頁］; Eckert et al. (1984), 150-163; Walker (1990a), 79-101; Cassidy (1991), 346-414.［キャシディ『不確定性――ハイゼンベルクの科学と生涯』、三五三―四二〇頁］

10 Eckert et al. (1984), 153-154 から引用。

11 Ibid., 155; Beyerchen (1982), 198, 214-218 も参照［バイエルヘン『ヒトラー政権と科学者たち』、一九六、

二一一―二一五頁]。
12 Beyerchen (1982), 213-227.[バイエルヘン『ヒトラー政権と科学者たち』、二一一―二二六頁]、Cassidy (1991), 379-399[キャシディ『不確定性――ハイゼンベルクの科学と生涯』、三八五―四〇五頁]
13 Eckert et al. (1984), 161から引用。
14 Walker (1990a), 86-88, 93, 97-100.
15 Tollmien (1987), 468から引用。
16 ゾンマーフェルトからプラントルあて(一九四一年三月一日)[ASWB 2, 538]、Prandtl-Nachlaß.(この情報提供について、W・プリハに感謝する。)
17 プラントルからゾンマーフェルトあて(一九四一年三月二二日)[ASWB 2, 539]、Prandtl-Nachlaß.
18 プラントルからゲーリングあて(一九四一年四月二八日)、Prandtl-Nachlaß.
19 プラントルからラムザウアーとヨースあて(一九四一年四月二八日)、Prandtl-Nachlaß.
20 この文面は、プラントル遺贈資料に含まれる写しから引用した。要約がBeyerchen (1982), 248-250[バイエルヘン『ヒトラー政権と科学者たち』、二四九―二五一頁]に掲載されている。
21 ラムザウアーからプラントルあて(一九四一年六月四日)、Prandtl-Nachlaß.
22 ヨースからプラントルあて(一九四一年六月六日)、Prandtl-Nachlaß.
23 Beyerchen (1982), 256-257[バイエルヘン『ヒトラー政権と科学者たち』、二五七頁]から引用。
24 ドイツの原子力プロジェクトについて、現在までのところ最良の研究書はWalker (1990a)である。Rhodes (1988)が、[原爆開発の]全体像を提供している[リチャード・ローズ『原子爆弾の誕生 上・下』〈普及版〉、神沼二真・渋谷泰一訳、紀伊國屋書店、一九九五年]。[訳注]ローズはさらに、続編というべき『原爆から水爆へ――東西冷戦の知られざる内幕』(邦訳は上・下、小沢千重子・神沼二真訳、紀伊國屋書店、二〇〇一年)を著した。ちなみに日本軍の原爆研究(陸軍は理化学研究所、海軍は京大に委託)については、次の本が詳しい。読売新聞社編『昭和史の天皇――原爆投下』(角川文庫、一九八八年。読売新聞社刊『昭和史の天皇 4』、一九六八年の文庫化)。また最近、次の著作も刊行された。山﨑正勝『日本の核開発:一九三九~一九五五―原爆から原子力へ』(績文堂、二〇一一年)。
25 M・エッケルトによるハンレとのインタビュー(一九八五年一〇月七日)。

26 Walker (1990a), 30-34.

27 Ibid., 63-79, 96-99.

28 Wagner, H. (1941). これについては Beisel (1990) も参照。

29 ドイツ物理学会会長［ラムザウアー］の陳情書（一九四二年一月二〇日）に関するドイツ航空研究アカデミーの所見（草稿）。一九四二年六月三〇日にプラントルに送付された (Prandtl-Nachlaß)。

30 ドイツ航空科学アカデミーでの講演（一九四三年四月二日）。ドイツ博物館ペーネミュンデアーカイブ（この情報提供について、マリア・オシエツキーに感謝する）。

31 Osietzky (1989), 52 から引用。Osietzky (1988) も参照。

32 ハインツ・マイアー＝ライプニッツのコメント。Edingshaus (1986), 61 から引用。

33 ハイゼンベルクからヴェルカーあて（一九四一年七月一七日）、Welker-Nachlaß, Deutsches Museum.

34 Walker (1990a), 70.

35 Ibid., 60-61. ボーテについては、Edingshaus (1986), 67 参照。

36 理論物理学についての報告。非公刊・日付なしの草稿。おそらく、ＦＩＡＴ (Field Intelligence Agency, Technical)［戦中ドイツの科学技術活動を調査した連合国の機関］への協力のために起草、SN.

37 Bothe/Flügge (1947) の序文。このＦＩＡＴレポートにおいて、「ウランクラブ」のメンバーは、米国占領当局の委託により、彼らの科学的活動について概観を述べている。

38 Walker (1990a), 253-255.

39 Beyerchen (1982), 229.［バイエルヘン『ヒトラー政権と科学者たち』、二二八―二二九頁］

40 ベーテからゾンマーフェルトあて（一九三四年五月七日［ASWB 2, 412-414］および六月一五日）、SN.

41 第一一回ドイツ物理学者会議講演（一九三五年九月二二～二八日、シュトゥットガルト）。*Physikalische Zeitschrift*, 36, 1935, 717-772 所収。

42 Schottky-Nachlaß, Deutsches Museum. これについては、Schubert (1986) 参照。

43 Teichmann (1988), 130 から引用、Szymborsky (1984) も参照。

44 Sommerfeld (1937); ノルトハイムからゾンマーフェルトあて（1937年2月7日）、SN.

45 Welker (1969), 34.

46 これについては、Hoddeson et al. (1987), 311-319 参照。

47 ハイゼンベルクからゾンマーフェルトあて（一九三九年二月一五日）［ASWB 2, 460-461］、SN. ハイゼンベルクからヴェルカーあて（一九四〇年二月二九日および三月二六日）、Welker-Nachlaß. ロンドンからヴェルカーあて（一九四〇年三月九日）、Welker-Nachlaß. 次の文献が、ヴェルカーの超伝導理論を概観している。Meissner/Schubert (1948), 154-157.

48 M・エッケルト、J・タイヒマン、G・トルカルによるH・ヴェルカーとのインタビュー（一九八一年一二月四日）、HSSP.

49 ゾンマーフェルトからヴェルカーあて（一九三九年八月二三日）、Welker-Nachlaß.

50 ミュラーからミュンヘン大学学長あて（一九四一年一一月一二日）、Welker-Nachlaß.

51 ミュラーから学長あて（一九四二年六月二八日）、SN.

52 ゾンマーフェルトがヨースのために書いた宣誓供述書（一九四六年一二月六日）。［非ナチスであることを証する］いわゆる「潔白証明書」(Persilschein) である。

53 米国占領当局から委託された管財人の報告（一九四六年四月九日）、Welker-Nachlaß.

54 ヴェルカーからゾンマーフェルトあて（一九四三年二月一日）、SN.

55 Reuter (1971); Kern (1984); Brandt (1962); Trenkle (1986).

56 ヴェルカーとのインタビュー（一九八一年一二月四日）、HSSP.

57 Ibid.

58 ハイゼンベルクからヴェルカーあて（一九四一年七月一七日）、Welker-Nachlaß.

59 ヴェルカーとのインタビュー（一九八一年一二月四日）、HSSP.

60 特許明細書 No. 966387（一九五七年八月一日布告）、Welker-Nachlaß.

61 ヴェルカーからショットキーあて（一九四三年五月二七日）、Welker-Nachlaß.

62 Germanium als Detektormaterial. Manuskript 1943.［検波器材料としてのゲルマニウム（原稿）、一九四三年］（日付不詳）、Welker-Nachlaß.

63 この研究については、検波器用結晶についての会議（一九四四年九月一三〜一四日、ベルリン）で報告がなされた。Seiler (1947), 281 参照。これは戦後、Ringer/Welker (1948) により公表される。

64 A. Gauditz: Historischer Rückblick der Richtleiterentwicklung im Hause Siemens. Interner Bericht［ジーメンス社における整流器開発の史的回顧（内部報告書）］、Siemens-Archiv, München. Schubert (1987) も参照。テレフンケンについては、Seiler 1947) 参照。E・ブラウンとJ・

タイヒマンによるカール・ザイラーとのインタビュー（一九八二年六月二日）、HSSP.

65 Trendelenburg (1975), 260-261.

66 ザイラーとのインタビュー（一九八二年六月二日）、HSSP.

67 Brandt (1962b), 113.

第十章

1 たとえば、Morse (1977), Pestre (1990), Heinrich/Bachmann (1989).

2 Simon (1945), 206.

3 米国物理学史の著者が、戦争時代を扱う章をこのように題した「Physicists' War」。Kevles (1979), 302.

4 Fisher (1988).

5 Kern (1984), 162 から引用。

6 Ibid., 164-178.

7 Bowen (1987), 143-149.

8 Ibid., 166.

9 Hunter Dupree (1972); Pursell (1979).

10 Guerlac (1987), 247-252.

11 Ibid., 259-265, 625, 668.

12 Rigden (1987), 83-123.

13 Kevles (1979), 304 から引用。［訳注］「ラービは満足な説明を与えられず、途方にくれた」と続く。

14 Slater (1975), 210.

15 Ibid., 211-215.

16 Rigden (1987), 141 から引用。

17 Ibid., 125.

18 Peierls (1985), 146.［パイエルス『渡り鳥』、一三一頁］

19 Bernstein (1980), 61 から引用。

20 Ibid., 64-65.

21 Ch. ワイナーによるH・ベーテとのインタビュー（一九六七年一一月一七日）、AIP.

22 Ibid. Guerlac (1987), 626-627 も参照。

23 Ibid., 628.

24 Marcuvitz (1951).

25 Ch・ワイナーによるベーテとのインタビュー、AIP. トランジスターの発明については Hoddeson (1981) 参照。

26 Torrey/Whitmer (1948), 65.

27 Braun (1992).

28 Henriksen (1991).

29 Torrey/Whitmer (1948), 8; Seitz (1980), 88-89 も参照。

30 Marcuvitz (1951), v から引用。

31 Rhodes (1988).［ローズ『原子爆弾の誕生』］

32 Guerlac (1987), xxii.

33 Ibid., Section E.

34 Smith (1965).［A・K・スミス『危険と希望――アメリカの科学者運動　一九四五―一九四七』、広重徹訳、みすず書房、一九六八年］、Sherwin (1977)［マーティン・J・シャーウィン『破滅への道程――原爆と第二次世界大戦』、加藤幹雄訳、TBSブリタニカ、一九七八年］

35 Bernstein (1980), 70から引用。

36 Walker (1990a), 30-31.

37 Rhodes (1988), 300［ローズ『原子爆弾の誕生　上』、五三二頁］から引用。

38 Walker (1990a), 68.

39 Rhodes (1988), 306［ローズ『原子爆弾の誕生　上』、五四〇頁］から引用。

40 Hewlett/Anderson (1962), 41-44.［訳注］大統領の決定については、同書一一五頁に記されている。

41 Ibid., 62.

42 Wheeler (1979), 272-278.

43 Frisch (1981), 160-161.［オットー・フリッシュ『何と少ししか覚えていないことだろう――原子と戦争の時代を生きて』、松田文夫訳、吉岡書店、二〇〇三年、一五五―一五七頁］

44 Peierls (1986), 153-154.［パイエルス『渡り鳥』、二三三―二三四頁］

45 Gowing (1964), 389-393から引用。［訳注］この「フリッシュ・パイエルスメモ」の邦訳が次の本に付録として収められている。山崎正勝・日野川静枝編著『原爆はこうして開発された』〈増補版〉、青木書店、一九九七年。

46 Ibid., 45-89, 394-436.［訳注］「(英国) 爆弾のためのウラン使用に関するモード委員会報告書」(一九四一年七月二九日) として、次の本に収録 (二三―二七頁)。『資料マンハッタン計画』、山極晃・立花誠逸編、岡田良之助訳、大月書店、一九九三年。

47 Hewlett/Anderson (1962), 46, 57-62.

48 Ibid., 53-56.

49 Ibid., 103.

50 Manley (1980).

51 オッペンハイマーからバッカーあて (一九四二年六月一〇日)、Smith/Weiner (1980), 225所収。

52 オッペンハイマーからヴァン・ヴレックあて (一九四二年六月一〇日)、Ibid., 226.

53 Bernstein (1980), 73から引用。

54 Blumberg/Owens (1976), 118から引用。このエピソードについての詳細な描写が、Rhodes (1988), 422-424に

もある〔ローズ『原子爆弾の誕生　下』、三七―四六頁〕。〔訳注〕後年テラーは「水爆の父」と称され、映画『博士の異常な愛情――または私は如何にして心配するのを止めて水爆を・愛する・ようになったか』（*Dr. Strangelove, or how I learned to stop worrying and love the bomb*）のマッドサイエンティストのモデルの一人ともいわれた。一九八〇年代には米国レーガン政権の戦略防衛構想（SDI、通称「スターウォーズ」）を強く支持。

55　Ch.ワイナーによるF・ブロッホとのインタビュー（一九六八年八月一五日）、AIP.

56　Hawkins (1983), 4.

57　Groves (1983), 61-63.〔レスリー・R・グローブス『私が原爆計画を指揮した――マンハッタン計画の内幕』、冨永謙吉・実松譲訳、恒文社、一九六四年、五四―五八頁〕

58　オッペンハイマーからマンリーあて（一九四二年一〇月一二日）、Smith/Weiner (1980), 231 所収。

59　Manley (1980), 30.

60　Hawkins (1983), 10.

61　Rhodes (1988), 467-472.〔ローズ『原子爆弾の誕生　下』、一一〇―一二〇頁〕〔訳注〕この教本は、ほぼ半世紀たってようやく一般向けに出版された（Serber, R.: *Los Alamos Primer : the first lectures on how to build an atomic bomb.* University of California Press, 1992）。

62　Hawkins (1983), 18.

63　Ibid., 76, 90, 111, 134.

64　Ibid., 80-82, 124-130; Kistiakwsky (1980); Hoddeson(1989).

65　Peierls (1986), 187, 200.〔パイエルス『渡り鳥』、二六五―二六七頁、二九九―三〇二頁〕

66　Hawkins (1983), 82.

67　Hoddeson (1989), 38.

68　Ibid., 37.

69　Weisskopf (1991), 161.

70　Hawkins (1983), 172-176.

71　Hirschfelder (1980).

72　Weisskopf (1991), 161-162.

73　ワイナーによるベーテとのインタビュー、AIP.

74　Feynman (1980), 106.〔「下から見たロスアラモス」（R・P・ファインマン『ご冗談でしょう、ファインマンさん　上』、大貫昌子訳、岩波現代文庫、二〇〇〇年、一七五―二三四頁のうち一七九頁）〕

75　Kistiakowsky (1980), 49, 56.

76　コンドンからオッペンハイマーあて（一九四三年四月）、Groves (1983), 429-432 所収〔グローブス『私が原爆計画を指揮した』、四五二―四五三頁〕。

77 ワイナーによるブロッホとのインタビュー、AIP.
78 Morse (1977), 217.
79 Goudsmit (1983), xxvii［ハウトスミット『ナチと原爆』、ix頁］
80 Smith (1965).［スミス『危険と希望』］
81 Eckert (1991).

第十一章

1 Bush (1968); Kevles (1977).［訳注］ブッシュのこのレポートは、米国国立科学財団（ＮＳＦ：National Science Foun-dation）のホームページにも掲載されている（http://www.nsf.gov/about/history/nsf50/vbush1945.jsp）。
2 Forman (1987), 153.
3 Wiener (1958)、Forman (1987), 152から引用。
4 Dickson (1984), 7.［D・ディクソン『戦後アメリカと科学政策——科学超大国の政治構造』、里深文彦監訳、同文館出版、一九八八年、一九頁］
5 Jed R. Zacharias、Forman (1987), 152から引用。
6 Schweber (1988); Hoch (1988).
7 Sylves (1987); York (1976［ハーバート・F・ヨーク『ドキュメント大統領指令「水爆を製造せよ」——科学者たちの論争とその舞台裏』、塩田勉・大槻義彦訳、共立出版、一九八二年］, 1987).
8 Bernstein (1982), 107-108から引用。Killian (1977), 150-174.
9 Hoddeson (1981), 41-76.
10 Misa (1985).
11 Forman (1985, 1987, 1991).
12 Cassidy (1981); Brown/Rechenberg (1991).
13 Schwinger (1966, 1983)［『ノーベル賞講演——物理学第10巻』、中村誠太郎・小沼通二編、講談社、一九七八年、一一六—七頁：J. Schwinger「物理学を揺るがした二人の〈振〉——朝永振一郎博士追悼講演」、『自然』、一九八〇年一二月号、二六—四一頁］。
14 Lamb (1983).
15 Schweber (1986b).
16 これについては、De Maria et al. (1989) 所収の会議報告諸論文を参照。
17 Galison (1987); Pickering (1984).［訳注］理論の検証のために大規模施設での実験を計画して成功させた近年の事例として、筑波の高エネルギー加速器研究機構の成果があげられる（立花隆『小林・益川理論の証明——陰の主役Bファクトリーの腕力』、朝日新聞出版、二〇〇九年）。
18 Cooper (1989), 123から引用。Ulam (1976)［ウラム『数

学のスーパースターたち——ウラムの自伝的回想』、志村利雄訳、東京図書、一九七九年〕も参照。
19 Metropolis (1989).
20 Stein (1989); Mycielski (1989).
21 Campbell (1989); Gleick (1988).〔ジェイムズ・グリック『カオス——新しい科学をつくる』(上田睆亮監修、大貫昌子訳、新潮文庫、一九九一年)〕
22 ハイゼンベルクからゾンマーフェルトあて(一九四六年二月五日)[ASWB 2, 582]、SN.
23 ゾンマーフェルトからアガティディスあて(一九四六年七月三〇日)、SN.
24 ゾンマーフェルトからベーテあて(一九四六年一一月一日)[ASWB 2, 601]、ミュンヘン大学文書館。
25 ハイゼンベルクからゾンマーフェルトあて(一九四七年二月七日)[ASWB 2, 603 - 604]、SN.
26 Lasby (1971); Gimbel (1986, 1990).
27 ベーテからミラー(ニューヨークのFIAT科学部門)あて(一九四七年二月一八日)、SN.
28 ベーテからゾンマーフェルトあて(一九四七年五月二〇日)[ASWB 2, 613-615]、SN.
29 ベヒェルトからゾンマーフェルトあて(一九四七年三月二六日)、SN.
30 ヴェンツェルからゾンマーフェルトあて(一九四七年二月二七日)、SN.
31 ヴァイツゼッカーからクルージウスあて(一九四七年四月一〇日)、SN.
32 ボップからゾンマーフェルトあて(一九四七年五月一〇日)[ASWB 2, 611]、SN.
33 フントからゾンマーフェルトあて(一九四三年一二月三日)、SN.
34 ヴェンツェルからゾンマーフェルトあて(一九四三年一一月二二日)、SN.
35 ボーアからゾンマーフェルトあて(一九四三年四月一五日)、SN.
36 ロバートソンからゾンマーフェルトあて(一九四五年一二月一二日)、SN.
37 Eckert et al. (1984), 104 から引用。
38 Ewald (1962); Bopp/Kleinpoppen (1969).
39 Forman (1969); Ewald (1969).
40 Jordan (1949), 7.
41 Bopp/Kleinpoppen (1969), 1 から引用。
42 Weart (1988).
43 Smith (1965), 279-300.〔スミス『危険と希望——アメリカの科学者運動:一九四五—一九四七』、二六二—

二九九頁〕

44 Jordan (1949), 29.

45 Hermann (1976), 121〔アーミン・ヘルマン『ハイゼンベルクの思想と生涯』、山﨑和夫・内藤道雄共訳、講談社、一九七七年、二一六頁〕から引用。

46 Einstein/Infeld (1956).〔アインシュタイン、インフェルト『物理学はいかに創られたか――初期の観念から相対性理論及び量子論への思想の発展　上』（石原純訳、岩波新書、一九三九年）、vii頁〕。〔訳注〕英文原著は一九三八年刊。独訳は同年にオランダで刊行されたが、ドイツでの翻訳出版はナチス政権下では行われず、一九五〇年代を待たなければならなかった（ドイツ図書館およびWorldCat.orgの目録検索による）。邦訳者石原は、ミュンヘン大学ゾンマーフェルト、チューリヒ工科大学アインシュタインのもとなどに留学（一九一二～一九一四年）。歌人・科学啓蒙家としても活躍。輪禍がもとで亡くなったのはゾンマーフェルトと同様である（西尾成子『科学ジャーナリズムの先駆者――評伝石原純』、岩波書店、二〇一一年）。

訳注

序章

※1　彼のもとで学んだノーベル賞受賞者（カッコ内は受賞年）：グスタフ・ヘルツ（一九二五）、ヴェルナー・ハイゼンベルク（一九三二）、ペーター・デバイ（一九三六）、イシドール・ラービ（一九四四）、ヴォルフガング・パウリ（一九四五）、ライナス・ポーリング（一九五四）、ハンス・ベーテ（一九六七）（次の文献による。Kant, H.: Arnold Sommerfeld – Kommunikation und Schulenbildung［アルノルト・ゾンマーフェルト――コミュニケーションと学派の形成］. *Wissenschaftsforschung Jarhbuch 1998*, 2000, 135-151）。ゾンマーフェルト自身も長年にわたりノーベル賞候補となっていた。「アーノルド・ゾンマーフェルトが受賞からはずされた理由は明らかでない。彼は偉大な物理学者であり基礎的な貢献をしたが、何人かの受賞者たちを含む偉大な物理学者たちの全体的な路線の指導者として一層よく知られている。三人の推薦状が一九四九年に八一歳の物理学者のために送られてきた。［中略］ゾンマーフェルトは以前多数の推薦を受け、一九一七年から一九三七年の間、推薦を受けなかったのは一九二一年のみであった！（Istvan Hargittai『ノーベル賞その栄光と真実――科学における受賞者はいかにして決められたか』、阿部剛久訳、森北出版、二〇〇七年、二五一―二五二頁）

※2　満八二歳。ミュンヘンの自宅近くで交通事故に遭い、それがもとで死去。

第一章

※1　ゾンマーフェルトの左頬には、若かりし日の決闘による傷跡が残っていた（Ulrich Benz: *Arnold Sommerfeld*. 1975, 13）。

※2　ウィーン大学理論物理学教授に就任。この呼び戻しのためにオーストリア政府は、大学教授としての最高給額を提示した。ボルツマンは所属を七回変えたが、これは「移動の力学」とは別で、彼の躁鬱病から説明されることがある（ウィリアム・H・クロッパー『物理学天才列伝、上――ガリレオ、ニュートンからアインシュタインまで』、「第一三章　分子とエントロピー、ルートヴィッヒ・ボルツマン」、水谷淳訳、講談社ブル

ーバックス、二〇〇九年)。

※3　この引用文は、潮木守一『ドイツ近代科学を支えた官僚——影の文部大臣アルトホーフ』(中公新書、一九九三年)にも掲載されており(七八頁)、その日本語を使わせていただいた。次の引用文も同書にあるもの(一〇〇頁)を参考にした。

※4　この記述は著者が引用しているManegoldに依拠しているが、クラインのエアランゲン大学就任演説(数学史で有名な「エアランゲンプログラム」とは別のもの)の復刻によると、「二分化状態」(Zweitheilung)は、教育における人文科学と自然科学との分離状態を指している(Rowe, D.E.: Felix Klein's "Erlangener Antrittsrede" : a transcription with English translation and commentary. *Historia Mathematica*, 12, 1985, 123-141)。Roweによれば、この演説については、不正確なテクストしか伝わっていなかったための誤解が流布していた。これはもちろん、本書の論旨を損なうものではない。

※5　ゲッティンゲン大学員外教授だったネルンストは一八九四年、ボルツマンの後継者としてミュンヘン大学理論物理学教授職への招聘を受けたが、それを材料に大学と交渉した結果、研究所の新設と教授・所長ポストを得た。この人事も、もちろんアルトホフの計らいによる。ネルンストは、のちベルリン大学に転出。熱力学第三法則を発見。一九二〇年ノーベル化学賞受賞(K・メンデルスゾーン『ネルンストの世界——ドイツ科学の興亡』、藤井かよ・藤井昭彦訳、岩波書店、一九七六年)。

※6　正式なタイトルは*"Encyklopädie der mathematischen Wissenschaften mit Einschluss ihrer Anwen-dungen"*("mit"以下は「その応用を含む」の意)。一八九八—一九三五年刊行、六巻二三冊(うち「第五巻　物理学」は一九〇三—一九二六年、全三冊)。Ｗｅｂで全文公開されている(ニーダーザクセン州立・大学図書館のGöttinger Digitalisierungszentrum〈ＧＤＺ〉プロジェクト。ドイツ学術振興会——本書第三章の「ドイツ学術危機共同体」についての記述と訳注を参照——の助成による)。http://gdz.sub.uni-goettingen.de/dms/load/toc/?PPN=PPN360504019

※7　ヘルツは電磁波の発見者で、周波数の単位「ヘルツ」は彼の名から取られた。キール大学私講師の職にあった彼は、カールスルーエ工科大学の物理主任教授に招聘された。「それに食指が動いたのはキール大学ではまだ教授職が認可されておらず、しかも理論物理学の講座担当であり、その上実験設備が貧弱であったことな

どを挙げていた」。(山崎岐男『天才物理学者ヘルツの生涯』、考古堂書店、一九九八年、一八八頁)前述の発見はカールスルーエ時代の業績である。その後ボン大学教授に転身したが、三六歳で死去。

※8　一九一一年、ノーベル物理学賞。彼の活動は理論と実験の両面にわたったが、受賞対象である黒体放射の研究は理論の仕事で、プランクの量子仮説への道を開いた。一九二〇年、ゾンマーフェルトの働きかけにより、レントゲンの後任としてミュンヘン大学実験物理学教授に就任(第三章参照)。

※9　フリードリヒ・ヴィルヘルム・オストヴァルトは「物理化学」という学問分野の創設者のひとりに数えられる。触媒・化学平衡・反応速度の研究により一九〇九年ノーベル化学賞受賞。自然現象をエネルギーに関する法則から一元的に説明すべきであるとする「エネルゲーティク」の立場から「アトミスティク」(原子論)を批判。さらに、人間や社会の現象もエネルギー一元論に帰着させようとした(オストワルト『エネルギー』、山県春次訳、岩波文庫、一九三八年)。

第二章

※1　科学史研究で論じられてきた「学派」(research school)のイメージが次のように要約されている。「すなわち、研究および組織運営に優れた能力を持つカリスマ的な教授が、発展性のある研究プログラムを構築し、それに沿った教育により多くの弟子を育て、かつ潤沢な研究資金とその成果を公表する活字媒体を確保し、多くの成果を発表し、その時代の科学者のコミュニティに強力な影響を与える集団というものである」(古川安「喜多源逸と京都学派の形成」、『化学史研究』、第三七巻、二〇一〇年、一—一七頁)。

※2　ドイツ語では「レントゲン線」(Röntgenstrahlen)という。本性が未知であったことから、レントゲン自身が「X線」と命名した。

※3　ベルギーの化学者・実業家エルネスト・ソルヴェイとヴァルター・ネルンスト(第一章参照)により開催(議長はローレンツ)。会議録の邦訳がある(『輻射の理論と量子——第一回ソルベイ会議報告』〈物理科学の古典　8〉、小川和成訳、東海大学出版会、一九八三年)。会議はその後も継続されて二一世紀に至る。

※4　この発見は、結晶構造解析の新手法を提供するとともに、X線が光や電波と同じく電磁波であることの最終的証明となった。「ラウエ・ダイアグラム」および実験装置などの写真と、発見のエピソードが次のものに

紹介されている。アーミン・ヘルマン『アインシュタインの時代——物理学が世界史になる』(杉元賢治・一口捷二訳、地人書館、一九九三年)の「第四章　ラウエのダイアグラム——エックス線干渉の発見」(四五—五四頁)。

※5　モーズリーは有名な科学者一家の出であるが、四歳を迎える直前に父は死去。彼自身は二七歳で戦死した。元素のX線スペクトルの振動数の平方根が元素配置を表す番号(原子番号)に比例して増えることを発見。原子番号は原子核に含まれる正電荷単位の数であるとした(バーナード・ヤッフェ『モーズリーと周期律——元素の点呼者』、竹内敬人訳、河出書房新社、一九七二年)。

※6　ラウエは一九一四年、ブラッグ親子は一九一五年にノーベル物理学賞を受賞(発表はいずれも一九一五年一一月)。東京帝大助教授・寺田寅彦は一九一三年、ブラッグと同様の成果を得て、『ネイチャー』に報告を出した。しかし、発表時期がブラッグより遅れて、先取権をあっさりと放棄。国内では学士院恩賜賞が授与されたが、寅彦は当初の関心事である地球物理学などの研究に戻った。文学と人生において夏目漱石の弟子であったこともよく知られている(小山慶太『寺田虎彦——漱石、レイリー卿と和魂洋才の物理学』、中公新書、二〇一二年)。

※7　一九一三年の創刊以来シュプリンガー社から発行されているこの雑誌は、一九二四年からドイツ自然科学者・医師協会の機関誌になって今日に至っている(Emmermann, R. & Donner, W.T.: Naturwissenschaften — the long-standing organ of the German Society of Natural Scientists and Physicians. *Naturwissenschaften*, 90, 2003, 1-3)。

※8　シュタルク効果発見などの業績により一九一九年ノーベル物理学賞受賞。のちナチスに入党、「ドイツ的物理学」の主唱者として、ゾンマーフェルト学派と激しく敵対した(第九章参照)。

※9　ゾンマーフェルトは論文で二人の成果を公平に取り上げ、次のようにコメントした。「実際Schwarzschildは緒言で引用した論文〈量子仮説について〉でEpsteinと全く同様の考えを展開している。そのある部分は彼以上に進んでいる(帯スペクトルへの応用、およびEpsteinにおいては計算上の副次的なものとしてしか扱われなかったエレガントな〈角座標〉の原理的な導入において)」(前掲「スペクトル線の量子論」、邦訳九五—九六頁)。シュヴァルツシルトは、一般相対論の場の方程式

の厳密解を発見（一九一六年）、ブラックホールの理論を導いた。それから間もない一九一六年五月に死去（享年四二歳）。エプシュタインは一九二一年にカリフォルニア工科大学教授に就任（第四章参照）、のちに名誉教授（一九六六年没）。

※10　ウィーン大学教授（ボルツマンの後任）。質量とエネルギーとの等価性を空洞内の電磁放射において見出した業績が著名（アインシュタインはそれと別個に一般的定式化を行った）。享年四〇歳であった。シュレーディンガーは彼の教え子。

※11　ゾンマーフェルトの生前に、一九一九年初版から一九五〇年第七版まで刊行された。邦訳は、『原子構造とスペクトル線　I上・下』（増田秀行訳、講談社、一九七三年）。

第三章

※1　一八一七年創立のヘント（仏語ガン、英独語ゲント）大学は、当初ラテン語を公用語としていたが、一八三〇年のベルギー独立（オランダからの分離）に伴ってフランス語を用いるようになった。第一次大戦中にドイツの影響で仏蘭語併用に変わり、一九三〇年にはオランダ語を公用語として今日に至る。ワロン（フランス語圏）に対するフランドル（オランダ語圏）の連邦主義運動の結果である（ヘント大学ホームページ、および、ジョルジュ＝アンリ・デュモン『ベルギー史』〈文庫クセジュ　790〉、村上直久訳、白水社、一九九七年、一〇二―一〇七頁）。

※2　ハーバーは、ゾンマーフェルトと同年同月（一八六八年一二月）生まれ。空中窒素からのアンモニア合成によりノーベル化学賞（一九一八年）。第一次世界大戦中は毒ガス開発に従事。敗戦後になされた星一のドイツ科学への支援（本章に記載）に感謝して、ベルリン日本研究所の設置に尽力、その所長にも就任。ユダヤ人の彼はナチスが政権を掌握すると、カイザー・ヴィルヘルム研究所などの公職を辞して亡命。一九三四年にスイスで客死した（宮田親平『毒ガス開発の父ハーバー――愛国心を裏切られた科学者』、朝日選書、二〇〇七年）。

※3　「枢密顧問官」（Geheimrat）という称号に関して、米国の数学者ノーバート・ウィーナーがゲッティンゲンのフェーリクス・クラインを訪ねた時の回想がある。「私のクライン訪問は社交上のヘマで始った。戸口に年とった家政婦が出て来た時、私は最上のドイツ語のつもりで『ヘル・プロフェッソールは御在宅ですか』と尋

ねた。すると彼女は叱りつける様な調子で、『ヘル・ゲハイムラートは在宅です』と答えた。私は閣下と云わねばならないところを、それより下の教授という称号をつけて、とがめられてしまったのだ。ドイツの科学界ではゲハイムラートの社会的な地位は、英国のナイトの爵位（サー）をえた科学者とよく似ていると云えるであろう。しかし私は、英国のナイトの爵位についてこんな仰々しさに出会ったことはない」（ノーバート・ウィーナー『サイバネティックスはいかにして生まれたか』、鎮目恭夫訳、みすず書房、一九五六年、六〇頁）。

※4 『アインシュタイン／ゾンマーフェルト往復書簡』、六七―六八頁。

※5 古くは教会や領邦国家によって設立された伝統を持つドイツの大学は通常、州政府が設置者となっているが、この両大学は例外的存在だった。フランクフルト大学は市民の寄付（ロートシルト〈ロスチャイルド〉などユダヤ人の多大な寄与があった）によって創設された。ケルン大学の創立は一三八八年に遡るが、一九世紀初頭ナポレオンのライン地方侵攻の余波でいったん廃絶。第一次大戦後、ケルン市長コンラート・アデナウアー（のちの西ドイツ首相）により、組織上は市立大学として再出発を果たした。いずれも第二次大戦後に州立大学となって今日に至る（小倉欣一、大澤武男『都市フランクフルトの歴史――カール大帝から一二〇〇年』、中公新書、一九九四年、二〇二―二〇八頁、および、ケルン大学ホームページ）。

※6 「ドイツ科学救援連合」（後出『マックス・プランクの生涯――ドイツ物理学のディレンマ』、九六頁）、「［ドイツ］学術窮状互助会」（『東京・ベルリン――十九世紀～二十世紀における両都市の関係』、ベルリン日独センター、一九九七年、二三九頁）などの訳例もある。現在のドイツ学術振興会（DFG: Deutsche Forschungsgemeinschaft）の前身。

※7 "International Research Council"（現在の国際学術連合会議：International Council of Scientific Unions）。ドイツ人科学者を国際活動から排除することを決議。これは一九二六年に解除された（有本建男「科学技術体制を築いた人々 14」、『情報管理』、41(2), 1998, 132-134）。

※8 メッガースは、「二〇世紀半ばの時期を通じて分光学的解析の重鎮の一人」と評されている。その指導のもとで、スペクトル線の測定とデータ収集が精力的に行われ、成果が「ＮＢＳ原子エネルギー順位表」に結実している（Brown, Pais, Pippard［編］『二〇世紀の物理学 Ⅱ』（普及版、丸善、二〇〇四年、四〇二―四〇三頁）。

ラポルテは一九二六年、助成金による滞在を終えると米国に移住した（第五章訳注6も参照）。

※9　星一は、製薬会社社長で星薬科大学の創設者。彼のドイツへの寄付は、後藤新平からの相談に応じたものである。星については子息による次の著書を参照。星新一『人民は弱し官吏は強し』『明治・父・アメリカ』『明治の人物誌』（いずれも新潮文庫版がある）。

※10　たとえばシュタルク、ヴィーン、レーナルトなど極右の実験物理学者たちが、理論重視の傾向を非難してそのように唱えた。原著引用文献に記述がある（Forman, 1967, 344）。

第四章

※1　役職名は"President"ではなく"Chairman of the Executive Council"だが、実質的な学長として短期間で"Caltech"を有数の研究センターに成長させた。電気素量（電子の電荷の絶対値）とプランク定数（量子的現象を特徴づける基本物理量）の決定という実験的研究により一九二三年ノーベル物理学賞受賞。

※2　邦訳：W・パウリ『相対性理論 上・下』、内山龍雄訳、ちくま学芸文庫、二〇〇七年（一九七四年講談社版の再刊）。二一歳の作。「今でも相対論の最良の教科書の一つである」（エミリオ・セグレ『X線からクォークまで――二〇世紀の物理学者たち』、久保亮五・矢崎裕二訳、みすず書房、一九八二年、二〇四頁）。

※3　邦訳には、内山龍雄訳（上・下、ちくま学芸文庫、二〇〇七年。一九七三年講談社版の再刊）と菅原正夫訳（東海大学出版会、一九七五年）がある。

※4　ハイゼンベルクの回想。「ゾンマーフェルトは良い先生だったので、私が原子論一本槍になるのは良くないと考えて、こう言いました。『年がら年中、泥の中を歩いているのはよくない。数学的にきちんとした理論物理学の仕事もしないとね』。そして彼は私に、流体力学の問題を解いてみないかと言ったのです」（ハイゼンベルク他『物理学に生きて――巨人たちが語る思索のあゆみ』、青木薫訳、ちくま学芸文庫、二〇〇八年、七八―七九頁。同書は一九九〇年、吉岡書店刊行『物理学に生きて――巨人たちの思索の軌跡』の改訳）。なおこの問題は、第二次大戦後にフォン・ノイマンの提唱で、当時最大のコンピュータによって決着したという（同書、八〇―八一頁）。

※5　その費用は、ヴォルフスケール賞（「フェルマー予想」を証明した者に一〇万マルクを授与）の利子によってまかなわれた。ローレンツやゾンマーフェルトも、

同じ資金でゲッティンゲンに招かれ、講演していた。「人々がヒルベルトに、なぜ彼がフェルマの最終定理を証明してヴォルフスケール賞を手に入れないのかとたずねると、それに答えて彼はいった、『どうして私が金の卵を生む鵞鳥を殺さなければならないんだね？』」（リード『ヒルベルト――現代数学の巨峰』、二六四頁）。締切に一〇年先立つ一九九七年、アンドリュー・ワイルズが受賞。時代は変わり、授与額は七五〇〇マルクとなった。

※6　一九世紀デンマークの二人の学者、エールステズ（磁場の強さを表す単位名「エルステッド」はこの人にちなむ）とラスク（ドイツのヤーコプ・グリムらとともに比較言語学の創始者とされる）の名から取られた。既出の国際教育評議会（ロックフェラー財団）のモデルとなった（西尾成子『現代物理学の父ニールス・ボーア――開かれた研究所から開かれた世界へ』、中公新書、一九九三年、一〇三―一〇四頁）。

※7　パウリが遠慮のない批判と毒舌を得意としていたのは有名だが、師のゾンマーフェルトに対してだけは恭順の姿勢を保ったという。「日頃彼にさんざん痛めつけられている私たちは師匠の前でえらく行儀の良くて、すこぶるていねいにしておとなしい彼の様子を大いに楽しんだものです。いつもと全く違ったパウリなのですから」（ワイスコップ『サイエンティストに悔いなし――激動の二〇世紀を生きて』、長澤信方訳、丸善、一九九〇年、二三九頁）。

※8　次の論文であろう。「摂動を含む力学系の量子化について」（M. Born und W. Pauli: Über die Quantelung gestörter mechanischer Systeme. *Zeitschrift für Physik*, 10, 1922, 137-158）。

※9　行列力学とシュレーディンガーの波動力学は表現形式が異なるだけで、数学的に同等であることが明らかにされたが、微分方程式で記述された波動力学のほうが広く受け入れられた。しかし、その物理的意味について激しい論議を呼んだ。その経緯については、たとえば、K・プルチブラム『波動力学形成史――シュレーディンガーの書簡と小伝』（江沢洋訳・解説、みすず書房、一九八二年）で詳述されている。

第五章

※1　たとえばソルヴェイ会議（第二章参照）の開催は一九一一年に始まる。なお、ここに名のあがった人々が活躍するのは一九二〇年代以降である。

※2　"Every valley shall be filled and every mountain and hill "shall be brought low"（「谷はすべて埋められ、山と丘は低くされる」〈「ルカによる福音書」三・五、聖書新共同訳〉）が念頭にあったと思われる。

※3　ドイツに留学していた日本人化学者（のちに北海道大学教授・学長）が次のように回想している。「ベルリンのポラニ研究室に通っていたある日、ゲッチンゲンからハイトラーが私をたずねてきました。（…）二人で散歩しながら、水素分子の共有結合を量子力学的に導出したかれとロンドンとの大作の動機を聞いたら、O Gott! O Gott! と照れながら話し出しました。（…）水素原子間のファン・デァ・ワールス力を計算するつもりだったが、とてつもなく大きな値がでてきたので二人ともしょげてしまって、計算につかった紙を棚にほおり上げ、ミュンヘンのゾンマーフェルトにこのいきづまりを手紙で訴えました。ゾンマーフェルトから間もなく、しょげるな、今まで窺い知ることのできなかった水素原子間の化合力を解明したのかもしれないぞと激励の手紙がきました。それからチューリッヒの大学で、毎晩ガブガブコーヒーを飲んでは二、三週間徹夜の討論を続け、ついにあの大作をものにしたというのです。かれはこのときを一生の最良のとき（Schönste Zeit in meinem Leben）といっていました」（堀内寿郎『一科学者の成長』、北海道大学図書刊行会、一九七二年、五六―五七頁）。なおマイケル・ポラニーは、科学哲学の仕事でも著名。ユダヤ系ハンガリー人のポラニーがマンチェスター大学に移ると、堀内も随って共同研究を続けた。

※4　この旅行記の（英文抄訳に基づく）邦訳もある（『ボルツマン先生、黄金郷を旅す』〈パリティブックス〉、丸善、一九九四年、一―三二頁）。

※5　一九〇七年、ドイツ人により創設。当初は同済徳文医学堂と称し、医学とドイツ語を教育した。一九二七年に国立の総合大学となる。

※6　ラポルテは一九二六年にミシガン大学に就職（本章一五五頁）、一九三五年には米国に帰化した。第二次大戦前に三度にわたり来日、東大や京大で客員講義を行った。その間、日本語に熟達し、自ら俳句を作るなど日本文化にもはなはだ親しんだという。戦後には在日米国大使館の科学担当官を二度務めた（Crane H.R. & Dennison, D.M.: Otto Laporte (July 23, 1902-March 28, 1971). *Biographical Memoirs, National Academy of Sciences,* 50, 1979, 269-285)。

※7　「文部省在外研究員」（従来の「文部省外国留学生」から一九二〇年に改変）としての派遣がなされた。著

者がこの記述の情報源としたのはRobertson (1979) である。同書所収のボーア研究所滞在者リストへの言及が本文中にあるが（一四八頁）、米国人への助成で〈IEB〉が多いのと同じく、日本人については〈UTS〉(University of Tokyo Scholarship) が七人中五人を占める（青山新一、堀健夫、木村健二郎、仁科芳雄、杉浦義勝）。著者が東大を主たる派遣者と考えたのは当然だが、五人のうち留学時代に同大学所属だったのは木村のみである（「助成」記載のない他の二人は福田光治と高峰俊夫）。

※8　ラマンは一九三〇年、この発見によりノーベル物理学賞を受賞。ゾンマーフェルトはインドで、ラマンの甥に当たるスブラマニアン・チャンドラセカール（当時一七歳）にも会った。宿泊先を訪れた青年にとってこの出会いが人生を方向づけたという。チャンドラセカールは学生時代、『原子構造とスペクトル線』英語版をガールフレンド（同じく物理専攻の学生で、後に妻となる）にプレゼントした。一九八三年、恒星進化の物理過程の理論的研究によりノーベル物理学賞受賞（アーサー・I・ミラー『ブラックホールを見つけた男』、阪本芳久訳、草思社、二〇〇九年）。

※9　ドイツに留学し（一九三〇―三二年）、ハイゼンベルクに師事。東京教育大学教授、埼玉大学・山梨大学学長などを歴任。国文学者藤岡作太郎の子息。彼の回想によれば、ゾンマーフェルトは理化学研究所での菊池正士の実験（雲母薄片による電子線回折）に、「キクチ、キクチ、マイカ［雲母］、マイカと大変な喜びようで、日本の物理のイメージがすっかり変り、それが全部キクチによって代表された」。父の菊池大麓（日本の近代数学の草分け）はすでに物故していたが、未亡人がゾンマーフェルトと日本の物理学者たちを東京小石川竹早町の自宅に招き、音楽パーティを催した。ゾンマーフェルトはピアノで、ベートーヴェンのヴァイオリンソナタ「春」やシューベルトの歌曲を伴奏したという（鶴田四郎「藤岡先生と私」、『窮理為楽――藤岡由夫追憶』〈非売品〉、一九八〇年、一四九―一五一）。

※10　彼の来日について、次のような回想もある。「京都大学の講演でゾンマフェルトは（…）電子が上のレベルから下のレベルに落ちると、そのときに光がでるのだという話をしていました。そしてそう説明しながら、（…）うしろむきにあるいていたものだから教壇のふちが見えずに、そこから下に落っこちたわけです。最前列に座っていた私の先生、玉城嘉十郎先生があわてて抱きとめた。（…）そのときゾンマフェルト少しも騒

がず、いま自分が落ちたように電子もここからここへ落ちる、そんなことをいって聴衆を笑わせたことを憶えております」（朝永振一郎『量子力学と私』、岩波文庫、一九九七年、二八―二九頁）。ゾンマーフェルト訪日について、次の文献が詳細な調査結果を報告している（「アルノルト・ゾンマーフェルトの日本滞在」）。Ozawa, T.: Arnold Sommerfelds Aufenthalt in Japan. *Historia Scientiarum*, 15-1, 2005, 44-65. この文献のご提供について、著者の小澤武志氏に感謝する。

第六章

※1　フェルミ－ディラック統計に従うのは、電子、陽子、中性子など奇数の1／2のスピンを持つ粒子（フェルミ粒子）であり、アルファ粒子（ヘリウム原子核、すなわち陽子と中性子が二個ずつ結合した粒子）など質量数（陽子と中性子の個数の和）が偶数である原子核や光子のように整数のスピンを持つ粒子（ボース粒子）はボース－アインシュタイン統計に従う。

※2　同名のベストセラー小説（"*Volk ohne Raum*" ハンス・グリム著、一九二六年。邦訳：『土地なき民』、星野慎一訳、四巻、鱒書房、一九四〇―一九四一年）のタイトルが政治的流行語にもなっていた。

※3　一九二七年、ベル研究所のクリントン・ジョゼフ・デイヴィソンが、助手のレスター・H・ガーマーとともに、ニッケル結晶に電子線をあてて電子の波動性を実証。同じころ英国でも、ジョージ・P・トムソンがそれとは独立に別の方法から同じ結果を得た（父のJ・J・トムソンは電子の発見者で、その粒子性を見出していた）。

※4　A. Sommerfeld und Hans Bethe: Elektronentheorie der Metalle. In: *Handbuch der Physik*, 24-2, Springer, 1933, 333-622. 一九六七年にも再刊。邦訳は、A・ゾンマーフェルド、H・ベーテ『固体電子論』（井上正訳、東海大学出版会、一九七六年）。「第I章　自由電子の仮定」の冒頭に、「本書の第I章だけ私が担当した。それ以下の章はH. Bethe の功労による。A. Sommerfeld」という注がある（邦訳一頁）。

※5　スレイターは一九二四年、ボーア、クラマースと共同で論文を発表したが（「BKS理論」）、その過程で光量子の実在をめぐる意見の対立があり、ボーアに押されてスレイターは（正しかった）自説を曲げた。このような確執から、彼はボーアに対する嫌悪感を長く抱き続ける（アブラハム・パイス『ニールス・ボーアの時代 1――物理学・哲学・国家』、西尾成子・今野宏之・

山口雄仁共訳、みすず書房、二〇〇七年、二九九頁ほか)。

※6　福井謙一がノーベル化学賞を受けた研究(有機化合物の反応性を量子力学的に説明した「フロンティア軌道理論」)は、この雑誌に掲載された(一九五二年)。福井は京都帝大工業化学科の学生だったころから物理に熱中し、たとえば『ハンドブーフ・デア・フィジーク』を「興奮しながら図書室で書き写したものである」(福井謙一『学問の創造』、朝日文庫、一九八七年、一一六頁)。

第七章

※1　「新法の衝撃がゲッチンゲンで特に深刻だったのは、物理学と数学の四つの研究所のうち三つまで、その所長がユダヤ人、すなわちジェームス・フランク、マックス・ボルン、そしてリヒャルト・クーラントだったことによる」(A・D・バイエルヘン『ヒトラー政権と科学者たち』、常石敬一訳、岩波書店、一九八〇年、二一頁)。フランクの第二物理学研究所メンバーは七人中五人、ボルンの理論物理学研究所メンバーは五人全員(ボルンのほか、ハイトラーとエドワード・テラーを含む)がゲッティンゲン大学を去った(同書四七頁)。

※2　ロンベルクは、ハイデルベルク大学計算機センター草創期の学術責任者(wissenschaftlicher Leiter)にも任じられた。一九七八年に引退、二〇〇三年に九三歳で亡くなった(*BenutzerNachrichten*, 2003-1, 3-6, ハイデルベルク大学計算機センター。http://www.urz.uni-heidelberg.de/Dokumentation/Benutzernachrichten/BN031/artikel.html)。

※3　ラウエはナチス政権への非妥協的態度を貫き、ユダヤ人学者の擁護に最も力を尽くした。「私にはよくわかっております。貴兄がこの言葉に尽くしがたいほど困難きわまる時代に、どんなにすばらしい態度をとり続けてきたかを。貴兄が何の妥協もしなかったことを。貴兄の信念や友人たちにどんなに忠実であったかも。そしてこうしたことができるのは、ほんの一握りの人にすぎないことも」(アインシュタインのラウエあて書簡。ヘルマン『アインシュタインの時代——物理学が世界史になる』、一六一頁)。

※4　「非アーリア人でも次のような場合職場にとどまることができた。(1)一九一四年八月一日以前からその職にある者、(2)[世界大戦の]前線で戦った者、(3)父または息子を戦争[世界大戦]で失った者」(バイエルヘン『ヒトラー政権と科学者たち』、一八頁)。

※5　戦後、リヴァプール大学教授に就任。英国王立協会会員に選出され、一九七二年にはマックス・プランク・

メダルを受賞した。「(…) 彼は実験物理学を学ぶことに決め、一九二七年にミュンヘン大学に行った。一年後、ヴィーン教授の下で博士号を取得することにした。しかし、ヴィーンが亡くなって理論物理に転じた。ゾンマーフェルトは『旧』量子論の偉大な教師だった。それでフレーリヒは彼の講義に通った。そして、私に語ったところによると、黒板に方程式を書く時のゾンマーフェルトの間違いから多くを学んだ」(Sir Nevill Mott: Herbert Fröhlich - 9 December 1905-23 January 1991. *Biographical Memoirs of the Royal Society,* 38, 1992, 145-162)。

※6 「ゾンマーフェルトはその評判に違わない、まさに偉大な教師だった。彼の物理学序論は明晰さの権化だった。彼は学生たちに向かって物理学が経験的な学問であることをいつも喚起した。もちろん理論物理学は数式化された法則を扱うが、その際にも、その数式の経験的な基礎を常に明らかにしなければならないと言っていた。彼は数学を扱う技術についても大家であり、非常に複雑な問題をやさしい数式で解いた。しかし、彼の最も偉大な力は、学生を導くそのやり方にあったと思う。ゾンマーフェルトはいつも、学生にとって難しすぎず、しかし、真面目な努力に値する程度には難しい、魅力ある問題を見つけ出していた」(R・パイエルス『渡り鳥——パイエルスの物理学と家族の遍歴』、松田文夫訳、吉岡書店、二〇〇四年、三三頁)。テラーの回想も紹介する。それによると彼は、ゾンマーフェルトの力量の大きさを認めつつ、嫌悪感を抱いた ("Sommerfeld was very correct, very systematic, and very competent. I disliked him")。その挙措が、ドイツの教授然とした気取りない し驕慢と映ったようである (Edward Teller: *Memoirs – A twentieth century journey in science and politics,* with Judith L. Shoolery. Perseus Publishing, 2001, 47)。

※7 「わたしにとり**楽天主義**というものは、(…) まことに邪道な考え方であり、人類の名状しがたい苦しみに対するはげしい嘲笑であるように思われる。」[強調は原文のまま] (ショーペンハウアー『意志と表象としての世界』第4巻59節。引用は『ショーペンハウアー全集 3』、斎藤忍随他訳、白水社、二六五頁)。

※8 ゾンマーフェルトがミュンヘン大学を追われるという噂が立ち、オハイオ州立大学が招聘に動いた。彼はそのポストにホップを推薦した (Arnold Sommerfeld: *Wissenschaftlicher Briefwechsel,* Band 2 [ASWB 2], 408 の脚注)。

第八章

※1　ジェイムズ・フランク（彼の亡命については第七章参照）の助手を務め、その娘と結婚。「フォン・ヒッペルは公務員法に該当しないが、フランクの義理の息子としてやはりゲッチンゲンを捨てる道を選んだ」（バイエルヘン『ヒトラー政権と科学者たち』、四〇頁）。「ボーア・フェスティバル」の回想（第四章原注31）は、フォン・ヒッペルが書いたものである。彼の子息のうちフランク・フォン・ヒッペルも物理学者で、のちに核軍縮などの論陣を張る（プリンストン大学教授）。その弟エリック・フォン・ヒッペルは、父と同じくMIT教授を務める（専門はイノベーション・マネジメント）。

※2　結晶内電子のエネルギー準位は原子の軌道のようにとびとびではなく、帯のような幅を持つ（エネルギー帯：バンド）。そのありさまにより、たとえば金属、半導体、絶縁体の相違が説明できる。金属の電気伝導を量子力学的に扱ったブロッホの理論（第六章参照）がその出発点となった。

※3　『群論とその原子スペクトル量子力学への応用』（*Gruppentheorie und ihre Anwendung auf die Quantenmechanik der Atomspektren.* 1931）という著書がある（一九五九年英語増補版からの邦訳：E・P・ウィグナー『群論と量子力学』、森田正人・森田玲子訳、吉岡書店、一九七一年）。

※4　ライプツィヒおよびキール大学で数学と物理を学ぶかたわら学生運動に携わり、共産党に入党。一九三三年英国に亡命。ブリストル大学で博士号を取得。エディンバラでボルン、バーミンガムでパイエルスと共同研究を行う。英国と米国の原爆プロジェクトに加わり、その間ソ連に情報を提供した。一九五〇年、英国で逮捕され、禁固刑を受けた（一九四二年に取得した英国籍は剥奪）。一九五九年に出所、東ドイツに移って、ドレスデン近郊ロッセンドルフの核研究所副所長に就任した（後に所長）。教会牧師（ルター派、後にクエーカーに転じた）の父も戦後、東独領となったライプツィヒ大学で神学教授を務めていた（ノーマン・モス『原爆を盗んだ男——クラウス・フックス』、壁勝弘訳、朝日新聞社、一九八九年）。

※5　原子内においてその中心を占める原子核は、原子に比してきわめて小さく、たとえば「大聖堂の中のハエ」などとも形容される（原子核探求の歴史を扱った同名の著述がある。Brian Cathcart: *The fly in the cathedral.* Viking, 2004）。

※6　この研究所における実験物理の足跡と中心人物ラザ

フォードほかの科学者像については、前述 Cathcart や、たとえば次を参照。小山慶太『ケンブリッジの天才科学者たち』、新潮選書、一九九五年。

※7　シチリア島出身。ローマ大学教授。イタリア物理学の発展に尽力。大学教授が上院議員に就任する例があり、彼もその道をたどって政界に入った。「一九二三年、ムッソリーニは彼を国家経済相に登用した――ファシスト党員でもなかったし、ついになりもしなかった彼を(…)」(エミリオ・セグレ『エンリコ・フェルミ伝――原子の火を点じた人』、久保亮五・久保千鶴子訳、みすず書房、一九七六年、四五頁)。彼の演説の引用部分も、同訳書一〇六頁にある。

※8　β崩壊とは、原子核がβ線(電子)を放出して別種の原子核に変化する現象。ハイゼンベルクは、陽子どうしが電子を交換することが原子核内の引力(中性子は電子と陽子の複合状態)であると考えた。彼が導入した演算子(後にアイソスピンと呼ばれる)をフェルミも用いながら、理論を修正して、β崩壊は新たに生成された電子とニュートリノの放出現象であるとした。フェルミはこの成果の簡略版を『ネイチャー』に投稿したが、「物理的実在からかけはなれすぎて、読者の関心を呼ばない」という理由で掲載を謝絶された(イタリアの雑誌に覚え書きが、ついで『ツァイトシュリフト・フュア・フィジーク』に報告論文が載った)。ボーアはエネルギー保存則を疑ったが(前出)、新粒子ニュートリノの導入によってこの基本原理は保たれることがわかった(Brown, Pais, Pippard[編]『二〇世紀の物理学I』、三八二―三八五頁)。

※9　一九三四年に生まれた湯川中間子論は、核力(核子間に働いて原子核の結合状態を保つ)の本性を初めて明らかにした。骨子が次のように要約されている。(1)相対性理論を満たす、(2)原子核の大きさ程度の小さい領域で働く、(3)電子の二〇〇倍の質量を持つ中間子の存在、(4)核子の間で中間子を交換することによって働く力、(5)中間子交換によるβ崩壊、(6)見つかるとすれば宇宙線の中。翌年、この成果を日本数学物理学会の欧文誌に発表。一九三七年に中間子論の要点をまとめた小論文を『ネイチャー』に投稿するも、実験による支持がないとして謝絶。同年に来日したボーアも湯川の理論を支持しなかった。その直後、宇宙線中にそれらしきものが発見されたことから(実は別種のものであることが後に判明)、突如脚光を浴びる。湯川が予言したパイ中間子は一九四七年に発見された。一九四九年、「核力の理論による中間子存在の予言」でノーベル

物理学賞を受賞（『新編素粒子の世界を拓く――湯川・朝永から南部・小林・益川へ』、湯川・朝永生誕百年企画展委員会編、佐藤文隆監修、京都大学学術出版会、二〇〇八年、四八―六二頁ほか）。

※10　フェルミは自身のノーベル賞受賞式典の後、ボーアのもとで数日を過ごし、米国に渡る。コロンビア大学客員としてヴィザを得ていたが、ファシストのイタリアに戻る意志を持たず（妻ローラはユダヤ人）、米国に亡命（ラウラ［ローラ］・フェルミ『フェルミの生涯――家族の中の原子』、崎川範行訳、法政大学出版局、一九七七年）。

※11　ベルリンのカイザー・ヴィルヘルム化学研究所で、オットー・ハーンとフリッツ・シュトラスマンは、ウランに中性子を照射してバリウムが生成される（原子核がほぼ真二つに割れる）という未知の現象を見出した。その法則性に確信を持てなかったハーンは、長年の研究パートナーだったリーゼ・マイトナー（ユダヤ系オーストリア人で、当時ストックホルムに逃れていた）に手紙を書いた。マイトナーは甥のオットー・フリッシュ（ハンブルク大学を追われ、コペンハーゲンで研究していた）とともに、物理学的解釈を与えた。フリッシュはこの現象を細胞分裂という用語に倣って「核分裂」と名づけた。渡米直前だったボーアはフリッシュからこの成果を聞いて、マイトナー／フリッシュの論文が完成するまではだまっていることを約したが、米国にむかう船上で同行のレオン・ローゼンフェルトとさかんに議論した。うっかり口止めしなかったローゼンフェルトが米国でこれを話し、情報は瞬く間に伝わった。ボーアも沈黙を保てなかったが、マイトナーらの優先権を保証した。彼女と甥の共著は『ネイチャー』に掲載された（西尾成子『現代物理学の父ニールス・ボーア――開かれた研究所から開かれた世界へ』、中公新書、一九九三年ほか）。

第九章

※1　ハイゼンベルクの母方の祖父は高等学校校長を務めていた時、他校の校長職にあったヒムラーの父と面識があった。ハイゼンベルクが「ドイツ的物理学」の攻撃を受けた時、彼の母はヒムラーの母を訪ねてとりなしを依頼。別れ際にヒムラー老婦人は、「私のハインリッヒは、ひょっとして、やっぱり正しい道を歩いていないとお考えですか？」と、ハイゼンベルクの母に尋ねた。ヒムラーは一九三八年七月、『黒い軍団』の論説における攻撃は妥当なものとは認めがたく、したが

って、貴下に対する攻撃が今後行われることのないよう措置」したと、ハイゼンベルクに手紙を書いた(エリザベート・ハイゼンベルク『ハイゼンベルクの追憶——非政治的人間の政治的生活』、山崎和夫訳、みすず書房、一九八四年。引用は六六頁および七〇頁。ハイゼンベルク夫人の回想記である)。

※2 プラントルは、境界層理論をはじめとする数多くの業績と後進の育成により、現代流体力学・航空力学の創始者とも評されている。クラインは彼のために、ゲッティンゲン大学に応用力学教授職を設けた。一九二五年にカイザー・ヴィルヘルム流体力学研究所が設置されるとその所長にも就任。

※3 ヨハネス・ケプラーは幼くして父を失い、母は薬草売りなどで生計を立てていた。近所の嫌われ者だった彼女は七〇歳の時に「魔女」として逮捕・投獄された。ケプラーは反対尋問書を提出。また母を拷問にかけることがないよう嘆願書を出した。彼女は法廷で自白を拒否し、六年間の牢獄生活ののちに釈放された(森島恒雄『魔女狩り』、岩波新書、一九七〇年、一八〇—一八一頁。ジェームズ・R・ヴォールケル『ヨハネス・ケプラー——天文学の新たなる地平へ』〈オックスフォード科学の肖像〉、林大訳、大月書店、二〇一〇年)。

※4 ポールの色中心研究についてのモットの回想。「私は、ポールを固体物理学の真の生みの親の一人である、と思っているので、彼について少し書いておきましょう。彼は、塩化ナトリウムの結晶(普通の塩)や塩化カリウムについて研究していました。これは化学記号でそれぞれ NaCl KCl で表わされ、塩化ナトリウムがまったく同量の塩素とナトリウムからできていることを示しています。結晶は透明なのですが、金属の蒸気の中で熱せられると濃い色に変わります。特に、塩化カリウムの場合は青みがかってくるのです。これは物質中の金属が、わずかに過剰になったために起こるものと思われます。結晶の中に、まさに「色の中心(カラー・センター)」があるのです(ドイツ語ではこれを **Farbenzentren** というので、私たちは「F・センター」と呼んでいます)。本当に不思議なことですが、一九三七年に私がブリストルで主催し、ポールも出席したある会議で、延々と続いた討論によってその原因が明瞭になったのです。つまり、色の中心とは、陰イオン(塩素の負イオンのこと)の代わりに電子が存在する場所だったのです。(…)一つの単純な物質の現象を細部まで研究したのはポールが最初なのです。この研究のおかげで、半導体についての理解は大きく進歩し、半導

体は戦後非常に重要なものとなったのです」（『科学に生きる――ネビル・モット自伝』、八七―八八頁）。

※5　理論物理から転じて分子生物学の基礎を築いたマックス・デルブリュック（第六章参照）は、ナチスのそうした「洗脳キャンプ」に参加したが、党歌「ホルスト・ヴェッセル」を歌うことを拒むなど（歌詞の文法的な曖昧さを指摘した）、反抗的な態度に出た。彼も「教授資格博士」の称号を得たが、「大学で講義をすることは許されず、そのままカイザー・ヴィルヘルム研究所に留まることだけを許されたのである」（フィッシャー、リプソン『分子生物学の誕生――マックス・デルブリュックの生涯』、八七―八九頁）。

※6　この「ヴュルツブルクレーダー」は、艱難辛苦（設計図を積んだドイツ潜水艦Uボートが撃沈されるなど）を経て日本陸軍に技術導入されたが（東京の久我山に設置）、実戦に使われることはなかった（津田清一『幻のレーダー・ウルツブルク』〈復刻版〉、CQ出版社、二〇〇一年）。戦時日本のレーダー開発を扱うものとして、次の二冊があげられる。NHK取材班編『電子兵器「カミカゼ」を制す――太平洋戦争日本の敗因　3』（角川文庫、一九九五年）、および、中川靖造『海軍技術研究所――エレクトロニクス王国の先駆者たち』（光人社NF文庫、一九九七年）。

第十章

※1　地球の大気圏のうち、地表からの距離で約五〇～一〇〇〇キロメートルに及ぶ範囲。ワトソン＝ワットはその命名者である（Brown, Pais, Pippard［編］『二〇世紀の物理学Ⅲ』、七五四頁）。

※2　ここでの「がんばる」（stick it out）は、軍事への協力ということではない（念のため）。手紙は次のように続く。「シュタルク［親ナチス物理学者：原著者注］がまたしても彼への大々的な攻撃を仕掛け、ゾンマーフェルトとハイゼンベルクはシュタルクが謝罪するまでストライキも辞さないという姿勢でいます。このままでは、彼は強制収容所に送られるか、米国移住を余儀なくされるでしょう」（原注17と同一箇所）。ハイゼンベルクがこの危機を免れたのは既述のとおり（第九章参照）。

※3　カルマンの回想。「我々空気力学者は、衝撃波の力学的法則を発見していたが、衝撃波の構造に影響する化学法則については知らなかった。テラーとベース［ベーテ］は、この私の示唆に明らかに大きな影響を受けたようで、彼らはこの研究を始め、論文を書いた。こ

れは公の刊行物には掲載されなかったが、原子力エネルギー計画とミサイルの大気中への再突入時の運動の研究に役立ったものと、私は理解している」(『大空への挑戦——航空学の父 カルマン自伝』、野村安正訳、森北出版、一九九五年、一九四—一九五頁)。カルマンはゲッティンゲンでプラントル(第九章参照)に師事。アーヘン工科大学を経て一九三〇年よりカルテック教授。「カルマン渦列」の理論ほか、流体・航空力学の業績が多数あり、米国「国家科学賞」の初代受賞者となる。同じくユダヤ系ハンガリー人でドイツ、のちに米国で活躍したシラード、ウィグナー、フォン・ノイマン、テラーとあわせ、その異才ぶりは「火星人」と称された。彼らについて、『科学の火星人たち』という列伝も出ている(Hargittai, Istvan: *The Martians of Science: five physicists who changed the twentieth century.* Oxford University Press, 2006)。

※4 ブッシュと原爆プロジェクトとの関わりについては、次の本に描かれている。歌田明弘『科学大国アメリカは原爆投下によって生まれた——巨大プロジェクトで国を変えた男』、平凡社、二〇〇五年。

※5 天然ウランでは、質量数238(陽子数92、中性子数146)のU238が九九%以上を占め、U235(中性子数が3だけ少ない同位体)は〇・七%ほどに過ぎない。ボーアとホイーラーは、U238の場合、一定速度(運動エネルギー)以上の中性子でないと核分裂を起こせないことを示した。「どんな運動エネルギー(スピード)を持つ中性子を吸収してもウラン235は核分裂を起こすとはいえ、核が中性子を吸収しない限り分裂など起きない。ところが核が中性子を吸収する確率は中性子のスピードに依存し、中性子が遅く走るほど核に吸収されやすいので、核分裂が起きる確率は中性子のスピードが小さいほど大きいということになる。(…)なぜ遅く走る中性子ほど核に吸収されやすいかというと、中性子が遅く走ると原子核の近くをうろうろする時間が長いのでそれだけ中性子が原子核に捕獲されやすく、早く走る中性子は原子核の近くを通過する時間が短いので捕獲されにくいことによる。一方ウラン238は、遅く走る中性子を吸収しても核分裂は起きず、運動エネルギーが一〇〇万電子ボルト以上の高速の中性子を吸収しない限り核分裂は起きない。結局、核分裂連鎖反応を引き起こすためにはウラン235の方が適しているということになる」(山田克哉『原子爆弾——その理論と歴史』、講談社ブルーバックス、一九九六年、二一一頁)。

※6 「そのグループのことを彼［オッペンハイマー］はおもしろがって「ルミナリー」（発光体）と呼んだ。彼らの仕事は原子爆弾の現実的なデザインに光明を与えることであった」（ローズ『原子爆弾の誕生　下』、三七頁）。

※7 オッペンハイマーの言葉から。戦後の「赤狩り時代」に、米国原子力委員会で彼の国家への「忠誠」を調査する聴聞会が開かれた（一九五四年四〜五月）。そこでの答弁として記録されている。

「（…）技術的においしい何かを見出すと、進んでそれをやってしまい、技術的な成功を得た後になるまでは、それをどうすべきかという議論をしないものです。原子爆弾の場合がそうでした」("..when you see something that is technically sweet, you go ahead and do it and you argue about what to do about it only after you have had your technical success. That is the way it was with the atomic bomb.")。聴聞会記録では別の箇所でも、"..technically so sweet that you could not argue about that."というオッペンハイマーの発言がある（*In the matter of Robert Oppenheimer : the security clearance hearing*. ed. by Richard Polenberg. Cornell University Press, 2002, pp. 46-47, 110-111）。

※8 ＩＢＭ計算機投入の様子が、関係者の証言をもとに次のように描かれている。「爆発および爆縮に関する流体力学の方程式が、解析的には解けず、実験的もしくは数値的に解かねばならないということは、ロスアラモス研究所が始まった当初からよく知られていた。（…）理論部は、ロスアラモスで（…）卓上計算機を用いて作業を始めた。（…）研究所の計算に対する需要は、すぐにＴ－５［手計算で卓上計算機を操作したグループ］の能力を超えてしまった。科学者の一人ミッチェルが、ＩＢＭのパンチカード装置［会計用装置が科学技術計算にも転用されるようになっていた］を用いて作業を促進することを提案した。（…）爆縮をシミュレーションするには、一つの空間変数と一つの時間変数を含む双曲型偏微分方程式を積分する必要があった。積分は、パンチカードの束を一連のＩＢＭの装置に送り込んで実行された。それらの装置は、一度走らせるごとに、装置全体が共同して積分のたった一ステップを実行する。そして、一群の数値が印字されると、それをもとに新たなパンチカードの束が作られ、積分の次のステップを計算するための入力とされた。機械が一枚のカードを処理するのに一秒から五秒かかったし、オペレータが介入しなければならない箇所も数多くあった。

（…）R・ファインマンは、卓上計算機とパンチカード装置のどちらが爆縮のシミュレーションをするのに効率的かを判断するために、競争を行うのがよかろうと考えた。数日間は対等に競争が展開したが、最終的には卓上計算機を操作する人間計算機のほうが疲労してしまい、IBMの装置が抜きん出た。それ以後、すべての大規模な計算にはIBMの装置が用いられるようになった。フォン・ノイマンは、計算の結果はもちろん、計算機そのものにも強い関心を持ち、IBM計算機のプログラムの仕方を勉強すると言い出した」（ウィリアム・アスプレイ『ノイマンとコンピュータの起源』、杉山滋郎・吉田晴代訳、産業図書、一九九五年、二五—二六頁）。

第十一章

※1　朝永はこの研究（「磁電管の発振機構と立体回路の理論的研究」）により、小谷正雄とともに学士院賞を受賞（一九四八年）。

※2　「三人の論文は、三者三様の個性が反映されていて面白い。朝永の論文は、一点もゆるがせにしない厳格なロジックを端正な論法の中に積み重ねていくものである。シュウィンガーは膨大な数式——一つの論文に三〇〇以上の式が並んだこともある——を次々と繰り出し、正に「計算の鬼」といった趣だ。一方、ファインマンは、数学的な厳密性は後回しにして、直感的でわかりやすい議論を展開している」（吉田伸夫『光の場、電子の海——量子場理論への道』、新潮選書、二〇〇八年、一九三—一九四頁）。シュウィンガー・朝永・ファインマンの理論が等価であることを示したのは、ベーテのもとで学んでいたフリーマン・ダイソンである。ベーテは戦後、朝永の英語論文を受け取り、それをダイソンに読むよう指示。「（…）［朝永は］東京の灰と瓦礫の中に座しつつ、あの感動的な小包をわれわれに送ってきた。それは、深淵からの声としてわれわれに届いた」（F・ダイソン『宇宙をかき乱すべきか——ダイソン自伝　上』、鎮目恭夫訳、ちくま学芸文庫、二〇〇六年、一一三頁）。

※3　ハイゼンベルクは一九五八年、マックス・プランク物理学研究所長として愛するミュンヘンに戻り（同年、「ミュンヘン市創立八百年祭」を祝う講演も行っている。ハイゼンベルク『限界を超えて』、尾崎辰之助訳、蒼樹書房、一九七三年所収）、一九七六年、その地で生涯を終えた（七四歳）。なお彼の誕生日は師のゾンマーフェルトと同じく一二月五日。

※4　ベーテは、ゾンマーフェルト門下の先輩に当るパウル・エーヴァルト（ゾンマーフェルトは、ベーテの学位論文をエーヴァルトの成果との類比により論じていた。一八一―一八二頁参照）と米国でも昵懇の間柄となり、その娘ローズと結婚。ローズは、夫とエドワード・テラーとの会話に割って入り、米国が水爆を開発することに強く反対したという（Bernstein, J.: *Hans Bethe, prophet of energy*. Basic Books, 1980, 92-93）。ベーテは二〇〇五年、米国イサカ（長年にわたり教授を務めたコーネル大学の所在地）の自宅で逝去（九八歳）。

※5　邦訳は『ゾンマーフェルト理論物理学講座』（講談社、一九六九年）。構成は次のとおり（カッコ内は訳者）。『I・力学』（高橋安太郎）、『II・変形体の力学』（島内輝・島内みどり）、『III・電磁気学』（伊藤大介）、『IV・光学』（瀬谷正男・浪岡武）、『V・熱力学および統計力学』（大野鑑子）、『VI・物理数学――偏微分方程式論』（増田秀行）。

※6　ヨルダンは、ゲッティンゲンでハイゼンベルク、ボルンとともに量子力学の行列表現による定式化を行い、その後も場の量子論の基礎を築くことに貢献した。「量子力学の構築に重要な役割を果たしながらノーベル賞がもらえなかったのは、彼［ヨルダン］とゾンマーフェルトくらいである」（吉田伸夫『光の場、電子の海』、一〇一―一〇二頁）。

※7　第二章「原子構造とスペクトル線」参照。ゾンマーフェルトはその研究で、基礎物理定数のひとつである「微細構造定数」（α ≒ 1/137　無次元量）を導入した。「奇しくもこの論文『アナーレン』所収「スペクトル線の量子論」のページ数は137であった！」（『物理学古典論文叢書　3：前期量子論』における小川砂の解説。同書三五四頁）。

※8　「一八人の原子科学者のゲッティンゲン宣言（一九五七年四月一二日）」（西ドイツ核武装への反対を表明。ゾンマーフェルトの後継者ボップ、ハーン、ハイゼンベルク、ラウエ、ヴァイツゼッカーほかが署名）に見られるように、ドイツでも科学者の社会的発言が注目を集めた。ヨルダンはナチスに入党、戦後はアデナウアー政権が企図した戦術核兵器保有に賛成し、この宣言を批判。

文献

情報源一覧

AHQP = Archive for the History of Quantum Physics, Mikrofilmsammlung, Deutsches Museum, München; AIP, New York.

AIP = American Institute of Physics, Niels Bohr Library, NewYork.

BSC = Bohr Scientific Correspondence, in AHQP.

Debye-Nachlaß, Archiv der Max-Planck-Gesellschaft, Berlin.

HSSP = Sources for History of Solid State Physics, Deutsches Museum, München; Übersicht in: J. Warnow-Blewett, J. Teichmann: Guide to Sources for History of Solid State Physics. New York 1992.

Klein-Nachlaß, Universitätsbibliothek Göttingen.

Prandtl-Nachlaß, Archiv des Max-Planck-Instituts für Strömungsforschung, Göttingen.

Schottky-Nachlaß, Universitätsbibliothek Göttingen.

Schwarzschild-Nachlaß, Universitätsbibliothek. Göttingen.

SHMA = Sources for History of Modern Astrophysics, Mikrofilmsammlung, Deutsches Museum, München; AIP, New York.

SN = Sommerfeld-Nachlaß, Deutsches Museum, München.

Welker-Nachlaß, Deutsches Museum, München.

Wieland-Nachlaß, Deutsches Museum, München.

Wien-Nachlaß, Deutsches Museum, München.

略称一覧

AHES = Archive for History of Exact Sciences.

Am. J. Phys, = American Journal of Physics.

Ann. Phys. = Annalen der Physik.

GS = Arnold Sommerfeld. Gesammelte Schriften (4 Bände). Braunschweig 1969.

HSPS = Historical Studies in the Physical and Biological Sciences.

Phys. Bl. = Physikalische Blätter.

Phys. Z. = Physikalische Zeitschrift.

Proc. R. Soc. Lond. = Proceedings of the Royal Society, London.

Rev. Mod. Phys. = Reviews of Modern Physics.

Z. Phys. = Zeitschrift für Physik.

Aaserud, F.: *Redirecting Science. Niels Bohr, Philanthropy, and the Rise of Nuclear Physics.* Cambridge 1990.

Ammon, U.: Deutsch als Wissenschaftssprache. *Spektrum der Wissenschaft,* Januar 1992, 117-124.

Baracca, A. u.a.: Il decollo della fisica nucleare negli USA (1930-36). Konferenzbeitrag zur internationalen Tagung *La Ristrutturazione delle Scienze tra le due Guerre Mondiali,* Florenz/Rom, 1980.

Bardeen, J.: Reminiscences of early days in solid state physics. *Proc. R.. Soc. Lond.,* A 371, 1980, 77-83.

Beisel, D.: Bombenstimmung. *Kultur und Technik,* Heft 4, 1990, 11-14.

Benz, U.-W.: *Arnold Sommerfeld. Eine wissenschaftliche Biographie.* Dissertation, Universität Stuttgart, 1974.

—: *Arnold Sommerfeld* (Reihe: Große Naturforscher, Band 38). Stuttgart, 1975. (Gekürzte Fassung der Dissertation ［前記学位論文の短縮版］)

Bernstein, J.: *Hans Bethe: Prophet of Energy.* New York 1980.

—: The Farm Hall Transcripts: The German Scientists and the Bomb. *The New York Review,* 13. August 1992, 47-53.

Bethe, H.: The Happy Thirties. In R. H. Stuewer (Hrsg.): *Nuclear Physics in Retrospect. Proceedings of a Symposium on the 1930s.* Minneapolis 1977, 11-31.

Bethe, H., R. F. Bacher, M. Livingston: *Basic Bethe. Seminal Articles on Nuclear Physics, 1936-37.* New York 1986.

Beyerchen, A.: *Wissenschaftler unter Hitler. Physiker im Dritten Reich.* Berlin 1982. ［A・D・バイエルヘン『ヒトラー政権と科学者たち』、常石敬一訳、岩波書店、一九八〇年。原著は英語］

—: What We Now Know About Nazism and Science. *Social Research, 59,* 1992, 615-641.

Blumberg, A., G. Owens: *Energy and Conflict. The Life and Times of Edward Teller.* New York 1976.

Boehm, L., J. Spörl (Hrsg.): *Die Ludwig Maximilians-Universität in ihren Fakultäten.* Berlin 1980.

Bohr, N.: Das Bohrsche Atommodell. *Dokumente der Naturwissenschaft, Abteilung Physik, 5,* 1964.

Bopp, F., H. Kleinpoppen (Hrsg.): *Physics of the One- and Two-Electron Atoms. Proceedings of the Arnold Sommerfeld Centennial Memorial Meeting in München, 10.-14. September 1968.* Amsterdam 1969.

Born, M.: Sommerfeld als Begründer einer Schule. *Die*

Naturwissenschaften, 16, 1928, 1035-1036.

—(Hrsg.): *Albert Einstein/Hedwig und Max Born: Briefwechsel 1916-1955.* Reinbek 1969.〔『アインシュタイン・ボルン往復書簡集：1916-1955』、西義之・井上修一・横谷文孝訳、三修社、一九七六年〕

—: *Mein Leben. Die Erinnerungen des Nobelpreisträgers.* München 1975.

Bothe, W., S. Flügge (Hrsg.): Kernphysik und kosmische Strahlung. *Naturforschung und Medizin in Deutshcland 1939-1946 (FIAT-Bericht), Band 13,* 1947.

Bowen, E. G.: *Radar Days.* Bristol 1987.

Brandt, L.: Der Stand der deutschen Zentimeterwellen-Technik am Ende des Zweiten Weltkrieges. In: L. Brandt: *Forschen und Gestalten.* Köln 1962, 80-112.

—: Die deutsche Station für Radio-Astronomie und Radar-Grundlagenforschung in der Eiffel. In: L. Brandt: *Forschen und Gestalten.* Köln 1962, 113-124.

Braun, E.: Selected Topics from the History of Semiconductor Physics and Its Applications. In: Hoddeson u.a. (1992), Kap 7.

Brocke, B. von: Hochschul- und Wissenschaftspolitik in Preußen und im Deutschen Kaiserreich, 1882-1907: Das <<System Althoff>>. In: P. Baumgart (Hrsg.): *Bildungspolitik in Preußen zur Zeit des Kaiserreichs.* Stuttgart 1980, 9-118.

Broelmann, J.: <<Die Kultur geht so gänzlich flöten bei der Technik.>> Hermann Anschütz-Kaempfe und Albert Einstein. *Kultur und Technik,* Heft 1, 1991, 50-58.

Bromberg, J.: The Impact of the Neutron: Bohr and Heisenberg. *HSPS, 3,* 1971, 307-342.

Broszat, M.: Grundzüge der gesellschaftlichen Verfassung des Dritten Reiches. In: M. Broszat, H. Möller (Hrsg.): *Das Dritte Reich. Herrschaftsstruktur und Geschichte.* München 1986, 38-63.

Brown, L. M.: The idea of the neutrino. In: R. Weart, M. Phillips (Hrsg.): *History of Physics. Readings from Physics Today.* New York 1985, 340-345.〔*Physics Today,* September 1978, 23-28.〕

Brown, L. M., L. Hoddeson: The birth of elementary-particle physics. In: R. Weart, M. Phillips (Hrsg.): *History of Physics. Readings from Physics Today.* New York 1985, 346-353〔*Physics Today,* April 1982, 36-43. 邦訳：ローリ・M・ブラウン、リリアン・ハルトマン・ホジソン「素粒子物理学の誕生」（『歴史をつくった科学者たち II』、西尾成子・今野宏之共訳、丸善、一九八九年、一五一―一八〇頁。ただしこれは短縮版。オリジナル記事の邦訳もある。 Laurie M. Brown and Lillian

Hoddeson「素粒子物理学の誕生：一九三〇—一九五〇年」、荒牧正也訳（L・M・ブラウン、L・ホジソン編『素粒子物理学の誕生』、早川幸男監訳、講談社サイエンティフィック、一九八六年、一—三七頁）］

Brown, L. M., H. Rechenberg: Paul Dirac and Werner Heisenberg – A Partnership in Science. *Bericht des Max-Planck-Instituts für Physik und Astrophysik, Werner-Heisenberg-Institut, MPI-PAE/PTh 27/85,* Mai 1985.

Brown, L. M., H. Rechenberg: The Origin of the Concept of Nuclear Forces I: Nuclear Structure and Beta-Decay (1932-1933). *Bericht des Max-Planck-Instituts für Physik und Astrophysik, Werner-Heisenberg-Institut, MPI-PAE/PTh 44/87,* Juli 1987.

Brown, L. M., H. Rechenberg: Quantum field theories, nuclear forces, and the cosmic rays (1934-1938). *Am. J. Phys., 59,* 1991, 595-605.

Burchardt, L.: *Wissenschaftspolitik im Wilhelminischen Deutschland. Vorgeschichte, Gründung und Aufbau der KWG.* Göttingen 1975.

Busch, A.: *Die Geschichte des Privatdozenten. Eine soziologische Studie zur großbetrieblichen Entwicklung der deutschen Universitäten.* Stuttgart 1959.

Busch, G.: Peter Debye (1884-1966). Werden und Wirken eines großen Naturforschers. *Vierteljahresschrift der Naturforschenden Gesellschaft in Zürich, 130,* 1985, 19-34.

Bush, V.: Science – The Endless Frontier. In: W. R. Nelson (Hrsg.): *The Politics of Science. Readings in Science, Technology, and Government.* New York 1968, 26-55.

Cahan, D.: The institutional revolution in German physics, 1865-1914. *HSPS, 15/2,* 1985, 1-66.

Campbell, D. C.: Nonlinear Science. From Paradigms to Practicalities. In: Cooper (1989), 218-262.

Cassidy, D. C.: Cosmic ray showers, high energy physics, and quantum field theories: Programmatic interactions in the 1930s. *HSPS, 12:1*, 1981, 1-39.

—: Understanding the history of special relativity. Bibliographical essay. *HSPS, 16:1,* 1986, 177-195.

—: *Uncertainty. The Life and Science of Werner Heisenberg.* New York 1991. ［キャシディ『不確定性——ハイゼンベルクの科学と生涯』、金子務監訳、白揚社、一九九八年］

—: Werner Heisenberg und das Unbestimmtheitsprinzip. *Spektrum der Wissenschaft,* Juli 1992, 92-99.

Cassidy, D. C., M. Baker: Werner Heisenberg. A bibliography of his writings. *Berkeley Papers in History of Science, 9.* 1984.

Cooper, N. G. (Hrsg.): *From Cardinals to Chaos. Reflections on the Life and Legacy of Stanislaw Ulam. A Los Alamos Profile.* Cambridge 1989.

Crane, D.: *Invisible Colleges. Diffusion of Knowledge in Scientific Communities.* Chicago/London 1972. ［ダイアナ・クレーン『見えざる大学——科学共同体の知識の伝播』、津田良成監訳、岡沢和世訳、敬文堂、一九七九年］

Curti, M.: *American Philanthropy Abroad. A History.* New Brunswick 1963.

Davidis, M.: *Wissenschaft und Buchhandel. Der Verlag von Julius Springer und seine Autoren. Briefe und Dokumente aus den Jahren 1880-1946.* München 1985.

De Maria, M. u.a. (Hrsg.): *Proceedings of the International Conference on The Restructuring of Physical Sciences in Europe and the United States 1945-1960.* Singapore 1989.

Debye, P. (Hrsg.): *Probleme der modernen Physik. Arnold Sommerfeld zum 60. Geburtstage gewidmet von seinen Schülern.* Leipzig 1928.

Dessauer, F.: Die Röntgentechnik im Kriege. In: B. Schmid (Hrsg.): *Deutsche Naturwissenschaft, Technik und Erfindung im Weltkriege.* München, Leipzig 1919, 777-799.

DeVorkin, D.: Henry Norris Russel. *Spektrum der Wissenschaft,* Juli 1989, 102-112.

DeVorkin, D., R. Kenat: Quantum Physics and the Stars. *Journal for the History of Astronomy, 14,* 1983, 102-132 & 180-222.

Dickson, D.: *The New Politics of Science.* New York 1984. ［D・ディクソン『戦後アメリカと科学政策——科学超大国の政治構造』、里深文彦監訳、同文館出版、一九八八年］

Drechsler, W., H. Rechenberg: Herbert Jehle (5.3. 1907-14.1. 1983). *Phys. Bl., 39,* 1983, 71.

Eckert, M.: Die <Deutsche Physik> und das Deutsche Museum. *Phys. Bl., 41,* 1985, 87-92.

—: Das <freie Elektronengas> - Vorquantenmechanische Theorien über die elektrischen Eigenschaften der Metalle. *Wissenschaftliches Jahrbuch, Deutschen Museums,* 1989, 57-91.

—: Theoretical Physicists at War. An eco-biographical study from the Sommerfeld school. Konferenzbeitrag zum internationalen Symposium. *Science, Technology, and the Military* in Madrid, 17. – 19. Oktober 1991.

—: Gelehrte Weltbürger. Der Mythos des wissenschaftlichen Internationalismus. *Kultur und Technik,* 1992, Heft 2, 26-34.

Eckert, M., W. Pricha: Boltzmann, Sommerfeld und die Berufungen auf die Lehrstühle für theoretische

Physik in München und Wien, 1890-1914. *Mitteilungen der Österreichischen Gesellschaft für Geschichte der Naturwissenschaften, 4,* 1984, 101-119.

Eckert, M., W. Pricha: Die ersten Briefe Albert Einsteins an Arnold Sommerfeld. *Phys. Bl., 40,* 1984, 29-34.

Eckert, M., W. Pricha, H. Schubert, G. Torkar: *Geheimrat Sommerfeld. Theoretischer Physiker.* München 1984.

Edingshaus, A.-L.: *Heinz Maier-Leibnitz. Ein halbes Jahrhundert experimentelle Physik.* München 1986.

Einstein, A., L. Infeld: *Die Evolution der Physik. Von Newton bis zur Quantentheorie.* Reinbek 1956.［アインシュタイン、インフェルト『物理学はいかに創られたか――初期の観念から相対性理論及び量子論への思想の発展　上・下』、石原純訳、岩波新書、一九三九、一九四〇年。原著は英語］

Elsasser, W.: *Memoirs of a physicist in the atomic age.* New York 1978.

Encyklopädie der Mathematischen Wissenschaften. 6 Bände, Leipzig 1898-1935. (Band 5: Physik, 3 Teilbände, 1903-1926).

Ewald, P. P. (Hrsg.): *Fifty Years of X-Ray Diffraction.* Utrecht 1962.

—: Arnold Sommerfeld als Mensch, Lehrer und Freund. In: Bopp/Kleinpoppen (1969), 8-16.

—: The Myth of Myths. *AHES, 6,* 1969, 72-81.

Ferber, Ch. von: *Die Entwicklung des Lehrkörpers der deutschen Universitäten, 1864-1954.* Göttingen 1956.

Fermi, L.: *Illustrious Immigrants. The Intellectual Migration from Europe, 1930/41.* Chicago 1968.［ローラ・フェルミ『二十世紀の民族移動　1・2』〈亡命の現代史　1・2〉、掛川トミ子・野水瑞穂訳、みすず書房、一九七二年］

Feynman, R. P.: Los Alamos from Below. In: L. Badash u.a.: *Reminiscences of Los Alamos, 1943-1945,* Dordrecht 1980, 105-132.［R・P・ファインマン「下から見たロスアラモス」(『ご冗談でしょう、ファインマンさん　上』、大貫昌子訳、岩波現代文庫、二〇〇〇年、一七五―二三四頁所収)］

Fischer, E.-P.: *Das Atom des Biologen. Max Delbrück und der Ursprung der Molekulargenetik.* München 1985.［E・P・フィッシャー、C・リプソン『分子生物学の誕生――マックス・デルブリュックの生涯』、石館三枝子・石館康平訳、朝日新聞社、一九九三年。邦訳は英語版による］

Fischer, K.: Der quantitative Beitrag der nach 1933 emigrierten Naturwissenschaftler zur deutschsprachigen physikalischen Forschung. *Berichte zur Wissenschaftsgeschichte, 11,* 1988, 83-104.

—: The Operationalization of Scientific Emigration Loss

1933-1945. A Methodological Study on the Measurement of a Qualitative Phenomenon. *Historical Social Research, 13,* 1988, 99-121.

Fisher, D. E.: *A Race on the Edge of Time. Radar – the Decisive Weapon of World War II.* New York 1988.

Flechtner, H.-J.: *Carl Duisberg. Vom Chemiker zum Wirtschaftsführer.* Düsseldorf 1959.

Forman, P.: *The Environment and Practice of Atomic Physics in Weimar Germany.* Dissertation, University of California, Berkeley 1967.

—: The Discovery of the Diffraction of X-Rays by Crystals: A Critique of the Myths. *AHES, 6,* 1969, 38-71.

—: Alfred Landé and the Anomalous Zeeman Effect, 1919-1921. *HSPS, 2,* 1970, 153-261.

—: Weimar Culture, Causality, and Quantum Theory, 1918-1927: Adaptation by German Physicists and Mathematicians to a Hostile Intellectual Environment. *HSPS, 3,* 1971, 1-115.

—: Scientific Internationalism and the Weimar Physicists: The Ideology and Its Manipulation in Germany after World War I. *ISIS, 64,* 1973, 150-180.

—: *The Helmholtz-Gesellschaft. Support of Academic Physical Research by German Industry after the First World War.* Unveröffentliches Manuskript〔未発表原稿〕(Ich danke Paul Forman für die Überlassung dieser Arbeit〔ポール・フォアマンの示教に感謝する〕).

—: The Financial Support and Political Alignment of Physicists in Weimar Germany. *Minerva, 12,* 1974, 39-66.

—: Atomichron: The Atomic Clock from Concept to Commercial Product. *Proceedings of the IEEE, 73,* 1985, 1181-1204.

—: Behind quantum electronics: National security as basis for physical research in the United States, 1940-1960. *HSPS, 18:1,* 1987, 149-229.

—: The maser in national security context. Beitrag zur Konferenz. *Science, Technology, and the Military,* Madrid, 17.-19. Oktober 1991.

Forman, P., S. R. Weart, J. L. Heilbron: Physics circa 1900. *HSPS, 5,* 1975, 1-185.

Fosdick, R. B.: *Die Geschichte der Rockefeller-Stiftung.* Wien 1955.

Friedrich, W.: Erinnerungen an die Entdeckung der Interferenzerscheinungen bei Kristallen. *Die Naturwissenschaften, 36,* 1949, 354-356.

Frisch, O. R.: *Woran ich mich erinnere. Physik und Physiker* meiner Zeit. Stuttgart 1981.［オットー・フリッシュ『何と少ししか覚えていないことだろう――原子と戦争の時代を生きて』、松田文夫訳、吉岡書店、二〇〇三年。原著は英語］

Galison, P.: *How Experiments End.* Chicago 1987.

Gay, P.: *Freud, Juden und andere Deutsche.* München 1989.［ピーター・ゲイ『ドイツの中のユダヤ――モダニスト文化の光と影』、河内恵子訳、思索社、一九八七年。原著は英語］

Geballe, T. H.: This golden age of solid-state physics. *Physics Today,* November 1981, 132-143.

Gehlhoff, G., H. Rukop, W. Hort: Einführung und Aufruf zur Gründung der Deutschen Gesellschaft für technische Physik. *Zeitschrift für technische Physik, 1,* 1920, 1-6.

Geiger, H., Scheel, K. (Hrsg.): *Handbuch der Physik,* 24, Berlin 1933.

Geison, G. L.: Scientific Change, Emerging Specialties, and Research Schools. *History of Science, 19,* 1981, 20-40.

Gerlach, W., A. Sommerfeld: Hermann Anschütz-Kaempfe. *Die Naturwissenschaften, 19,* 1931, 666-669.

Gimbel, J.: U.S. Policy and German Scientists. *Political Science Quarterly, 101,* 1986, 433-451.

—: *Science, Technology, and Reparations. Exploitation and Plunder in Postwar Germany.* Stanford 1990.

Glasser, O.: *Wilhelm Conrad Röntgen und die Geschichte der Röntgenstrahlen.* Berlin 1931.

Gleick, J.: *Chaos – die Ordnung des Universums: Vorstoß in Grenzbereiche der modernen Physik.* München 1988.［ジェイムズ・グリック『カオス――新しい科学をつくる』、上田院亮監修、大貫昌子訳、新潮文庫、一九九一年。原著は英語］

Goldberg, S., Powers, T.: Declassified Files Reopen Nazi Bomb Debate. *The Bulletin of the Atomic Scientists, 48:7,* 1992, 32-40.

Goodstein, J. R.: Atoms, Molecules and Linus Pauling. *Social Research, 51,* 1984, 691-708.

Goudsmit, S. A.: *ALSOS.* New York 1947. (Neuafulage［新版］, Los Angeles 1983)［サムエル・A・ハウトスミット『ナチと原爆――アルソス：科学情報調査団の報告』、山崎和夫・小沼道二訳、海鳴社、一九七七年］

Gowing, M.: *Britain and Atomic Energy 1939-1945.* London 1964.

Gray, G. W.: *Education on an international scale. A history of the International Education Board 1923-1938.* New York 1941.

Groves, L. R.: *Now it can be told. The Story of the Manhattan Project.* New York 1983 (Reprint der Originalausgabe von 1962,［初版一九六二年刊行の復刻版］)［レスリー・R・グロー

ブス『私が原爆計画を指揮した――マンハッタン計画の内幕』、冨永謙吉・実松譲訳、恒文社、一九六四年〕

Guerlac, H. E.: *Radar in World War II.* 2 Bände. New York 1987.

Guntau, M., H. Laitko (Hrsg.): *Der Ursprung der modernen Wissenschaften. Studien zur Entstehung wissenschaftlicher Disziplinen.* Berlin 1987.

Haber, F.: Neue Arbeitsweisen. Wissenschaft und Wirtschaft nach dem Kriege. *Die Naturwissenschaften, 11,* 1923, 753-756,

Hagstrom, W. O.: *The Scientific Community.* New York 1965.

Hawkins, D.: *Project Y: The Los Alamos Story.* New York 1983 (Reprint der 1947 verfaßten und 1961 als *LAMS 2532* veröffentlitchen Geschichte des Los Alamos Projekts. 〔『ロスアラモスプロジェクトの歴史』(一九四七年作成、一九六一年にロスアラモス国立研究所 "LAMS 2532" として出版されたレポートの復刻版)〕

Hawkins, T.: The Berlin School of Mathematics. In: H. Mehrtens u.a. (Hrsg.): *Social History of Nineteenth Century Mathematics.* Boston 1981, 233-245.

Heilbron, J. L.: The Kossel-Sommerfeld Theory of the Ring Atom. *ISIS, 58,* 1967, 451-485.

—: *H. G. Moseley. The Life and Letters of an English Physicist, 1887-1915.* Berkeley 1974.

—: *Max Planck. Ein Leben für die Wissenschaft 1858-1947.* Heidelberg 1989[1988]. 〔ジョン・L・ハイルブロン『マックス・プランクの生涯――ドイツ物理学のディレンマ』、村岡晋一訳、法政大学出版局、二〇〇〇年。原著は英語。ただし英語版と異なり、このドイツ語版にはプランクの一般向け講演が一九編収められ、本書はそこからも引用〕

Heilbron, J. L., T. Kuhn: The Genesis of the Bohr Atom. *HSPS, 1,* 1969, 211-290.

Heilbron, J. L., R. W. Seidel: *Lawrence and his laboratory: A history of the Lawrence Berkeley Laboratory.* Berkeley 1989.

Heinrich, R., H.-R. Bachmann: *Walther Gerlach. Physiker, Lehrer, Organisator.* München 1989.

Heisenberg, W.: *Der Teil und das Ganze.* München 1973. 〔W・ハイゼンベルク『部分と全体――私の生涯の偉大な出会いと対話』、山崎和夫訳、みすず書房、新装版、一九九九年〕

Henriksen, P.: Solid State Physics Research at Purdue. *Osiris, 3,* 1991, 237-260.

Hermann, A.: *Große Physiker. Vom Werden des neuen Weltbildes.* Stuttgart 1964.

—: Sommerfeld und die Technik. *Technikgeschichte, 34,* 1967, 311-322.

—(Hrsg.): *Albert Einstein/Arnold Sommerfeld. Briefwechsel. Sechzig Briefe aus dem goldenen Zeitalter der modernen Physik.* Basel/Stuttgart 1968. 〔アーミン・ヘルマン編『アインシュタイン／ゾンマーフェルト往復書簡』、小林晨作・坂口治隆訳、法政大学出版局、一九七一年〕

—: *Werner Heisenberg in Selbstzeugnissen und Bilddokumenten.* Reinbek 1976. 〔アーミン・ヘルマン『ハイゼンベルクの思想と生涯』、山崎和夫・内藤道雄共訳、講談社、一九七七年〕

—: Die Atomprotokolle. *Bild der Wissenschaft,* 9/1992, 30-36.

Hermann, A., K. v. Meyenn, V. F. Weiskopf (Hrsg.): *Wolfgang Pauli. Wissenschaftlicher Briefwechsel 1919-1929, Band 1,* Berlin u.a. 1979.

Herring, C.: Recollections. *Proc. R.. Soc. Lond., A 371,* 1980, 67-76.

Hewlett, R. G., O. E. Anderson: *The New World, 1939/1946. Volume I: A History of the United States Atomic Energy Commission.* University Park, Pennsylvania 1962.

Hildebrandt, G.: Zum Tode von Paul Peter Ewald. *Phys. Bl., 41,* 1985, Nr. 12, 412-413.

Hippel, A. R. von: *Life in times of turbulent transitions.* Anchorage 1988.

Hirosige, T.: Origins of Lorentz' Theory of Electrons and the Concept of the Electromagnetic Field. *HSPS, 1,* 1969, 151-209.

Hirschfelder, J. O.: The Scientific and Technological Miracle at Los Alamos. In: L. Badash u.a. (Hrsg.): *Reminiscences of Los Alamos 1943-1945,* Dordrecht 1980, 67-88.

Hoch, P. K.: The Reception of Central European Refugee Physicists of the 1930s: USSR, UK, USA. *Annals of Science, 40,* 1983, 217-246.

—: Institutional Versus Intellectual Migrations in the Nucleation of New Scientific Specialties. *Studies in the History and Philosophy of Science, 18,* 1987, 481-500.

—: The Crystallization of a Strategic Alliance: The American Physics Elite and the Military in the 1940s. In: E. Mendelsohn u.a. (Hrsg.): *Science, Technology, and the Military. Sociology of the Sciences, Yearbook XII/1.* Dordrecht 1988, 87-117.

—: The development of the band theory of solids, 1933-1960. In: Hoddeson u.a. (1992), Kap. 3.

Hoch, P. K., E. J. Yoxen: Schrödinger at Oxford: A Hypothetical National Cultural Synthesis which Failed. *Annals of Science, 44,* 1987, 593-616.

Hoddeson, L.: The Entry of the Quantum Theory of Solids

into the Bell Telephone Laboratories, 1925-40: A Case-Study of the Industrial Application of Fundamental Science. *Minerva, 18,* 1980, 422-447.

—: The discovery of the point-contact transistor. *HSPS, 12:1,* 1981, 41-76

—: The Los Alamos Implosion Program in World War II: A model for postwar American research. In: M. De Maria u.a. (1989), 31-41.

Hoddeson, L., G. Baym, M. Eckert: The development of the quantum-mechanical electron theory of metals, 1928-1933. *Rev. Mod. Phys., 59,* 1987, 287-327.

Hoddeson, L., E. Braun, R. Weart, J. Teichmann (Hrsg.): *Out of the Crystal Maze. Chapters from the History of Solid State Physics.* New York 1992.

Hoffmann, D.: Zur Etablierung der 'technischen Physik' in Deutschland. In: M. Guntau, H. Laitko (Hrsg.): *Der Ursprung der modernen Wissenschaften.* Berlin 1987, 140-153.

Hoffmann, D., M. Walker, H. Rechenberg: Farm-Hall-Tonbänder. *Phys. Bl., 48,* 1992, 989-1001.

Höflechner, W., A. Hohenester: *Ludwig Boltzmann 1844-1906. Vollender der klassischen Thermodynamik. Eine Dokumentation.* München 1985.

Holton, G.: Striking Gold in Science: Fermi's Group and the Recapture of Italy's Place in Physics. *Minerva, 12,* 1974, 159-198.

—: Zur Genesis des Komplementaritätsgedankens. In: G. Holton: *Thematische Analyse der Wissenschaft. Die Physik Einsteins und seiner Zeit.* Frankfurt a.M. 1981, 144-202.

—: The Migration of Physicists to the United States. In: J. C. Jackman, C. M. Borden (Hrsg.): *The Muses flee Hitler. Cultural Transfer and Adaptation 1930-1945.* Washington D.C. 1983, 169-188.

Holzmüller, G.: Über die Beziehungen des mathematischen Unterrichts zum Ingenieur-Wesen und zur Ingenieur-Erziehung. *Zeitschrift für mathematischen und naturwissenschaftlichen Unterricht, 27,* 1896, 468-480.

Hund, F.: Höhepunkte der Göttinger Physik. *Phys. Bl., 25,* 1969, 145-153, 210-215.

—: Born, Göttingen und die Quantenmechanik. In: *Göttinger Universitätsreden.* Göttingen 1982, 29-37.

Hunter Dupree, A.: The Great Instauration of 1940: The Organization of Scientific Research for War. In: G. Holton (Hrsg.): *The Twentieth-Century Sciences. Studies in the Biography of Ideas.* New York 1972, 443-467.

Inhetveen, H.: *Die Reform des gymnasialen Mathematikunterrichts zwischen 1890 und 1914. Eine sozioökonomische Analyse.* Bad Heilbrunn 1978.

Irving, D.: *Der Traum von der deutschen Atombombe.* Gütersloh 1967. ［原著は英語］

Jarausch, K. H.: Frequenz und Struktur. Zur Sozialgeschichte der Studenten im Kaiserreich. In: P. Baumgart (Hrsg.): *Bildungspolitik in Preußen zur Zeit des Kaiserreichs.* Stuttgart 1980, 119-149.

Jehle, H., H. Rechenberg: Arthur Stanley Eddington zum hundertsten Geburtstag. *Phys. Bl., 39,* 1983, 130-131.

Joffe[Ioffé], A. F.: *Begegnungen mit Physikern.* Basel 1967. ［ヨッフェ『ヨッフェ回想記』、玉木英彦訳、みすず書房、一九六三年。原著はロシア語］

Johnson, K. E.: Bringing Statistical Mechanics into Chemistry: The Early Scientific Work of Karl F. Herzfeld. *Journal of Statistical Physics, 59,* 1990, 1547-1572.

Jones, H.: Notes on work at the University of Bristol, 1930-37. *Proc. R. Soc. Lond., A 371,* 1980, 52-55.

Jordan, P.: *Physik im Vordringen.* Braunschweig 1949.

Jungk, R.: *Heller als tausend Sonnen.* Bern 1956. ［ロベルト・ユンク『千の太陽よりも明るく――原爆を造った科学者たち』、菊盛英夫訳、平凡社ライブラリー、二〇〇〇年］

Jungnickel, Ch., R. McCormmach: *Intellectual Mastery of Nature. Theoretical Physics from Ohm to Einstein.* 2 Bände. Chicago 1986.

Kant, H.: *Abram Fedorovic Ioffe.* Leipzig 1989.

Kargon, R. H.: Temple to Science: Cooperative Research and the Birth of the California Institute of Technology. *HSPS, 8,* 1977, 3-31.

—: *The Rise of Robert Millikan. Portrait of a Life in American Science.* Ithaca 1982.

Kargon, R., E. Hodes: Karl Compton, Isaiah Bowman, and the Politics of Science in the Great Depression. *ISIS, 76,* 1985, 301-318.

Kay, L. E.: Conceptual Models and Analytical Tools: The Biology of Physicist Max Delbrück. *Journal of the History of Biology, 18,* 1985, 207-246.

Keith, T.: Scientists as Entrepreneurs: Arthur Tyndall and the Rise of Bristol Physics. *Annals of Science, 41,* 1984, 335-357.

Keith, T., P. K. Hoch: Formation of a research school: Theoretical solid state physics at Bristol 1930-54. *British Journal for the History of Science, 19,* 1986, 19-44.

Kern, U.: *Die Entstehung des Radarverfahrens: Zur*

Geschichte der Radartechnik bis 1945. Dissertation, Universität Stuttgart 1984.

Kevles, D. J.: The National Science Foundation and the Debate over Postwar Research Policy, 1942-1945. *ISIS, 68,* 1977, 5-26.

—: *The Physicists. The History of a Scientific Community in Modern America.* New York 1979.

Killian, J. R., Jr.: *Sputnik, Scientists, and Eisenhower. A Memoir of the First Special Assistant to the President for Science and Technology.* Cambridge, Mass. 1977.

Kistiakowsky, G. B.: Reminiscences of Wartime Los Alamos. In: L. Badash u. a. (Hrsg.): *Reminiscences of Los Alamos 1943-1945,* Dordrecht 1980, 49-65.

Klein, F.: Universität und technische Hochschule. *Verhandlungen der Gesellschaft Deutscher Naturforscher und Ärzte, 70,* 1898, 25-35.

—: Über die Neueinrichtungen für Elektrotechnik und allgemeine technische Physik an der Universität Göttingen. *Phys. Z., 1,* 1900, 143-145.

Klein, M. J.: The first phase of the Bohr-Einstein dialogue. *HSPS, 2,* 1970, 1-39.

Kleinert, A. (Hrsg.): *J. Stark: Erinnerungen eines deutschen Naturforschers.* Mannheim 1987, 47.

Koch, E.-E.: *Das Konservatorenamt und die Mathematisch-physikalische Sammlung der Bayerischen Akademie der Wissenschaften.* Arbeitsbericht aus dem Institut für Geschichte der Naturwissenschaften der Universität München, 1967.

Kohler, R. E.: Science and Philanthropy: Wickliffe Rose and the International Education Board. *Minerva, 23,* 1985, 75-95.

Kozhevnikov, A. B., V. Ya. Frenkel (Hrsg.): *P. Dirac and I. E. Tamm, Correspondence 1928-1932.* Moskau 1988.

Kramish, A.: *Der Greif. Paul Rosbaud – der Mann, der Hitlers Atompläne scheitern ließ.* München 1987. [アーノルド・クラミッシュ『暗号名グリフィン——第二次大戦の最も偉大なスパイ』、新庄哲夫訳、新潮文庫、一九九二年。原著は英語]

Kröner, P.: *Vor fünfzig Jahren. Zur Emigration deutschsprachiger Wissenschaftler 1933-1939.* Münster 1983.

Krüger, F.: Die Stellung und das Studium der physikalisch-mathematischen Wissenschaften an den deutschen Technischen Hochschulen. *Zeitschrift für technische Physik, 2,* 1921, 113-121.

Külp, F.: Die Ballistik im Kriege. In: B. Schmid (Hrsg.): *Deutsche Naturwissenschaft, Technik und Erfindung im*

Weltkriege. München, Leipzig 1919, 209-233.

Kytzler, B.: Klassische Philologie. In: T. Buddensieg u.a. (Hrsg.): *Wissenschaften in Berlin - Disziplinen,* Berlin 1987, 103-107.

Lamb, W. E., Jr.: The fine structure of hydrogen. In: L. M. Brown, L. Hoddeson (Hrsg.): *The birth of particle physics.* Cambridge 1983, 311-328.

Lasby, C. G.: *Project Paperclip. German Scientists and the Cold War.* New York 1971.

Laue, M. v.: Glühelektronen. *Jahrbuch der Radioaktivität und Elektronik, 15,* 1918, 205-270.

—: Über die Wirkungsweise der Verstärkerröhren. *Annalen der Physik, 59,* 1919, 257-270.

—: Mein physikalischer Werdegang. In: M. v. Laue: *Gesammelte Schriften und Vorträge, 3,* Braunschweig 1961, V-XXXIV.

Lemaine, G. u.a. (Hrsg.): *Perspectives on the Emergence of Scientific Disciplines.* The Hague 1976.

Lemmerich, J.: *Max Born, James Franck, Physiker in unserer Zeit - Der Luxus des Gewissens.* Ausstellungskatalog, Staatsbibliothek Preußischer Kulturbesitz Berlin 1982.

Lundgreen, P.: Zur Konstituierung des Bildungsbürgertums: Berufs- und Bildungsauslese der Akademiker in Preußen. In: W. Conze, J. Kocka (Hrsg.): *Bildungsbürgertum im 19. Jahrhundert. 1: Bildungssystem und Professionalisierung in internationalen Vergleichen.* Stuttgart 1985, 79-108.

Manegold, K.-H.: *Universität, Technische Hochschule und Industrie. Ein Beitrag zur Emanzipation der Technik im 19. Jahrhundert unter besonderer Berücksichtigung der Bestrebungen Felix Kleins.* Berlin 1970.

Manley, J. H.: A New Laboratory is Born. In: L. Badash u.a.(Hrsg.): *Reminiscences of Los Alamos 1943-1945.* Dordrecht 1980.

Marcuvitz, N. (Hrsg.): *Waveguide Handbook. Radiation Laboratory Series, 10,* New York 1951.

Matschoss, C. (Hrsg.): *Das Deutsche Museum. Geschichte, Aufgaben, Ziele.* Berlin 1925.

McCormmach, R.: H. A. Lorentz and the Electromagnetic View of Nature. *ISIS, 61,* 1970a, 459-497.

—: Einstein, Lorentz, and the Electron Theory. *HSPS, 2,* 1970b, 41-87.

—: *Night thoughts of a classical physicist.* Cambridge, Mass. 1982,〔マコーマック『ある古典物理学者の夜想』、小泉賢吉郎訳、培風館、一九八五年〕

Mehra, J., H. Rechenberg: *The Historical Development of Quantum Theory,* 5 Bände, New York 1982-1987.

Mehrtens, H.: Die Naturwissenschaften und die preußische Politik 1806-1871. In: F. Rapp, H.-W. Schütt (Hrsg.): *Philosophie und Wissenschaft in Preußen.* Kolloquium an der Technischen Universität Berlin. Berlin 1982, 225-250.

—: *Moderne, Sprache, Mathematik: eine Geschichte des Streits um die Grundlagen der Disziplin und des Subjekts formaler Systeme.* Frankfurt a.M. 1990.

Meissner, W., G. U. Schubert: Supraleitung. *Naturforschung und Medizin in Deutschland 1939-46* (FIAT-Bericht), 9, 1948, 143-162.

Metropolis, N.: The Beginnings of the Monte Carlo Method. In: Cooper (1989), 125-130.

Meyenn, K. v. : Pauli, das Neutrino und die Entdeckung des Neutrons vor 50 Jahren. *Die Naturwissenschaften, 69,* 1982, 564-573.

—: Peter Debye und sein Einfluß auf die Entwicklung der Atom- und Molekülphysik. In: W. Treue, G. Hildebrandt (Hrsg.): *Berlinische Lebensbilder I, Naturwissenschaftler.* Berlin 1987, 317-328.

— (Hrsg.): *Quantenphysik und Weimarer Republik.* Wiesbaden (in Vorbereitung［準備中］) [*Quantenmechanik und Weimarer Republik.* Wiesbaden 1994 として刊行].

Meyenn, K. v., A. Hermann, V. Weisskopf (Hrsg.): *Wolfgang Pauli. Wissenschaftlicher Briefwechsel mit Bohr, Einstein, Heisenberg u.a., II: 1930-1939.* Berlin 1985.

Meyenn, K. v., K. Stolzenberg, R. U. Sexl (Hrsg.): *Niels Bohr, 1885-1962. Der Kopenhagener Geist in der Physik.* Braunschweig 1985.

Misa, T. J.: Military Needs, Commercial Realities, and the Development of the Transistor, 1948-58. In: M. R. Smith (Hrsg.): *Military Enterprise and Technological Change. Perspectives on the American Experience.* Cambridge, Mass. 1985, 253-288.

Moore, W.: *Schrödinger. Life and Thought.* Cambridge 1989.［W・ムーア『シュレーディンガー――その生涯と思想』、小林澈郎・土佐幸子訳、培風館、一九九五年］

Morse, P. M.: *In at the beginnings. A physicist's life.* Cambridge 1977.

Mott, N.: Memories of early days in solid state physics. *Proc. R. Soc. Lond., A 371,* 1980, 56-66.

—: *A Life in Science.* London 1986.［『科学に生きる――ネビル・モット自伝』、山科俊郎・紀子訳、日経サイエンス社、一九八九年］

Mycielski, J.: Learning from Ulam: Measurable Cardinals, Ergodicity, Biomathematics. In: Cooper (1989), 107-113.

Neuerer, K.: *Das höhere Lehramt in Bayern im 19. Jahrhundert.* Berlin 1978.

Nisio, S.: The Formation of the Sommerfeld Quantum Theory of 1916. *Japanese Studies in the History of Science, 12,* 1973, 39-78.

Olby, R.: *The Path to the Double Helix.* Seattle 1974. ［オルビー『二重らせんへの道　上・下』、長野敬・道家達将ほか訳、紀伊國屋書店、一九八二、一九九六年］

Olesko, K. M.: *Physics as a Calling. Discipline and Practice in the Königsberg Seminar for Physics.* Ithaca 1991.

Osietzki, M.: Kernphysikalische Großgeräte zwischen naturwissenschaftlicher Forschung, Industrie und Politik. Zur Entwicklung der ersten deutschen Teilchenbeschleuniger bei Siemens 1935-45. *Technikgeschichte, 55,* 1988, 25-46.

—:Physik, Industrie und Politik in der Frühgeschichte der deutschen Beschleunigerentwicklung. In: M. Eckert, M. Osietzki: *Wissenschaft für Macht und Markt.* München 1989, 37-73.

Pauling, L.: Fifty Years of Progress in Structural Chemistry and Molecular Biology. In: G. Holton (Hrsg.): *The Twentieth-Century Sciences. Studies in the Biography of Ideas.* New York 1972, 281-307.

Pauling, L., E. B. Wilson: *Introduction to Quantum Mechanics.* New York 1935. ［Linus Pauling, E. Bright Wilson『量子力学序論——および化学への応用』、桂井富之助・坂田民雄・玉木英彦・徳光直共訳、白水社、一九六五年改訳］

Peierls, R.: *Bird of Passage.* Princeton 1986. ［R・パイエルス『渡り鳥——パイエルスの物理学と家族の遍歴』、松田文夫訳、吉岡書店、二〇〇四年］

Perron, O.: Das Mathematische Seminar. In: K. A. von Müller (Hrsg.): *Die wissenschaftlichen Anstalten der Ludwig-Maximilians-Universität zu München.* München 1926, 206.

Pestre, D.: *Physique et physiciens en France, 1918-1940.* Paris 1984.

—: *Louis Néel, le Magnétisme et Grenoble.* Paris 1990.

Pfetsch, F. R.: *Zur Entwicklung der Wissenschaftspolitik in Deutschland, 1750-1914.* Berlin 1974.

Pickering, A.: *Constructing Quarks. A Sociological History of Particle Physics.* Chicago 1984.

Plessner, H.: *Die verspätete Nation.* Frankfurt a.M. 1974. ［H・プレスナー『遅れてきた国民——ドイツ・ナショナリズムの精神史』、土屋洋二訳、名古屋大学出版会、一九九一年］

Preston, D. L.: *Science, Society, and the German Jews 1870-1933*. Dissertation, University of Illinois, Urbana 1971.

Pursell, C.: Science Agencies in World War II: The OSRD and its Challengers. In: N. Reingold (Hrsg.): *The Sciences in the American Context: New Perspectives*. Washington D.C. 1979, 359-399.

Pyenson, L.: Cultural Imperialism and Exact Sciences: German Expansion Overseas 1900-1930. *History of Science, 20*, 1982, 1-43.

—: *The Young Einstein. The Advent of Relativity*. Bristol 1985.〔パイエンソン『若きアインシュタイン――相対論の出現』、板垣良一・勝守真・佐々木光俊訳、共立出版、一九八八年〕

Pyenson, L., D. Skopp: Educating Physicists in Germany circa 1900. *Social Studies of Science, 7*, 1977, 329-366.

Quetsch, C. *Die zahlenmäßige Entwicklung des Hochschulbesuches in den letzten fünfzig Jahren*. Berlin 1960.

Raman, V. V., P. Forman: Why was it Schrödinger who developed de Broglie's Ideas? *HSPS, 1*, 1969, 291-314.

Rasche, G., A. Thellung: Nachruf auf Walter H. Heitler. *Phys. Bl., 38*, 1982, 105-106.

Reid, C.: *Hilbert*. Berlin 1970.〔C・リード『ヒルベルト――現代数学の巨峰』、彌永健一訳、岩波現代文庫、二〇一〇年〕

Reuter, F.: *Funkmeß. Die Entwicklung und der Einsatz des RADAR-Verfahrens in Deutschland bis zum Ende des Zweiten Weltkrieges*. Opladen 1971.

Rhodes, R.: *Die Atombombe*. Nördlingen 1988. (am. Originalausgabe 1986〔米国原著は1986年〕)〔リチャード・ローズ『原子爆弾の誕生　上・下』、普及版、神沼二真・渋谷泰一訳、紀伊國屋書店、一九九五年〕

Richter, S.: Forschungsförderung in Deutschland 1920-1936. Dargestellt am Beispiel der Notgemeinschaft der Deutschen Wissenschaft und ihrem Wirken für das Fach Physik. *Technikgeschichte in Einzeldarstellungen, 23*, 1972, 7-69.

—: Die Kämpfe innerhalb der Physik in Deutschland nach dem Ersten Weltkrieg. *Sudhoffs Archiv, 57*, 1973, 195-207.

—: Die <<Deutsche Physik>>. In: H. Mehrtens, S. Richter (Hrsg.): *Naturwissenschaft, Technik und NS-Ideologie*. Frankfurt a.M. 1980, 116-141.

Rigden, J. S.: *Rabi - Scientist and Citizen*. New York 1987.

Ringer, F. K.: *Die Gelehrten. Der Niedergang der deutschen Mandarine 1890-1933*. München 1987. (am. Originalausgabe 1969〔米国原著は1969年〕)〔F・K・リンガー『読書人の没落――世紀末から第三帝国までのドイツ知識人』、西

村稔訳、名古屋大学出版会、一九九一年］

Ringer, W., H. Welker: Leitfähigkeit und Hall-Effekt von Germanium. *Zeitschrift für Naturforschung, 3a,* 1948, 20-29.

Ritter, G. A., J. Kocka (Hrsg.): *Deutsche Sozialgeschichte 1870-1914. Dokumente und Skizzen.* München 1982.

Robertson, P.: *The Early Years. The Niels Bohr Institute 1921-1930.* Kopenhagen 1979.

Röseberg, U.: *Niels Bohr. Leben und Werk eines Atomphysikers.* Heidelberg 1992.

Rosenfeld, L.: *Niels Bohr. On the Constitution of Atoms and Molecules.* Kopenhagen 1963.

Rosenfeld, L., E. Rüdinger: The Decisive Years 1911-1918. In: Rozental (Hrsg.): *Niels Bohr. His life and work as seen by his friends and colleagues.* Amsterdam 1967, 38-73. ［レオン・ローゼンフェルト、エリク・ルーディンガー「決定的な年月一九一一—一九一八年」(S・ローゼンタール編『ニールス・ボーア——その友と同僚よりみた生涯と業績』、豊田利幸訳、岩波書店、一九七〇年、三五—八〇頁)］

Rosenow, U.: Die Göttinger Physik unter dem Nationalsozialismus. In: H. Becker u.a. (Hrsg.): *Die Universität Göttingen unter dem Nationalsozialismus.* München 1987, 374-409.

Schroeder-Gudehus, B.: *Deutsche Wissenschaft und Internationale Zusammenarbeit 1914-1928.* Genf 1966.

—: The Argument for the Self-Government and Public Support of Science in Weimar Germany. *Minerva, 10,* 1972, 537-570.

Schubert, H.: Walter Schottky und die Halbleiterphysik. *Kultur und Technik,* 1986, Heft 4, 250-258.

—: Industrielaboratorien für Wissenschaftstransfer. Aufbau und Entwicklung der Siemensforschung bis zum Ende des Zweiten Weltkriegs anhand von Beispielen aus der Halbleiterforschung. *Centaurus, 30,* 1987, 245-292.

Schulze, D.: <<1917, an einem ruhigen Abschnitt der Front>>. 75 Jahre Dynamische Theorie der Röntgeninterferenzen. *Phys. Bl., 48,* 1992, 1010-1012.

Schwabe, K.: *Wissenschaft und Kriegsmoral. Die deutschen Hochschullehrer und die politischen Grundfragen des Ersten Weltkriegs.* Göttingen 1969.

Schweber, S.: The empiricist temper regnant – Theoretical physics in the United States 1920-1950. *HSPS, 17:1,* 1986a, 55-98.

—: Shelter Island, Pocono, and Oldstone. The Emergence of American Quantum Electrodynamics after World War II.

OSIRIS, 2, 1986b, 265-302.

—: The Mutual Embrace of Science and the Military: ONR and the Growth of Physics in the United States after World War II. In: E. Mendelsohn u.a. (Hrsg.): *Science, Technology, and the Military. Sociology of the Sciences, Yearbook XII/1.* Dordrecht 1988, 3-46.

—: The young John Clark Slater and the development of quantum chemistry. *HSPS, 20:2,* 1990, 339-406.

Schwinger, J.: Autobiographische Skizze. In: *Les Prix Nobel en 1965,* Stockholm 1966, 113. 〔『ノーベル賞講演——物理学第10巻』、中村誠太郎・小沼通二編、講談社、一九七八年、一一六—一一七頁〕

—: Two shakers of physics: memorial lecture for Sin-itiro Tomonaga. In: L. M. Brown, L. Hoddeson (Hrsg.): *The birth of particle physics.* Cambridge 1983, 354-375. 〔J. Schwinger「物理学を揺るがした二人の〈振〉——朝永振一郎博士追悼講演」、『自然』、一九八〇年一二月号、二六—四一頁所収〕

Segré, E.: *Die großen Physiker und ihre Entdeckungen. Von den Röntgenstrahlen zu den Quarks.* München 1981. 〔エミリオ・セグレ『X線からクォークまで——二〇世紀の物理学者たち』、久保亮五・矢崎裕二訳、みすず書房、一九八二年。原著は英語〕

Seiler, K.: Detektoren. *Naturforschung und Medizin in Deutschland 1939-1946 (FIAT-Bericht), 15,* 1947, 272-295.

Seitz, F.: Biographical notes. *Proc. R. Soc. Lond., A 371,* 1980, 84-99.

Serafini, A.: *Linus Pauling. A Man and his Science.* New York 1989. 〔Anthony Serafini『ライナス・ポーリング——その実像と業績』、加藤郁之進監訳、宝酒造、一九九四年〕

Sherwin, M. J.: *A World Destroyed. The Atomic Bomb and the Grand Alliance.* New York 1977. 〔マーティン・J・シャーウィン『破滅への道程——原爆と第二次世界大戦』、加藤幹雄訳、TBSブリタニカ、一九七八年〕

Siemens, G.: *Carl Friedrich von Siemens. Ein großer Unternehmer.* Freiburg 1960.

Sigurdsson, S.: *Hermann Weyl, Mathematics and Physics, 1900-1927.* Dissertation, Harvard University. Cambridge, Mass. 1991.

Simon, L. E.: *German Research in World War II. An Analysis of the Conduct of Research.* New York 1945.

Slater, J. C.: *Solid State and Molecular Theory: A Scientific Biography.* New York 1975.

Smith, A. K.: *A Peril and a Hope. The Scientists' Movement in America: 1945-47.* Cambridge, Mass. 1965. 〔A・K・スミ

ス『危険と希望――アメリカの科学者運動：一九四五―一九四七』、広重徹訳、みすず書房、一九六八年〕

Smith, A. K., Ch. Weiner (Hrsg.): *Robert Oppenheimer. Letters and Recollections.* Cambridge, Mass. 1980.

Smoluchowski, R.: Random comments on the early days of solid state physics. *Proc. R. Soc. Lond., A 371,* 1980, 100-101.

Solvay-Institut (Hrsg.): *Conductibilité électrique des métaux et problèmes connexes. Rapports et discussions du quatrième conseil de physique, tenu à Bruxelles du 24 au 29 avril 1924.* Paris 1927.

Sommerfeld, A.: Theoretisches über die Beugung von Röntgenstrahlen. *Phys. Z., 1,* 1899, 105-111, 2, 1900, 55-60.

—: Zur Elektronentheorie. (3 Teile). *Nachrichten der Kgl. Gesellschaft der Wissenschaften zu Göttingen, math.-naturwiss. Klasse, Göttingen,* 1904, 99-130, 363-439; 1905, 201-235. (GS II, 39-182).

—: Über die Bewegung der Elektronen. *Sitzungsberichte der math.-phys. Klasse der Kgl. Bayerischen Akademie der Wissenschaften zu München,* München 1907, 155-171.

—: Ein Einwand gegen die Relativtheorie der Elektrodynamik und seine Beseitigung. *Phys. Z., 8,* 1907, 841-842. (GS II, 183-184).

—: Über die Verteilung der Intensität bei der Emission der Röntgenstrahlen. *Phys. Z., 10,* 1909, 969-976. (GS IV, 369-376).

—: Das Plancksche Wirkungsquantum und seine allgemeine Bedeutung für die Molekularphysik. *Phys. Z., 12,* 1911, 1057-1069. (GS III, 1-19).

—: Über die Beugung der Röntgenstrahlen. *Annalen der Physik, 38,* 1912, 473-506. (GS IV, 327-360).

—: Der Zeeman-Effekt eines anisotrop gebundenen Elektrons und die Beobachtungen von Paschen-Back. *Annalen der Physik, 40,* 1913, 748-774. (GS III, 20-46).

—: Unsere gegenwärtigen Anschauungen über Röntgenstrahlung. *Die Naturwissenschaften, 1,* 1913, 705-712.

—: Zur Voigt'schen Theorie des Zeeman-Effektes. *Nachrichten der Kgl. Gesellschaft der Wissenschaften zu Göttingen. Math.-Phys. Klasse,* 1914, 207-229. (GS III, 47-69).

—: Zur Theorie der Balmerschen Serie. *Sitzungsberichte der Bayerischen Akademie der Wissenschaften,* München 1915, 425-458.

—: Zu Röntgens siebzigsten Geburtstage. *Zeitschrift des Vereins Deutscher Ingenieure, 59, Nr. 15,* 1915, 293-295.

—: Zur Quantentheorie der Spektrallinien. *Annalen der Physik, 51,* 1916, 1-94, 125-167. (GS III, 172-308). 〔A.

Sommerfeld「スペクトル線の量子論」、及川浩訳（『物理学古典論文叢書　3：前期量子論』、物理学史研究刊行会編、東海大学出版会、一九七〇年、五三一一八八頁）]

—: Die medizinischen Röntgenbilder im Lichte der Methode der Krystallinterferenzen. *Strahlentherapie, 7,* 1916, 33-40.

—: Der innere Aufbau des chemischen Atoms und seine Erforschung durch Röntgenstrahlen. *Zeitschrift des Vereins Deutscher Ingenieure, 61, Nr. 42,* 1917, 856-859.

—: Die Entwicklung der Physik in Deutschland seit Heinrich Hertz. *Vortrag im Deutschen Frauenverein vom Roten Kreuz für die Kolonien, Landesverband Stuttgart, 13. April 1918.* (GS IV, 520-530).

—: *Atombau und Spektrallinien.* Braunschweig 1919. (1. Auflage)［アーノルト・ゾンマーフェルト『原子構造とスペクトル線　I　上・下』、増田秀行訳、講談社、一九七三年］

—: Das Institut für theoretische Physik. In: K. A. von Müller (Hrsg.): *Die wissenschaftlichen Anstalten der Ludwig-Maximilians-Universität zu München.* München 1926, 290-292.

—: Zur Elektronentheorie der Metalle. *Die Naturwissenschaften, 15,* 1927, 825-832; 16, 1928, 374-381. (GS II, 385-400).

—: Zur Elektronentheorie der Metalle auf Grund der Fermischen Statistik. *Z. Phys., 47,* 1928a, 1-60. (GS II, 426-475).

—: Zur Frage nach der Bedeutung der Atommodelle. *Zeitschrift für Elektrochemie und angewandte physikalische Chemie, 34,* 1928b, 426-427.

—: Indische Reiseeindücke. *Zeitwende, Nr. 1,* 1929, 101-104. (SN).

—: Zur Elektronentheorie der Metalle nach der wellenmechanischen Statistik. *Zeitschrift des Vereins Deutscher Ingenieure, 74,* Nr. 19, 10. Mai 1930, 585-588.

—: Das Spektrum der Röntgenstrahlung als Beispiel für die Methodik der alten und neuen Mechanik. *Scientia, 51,* 1932, 41-50. (GS IV, 465-474).

—: Über den metallischen Zustand, seine spezifische Wärme und Leitfähigkeit. In: Physikalische Gesellschaft Zürich (Hrsg.): *Der feste Körper.* Zürich 1937, 126-130. (GS II, 580-586).

—: Zwanzig Jahre spektroskopischer Theorie in München. *Scientia,* 1942, 123. (GS IV, 632-639).

—: Wilhelm Lenz zum 60. Geburtstag. *Zeitschrift für Naturforschung, 3a,* 1948, 186.

—: Some Reminiscences of My Teaching Career. *Am. J. Phys., 17,* 1949, 315-316.

—: Zum hundertsten Geburtstag von Felix Klein. *Die Naturwissenschaften, 36,* 1949, 289-291.

Sommerfeld, A., F. Klein: *Theorie des Kreisels.* 4 Bände Leipzig 1897, 1898, 1903, 1910.

Sommerfeld, A., F. Seewald: Ludwig Hopf zum Gedächtnis, *Jahrbuch der RWTH Aachen, 5,* 1952/53, 24-26.

Sopka, K. R.: *Quantum Physics in America 1920-1935.* New York 1980 [*Quantum Physics in America—the years through 1935.* AIP, 1988 として再刊].

Stein, P. R.: Iteration of Maps, Strange Attractors, and Number Theory. In: Cooper (1989), 91-106.

Stichweh, R.: *Zur Entstehung des modernen Systems wissenschaftlicher Disziplinen. Physik in Deutschland 1740-1890.* Frankfurt a.M. 1984.

Strauss, H. A., W. Röder (Hrsg.): *International Biographical Dictionary of Central European Emigres 1933-1945, 2: The Arts, Sciences, and Literature.* München. 1983.

Stuewer, R. H.: *The Compton Effect. Turning Point in Physics.* New York 1975.

—(Hrsg.): *Nuclear Physics in Retrospect. Proceedings of a Symposium on the 1930s.* Minneapolis 1979.

—: Nuclear Physicists in a new world. The Emigres of the 1930s in America. *Berichte zur Wissenschaftsgeschichte, 7,* 1984, 23-40.

—: Niels Bohr and Nuclear Physics. In: A. P. French, P. J. Kennedy (Hrsg.): *Niels Bohr. A Centenary Volume.* Cambridge 1985, 197-220.

Sylves, R. T.: *The Nuclear Oracles. A political history of the General Advisory Committee of the Atomic Energy Commission, 1947-1977.* Ames, Iowa 1987.

Szymborski, K.: The physics of imperfect crystals – a social history. *HSPS, 14:2,* 1984, 317-355.

Teichmann, J.: *Zur Geschichte der Festkörperphysik. Farbzentrenforschung bis 1940.* Stuttgart 1988.

Tenorth, H.-E.: Lehrerberuf und Lehrerbildung. In: P. Lundgreen, K.-E. Jeismann (Hrsg.): *Handbuch der deutschen Bildungsgeschichte, III: 1800-1870,* München 1987, 250-270.

Tobies, R.: *Felix Klein.* Leipzig 1981. (Teubner-Biographienreihe, 50).

Tollmien, C.: Das Kaiser-Wilhelm-Institut für Strömungsforschung verbunden mit der Aerodynamischen Versuchsanstalt. In: H. Becker u.a. (Hrsg.): *Die Universität Göttingen unter dem Nationalsozialismus.* München 1987, 464-488.

Töpner, K.: *Gelehrte Politiker und politisierende Gelehrte. Die Revolution von 1918 im Urteil deutscher Hochschullehrer.* Göttingen 1970.

Torkar, G.: Sommerfeld's Meeting With Raman in Calcutta During a World Tour, 1928-29. *Journal of Raman Spectroscopy, 17,* 1986, 13-15.

Torrey, H. C., Ch. A. Whitmer: *Crystal Rectifiers. Radiation Laboratory Series, 15.* New York 1948.

Trendelenburg, F.: Aus der Geschichte der Forschung im Hause Siemens. *Technikgeschichte in Einzeldarstellungen, 31,* 1975.

Trenkle, F.: *Die deutschen Funkmeßverfahren bis 1945.* Heidelberg 1986.

Turner, R. S.: The Growth of Professorial Research in Prussia, 1818-1848. Causes and Context. *HSPS, 3,* 1971, 137-182.

—: Universitäten. In: P. Lundgreen, K. E. Jeismann (Hrsg.): *Handbuch der deutschen Bildungsgeschichte, III, 1800-1870,* München 1987, 221-249.

Ulam, M.: *Adventures of a Mathematician.* New York 1976. [ウラム『数学のスーパースターたち――ウラムの自伝的回想』、志村利雄訳、東京図書、一九七九年]

Unsöld, A.: *Physik der Sternatmosphären.* Berlin 1938.

Unsöld, A.: Walther Kossel. *Die Naturwissenschaften, 44,* 1957, 293-294.

Verein Deutscher Ingenieure, VDI (Hrsg.): *Die technisch-wissenschaftlichen Forschungsanstalten, 2,* Berlin 1931.

Volkmann, P.: *Franz Neumann.* Leipzig 1896.

Wagner, H.: *Kernphysik – Technischer Stand und Anwendungsmöglichkeiten.* Hektographierter Bericht, 5. August 1941. (Zugänglich in der Bibliothek des Deutschen Museums［ドイツ博物館の図書館で利用可］).

Walker, M.: National Socialism and German Physics. *Journal of Contemporary History, 24,* 1989, 63-89.

—: *Die Uranmaschine: Mythos und Wirklichkeit der deutschen Atombombe.* Berlin 1990a (am. Originalausgabe 1989［米国原著は 1989 年］).

—: Legenden um die deutsche Atombombe. *Vierteljahreshefte für Zeitgeschichte, 38,* 1990b, 45-74.

—: Heisenberg, Goudsmit and the German Atomic Bomb. *Physics Today,* Januar 1990c, 52-60, sowie die Leserbriefe dazu［ならびに "Letters" 欄：Heisenberg, Goudsmit and the German "A-Bomb"］in *Physics Today,* May 1991, 13-15 & 90-96.

—: Myths of the German atom bomb. *Nature, 359,* 1992, 473-

474.

—: Selbstreflexionen deutscher Atomphysiker. Die Farm Hall-Protokolle und die Entstehung neuer Legenden um die "deutsche Atombombe". *Vierteljahreshefte für Zeitgeschichte, 41,* 1993 519-542.

Weart, S. R.: The Physics Business in America, 1919-1940. A Statistical Reconnaissance. In: N. Reingold (Hrsg.): *The Sciences in the American Context: New Perspectives.* Washington D.C. 1979, 295-358.

—: The last fifty years – a revolution? *Physics Today,* November 1981, 37-49.

—: *Nuclear Fear: A History of Images.* Cambridge, Mass. 1988.

Wehler, H.-U,: *Deutsche Gesellschaftsgeschichte, 1815-1845/49,* München 1989.

Weiner, Ch.: A New Site for the Seminar: The Refugees and American Physics in the Thirties. In: D. Fleming, B. Bailyn (Hrsg.): *The Intellectual Migration. Europe and America, 1930-1960.* Cambridge, Ma. 1969, 190-233. ［チャールズ・ワイナー「新しいセミナーの地――三〇年代における亡命者とアメリカの物理学」、広重徹訳（シラードほか『知識人の大移動　1：自然科学者』〈亡命の現代史　3〉、みすず書房、一九七三年、七七―一三六頁）］

—: (Hrsg.): *Exploring the History of Nuclear Physics.* AIP Conference Proceedings Nr. 7. New York 1972.

—: International Settings for Scientific Change: Episodes from the History of Nuclear Physics. In: A. Thackray, E. Mendelsohn (Hrsg.): *Science and Values. Patterns of Tradition and Change.* New York 1974, 187-212.

—: 1932 - Moving into the new physics. In: R. Weart, M. Phillips (Hrsg.): *History of Physics. Readings from Physics Today.* New York 1985, 332-339［*Physics Today*, May 1972, 40-49］.

Weingart, P.: *Wissensproduktion und soziale Struktur.* Frankfurt a.M. 1976.

Weisskopf, V.: *Mein Leben,* Bern 1991.

—: *Die Jahrhundertentdeckung: Quantentheorie.* Frankfurt a.M. 1992.［Victor Weisskopf『量子の革命』、三雲昂訳、丸善、一九九三年。原著はフランス語］

Welker, H.: Impact of Sommerfeld's work on solid state research and technology. In: Bopp/Kleinpoppen (1969), 32-43.

Wheaton, B.: Impulse X-Rays and Radiant Intensity: The Double Edge of Analogy. *HSPS, 11:2,* 1981, 367-390.

Wheeler, J. A.: Some men and moments in the history of

nuclear physics. In: Stuewer (1979), 213-322.

Wien, W.: Das Physikalische Institut und das Physikalische Seminar. In: K. A. von Müller (Hrsg.): *Die wissenschaftlichen Anstalten der Ludwig-Maximilians-Universität zu München.* München 1926, 207-211.

Wiener, N.: Science: The megabuck era. *New rebublic,* 27. Januar 1958.

Wigner, E. P.: An Appreciation on the 60th Birthday of Edward Teller. In: H. Mark, S. Fernbach (Hrsg.): *Properties of Matter Under Unusual Conditions. In Honor of Edward Teller's 60th Birthday.* New York 1969, 1-6.

Williamson, R. (Hrsg.): *The Making of Physicists.* Bristol 1987.

Willstätter, R.: *Aus meinem Leben.* Weinheim 1949. 〔『リヒャルト・ヴィルシュテッター自伝——仕事　余暇　友人達』、高尾楢雄・高尾佐知子訳、日本図書刊行会、二〇〇四年〕

Wilson, A.: Theoretical Physics in Cambridge in the late 1920s and early 1930s. In: J. Hendry (Hrsg.): *Cambridge Physics in the Thirties.* Bristol 1984, 174-175.

Wolff, S.: *Die Rolle von Reibung und Wärmeleitung in der Entwicklung der kinetischen Gastheorie.* Dissertation, Universität München, 1988.

York, H. F.: *The Advisors. Oppenheimer, Teller, and the Superbomb.* San Francisco 1976. 〔ハーバート・F・ヨーク『ドキュメント大統領指令「水爆を製造せよ」——科学者たちの論争とその舞台裏』、塩田勉・大槻義彦訳、共立出版、一九八二年〕

—: *Making Weapons, Talking Peace. A Physicist's Odyssey from Hiroshima to Geneva.* New York 1987.

Zehnder, L. (Hrsg.): *W. C. Röntgen. Briefe an L. Zehnder.* Zürich 1935.

Ziegler, Th.: *Über Universitäten und Universitätsstudium.* Leipzig 1913.

Zierold, K.: *Forschungsförderung in drei Epochen.* Wiesbaden 1968.

写真版権一覧

45，58，64，89，108，144，163，242，282，293，328，336，354 頁：Deutsches Museum（ドイツ博物館）

141 頁：Pauli Archive, CERN（欧州原子核研究機構）

154，164，180 頁：Heisenberg-Nachlaß, Max Planck Gesellschaft（マックス・プランク協会）

271 頁：U.S. National Archives（米国国立公文書館）

訳者あとがき

本書は、*Die Atomphysiker – Eine Geschichte der theoretischen Physik am Beispiel der Sommerfeld-schule*［原子物理学者たち――ゾンマーフェルト学派を事例とする理論物理学の歴史］（フィーヴェク社刊、一九九三年。原著ドイツ語）の全訳である。

科学の歴史を、理論の発展ということに限定せず、社会との相互作用において見ることは、「科学の社会史」と呼ばれている。本書は、十九世紀から第二次世界大戦後にいたる理論物理学の歩みを社会史的に取り上げた著作である。「社会」とは、科学を取り巻く世界ということをまず意味するが、同時に本書は、科学者集団（または科学者《サイエンティフィック》共同体《コミュニティ》）という小社会の動きを、豊富な資料に基づきながら生々しく伝えている。

理論物理学は、特にドイツ語圏で著しく発展した。二〇世紀前半における相対性理論と量子力学の誕生は、その最も顕著な成果である。本書はドイツの学問隆盛の起源ともいえる一九世紀の教育改革から説き起こし、次のような話題を取り上げていく。

すなわち、大学教員の役割の変化（研究義務の定着）と高等教育の拡充、工業発展の影響、第一次大戦と戦後の科学復興、国際交流の深化、文化的資産（あるいは愛国主義的・帝国主義的装置）としての科学の役割、量子力学革命とその応用、ナチス政権成立後の科学者亡命およびドイツ国内での科学者間の抗争、理論物理の中心地の移動、第二次大戦における軍事開発（特にレーダーと原爆）、戦後社会における物理学の役割と研究スタイルの変化（これは戦時研究と密接に関連している）等々。

そうした記述で本書が重点を置くのは、アルノルト・ゾンマーフェルトおよび彼が築いた学派の歩みである。

科学史家アーミン・ヘルマンは、二〇世紀初期ドイツ理論物理学の代表者として三人の名をあげて、次のように述べている。「アインシュタインは天才、プランクは権威、そしてゾンマーフェルトは教師であった」（A・ヘルマン『プランクの生涯』、生井沢寛・林憲二訳、東京図書、一九七七年、七六頁）。二〇世紀の科学者としてアインシュタインの知名度は群を抜いている。マックス・プランクも、ドイツでその名を冠した研究所（マックス・プランク協会傘下）が多数存在することもあり、また、もちろん量子論の草分けとして、今でも関心に上ることは少なくないと思われる。後続世代に属するヴェルナー・ハイゼンベルクも、「不確定性原理」（最近、その式を修正した「小澤の不等式」を支持する実験結果が報じられた）などでよく知られる物理学者である。これら三人に比べてゾンマーフェルトは、物理学や科学史を学んだ人々を除けば、日本はもちろんドイツでも知名度の高い科学者とはいえない。この人をめぐる科学的・社会的ドラマ（ただし個人伝記ではなく、原題が示すように科学者の群像劇でもある）を、科学に関心を持つ方にぜひ知ってほしい、というささやかな一念から本書の翻訳を思い立った。「物理学ルネサンス」（『日本経済新聞』本年三～四月の連載記事）が話題になっている二一世紀初頭において、現代物理学のいわば「源流」を振り返ることの意義は小さくないと考えている。なお、ヘルマンがゾンマーフェルトを「教師」と要約したことの意味は、本書を一読いただければ判然とするのではないかと思う。

訳者がこの原著に出会ったのは、ドイツのボンで勤務していた一九九三年、新刊書として書店に平積みされている時だった。科学史に関心があり、曲がりなりにも物理をかじってゾンマーフェルトの名は知っており、また「学派」（Schule）というタイトル中のキーワードにも興味を覚えて、なんとなく購入した。しかし読んだのは約十年後、とっくに帰国した後だったが、感銘は大きかった。出版の当てもなく翻訳に着手し、それに余暇の大半を費やした。およそ半ばまでを訳した二〇〇六年、著者のミヒャエル・エッケルト氏にEメールを送り、翻訳の許可を求めたところ快諾を得た。その年の夏、エッケルト氏が研究員を務めるミュンヘンのドイツ博物館（Deutsches Museum）を訪ねて懇談。その後、解釈上の難点や引用文献のことなど、メールでの文通を数多く重ねた。ドイツの版元への連絡、写真の掲載許可手続きを含め、原著者の全面的な協力を得たことは、訳者にとってこの上ない励ましとなった。開始後五年を経てひとまず訳了、海鳴社による出版が決まった後も、訳文の見直し・修正に相当の時間がかかってしまった（ただしそのため、興味深い新文献をチェックすることはできた）。

本書が成るに際しては、誰よりもまずミヒャエル・エッケルト氏に感謝をささげなければならない。氏は、日本語版のためにも前述のとおり決定的な役割を果たしてくれた（ただし翻訳についての責任は、もちろんすべて私が負うところである）。出版の労を取られた海鳴社の辻信行氏にも大変お世話になった。また、翻訳を進めながら章を終えるごとに、先輩・知人の方々に原稿を勝手にお送りし、ご意見や激励の言葉をいただいた。そして、実績がないにもかかわらず翻訳に手を染めるという無謀な意欲を漏らしたところ、「やってみたら」と背中を押し、励ましてくれた妻にも感謝する。

二〇一二年五月

金子　昌嗣

リードラー（Riedler, Alois） 36
リール（Riehl, Nikolaus） 284
リンデマン（Lindemann, Frederick Alexander） 125
ルイス（Lewis, Gilbert N.） 187
ルーズヴェルト（Roosevelt Franklin D.） 307, 317f.
ルートロフ（Ludloff, Manfred） 131
ルビノヴィッチ（Rubinowicz, Adalbert） 82f., 94, 120, 137, 345
ルーミス（Loomis, Alfred L.） 308
ルンゲ（Runge, Carl） 118f.
レナード＝ジョーンズ（Lennard-Jones, John E.） 249-251
レーナルト（Lenard, Philipp） 274, 282-284
レンツ（Lenz, Wilhelm） 75, 77, 79, 82, 89, 91, 116, 122
レントゲン（Röntgen, Wilhelm Conrad） 46, 59-62, 65f., 71, 78, 85, 93, 96, 160
ローズ，ウィクリフ（Rose, Wickliff） 148-150
ローズ，モリス（Rose, Morris E.） 263
ロバートソン（Robertson, Howard P.） 245
ローレンス（Lawrence, Ernest Orlando） 258, 260-262, 308f., 322, 326f.
ローレンツ（Lorentz, Hendrik Antoon） 44-48, 51, 61, 73f., 85, 116, 153, 156
ロンドン，ハインツ（London, Heinz） 252
ロンドン，フリッツ（London, Fritz） 150, 180, 186f., 189, 191f., 197
ロンベルク（Romberg, Werner） 205-209, 236

わ

ワイスコップ（Weisskopf, Victor） 180, 223, 268, 316, 330, 333f.
ワイル（Weyl, Hermann） 91, 125, 153, 156, 187
ワトソン＝ワット（Watson-Watt, Robert） 305

190-194, 197, 199
ポール（Pohl, Robert W.） 121, 293
ボルツマン（Boltzmann, Ludwig） 27f., 32, 44-48, 66, 152f.
ボルン（Born, Max） 55, 90f., 117-122, 124, 126-129, 131-135, 140, 156-159, 186, 194, 202, 214-217, 219, 223, 245, 316, 355
ホワイト（White, Milton） 258
ホンドロス（Hondros, Demetrios） 59
ボンヘッファー（Bonhoeffer, Dietrich） 234

ま 行

マイトナー（Meitner, Lise） 195, 258, 320
マイヤー（Meyer, Oskar Emil） 21f.
マクスウェル（Maxwell, James Clark） 48-51, 62, 73
マーデルンク（Madelung, Erwin） 92, 208
マンリー（Manley, John H.） 324, 327
ミュラー（Mülller, Wilhelm） 276-278, 280, 295f., 348
ミリカン（Millikan, Robert A.） 117, 149, 151, 165, 177, 239, 266
ミルマン（Millman, Jacob） 240-243
ムッソリーニ（Mussolini, Benito） 257
メッガース（Meggers, William F.） 109, 198
メンデンホール（Mendenhall, Charles E.） 151
モース（Morse, Philip） 160, 239-244, 336
モーズリー（Moseley, Henry） 68, 72
モット（Mott, Nevill Francis） 146, 217, 223, 241, 249-255, 257, 291f., 302, 315

や 行

ヤコービ（Jacobi, Carl Gustav） 18f.
ヤコービ（Jacobi, Dr.） 299
湯川秀樹 265
ユーリー（Urey, Harold C.） 258
ヨース（Joos, Georg） 279-281, 283-285, 296f.
ヨッフェ（Ioffé, Abram Fedorovic） 62, 160f., 209
ヨリー（Jolly, Philipp Gustav von） 20
ヨルダン（Jordan, Pascual） 355f.

ら 行

ライス（Rice, Frank O.） 193
ラウエ（Laue, Max von） 59, 64-72, 83, 90f., 111, 161, 207f. 214, 283, 290. 348
ラザフォード（Rutherford, Ernest） 68, 257f.
ラゼッティ（Rasetti, Franco） 221
ラッセル（Russel, Henry Norris） 197f.
ラーデンブルク（Ladenburg, Rudolf） 90
ラービ（Rabi, Isidor I.） 151f., 248, 309-312, 314, 328, 343f.
ラポルテ（Laporte, Otto） 109, 155, 159, 166, 168, 193, 198
ラマン（Raman, Chandrasekhara Venkata） 165, 168, 218f., 228
ラム（Lamb, Willis） 343, 356
ラムザウアー（Ramsauer, Carl） 279-282, 285-288
ラルク＝ホロヴィッツ（Lark-Horovitz, Karl） 315
ランデ（Landé, Alfred） 86, 90, 92, 117, 119f., 124, 126, 134f., 137, 153, 157
リヴィングストン（Livingston, Milton Stanley） 258, 262-264
リクトマイヤー（Richtmyer, F. K.） 264

プランク（Planck, Max）　12, 22, 32, 53, 59, 63, 71, 82f., 87, 90, 100f., 106, 110f., 119, 139, 161, 214f., 236
フランダース（Flanders, Donald. A.）　330
ブラント（Brandt, Leo）　301
プラントル（Prandtl, Ludwig）　53, 277, 279f., 282f., 285
フーリエ（Fourier, Jean Baptist Joseph）　15, 18
フリック（Frick, Wilhelm）　275
ブリッジマン（Bridgman, Percy W.）　189
フリッシュ（Frisch, Otto Robert）　320-322
フリードリヒ（Friedrich, Walter）　66, 70
プリュッカー（Plücker, Julius）　23
ブリュック（Brück, Hermann）　182
フリュッゲ（Flügge, Siegfried）　290
ブリルアン（Brillouin, Léon）　153, 156, 217f.
ブルーメンタール（Blumenthal, Otto）　226
フレーリヒ（Frölich, Herbert）　205, 208f., 252
フレンケル（Frenkel, Jakov I.）　156, 209
ブローシャト（Broszat, Martin）　272
ブロッホ（Bloch, Felix）　180f., 183, 189, 210, 216, 222, 252, 268, 294, 324, 326, 336
フント（Hund, Friedrich）　127-129, 132, 137, 140, 153f., 156, 186-188, 290, 292, 294f., 352
フンボルト（Humboldt, Wilhelm von）　16
ヘイル（Hale, George Ellery）　197
ベッカー（Becker, Carl Heinrich）　113
ベック（Boeckh, August）　17f.
ベッティンガー（Böttinger, Henry Theodor）　36f.
ベーテ（Bethe, Hans A.）　181-184, 199, 201f., 208-212, 216, 221-223, 225, 251f., 255, 260-266, 268, 309, 312-315, 317, 324-326, 328f., 332f., 335, 337, 340f., 343, 347-351
ベヒェルト（Bechert, Karl）　205, 351
ヘプナー（Höpfner, Ernst）　36, 41, 118
ペラン（Perrin, Jean Baptiste）　52
ヘリンガー（Hellinger, Ernst）　91
ヘリング（Herring, Conyers）　247
ヘルツ，グスタフ（Hertz, Gustav）　75, 90
ヘルツ，ハインリヒ（Hertz, Heinrich）　41, 70
ヘルツフェルト（Herzfeld, Karl Ferdinand）　48, 122, 137f., 156, 192f., 196f., 316
ヘルマン（Hermann, Gottfried）　18
ペロン（Perron, Oskar）　91
ヘンネベルク（Henneberg, Walter）　208
ヘーンル（Hönl, Helmut）　198, 300
ボーア（Bohr, Niels）　63, 74-77, 83, 87, 107f., 118-122, 125-130, 133-138, 148, 151, 156, 170f., 183, 187f., 195f., 210, 214, 216, 218-222, 237, 256f., 259f., 268, 276, 294, 319, 353, 355
ポアソン（Poisson, Siméon Denis）　15
ホイーラー（Wheeler, John A.）　196, 319
ボーウェン（Bowen, Edward. G.）　308
ボウルズ（Bowles, Edward L.）　308
星一　111
ホーゼリッツ（Hoselitz, Kurt）　252
ホップ（Hopf, Ludwig）　197, 226-232, 237
ボップ（Bopp, Fritz）　351
ボーテ（Bothe, Walther）　258, 288f.
ポーリング（Pauling, Linus）　150f.,

186-188, 212, 216, 223f., 258f., 316
ハーシュフェルダー（Hirschfelder, Joseph O.） 334
ハーゼンエールル（Hasenöhrl, Friedrich） 81
バッカー（Bacher, Robert F.） 263f., 324, 328
バック（Back, Ernst） 73f. 135
パッシェン（Paschen, Friedrich） 73f., 79, 135
バーディーン（Bardeen, John） 246f.
ハートリー（Hartree, Douglas R.） 224f., 251, 311
バナール（Bernal, John Desmond） 194
ハーバー（Haber, Fritz） 90, 100-103, 105, 111, 172
ハルテック（Harteck, Paul） 317
ハーン（Hahn, Otto） 285, 348
ハンレ（Hanle, Wilhelm） 284
ピカール（Piccard, Auguste） 144
ビター（Bitter, Francis） 240
ピッカリング（Pickering, Edward C.） 198
ヒトラー（Hitler, Adolf） 207, 350
ヒムラー（Himmler, Heinrich） 277, 290
ヒューストン（Houston, William V.） 151, 177
ヒューム＝ロザリー（Hume-Rothery, William） 178, 253
ヒュレラース（Hylleraas, Egil Andersen） 207
ヒルベルト（Hilbert, David） 27, 118f., 127, 217, 245
ファインマン（Feynman, Richard P.） 330, 335, 343f.
ファウラー（Fowler, Ralph H.） 224, 250f., 257, 292
ファヤンス（Fajans, Kasimir） 94, 185
フィッシャー（Fisher, J. W.） 131
フィンケルステイン（Finkel'stein, Boris N.） 207
フィンケルンブルク（Finkelnburg, Wolfgang） 279
フィンレイ＝フロイントリヒ（Finlay-Freundlich, Erwin） 207
フェーグラー（Vögler, Albert） 103
フェッシュバック（Feshbach, Herman） 240
フェルミ（Fermi, Enrico） 146, 156, 174-177, 182, 210, 221, 224, 257, 259, 263, 268, 322f., 325
フォイヒトヴァンガー（Feuchtwanger, Lion） 96
フォークト（Voigt, Woldemar） 27, 74f.
フォン・ノイマン（von Neumann, John） 245, 331
フォン・ヒッペル（von Hippel, Arthur R.） 240
藤岡由夫 168
フックス（Fuchs, Klaus） 252, 326
ブッシュ（Bush, Vannevar） 243f., 308, 318f., 339
フュース（Fues, Erwin） 300, 351
ブライアン（Bryan, George Hartley） 48
ブライト（Breit, Gregory） 159, 222, 323
ブラケット（Blackett, Patrick） 258
プラチェク（Placzek, George） 221
ブラッグ, ウィリアム・ヘンリー（Bragg, William Henry） 68f.
ブラッグ，ウィリアム・ローレンス（Bragg, William Lawrence） 68f., 156, 210, 224, 251f.
ブラッタン（Brattain, Walter H.） 246f.
フランク，ジェイムズ（Franck, James） 75, 90, 121f., 132, 156, 214f., 220-222
フランク，ナサニエル（Frank, Nathaniel） 159, 239-242, 309

308, 321
ディープナー（Diebner, Kurt） 285
ティモフェエフ＝レソフスキー（Timofeeff-Ressovsky, Nikolai） 195
テイラー（Taylor, Geoffrey I.） 332
ディラック（Dirac, Paul Adrian） 146, 153, 156, 162f., 174, 179, 251
ティールシュ（Thiersch, Friedrich） 18, 20
ティンドール（Tyndall, Arthur） 249f., 252
デ・クードル（Des Coudres, Theodor） 138
デニソン（Dennison, David M.） 155
デバイ（Debye, Peter） 47, 57, 67, 69, 117f., 123, 139, 141f., 189, 191, 193, 196f., 212, 232, 285, 291
テューヴ（Tuve, Merle） 267
デュブリッジ（DuBridge, Lee A.） 309
テラー（Teller, Edward） 202, 216, 220-223, 237, 245, 266-268, 313, 317f., 324-326, 330, 332, 341
デルブリュック（Delbrück, Max） 194-196, 234
ドゥイスベルク（Duisberg, Carl） 102f.
ドゥ・フリース（De Vries, Hugo Marie） 152
ドゥ・ブロイ（de Broglie, Louis） 141, 146f., 176
ドナン（Donnan, George Frederick）, 221f.
朝永振一郎 343
トールマン（Tolman, Richard C.） 191f.
トローブリッジ（Trowbridge, Augustus） 150

な 行

長岡半太郎 166
ナーブル（Nabl, Joseph） 48
ナポレオン（Napoléon Bonaparte） 15
ニックス（Nix, Foster） 244
ニュートン（Newton, Isaac） 11f., 50, 357
ニールセン（Nielsen, Walter） 266
ネーター（Noether, Fritz） 225f.
ネッダーマイヤー（Neddermeyer, Seth） 331
ネルンスト（Nernst, Walther） 37, 161, 305
ノイマン，フランツ・エルンスト（Neumann, Franz Ernst） 18f., 21-23, 27
ノルトハイム（Nordheim, Lothar） 216-220, 222f., 237, 265f., 292, 294, 316

は 行

パイエルス（Peierls, Rudolf） 180, 182f., 202, 216, 219, 221, 223-225, 251f., 260, 262, 292f., 312, 320-322, 332
ハイゼンベルク（Heisenberg, Werner） 11, 86, 115, 124-131, 135-141, 143f., 151, 153f., 156f., 163, 176, 179f., 182f., 187-189, 197, 212, 214, 216, 220f., 223, 236, 248, 258-260, 270-272, 274-278, 285, 289-291, 294, 298, 312, 337, 343, 347-349, 351f., 357
ハイトラー（Heitler, Walter） 150, 180, 186f., 189, 191f., 195, 220, 223, 252, 266
ハウトスミット（Goudsmit, Samuel） 155, 258, 263, 270-272, 290f., 303, 309, 337
パウリ（Pauli, Wolfgang） 86, 122-130, 134-141, 143f., 174-176, 183,

コルン（Korn, Arthur） 32
コーン（Cohn, Emil） 32
コンドン（Condon, Edward U.） 159f., 245f., 256, 309f., 312, 329, 335
コンプトン，アーサー・ホリー（Compton, Arthur Holly） 177f., 239, 323f., 326f.
コンプトン，カール（Compton, Karl） 177, 239f.

さ 行

ザイツ（Seitz, Frederick） 246f., 293, 315
ザイデル（Seidel, Philipp） 20
ザイラー（Seiler, Karl） 300f.
ザウアーブルッフ（Sauerbruch, Ferdinand） 97
ザック（Sack, Robert Arno） 252
サハ（Saha, Meghnad） 165
サーバー（Serber, Robert） 329f.
シェラー（Scherrer, Paul） 69
シェーンフリース（Schoenflies, Arthur） 53
シーグバーン（Siegbahn, Manne） 107, 156, 210
ジーメンス（Siemens, Carl Friedrich von） 102
シュヴァルツシルト（Schwarzschild, Karl） 76, 80-82
シュウィンガー（Schwinger, Julian） 314, 343
シュタルク（Stark, Johannes） 78f., 104, 274-277, 283
シュテルン（Stern, Otto） 248
シュプリンガー（Springer, Ferdinand） 132f.
シュペーア（Speer, Albert） 278
シュミット＝オット（Schmidt-Ott, Friedrich） 101f.
シュレーディンガー（Schrödinger, Erwin） 22, 53, 86, 135, 139-142, 150f., 156, 159, 174, 176, 179-181, 191, 196, 202, 223, 236
ショックレー（Shockley, William B.） 244
ショットキー（Schottky, Walther） 292, 294, 297, 299f., 315
ショーペンハウアー（Schopenhauer, Arthur） 227
ジョリオ（Joliot, Jean Frédéric） 259
ジョーンズ（Jones, Harry） 250, 253
ジョンソン（Johnson, Ralph） 247
シラード（Szilard, Leo） 317f.
スキナー（Skinner, Herbert） 254
スターリン（Stalin, Iosif V.） 207, 225
スティムソン（Stimson, Henry L.） 308
スミス（Smith, Lloyd） 264
スメーカル（Smekal, Adolf） 137, 183
スモルーコフスキー（Smoluchowski, Marian） 52
スレイター（Slater, John C.） 146, 152, 160, 171f., 174, 188-191, 238f., 243, 245f., 291, 302, 309-312
セグレ（Segré, Emilio） 221
ゼーマン（Zeeman, Pieter） 73
ゼーリガー（Seeliger, Rudolf） 197

た 行

ダーウィン（Darwin, Charles G.） 68
タム（Tamm, Igor） 162f., 179, 209
ダロウ（Darrow, Karl） 173
チャーチル（Curchill, Winston） 307
チャドウィック（Chadwick, James） 258
ツィンマー（Zimmer, Karl） 195
ツェッペリン（Zeppelin） 228
ツェネック（Zenneck, Jonathan） 53
ディーゲル（Diegel, Carl） 40, 42
ティザード（Tizard, Henry） 305-

エムデン（Emden, Robert）　204
エルザッサー（Elsasser, Walter）　266
エーレンフェスト（Ehrenfest, Paul）　156, 257
オストヴァルト（Ostwald, Wilhelm）　52
オッペンハイマー（Oppenheimer, Julius Robert）　159, 289, 322-324, 326-331, 335, 340, 343
オルンシュタイン（Ornstein, Leonhard）　153

か　行

ガイガー（Geiger, Hans）　209, 258, 276
ガウス（Gauß, Carl Friedrich）　19
カップ（Kapp, Wolfgang）　101
ガーニー（Gurney, Ronald W.）　256
カマリング＝オネス（Kamerlingh Onnes, Heike）　47, 53
ガモフ（Gamow, George）　141, 156, 222, 256, 267f.
カルマン（Kármán, Theodore von）　313
ガンス（Gans, Richard）　348f.
キスチャコフスキー（Kistiakowsky, George）　331, 335
ギブス（Gibbs, R. Clifton）　264
キュリー，イレーヌ（Curie, Irène）　259
キュリー，マリー（Curie, Marie）　153, 258
キルヒホフ（Kirchhoff, Gustav Robert）　22, 51, 59
ギルマン（Guillemin, Victor）　240
クックシー（Cooksey, Don）　261
クニッピング（Knipping, Paul）　70
クヌートセン（Knudsen, Martin）　121
クライン，オスカー（Klein, Oskar）　156
クライン，フェーリクス（Klein, Felix）　23, 34-43, 45f., 56, 92, 103, 118, 279
クラッツァー（Kratzer, Adolf）　119, 122, 138
クラマース（Kramers, Hendrik Anthony）　125, 137f., 156, 183
クーラント（Courant, Richard）　91, 132
クリッチフィールド（Critchfield, Charles L.）　268, 330
グリッチャー（Glitscher, Karl）　98
クルージウス（Clusius, Klaus）　298f.
グレーツ（Graetz, Leo）　32
クレープシュ（Clebsch, Alfred）　23
グローヴズ（Groves, Leslie）　327, 331, 335-337
グロス（Gross, Philipp）　252
グロート（Groth, Wilhelm）　317
クローニヒ（Kronig, Ralph de Laer）　159, 292, 294
ゲイ（Gay, Peter）　236
ケーソム（Keesom, Willem Hendrik）　47
ケプラー（Kepler, Johannes）　282
ゲーリング（Göring, Hermann）　277f. 280f., 286
ゲルラッハ（Gerlach, Walther）　97, 275, 291, 348
ケンブル（Kemble, Edwin C.）　235
コッククロフト（Cockcroft, John D.）　258
コッセル（Kossel, Walther）　75, 83f. 116
コノピンスキー（Konopinski, E. J.）　263
ゴールドスタイン（Goldstein, Sydney）　227
コルビー（Colby, Walter F.）　154
コルビーノ（Corbino, Orso Mario）　257

索　引

あ 行

アイスナー（Eisner, Kurt） 206
アイゼンハワー（Eisenhower, Dwight D.） 340f.
アインシュタイン（Einstein, Albert） 11f. 51-54, 57f., 62f., 71, 80f., 83, 88, 98, 102, 104-107, 116, 122f., 153, 156, 161, 171, 174, 177, 185, 202, 213, 226-228, 236, 275f., 317, 353
アストン（Aston, Francis） 153
アリス（Allis, William） 159, 239-241, 309
アリソン（Allison, Samuel） 323
アルトホフ（Althoff, Friedrich） 32-38, 40f.
アレニウス（Arrhenius, Svante） 152
アンシュッツ＝ケンプフェ（Anschütz-Kaempfe, Hermann） 93-98
イェーレ（Jehle, Herbert） 233-237
イーストマン（Eastman, George） 240
ヴァイツゼッカー（Weizsäcker, Carl Friedrich von） 278, 290, 348, 351
ヴァッカー（Wacker, Alexander von） 94-96
ヴァン・ヴレック（Van Vleck, John H.） 325f.
ヴァン・デ・グラーフ（Van de Graaff, Robert J.） 240
ウィグナー（Wigner, Eugene） 187, 222, 245f., 317f., 323
ヴィーナー，オットー（Wiener, Otto） 138f.
ウィーナー，ノーバート（Wiener, Norbert） 159
ヴィルケンス（Wilkens, Alexander） 199
ヴィルシュテッター（Willstätter, Richard） 97
ウィルス（Wills, Harry） 249
ウィルソン（Wilson, Alan） 251
ヴィルヘルム二世（Wilhelm II） 25, 33, 43, 88
ヴィーン，ヴィルヘルム（Wien, Wilhelm） 44, 46f., 51, 53, 61f., 66, 77, 88, 90, 94, 96, 103f., 121, 129, 275
ヴィーン，マックス（Wien, Max） 90, 276
ヴィンターシュタイン（Winterstein, Dr. von） 96
ヴェッセル（Wessel, Walter） 131
ウェーバー，ヴィルヘルム（Weber, Wilhelm） 19
ウェーバー，マックス（Weber, Max） 29
ヴェルカー（Welker, Heinrich） 294-301, 314
ヴェンツェル（Wentzel, Gregor） 123, 128, 137f., 140, 142f., 197, 351
ヴォルタ（Volta, Alessandro） 142, 165
ウォルトン（Walton, Ernest） 258
ウラム（Ulam, Stanislaw） 345f.
ウーレンベック（Uhlenbeck, George） 155, 263
ウンゼルト（Unsöld, Albrecht） 182, 197-200
エーヴァルト（Ewald, Peter Paul） 57f., 64, 69, 75, 89f., 92, 112, 116, 119, 122, 124, 182, 215f., 219, 232f., 235f., 300, 312
エッカート（Eckart, Carl） 151, 159, 177
エディントン（Eddington, Arthur Stanley） 234f.
エプシュタイン（Epstein, Paul Sophus） 48, 75, 78-80, 82, 116f., 134, 151, 155, 193

著者：ミヒャエル・エッケルト（Michael Eckert）

1949年ミュンヘン生まれ．ミュンヘン工科大学，バイロイト大学で理論物理学専攻，理学博士．学位取得後，物理学史・科学ジャーナリズムに関心を移す．現在，ドイツ博物館研究員．原子物理学，固体物理学，流体力学の歴史に関する著書・論文が多数ある．

主な著作：*Geheimrat Sommerfeld-Theoretischer Physiker: Eine Dokumentation aus seinem Nachlass*. Deutsches Museum, 1984(共著). Arnold Sommerfeld: *Wissenschaftlicher Briefwechsel*, 2 Bände + CD（共編）. Deutsches Museum, 2000, 2004. *The Dawn of Fluid Dynamics - A Discipline between Science and Engineering*. Wiley-VCH, 2006. *Heinrich Hertz*. Ellert & Richter Verlag, 2010. 詳細は，次のWebページを参照（"eckert deutsches museum"で検索できる）. http://www.deutsches-museum.de/forschung/wissenschaftl-mitarbeiter/ebene1/ebene2/dr-michael-eckert/

訳者：金子　昌嗣（かねこ　まさつぐ）

1956年東京生まれ，早稲田大学理工学部・第一文学部卒業。早稲田大学図書館等に勤務。現在，同大学文化推進部事務部長。

主な著作：『理工学文献の特色と利用法』（勁草書房，1987年）（共著）.「科学技術史関係年次文献目録（1982年1～12月）」（『科学史研究』，22＜通号148＞，1984年）（共編）.「科学技術史関係年次文献目録（1983年1～12月）」（『科学史研究』，23＜通号152＞，1985年）（共編）.「科学技術史関係年次文献目録（1984年1～12月）」（『科学史研究』，24＜通号156＞，1986年）（共編）.

原子理論の社会史

2012年 6月15日　第1刷発行

発行所：㈱海鳴社

〒101-0065　千代田区西神田2-4-6

http://www.kaimeisha.com/

Tel: 03-3262-1967 Fax: 03-3234-3643

発 行 人：辻　信　行

組　　版：海　鳴　社

印刷・製本：モリモト印刷

出版社コード：1097

ISBN 978-4-87525-290-0

解読　**関　孝和**　天才の思考過程　<87525-251-1>

杉本敏夫著／天才とはいえその思考過程が理解できないはずはないという信念から研究はスタート。関独特の漢文で書かれた数学と格闘し推理を巡らせた長年の成果。16,000 円

《復刻版》　**和算ノ研究**　方程式論　<87525-276-4>

加藤平左エ門著　佐々木力解説／和算の近代西欧数学的解説者・加藤平左エ門による和算史入門書。点竄術成立の詳細、関孝和の方程式論の卓越性の解明など簡明に記述。7,000 円

我らの時代のための哲学史　<87525-263-4>

——トーマス・クーン／冷戦保守思想としての
パラダイム論

スティーヴ・フラー著　中島秀人監訳、梶雅範・三宅苞訳／ギリシャ以来の西洋哲学の総決算。学問することの意味を問い、現代の知的生産の在り様を批判した評判の書。5,800 円

オリヴァー・ヘヴィサイド　<87525-288-7>

——ヴィクトリア朝時代における電気の天才
その時代と業績と生涯

ポール　J．ナーイン著　高野善永訳／ヘヴィサイド——それは、あのマクスウェルの方程式を、今日知られる形に定式化した男である。独身・独学の貧しい奇人が、最高レベルの仕事をなしとげ、権力者や知的エリートと堂々と論争を行った。学問上最終的には勝利したが、得たものは少なかった。 5,000 円

越境する巨人　**ベルタランフィ**　一般システム論入門

M．デーヴィドソン著　鞠子英雄・酒井孝正役／現代思想の記念碑的存在＝ベルタランフィの思想と生涯。理系・文系を問わず未来を開拓するための羅針盤。3,400 円　<87525-195-8>

（本体価格）